大数据
分析统计应用丛书

大数据 BIG DATA
MINING AND STATISTICAL MACHINE
LEARNING

挖掘与统计机器学习

（第2版）

主编 吕晓玲 宋 捷

中国人民大学出版社
·北 京·

总　序

一

　　统计学是研究如何收集、分析、展示和解释数据的一门科学。信息技术的蓬勃发展使统计在经济、社会、管理、医学、生物、农业、工程等领域有了越来越多、越来越深入的应用。2011 年 2 月，国务院学位委员会第 28 次会议通过了新的《学位授予和人才培养学科目录（2011）》，将统计学上升为一级学科，这为统计学科建设与发展提供了难得的机遇。

　　一般认为，麦肯锡公司的研究部门——麦肯锡全球研究院（MGI），在 2011 年首先提出了大数据时代（age of big data）的概念，并在全球引起广泛反响。大数据是指随着现代社会的进步和信息通信技术的发展，在政治、经济、社会、文化等各个领域形成的规模巨大、增长与传递迅速、形式复杂多样、非结构化程度高的数据或者数据集。它的来源包括传感器、移动设备、在线交易、社交网络等，其形式可以是各种空间数据、报表统计数据、文字、声音、图像、超文本等各种环境和文化数据信息等。大数据时代是一个海量数据开始广泛出现、海量数据的运用逐渐普及的新的历史时期，也是我们需要认真研究与应对的一个新的社会环境。

　　大数据时代对统计专业的学生提出了更高的要求。他们不仅需要具有扎实的统计理论基础，熟练掌握各种处理大数据和统计模型分析的计算机技能，还要懂得如何提出研究问题、如何判断数据质量、如何评价模型和方法，以及如何准确清晰地呈现分析结果。这对统计教育和人才培养提出了新的目标和方向。

二

　　顺应时势，在教育部全国应用统计专业学位研究生教育指导委员会的推动下，由中国人民大学、北京大学、中国科学院大学、中央财经大学、首都经济贸易大学五所高校发起，集中统计学科、计算机学科、经济与管理学科的相关学院优势，依托应用统计专业硕士项目，组建了北京大数据分析硕士培养协同创新平台。2014 年 9 月首届实验班正式招生并开始授课。

实验班每年招收 50～60 名学生，分别来自中国人民大学、北京大学、中国科学院大学、中央财经大学、首都经济贸易大学等院校。他们均是以优异成绩进入上述高校应用统计硕士项目的本科毕业生，对大数据分析有浓厚的兴趣，立志为大数据分析领域的发展做出贡献。

大数据分析硕士的培养是为了满足政府部门和企业等用人单位利用大数据决策的需求，其核心竞争力是快速部署从大数据到知识发现和价值的能力，培养方案与国际接轨，核心内容是面向大数据的统计分析和挖掘技术。经过前期的充分论证，大数据分析硕士培养方案确定了核心必修课与分方向的选修课。必修课的重点内容为统计学和计算机科学的交叉部分，侧重于培养从大数据到价值的实践能力，包括大数据分析必备的计算机基础技能、面向大数据分析的计算机编程能力、大数据统计建模和挖掘能力。每门必修课均配备了 5 人以上的教学团队，由包括国家"千人计划"入选者、长江学者、国家杰出青年基金获得者在内的在相关领域有较高造诣的中青年学者组成。

大数据分析硕士培养协同创新平台是一个面向政府部门和企业等大数据分析人才需求单位开放的平台，目标是建成一个政产学研有机融和的协同创新平台。2014 年 5 月 19 日平台成立大会就汇集了《人民日报》、新华社、中央电视台、中国移动、中国联通、中国电信、全国手机媒体专业委员会、SAS（北京）有限公司、华闻传媒产业创新研究院、北京华通人商用信息有限公司、龙信数据（北京）有限公司等，它们成为该平台的第一批实践培养和研发基地。在 2014 年 9 月开学典礼上又有中国科学院计算机网络信息中心、中国中医科学院、商务部国际贸易学会、国家食品安全风险评估中心、北京商智通信息技术有限公司、史丹索特（北京）信息技术有限公司、北京太阳金税软件技术有限公司、北京京东叁佰陆拾度电子商务有限公司、北京知行慧科教育科技有限公司、中关村大数据产业联盟、艾瑞咨询集团 11 家单位加入平台建设的联盟协作单位。实际部门的踊跃参与说明大数据分析人才培养的巨大发展空间。为了加强大学与实际部门专家的双导师制度，开学典礼上为第一届实验班专门聘请 26 名实际部门专家担任硕士研究生指导教师。

2015 年 1 月 15 日，大数据分析硕士培养协同创新平台联合京东、奇虎 360、艾瑞咨询集团、华通人等多家公司举办了针对学生实习的宣讲会。会后组织学生到各相关部门进行有关数据挖掘、大数据分析的实习工作，使学生们得到了锻炼。

为活跃学术氛围，拓展学生视野，大数据分析硕士培养协同创新平台组织了大数据分析学术系列讲座，邀请学界、业界相关人士交流分享学术、行业前沿的经验，共同推进大数据人才培养以及学术成果的转化。

三

迄今为止，五校联合大数据分析硕士实验班已经成功开办五届。在此基础上，课程组全体教师及时收集学生反馈意见，积极组织讨论，联合中国人民大学出版社，启动了"大数据分析统计应用丛书"的编写工作。

本套丛书中《大数据分析计算机基础》着重介绍数据分析必备的计算机技能，包括Linux 操作系统与 shell 编程，数据库操作与管理；面向大数据分析的计算机编程能力，我们重点推荐了 Python 语言。《大数据探索性分析》的内容包括大数据抽样、预处理、探索性分析、可视化以及时空大数据案例。《大数据分布式计算与案例》介绍了单机并行计算以及 Hadoop 分布式计算集群，在此基础上介绍了 HDFS 文件管理系统以及 MapReduce 框架，各种统计模型的 MapReduce 实现，此外还介绍了处理大数据最常使用的 Hive，HBase，Mahout 以及 Spark 等工具。《大数据挖掘与统计机器学习》介绍了常用的统计学习的回归和分类模型、模型评价与选择的方法、聚类和推荐系统等算法，所有方法均配有 R 语言实现案例，支持向量机和深度学习方法给出了 Python 实现案例，最后一章是三个数据量在 10G 以上的大数据案例分析，所有的数据和程序均可下载。相信读者在学习本套丛书的过程中，数据处理与分析能力会得到锻炼和提高。《非结构化大数据分析》重点介绍了文本数据、社交网络数据、数据流数据和多媒体数据（包括图像、音频和视频）。除了理论讲解外，还给出了相应大数据环境下的上机实践案例。

　　该丛书面向的读者主要是应用统计专业硕士，也可以作为统计专业高年级本科生、其他专业的本科生、研究生以及对大数据分析有兴趣的从业人员的参考书，希望这套丛书可以为我国大数据分析人才的培养奉献我们的绵薄之力。

丛书编委会

前　言

　　大数据时代的到来使我们的生活在政治、经济、社会、文化各个领域都产生了很大的变化。"数据科学"一词应运而生。如何更好地对海量数据进行分析、得出结论并做出智能决策是统计工作者面临的机遇与挑战。

　　本书介绍数据挖掘与统计机器学习领域最常用的模型和算法，包括最基础的线性回归和线性分类方法，以及模型选择和模型评价的概念和方法，进而介绍非线性的回归和分类方法（包括决策树与组合方法、支持向量机、神经网络以及在此基础上发展的深度学习方法）。最后介绍无监督的学习中的聚类方法和业界广泛使用的推荐系统方法。除了方法的理论讲解之外，我们给出了每种方法的 R 语言及 Python 语言实现。本书的一个亮点是最后一章给出的三个大数据案例，数据量均在 10G 左右。我们同时给出了单机版（Python、数据库、R）和分布式（Hadoop、Hive、Spark）两种实现方案。原始数据和程序代码均可在人大出版社提供的网址（http://www.crup.com.cn/Book/TextDetail?doi=9a7ebd54-62a3-49c0-bbcc-fa2299b941e8）下载。

　　与第 1 版相比，第 2 版增加的内容有第 2 章 Lasso 模型的求解，第 5 章 XGBoost 方法，第 6 章 CNN 深度学习模型，第 7 章 SMO 算法以及核技巧，第 8 章密度聚类与双向聚类的改进，第 2～9 章所有方法的 Python 实现，第 10 章三个大数据案例。

　　本书面向的主要读者是应用统计专业硕士，希望能够拓展到统计专业高年级的本科生以及其他各个领域有数据分析需求的学生和从业人员。

　　感谢北京五校联合（中国人民大学、北京大学、中国科学院大学、中央财经大学、首都经济贸易大学）大数据分析硕士培养协同创新平台的所有领导和教师；感谢中央高校建设世界一流大学（学科）和特色发展引导专项资金的支持；感谢中国人民大学出版社的鼎力支持；感谢中国人民大学数据挖掘中心（http://rucdmc.github.io/）的学生参与本书的写作和校对，他们是：钟琰、王小宁、刘撷芯、王高斌、安梦颖、胡见秋、范一苇、苏嘉楠、程豪、范超、要卓、李天博、林毓聪、闫晗、刘梦杭、孙亚楠、董峰池、刘阳、吴迪、冯艺超。

　　数据挖掘与统计机器学习是一个方兴未艾、蓬勃发展的学科领域，鉴于作者的能力和时间非常有限，本书的内容难免有不足和纰漏，还望广大读者不吝赐教，多提宝贵意见。

吕晓玲　　宋捷

目　录

第1章 概 述

1.1 名词演化

"数据挖掘"（data mining）这一名词产生于 1990 年前后，迅速在学术界和商业界得到广泛应用与发展。实际上，数据挖掘与统计数据分析的目标没有什么本质的差别。按照《不列颠百科全书》，统计可以定义为收集、分析、展示、解释数据的科学。这是历史相对悠久的统计在其发展过程中逐渐形成的被世人认可的定义。它包含一系列概念、理论和方法，有一个比较稳定的知识结构和体系。数据挖掘也完全符合这个定义，但由于它的发展历史较短，初期主要由计算机科学家开创，脱离了传统统计的体系，因此有其自身的特点。数据挖掘有时也称作数据库的知识发现（Knowledge Discovery in Databases，KDD）。严格来讲这两个概念并不完全一致。同期经常被人们使用的两个名词是模式识别（pattern recognition）和人工智能（artificial intelligence）。目前使用更多的术语是机器学习（machine learning）。从统计学者的角度则称为统计机器学习（statistical machine learning）或统计学习（statistical learning）。

一般认为，麦肯锡公司的研究部门——麦肯锡全球研究院（MGI）在 2011 年首先提出大数据时代（age of big data）的概念，在全球引起广泛反响。早在 2001 年，美国信息咨询公司 Gartner 的分析师 Doug Laney 就从数据量（volume）、多样化（variety）和快速化（velocity）三个维度分析了在数据量不断增长的过程中所面临的挑战和机遇。在大数据这一概念被广泛传播后，IBM 副总裁 Steven Mills 于 2011 年在此基础上提出大数据的第四个维度——价值密度（veracity）。人们普遍认为大数据蕴涵巨大的价值，但如何从中快速准确地提取真实有价值的信息是大数据处理技术的关键。

大数据，是指随着现代社会的进步和通信技术的发展，在政治、经济、社会、文化各个领域形成的规模巨大、增长与传递迅速、形式复杂多样、非结构化程度高的数据或者数据集。它的来源包括传感器、移动设备、在线交易、社交网络等，其形式可以是各种空间数据，报表统计数据，文字、声音、图像、超文本等各种环境和文化数据信息等。大数据时代是一个海量数据开始广泛出现、海量数据的运用逐渐普及的新的历史时期，也是我们需要认真研究与应对的一个新的社会环境。"数据科学"（data science）一词应运而生。它可以被看作数学逻辑和统计批判性思维、计算机科学以及实际领域知识这三者的交集（见图 1-1）。

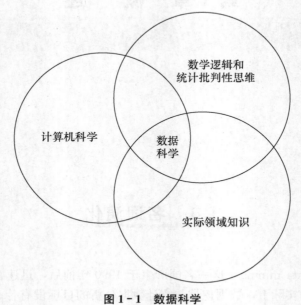

图 1-1　数据科学

1.2　基本内容

统计学是一门科学，科学的基本特征是其方法论：对世界的认识源于观测或实验所得的信息（或者数据），总结信息时会形成模型（也叫作假说或理论），模型会指导进一步的探索，直至遇到这些模型无法解释的现象，从而导致对这些模型的更新或替代。这就是科学的方法，只有用科学的方法进行探索才能称之为科学（吴喜之，2016）。统计的思维方式是归纳，也就是从数据所反映的现实中得到一般的模型，希望以此解释数据所代表的那部分世界。这和以演绎为主的数学思维方式相反，演绎是在一些人为的假定（或者一个公理系统）之下推导出各种结论。

在统计科学发展的前期，由于没有计算机，不可能应付庞大的数据量，只能在对少量数据的背景分布做出诸如独立同正态分布之类的数学假定后，建立一些数学模型，进行手工计算，并推导出由这些模型所得结果的性质，比如置信区间、相合性等。有时候这些性质是利用中心极限定理或大样本定理得到的当样本量趋于无穷时的理论性质。这些性质对总体的分布以及样本的形式有很多假定。这种发展方式给统计打上了很深的数学烙印。统计发展的历史体现在模型驱动的研究及教学模式上。以模型而不是数据为主导的研究方式导致统计在某种程度上"自我封闭、自我欣赏",结果是很可能丢掉许多属于数据科学的领域。

模型驱动的研究在前计算机时代有其合理性,但在计算机技术快速发展的大数据时代,必须转变这种模式。统计是应用的学科,将统计方法应用到各个领域,解决实际问题是统计的灵魂。在分析数据时,首先寻求现有方法,当现有方法不能满足需求时,就要根据数据的特征创造新的方法,并对其理论性质进行深入的探讨。这是统计近年来飞速发展的历程。创造模型的目的是解决实际问题。统计研究应该由问题或者数据而不是模型、数学公式所驱动。此外,为了让新的模型得到真正的应用,对模型的求解和计算提出了很高的要求,统计研究必须同时考虑算法复杂度和计算编程高效实现的问题。

目前被广泛使用的有着极高口碑的统计学教材有两本,一本是 Trevor Hastie, Robert Tibshirani, and Jerome Friedman 编写的 *The Elements of Statistical Learning—Data Mining, Inference and Prediction* (Hastie, Tibshirani and Friedman, 2008),简称 ESL。第二本是 Gareth James, Daniela Witten, Trevor Hastie, and Robert Tibshirani 编写的 *An Introduction to Statistical Learning with Applications in R* (James et al., 2013),简称 ISL。第一本书面向的读者更专业一些,内容较多,理论偏难。第二本书面向的读者更广泛,内容偏基础,更强调应用,有各个方法的 R 语言实现实例。两本书均将统计学习方法分为两种,即有监督学习(supervised learning)和无监督学习(unsupervised learning)。所谓有监督学习,就是在分析问题时,数据中有一个明确的目标变量 Y(也称作因变量、响应变量、输出变量等),可以通过建立它对其他变量 X(也称为自变量、协变量、解释变量、输入变量、特征、字段等)的模型来预测。如果 Y 的取值是连续型的,则称为回归分析。如果 Y 是一个分类标签,则称作分类问题。目前广泛使用的有监督学习方法包括决策树及其组合算法、神经网络、支持向量机、最近邻居法、朴素贝叶斯方法等。无监督学习是指数据中没有明确的目标变量,通过一些方法寻找数据之间的相互关系或者模式(pattern)。无监督学习的典型例子是主成分分析、聚类和关联规则等。

本书面向的主要读者是应用统计专业硕士,希望能够拓展到统计专业高年级的本科生以及其他各个领域有数据分析需求的学生和从业人员。从内容选择和章节安排上,我们借鉴了上述两本经典教材。在理论难度方面本书要高于 ISL 这本书,但没有达到 ESL 的水平,介于两者之间。类似 ISL,本书每一章在最后给出实际数据分析的上机实践以及 R 程序代码。在内容的选取方面,我们首先介绍最简单、最基础的线性回归方法(第 2 章)和线性分类方法(第 3 章),之后介绍重要的模型评价和模型选择的概念和方法(第 4 章)。非线性的回归和分类方法包括决策树与组合方法(第 5 章),神经网络以及在此基础上发展的深度学习方法(第 6 章)和支持向量机方法(第 7 章)。其中第 6 章的深度学习方法是近期迅速发展起来的,ESL 和 ISL 两本书并没有介绍。第 8 章着重介绍了无监督学习中的聚类方法。第 9 章介绍了目前业界广泛使用的推荐系统方法,这也是 ESL 和 ISL 两本书没有介绍的内容。对于业界广泛使用的深度学习和支持向量机方法,R 语言实现效率偏低,因此我们还介绍了 Python 调用更专业的程序包快速实现这两种算法的方法。最后,本书的一个亮点是在第 10 章给出了三个大数据案例,数据量均在 10G 左右,作为初试大数据的读者,我们认为是非常合适的。我们给出了单机版(Python、数据库、R)和分布式(Hadoop、Hive、Spark)两种实现方案。读者可以在人大出版社的网址下载相应的数据和程序。遗憾的是，本书并没有包含最近邻、朴素贝叶斯、图模型、非参数方法、关联规则、Pagerank 等一些常用的统计学习方法，有兴趣的读者请参阅其他文献。

1.3　数据智慧

2016 年第 1 期《中国计算机学会通讯》刊登了美国加州大学伯克利分校统计系郁彬教授（美国科学院、美国艺术与科学学院院士）的一篇中译版的文章——《数据科学中的数据智慧》，英文原文的网址链接是 http://www.odbms.org/2015/04/data-wisdom-for-data-science/。

在此，我们想引用郁彬教授的文章作为第 1 章的结束语。郁彬教授深入地讨论了应用统计方法解决实际问题应该注意的事项，明确提出"数据智慧"是应用统计学概念的核心。希望读者认真阅读这篇文章并思考：在大数据时代，统计数据分析工作者的任务和使命是什么？我们怎样才能正确应用统计方法解决实际问题？

在大数据时代，学术界和工业界的大量研究都是关于如何以一种可扩展和高效率的方式对数据进行存储、交换和计算（通过统计方法和算法）。这些研究非常重要。然而，只有对数据智慧（data wisdom）给予同等程度的重视，大数据（或者小数据）才能转化为真正有用的知识和可被采纳的信息。换言之，我们要充分认识到，只有拥有足够数量的数据，才有可能对复杂度较高的问题给出较可靠的答案。数据智慧对于我们从数据中提取有效信息和确保没有误用或夸大原始数据是至关重要的。

"数据智慧"一词是我对应用统计学核心部分的重新定义。这些核心部分在伟大的统计学家（或者说是数据科学家）约翰·图基（John W. Tukey）的文章（"The Future of Data Analysis," *The Annals of Mathematical Statistics*，Volume 33，Number 1，1962，pp. 1-67）和乔治·伯克斯（George Box）的文章（"Science and Statistics," *Journal of the American Statistical Association*，Volume 71，Issue 356，1976）中都有详细介绍。

将统计学核心部分重新命名为"数据智慧"非常必要，因为它比"应用统计学"这个术语能起到更好的概括作用。这一点最好能让统计学领域之外的人也了解到。因为这样一个有信息量的名称可以使人们意识到应用统计作为数据科学一部分的重要性。

依据维基百科对"智慧"词条进行解释的第一句话，我想说：数据智慧是将领域知识、数学和方法论与经验、理解、常识、洞察力以及良好的判断力相结合，思辨性地理解数据并依据数据做决策的一种能力。

数据智慧是数学、自然科学和人文主义三方面能力的融合，是科学和艺术的结合。如果没有实践经验者的指导，仅通过读书很难学习到数据智慧。学习它的最好方法就是和拥有它的人一起共事。当然，我们也可以通过问答的方式来帮助你形成和培养数据智慧。我这里有 10 个基本问题，我鼓励人们在开始从事数据分析项目时或者在项目进行过程中经常问自己这些问题。这些问题是按照一定顺序排列的，但是在不断重复的数据分析过程中，这个顺序完全可以打乱。

这些问题也许无法详尽、彻底地解释数据智慧，但是它们体现了数据智慧的一些特点。

1. 要回答的问题

数据科学问题最初往往来自统计学或者数据科学以外的学科。例如，神经科学中的一个问题：大脑是如何工作的？或银行业中的一个问题：该向哪组顾客推广新服务？要解决这些问题，统计学家必须与这些领域的专家合作。这些专家会提供有助于解决问题的领域知识、早期的研究成果、更广阔的视角，甚至可能对该问题进行重新定义。而与这些专家（他们往往很忙）建立联系需要很强的人际交流技巧。

与领域专家的交流对于数据科学项目的成功是必不可少的。在数据来源充足的情况下，经常发生的事情是在收集数据前还没有精确定义要回答的问题。我们发现自己处在图基所说的"探索性数据分析"（Exploratory Data Analysis，EDA）的游戏中。我们寻找需要回答的问题，然后不断地重复统计调查过程（就像乔治·伯克斯的文章中所述）。由于误差的存在，我们谨慎地避免对数据中出现的模式进行过拟合。例如，当同一份数据既用于对问题进行建模又用于对问题进行验证时，就会发生过拟合。避免过拟合的黄金准则就是对数据进行分割，在分割时考虑到数据潜在的结构（如相关性、聚类性、异质性），使分割后的每部分数据都能代表原始数据。其中一部分用来探索问题，另一部分通过预测或者建模来回答问题。

2. 数据收集

什么样的数据与第 1 条中要回答的问题最相关？

实验设计（统计学的一个分支）和主动学习（机器学习的一个分支）中的方法有助于回答这个问题。即使在数据收集好了以后考虑这个问题也是很有必要的。因为对理想的数据收集机制的理解可以暴露出实际数据收集过程的缺陷，能够指导下一步分析的方向。

下面的问题会对提问有所帮助：数据是如何收集的？在哪些地点？在什么时间段？是谁收集的？用什么设备收集？中途更换过操作人员和设备吗？总之，试着想象自己在数据收集现场。

3. 数据含义

数据中的某个数值代表什么含义？它测量了什么？它是否测量了需要测量的？哪些环节可能会出错？在哪些统计假设下可以认为数据收集没有问题？（对数据收集过程的详细了解在这里会很有帮助。）

4. 相关性

收集来的数据能够完全或部分回答要研究的问题吗？如果不能，还需要收集其他什么数据？第 2 条中提到的要点在此处同样适用。

5. 问题转化

如何将第 1 条中的问题转化成一个与数据相关的统计问题，使之能够很好地回答原始问题？有多种转换方式吗？比如，我们可以把问题转换成一个与统计模型有关的预测问题或者统计推断问题吗？在选择模型前，请列出与回答实质性问题相关的每一种转化方式的优点和缺点。

6. 可比性

各数据单元是不是可比的，或经过标准化处理后可视为可交换的？苹果和橘子是否被组合在一起？数据单元是不是相互独立的？两列数据是不是同一个变量的副本？

7. 可视化

观察数据（或其子集），制作一维或二维图表，并检验这些数据的统计量。询问数据范围是什么？数据正常吗？是否有缺失值？使用多种颜色和动态图来标明这些问题。是否有意料之外的情况？值得注意的是，我们大脑皮层的30%是用来处理图像的，所以可视化方法在挖掘数据模式和遇到特殊情况时非常有效。通常情况下，为了找到大数据的模式，在某些模型建立之后使用可视化方法最有用，比如计算残差并进行可视化展示。

8. 随机性

统计推断的概念（比如 p 值和置信区间）都依赖于随机性。数据中的随机性的含义是什么？我们要使统计模型的随机性尽可能明确。哪些领域知识支持统计模型中的随机性描述？一个表现统计模型中随机性的最好例子是因果关系分析中内曼-鲁宾（Neyman-Rubin）的随机分组原理（在 AB 检验中也会使用）。

9. 稳定性

你会使用哪些现有的方法？不同的方法会得出同一个定性的结论吗？举个例子，如果数据单元是可交换的，可以通过添加噪声或二次抽样对数据进行随机扰动（一般来说，应确定二次抽样样本遵守原样本的底层结构，如相关性、聚类特性和异质性，这样二次抽样样本才能较好地代表原始数据），这样做得出的结论依然成立吗？我们只相信那些能通过稳定性检验的方法，稳定性检验简单易行，能够抗过拟合和过多假阳性的发现，具有可重复性（要了解关于稳定性重要程度的更多信息，请参见文章"Stability"（http://projecteuclid.org/euclid.bj/1377612862））。

可重复性研究最近在学术界引起很多关注（请参见《自然》（*Nature*）特刊（http://www.nature.com/news/reproducibility-1.17552））。《科学》（*Science*）的主编玛西亚·麦克纳特（Marcia McNutt）指出，"实验再现是科学家用以增加结论信度的一种重要方法"。同样，商业和政府实体也应该要求从数据分析中得出的结论在用新的同质数据检验时是可重复的。

10. 结果验证

如何知道数据分析做得好不好呢？衡量标准是什么？可以考虑用其他类型的数据或者先验知识来验证，不过可能需要收集新的数据。

在数据分析时还有许多其他问题要考虑，但我希望上面这些问题能使你对如何获取数据智慧产生一点感觉。作为一个统计学家，这些问题的答案需要在统计学之外获得。要找到可靠的答案，有效的信息源包括"死的"（如科学文献、报告、书籍）和"活的"（如人）。出色的人际交流技能使寻找正确信息源的过程简单许多，即使在寻求"死的"信息源的过程中也是这样。因此，为了获取充足的有用信息，人际交流技能变得更加重要，因为在我的经验中，知识渊博的人通常是你最好的指路人。

第2章 线性回归方法

本章介绍最常用的线性回归方法。2.1节回顾经典多元线性回归的基础内容。为了解决多元回归的多重共线性以及高维问题的自变量选择问题，2.2节介绍两种压缩回归方法——岭回归和Lasso回归。2.3节进一步介绍求解Lasso的最小角回归算法以及Lasso解的理论性质。2.4节给出损失函数加罚的建模框架，并介绍不同损失函数和罚函数组合的各种回归模型。2.5节和2.6节给出R和Python上机实践的例子。

2.1　多元线性回归

2.1.1　多元线性回归模型

1. 多元线性回归模型及其矩阵表示

设y是一个可观测的随机变量，它受到p个因素x_1，x_2，$\cdots$，x_p（根据具体情况，它们可以是非随机变量，但更多时候是随机变量，此时考虑的是给定x_1，x_2，$\cdots$，x_p情况下，y的条件分布）和随机因素ε的影响，y与x_1，x_2，$\cdots$，x_p有如下线性关系：

$$y=\beta_0+\beta_1 x_1+\cdots+\beta_p x_p+\varepsilon \tag{2.1}$$

式中，β_0，β_1，$\cdots$，β_p是$p+1$个未知参数；ε是不可测的随机误差，服从一定的分布。通常假设ε服从均值为0，方差为σ^2的分布。若进一步假定服从正态分布$N(0，\sigma^2)$，则会有更多的结论。我们称式（2.1）为多元线性回归模型，称y为被解释变量（因变量），$x_i(i=1，2，\cdots，p)$为解释变量（自变量），称$E(y)=\beta_0+\beta_1 x_1+\cdots+\beta_p x_p$为理论回归方程。

对于一个实际问题，要建立多元回归方程，首先要估计未知参数β_0，β_1，$\cdots$，β_p，为此我们要进行n次独立观测，得到n组样本数据$(x_{i1}，x_{i2}，\cdots，x_{ip}；y_i)(i=1，2，\cdots，n)$，它们满足式（2.1），即有

$$\begin{cases} y_1 = \beta_0 + \beta_1 x_{11} + \beta_2 x_{12} + \cdots + \beta_p x_{1p} + \varepsilon_1 \\ y_2 = \beta_0 + \beta_1 x_{21} + \beta_2 x_{22} + \cdots + \beta_p x_{2p} + \varepsilon_2 \\ \cdots\cdots \\ y_n = \beta_0 + \beta_1 x_{n1} + \beta_2 x_{n2} + \cdots + \beta_p x_{np} + \varepsilon_n \end{cases} \tag{2.2}$$

式中，ε_1，ε_2，$\cdots$，ε_n 相互独立且都服从 $N(0, \sigma^2)$。

式（2.2）又可表示成矩阵形式：

$$Y = X\beta + \varepsilon$$

式中，$Y = (y_1, y_2, \cdots, y_n)^T$；$\beta = (\beta_0, \beta_1, \cdots, \beta_p)^T$；$\varepsilon = (\varepsilon_1, \varepsilon_2, \cdots, \varepsilon_n)^T$，$\varepsilon \sim N_n(0, \sigma^2 I_n)$；$I_n$ 为 n 阶单位矩阵。

$$X = \begin{bmatrix} 1 & x_{11} & x_{12} & \cdots & x_{1p} \\ 1 & x_{21} & x_{22} & \cdots & x_{2p} \\ \vdots & \vdots & \vdots & & \vdots \\ 1 & x_{n1} & x_{n2} & \cdots & x_{np} \end{bmatrix}$$

$n \times (p+1)$ 阶矩阵 X 称为设计矩阵，并假设它是列满秩的，即 $rank(X) = p+1$。

由模型（2.2）以及多元正态分布的性质可知，Y 仍服从 n 维正态分布，它的期望向量为 $X\beta$，方差和协方差阵为 $\sigma^2 I_n$，即 $Y \sim N_n(X\beta, \sigma^2 I_n)$。

2. 参数的最小二乘估计与估计量的性质

（1）参数的最小二乘估计。多元线性回归方程中的未知参数 β_0，β_1，$\cdots$，β_p 可用最小二乘法来估计，即我们选择 $\beta = (\beta_0, \beta_1, \cdots, \beta_p)^T$ 使残差平方和

$$\begin{aligned} Q(\beta) &= (Y - X\beta)^T (Y - X\beta) \\ &= \sum_{i=1}^n (y_i - \beta_0 - \beta_1 x_{i1} - \beta_2 x_{i2} - \cdots - \beta_p x_{ip})^2 \end{aligned} \tag{2.3}$$

达到最小。

由于 $Q(\beta)$ 是关于 β_0，β_1，$\cdots$，β_p 的非负二次函数，因而必定存在最小值，利用微积分的极值求法得

$$\begin{cases} \dfrac{\partial Q(\hat{\beta})}{\partial \beta_0} = -2 \sum_{i=1}^n (y_i - \hat{\beta}_0 - \hat{\beta}_1 x_{i1} - \hat{\beta}_2 x_{i2} - \cdots - \hat{\beta}_p x_{ip}) = 0 \\[2mm] \dfrac{\partial Q(\hat{\beta})}{\partial \beta_1} = -2 \sum_{i=1}^n (y_i - \hat{\beta}_0 - \hat{\beta}_1 x_{i1} - \hat{\beta}_2 x_{i2} - \cdots - \hat{\beta}_p x_{ip}) x_{i1} = 0 \\[2mm] \cdots\cdots \\[1mm] \dfrac{\partial Q(\hat{\beta})}{\partial \beta_k} = -2 \sum_{i=1}^n (y_i - \hat{\beta}_0 - \hat{\beta}_1 x_{i1} - \hat{\beta}_2 x_{i2} - \cdots - \hat{\beta}_p x_{ip}) x_{ik} = 0 \\[2mm] \cdots\cdots \\[1mm] \dfrac{\partial Q(\hat{\beta})}{\partial \beta_p} = -2 \sum_{i=1}^n (y_i - \hat{\beta}_0 - \hat{\beta}_1 x_{i1} - \hat{\beta}_2 x_{i2} - \cdots - \hat{\beta}_p x_{ip}) x_{ip} = 0 \end{cases}$$

式中，$\hat{\beta}_i (i=0, 1, \cdots, p)$ 是 $\beta_i (i=0, 1, \cdots, p)$ 的最小二乘估计。上述对 $Q(\beta)$ 求

偏导，可用矩阵代数运算求得正规方程组，得到正规方程组的矩阵表示：

$$X^T(Y-X\hat{\beta})=0$$

移项得　$X^TX\hat{\beta}=X^TY$

称此方程组为正规方程组。

依据假定 $rank(X)=p+1$，$rank(X^TX)=rank(X)=p+1$，故 $(X^TX)^{-1}$ 存在。解正规方程组得

$$\hat{\beta}=(X^TX)^{-1}X^TY$$

称 $\hat{y}=\hat{\beta}_0+\hat{\beta}_1x_1+\hat{\beta}_2x_2+\cdots+\hat{\beta}_px_p$ 为经验回归方程。

（2）误差方差 σ^2 的估计。将自变量的各组观测值代入回归方程，可得因变量的估计量（拟合值）为：

$$\hat{Y}=(\hat{y}_1,\hat{y}_2,\cdots,\hat{y}_n)^T=X\hat{\beta}$$

向量 $e=Y-\hat{Y}=Y-X\hat{\beta}=[I_n-X(X^TX)^{-1}X^T]Y=(I_n-H)Y$ 称为残差向量，其中，$H=X(X^TX)^{-1}X^T$ 为 n 阶对称幂等矩阵，I_n 为 n 阶单位阵。

称数 $e^Te=Y^T(I_n-H)Y=Y^TY-\hat{\beta}^TX^TY$ 为残差平方和（Sum of Squared Errors，SSE），且 $E(e^Te)=\sigma^2(n-p-1)$，故而 $\hat{\sigma}^2=\dfrac{1}{n-p-1}e^Te$ 为 σ^2 的一个无偏估计。

（3）估计量的性质。多元线性回归模型的估计量具有以下性质，对性质证明有兴趣的读者可参阅相关文献。

性质 1　$\hat{\beta}$ 为 β 的线性无偏估计，且 $D(\hat{\beta})=Cov(\hat{\beta}\cdot\hat{\beta})=\sigma^2(X^TX)^{-1}$。

这一性质说明 $\hat{\beta}$ 为 β 的线性无偏估计，又由于 $(X^TX)^{-1}$ 一般为非对角阵，故 $\hat{\beta}$ 的各个分量间一般是相关的。

性质 2　$E(e)=0$，$D(e)=\sigma^2(I-H)$。

这一性质表明残差向量的各个分量间一般也是相关的。需要说明的是，这里的残差 e 是统计量，与式（2.1）中模型的随机误差 ε 不同。

性质 3　$Cov(e,\hat{\beta})=0$

这一性质表明残差 e 与 β 的最小二乘估计 $\hat{\beta}$ 是不相关的，又由于残差平方和 SSE 是 e 的函数，故它与 $\hat{\beta}$ 也不相关。在正态假定下，不相关与独立等价，因而 SSE 与 $\hat{\beta}$ 独立。

性质 4　$E(SSE)=(n-p-1)\sigma^2$

性质 5　（Gauss-Markov 定理）假定 $E(Y)=X\beta$，$D(Y)=\sigma^2I_n$ 时，β 的任一线性函数 $C^T\beta$ 的最小方差线性无偏估计（BLUE）为 $C^T\hat{\beta}$，其中，C 是任一 $p+1$ 维向量，$\hat{\beta}$ 是 β 的最小二乘估计。

性质 6　当 $Y\sim N_n(X\beta,\sigma^2I_n)$，有以下几点结论：

1）$\hat{\beta}\sim N(\beta,\sigma^2(X^TX)^{-1})$；

2）SSE 与 $\hat{\beta}$ 独立；

3）$SSE/\sigma^2\sim\chi^2(n-p-1)$。

3. 回归方程和回归系数的显著性检验

给定因变量 y 与自变量 x_1，x_2，$\cdots$，x_p 的 n 组观测值，利用前述方法确定的线性回归方程是否有意义有待显著性检验。下面分别介绍回归方程显著性的 F 检验和回归系数的 t 检验，同时介绍衡量回归拟合程度的拟合优度。

（1）回归方程的显著性检验。对多元线性回归方程做显著性检验就是要看自变量 x_1，x_2，$\cdots$，x_p 从整体上对随机变量 y 是否有明显的影响，即检验假设

$$H_0: \beta_1 = \beta_2 = \cdots = \beta_p = 0$$

如果不能拒绝 H_0，则表明 y 与 x_1，x_2，$\cdots$，x_p 之间不存在线性关系。为了说明如何进行检验，我们首先建立方差分析表。

1）离差平方和的分解。我们知道观测值 y_1，y_2，$\cdots$，y_n 之所以有差异，是由下述两个原因引起的：一是当 y 与 x_1，x_2，$\cdots$，x_p 之间有线性关系时，由于 x_1，x_2，$\cdots$，x_p 取值的不同而引起 $y_i(i=1, 2, \cdots, n)$ 值的变化；二是除去 y 与 x_1，x_2，$\cdots$，x_p 的线性关系以外的因素，如 x_1，x_2，$\cdots$，x_p 对 y 的非线性影响以及随机因素的影响等。记 $\bar{y} = \frac{1}{n}\sum_{i=1}^{n} y_i$，则数据的总离差平方和 SST（Total Sum of Squares）

$$SST = \sum_{i=1}^{n}(y_i - \bar{y})^2$$

反映了数据的波动性大小。

残差平方和 SSE（Residual Sum of Squares）

$$SSE = \sum_{i=1}^{n}(y_i - \hat{y}_i)^2$$

反映了除去 y 与 x_1，x_2，$\cdots$，x_p 之间的线性关系以外的因素引起的数据 y_1，y_2，$\cdots$，y_n 的波动。若 $SSE = 0$，则每个观测值可由线性关系精确拟合，SSE 越大，观测值和线性拟合值之间的偏差也越大。

回归平方和 SSR（Regression Sum of Squares）的计算公式为：

$$SSR = \sum_{i=1}^{n}(\hat{y}_i - \bar{y})^2$$

由于可证明 $\frac{1}{n}\sum_{i=1}^{n}\hat{y}_i = \bar{y}$，故 SSR 反映了线性拟合值与它们的平均值的总偏差，即由变量 x_1，x_2，$\cdots$，x_p 的变化引起的 y_1，y_2，$\cdots$，y_n 的波动。若 $SSR = 0$，则每一个拟合值均相等，即 $\hat{y}_i$ 不随 x_1，x_2，$\cdots$，x_p 而变化，这意味着 $\beta_1 = \beta_2 = \cdots = \beta_p = 0$。利用代数运算和正规方程组可以证明：

$$\sum_{i=1}^{n}(y_i - \bar{y})^2 = \sum_{i=1}^{n}(\hat{y}_i - \bar{y})^2 + \sum_{i=1}^{n}(y_i - \hat{y}_i)^2$$

即　　　$SST = SSR + SSE$

因此，SSR 越大，说明由线性回归关系所描述的 y_1，y_2，$\cdots$，y_n 的波动性的比例越大，

即 y 与 x_1，x_2，$\cdots$，x_p 的线性关系越显著，线性模型的拟合效果越好。

2）自由度的分解。对应 SST 的分解，其自由度也有相应的分解，这里的自由度是指平方中独立变化项的数目。在 SST 中，由于有一个关系式 $\sum_{i=1}^{n}(y_i - y) = 0$，即 $y_i - y$ $(i = 1, 2, \cdots, n)$ 彼此并不是独立变化的，故其自由度为 $n - 1$。

可以证明，SSE 的自由度为 $n - p - 1$，SSR 的自由度为 p，因此对应 SST 的分解，有如下自由度的分解关系：

$$n - 1 = (n - p - 1) + p$$

3）方差分析表。基于以上 SST 和自由度的分解，可以建立方差分析表（见表 2-1）。

表 2-1 　　　　　　　　　　　　　方差分析表

方差来源	自由度	均方差	F 值
SSR	p	$MSR = \dfrac{SSR}{p}$	$F = \dfrac{MSR}{MSE}$
SSE	$n - p - 1$	$MSE = \dfrac{SSE}{n - p - 1}$	
SST	$n - 1$		

因此，可以用如下 F 统计量检验回归方程的显著性。

$$F = \frac{MSR}{MSE} = \frac{SSR/p}{SSE/(n - p - 1)}$$

当 H_0 为真时，$F \sim F(p, n - p - 1)$。

（2）回归系数的显著性检验。回归方程通过了显著性检验并不意味着每个自变量 x_i $(i = 1, 2, \cdots, p)$ 都对 y 有显著的影响，可能其中的某个或某些自变量对 y 的影响并不显著。我们希望在回归方程中剔除那些对 y 的影响不显著的自变量，从而建立一个较为简单有效的回归方程，这就需要对每一个自变量做考察。显然，若某个自变量 x_i 对 y 无影响，那么在线性模型中，它的系数 β_i 应为零。因此检验 x_i 的影响是否显著等价于检验以下假设：

$$H_0: \beta_i = 0; \quad H_1: \beta_i \neq 0$$

由性质 6 可知：

$$\hat{\beta} \sim N(\beta, \sigma^2 (X^T X)^{-1})$$

若记 $p + 1$ 阶方阵 $C = (c_{ij}) = (X^T X)^{-1}$，当 H_0 成立时，有

$$\frac{\hat{\beta}_i}{\sigma \sqrt{c_{ii}}} \sim N(0, 1)$$

由于 $\dfrac{SSE}{\sigma^2} \sim \chi^2 (n - p - 1)$，且与 $\hat{\beta}_i$ 相互独立，根据 t 分布的定义，有

$$t_i = \frac{\hat{\beta}_i}{\hat{\sigma}\sqrt{c_{ii}}} \sim t(n-p-1)$$

式中，$\hat{\sigma} = \sqrt{\dfrac{SSE}{n-p-1}}$，对给定的显著性水平 α，当 $|t_i| > t_{\frac{\alpha}{2}}(n-p-1)$ 时，我们拒绝 H_0。

从另一个角度考虑自变量 x_i 的显著性。y 对自变量 x_1，x_2，$\cdots$，x_p 线性回归的残差平方和为 SSE，回归平方和为 SSR。去掉 x_i 后，用 y 对其余的 $p-1$ 个变量作回归，所得残差平方和为 $SSE_{(i)}$，回归平方和为 $SSR_{(i)}$，则自变量 x_i 对回归的贡献为 $\Delta SSR_{(i)} = SSR - SSR_{(i)}$，称为 x_i 的偏回归平方和。由此构造偏 F 统计量 $F_i = \dfrac{\Delta SSR_{(i)}/1}{SSE/(n-p-1)}$，当原假设 $H_0: \beta_i = 0$ 成立时，偏 F 统计量服从自由度为（1，$n-p-1$）的 F 分布。此偏 F 检验与上文叙述的 t 检验是一致的。可以证明 $F_i = t_i^2$。

（3）拟合优度。拟合优度用于衡量模型对样本观测值的拟合程度。在前面的方差分析中我们已经指出，在总离差平方和中，回归平方和占的比例越大，说明拟合效果越好。于是，就用回归平方和与总离差平方和的比例作为评判一个模型拟合优度的标准，称为样本决定系数（coefficient of determination）（或称为复相关系数），记为 R^2。

$$R^2 = \frac{SSR}{SST} = 1 - \frac{SSE}{SST}$$

从 R^2 的意义来看，它越接近 1，意味着模型的拟合优度越高。但是，如果在模型中增加一个自变量，R^2 的值会随之增加，这会给人一种错觉：要想模型的拟合效果好，就得尽可能多地引进自变量。为了防止产生这种倾向，人们考虑到增加自变量必定使得自由度减少，于是又定义了引入自由度的修正的复相关系数，记为 R_a^2。

$$R_a^2 = 1 - \frac{MSE}{MST} = 1 - \frac{\dfrac{SSE}{n-p-1}}{\dfrac{SST}{n-1}}$$

在实际应用中，R^2 达到多大才算通过了拟合优度检验并没有绝对的标准，要看具体情况而定。模型拟合优度并不是判断模型质量的唯一标准，有时为了追求模型的实际意义，可以在一定程度上放宽对拟合优度的要求。

2.1.2 多元线性回归的相关诊断

在前面讨论线性回归问题时，我们做了回归模型的线性假定，误差的独立性、正态性和同方差性假定等，而实际问题中所得的数据是否符合这些假定有待检验。接下来将要解决两个问题：首先是如何验证这些假定是否得到满足。如果符合假定的话，那么参数的估计和有关的假设检验都是可靠的。如果假定不满足，那么我们要解决另一个重要的问题，即需采取怎样的措施。在对模型的假定进行诊断时，残差分析（又称回归诊断）起着十分重要的作用。

残差向量 $e = y - \hat{y} = (I_n - H)y$，这里 $H = X(X^TX)^{-1}X^T$，前面已经介绍过残差的基本性质，如 $E(e) = 0$，$Var(e) = (I_n - H)\sigma^2$，$Cov(\hat{y}, e) = 0$ 等。由于在实际问题中，真正的观测误差 $\varepsilon_i = y_i - E(y_i)(i = 1, 2, \cdots, n)$ 我们并不知道，但如果模型正确，则可将 e_i 近似看作 ε_i，此时残差 e_i 应该能够大致反映误差 ε_i 的特性。因而我们可以利用残差的特点来考察模型的可靠性。

做残差分析时我们经常借助残差图，它是以残差 e_i 为纵坐标，以其他指定的量为横坐标绘制的散点图。常用的横坐标有 $\hat{y}$，x_i 以及观测时间或序号。通常，我们先对残差进行标准化处理，以改进普通残差的性质。

1. 回归函数线性的诊断

诊断回归函数是否为自变量 x_1, x_2, $\cdots$, x_p 的线性函数时，主要采用残差图 $(\hat{y}, e)$。如果在这个散点图中，点 $(\hat{y}_i, e_i)$ 大致在 $e = 0$ 附近随机变化（即无明显的趋势性），且在变化幅度不大的水平带状区域内，如图 2-1（a）所示，则可以认为回归函数的线性假定基本上是合理的。如果这个散点图类似于图 2-1（b），则表明回归函数并非线性形状，应该包含某些变量的高次项或交叉乘积项，可以考虑先将 y 和某些自变量做变换，再建立相应的线性回归模型。

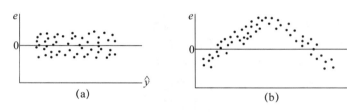

图 2-1　回归残差图 $(\hat{y}, e)$

2. 误差方差齐性的检验

我们也可以采用残差图 $(\hat{y}, e)$ 来判断误差方差是否齐性，若残差图类似于图 2-1（a），则可以认为方差齐性（homogeneity）的假设大致是成立的。如果残差图类似于图 2-2，则方差齐性的假定不成立。图 2-2（a）和（b）分别表示误差方差随自变量的变化而增加或减少。如果方差齐性的假定不能满足，通常采用加权最小二乘法估计模型参数或是对数据做一些相应的变换。

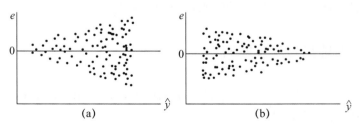

图 2-2　误差方差变化图

3. 误差独立性的检验

在回归模型中，我们总假定误差项是不相关的，即 $Cov(\varepsilon_i, \varepsilon_j) = 0 (i \neq j)$。如果某个回归模型的误差项不满足这一点，则称其存在自相关（或序列相关）现象。

自相关性的检验方法有多种，目前比较常用的是 Durbin-Watson 检验，但它仅适用于一阶自相关的情况，即随机扰动项具有如下形式：

$$\varepsilon_i = \rho \varepsilon_{i-1} + u_i$$

由于实际问题中的 ε_i 未知，所以我们首先采用普通最小二乘法估计模型，然后用残差 e_i 近似代替 ε_i 来判断是否存在自相关性。为了检验自相关性，构造的假设是：

$$H_0: \rho = 0$$

而构造的统计量为：

$$DW = \frac{\sum_{i=2}^{n}(e_i - e_{i-1})^2}{\sum_{i=2}^{n}e_i^2}$$

计算出该统计量的数值之后，根据样本量 n 和自变量数目 p 查 DW 分布表，得到临界值 d_l 和 d_u，然后按照下列准则考察计算得到的 DW 值，可以判断模型的自相关状态。

准则：若 $0 \leqslant DW \leqslant d_l$，　　　　　存在正自相关

若 $d_l < DW \leqslant d_u$，　　　　　不能确定

若 $d_u < DW < 4 - d_u$，　　　不存在自相关

若 $4 - d_u \leqslant DW < 4 - d_l$，　不能确定

若 $4 - d_l \leqslant DW \leqslant 4$，　　　存在负自相关

经验表明，如果模型不存在一阶自相关，那么一般也不存在高阶序列相关。如果模型存在自相关，首先要查明原因。如果是回归模型选用不当，则应该使用适当的回归模型；如果是缺少重要的自变量，则应加入相应的自变量；如果以上方法都不能消除自相关性，则需要采用新的方法估计模型，如广义最小二乘法、差分法、迭代法、移动平均法等，有兴趣的读者可以参阅相关的教材或著作。

4. 误差项正态性的检验

当 $y \sim N(X\beta, \sigma^2 I_n)$ 时，标准化残差可近似看成来自 $N(0, 1)$ 的随机子样，从而可通过常用的正态分布检验方法来验证模型误差的正态性。

2.1.3　自变量的选择与逐步回归

前面我们讨论了线性回归模型的估计方法和检验，在应用回归分析处理实际问题时，首先要解决的问题是自变量的选择。

在多元线性回归分析中，一方面，为了获得较全面的信息，我们总是希望模型包含尽可能多的自变量；另一方面，考虑到自变量越多，收集数据存在困难以及成本大幅增加，加之，有些自变量与其他自变量的作用重叠，如果把它们都引入模型，不仅增加了计算量，还给模型参数的估计和模型的预测带来不利影响。这样一来，我们自然希望选入最合适的自变量，建立起既合理又简单实用的回归模型。下面我们首先介绍变量

间多重共线性的一些处理方法，之后介绍自变量选择的逐步回归方法。自变量的处理方法还有降维技术，包括主成分回归以及最小二乘回归，有兴趣的读者可参考其他文献。

1. 多重共线性的处理

在多元线性回归模型中，假定自变量之间线性无关，因而设计矩阵 X 是满秩的。如果存在不全为零的 p 个常数 c_1，c_2，$\cdots$，c_p，使得

$$c_1 x_{i1} + c_2 x_{i2} + \cdots + c_p x_{ip} = 0, \quad i = 1, 2, \cdots, n$$

则自变量 x_1，x_2，$\cdots$，x_p 之间存在完全的多重共线性（multicollinearity）。在实际问题中，完全共线性的情况并不多见，常见的是近似的多重共线关系，即存在不全为零的 p 个常数 c_1，c_2，$\cdots$，c_p，使得

$$c_1 x_{i1} + c_2 x_{i2} + \cdots + c_p x_{ip} \approx 0, \quad i = 1, 2, \cdots, n$$

如果回归模型 $y = \beta_0 + \beta_1 x_1 + \cdots + \beta_p x_p + \varepsilon$ 存在完全的多重共线性，则设计矩阵 X 的秩 $rank(X) < p+1$，故 $(X^T X)^{-1}$ 不存在，无法得到回归参数的估计量。对于近似多重共线性的情况，此时虽有 $rank(X) = p+1$，但 $|X^T X| \approx 0$，从而矩阵 $(X^T X)^{-1}$ 的主对角线上元素很大，使得估计的参数向量 $\hat{\beta}$ 的协方差阵 $D(\hat{\beta}) = \sigma^2 (X^T X)^{-1}$ 的对角线上元素也很大，导致普通最小二乘参数估计量并非有效。

有一些关于多重共线性的度量，其中之一是容忍度（tolerance）或（等价的）方差膨胀因子（Variance Inflation Factor，VIF），另一个是条件数（condition number），常用 κ 表示。$tolerance = 1 - R_j^2$，$VIF_j = \dfrac{1}{1 - R_j^2}$，其中，$R_j^2$ 是第 j 个变量在所有其他变量上回归时的决定系数。容忍度太小（比如小于 0.2 或 0.1）或 VIF 太大（大于 5 或 10）则认为有多重共线性问题。条件数定义为 $\kappa = \sqrt{\dfrac{\lambda_{\max}}{\lambda_{\min}}}$，式中，$\lambda$ 为 $X^T X$ 的特征值。显然，当自变量矩阵正交时，条件数为 1。一些研究认为，当 $\kappa > 15$ 时，有共线性问题；当 $\kappa > 30$ 时，说明共线性问题严重。

当发现自变量存在严重的多重共线性时，可以通过剔除一些不重要的自变量、增大样本容量、对回归系数做有偏估计（如采用岭回归、Lasso 回归、主成分法、偏最小二乘法等）等方法来克服多重共线性或进行变量选择。2.2 节将详细介绍岭回归和 Lasso 回归方法。

2. 逐步回归

我们研究某一实际问题时，根据经验或专业知识，确定可能对因变量 y 有影响的因素共有 p 个，记为 x_1，x_2，$\cdots$，x_p，它们与 y 一起构成线性回归模型：

$$y = \beta_0 + \beta_1 x_1 + \cdots + \beta_p x_p + \varepsilon$$

我们称这个 y 与所有自变量的回归模型为全模型。

如果我们从所有可供选择的 p 个变量中挑出 q 个，记为 x_1，x_2，$\cdots$，x_q，建立如下回归模型：

$$y = \beta_0 + \beta_1 x_1 + \cdots + \beta_q x_q + \varepsilon$$

则称其为选模型。

利用回归分析解决问题时，自变量的选择可以看成是应该采用全模型还是选模型去描述实际问题。这实际上是第 4 章要介绍的模型选择问题，具体的准则和方法请参见第 4 章。在此我们简单介绍一下前进法和后退法，以及逐步回归法。

前进法的思想是：设所考虑的回归问题中，对因变量 y 有影响的自变量共有 p 个，首先将这 p 个自变量分别与 y 建立 p 个一元线性回归方程，并利用 2.1.1 介绍的检验方法分别计算出这 p 个一元回归方程的偏 F 检验值，记为 $\{F_1^{(1)}, F_2^{(1)}, \cdots, F_p^{(1)}\}$。若其中偏 F 值最大者（为方便叙述起见，不妨设为 $F_1^{(1)}$）所对应的一元线性回归方程都不能通过显著性检验，则可以认为这些自变量不能与 y 建立线性回归方程。若该一元方程通过了显著性检验，则首先将变量 x_1 引入回归方程；接下来由 y 与 x_1 以及其他自变量 $x_j (j \neq 1)$ 建立 $p-1$ 个二元线性回归方程，对这 $p-1$ 个二元回归方程中的 x_2, x_3, $\cdots$, x_p 的回归系数做偏 F 检验，检验值记为 $\{F_2^{(2)}, F_3^{(2)}, \cdots, F_p^{(2)}\}$，若其中最大者（不妨设为 $F_2^{(2)}$）通过了显著性检验，则将变量 x_2 引入回归方程，依此方法继续下去，直到所有未被引入方程的自变量的偏 F 值都小于显著性检验的临界值，即再也没有自变量能够引入回归方程为止，得到的回归方程就是最终确定的方程。

后退法与前进法相反，首先用 p 个自变量与 y 建立一个回归方程，然后在这个方程中剔除一个最不重要的自变量，接着用剩下的 $p-1$ 个自变量与 y 建立线性回归方程，再剔除一个最不重要的自变量，依次进行下去，直到没有自变量能够剔除为止。

前进法和后退法都有不足，人们为了吸收这两种方法的优点，克服它们的不足，提出了逐步回归法。逐步回归法的基本思想是有进有出，具体做法是将变量一个一个引入，引入变量的条件是通过了偏 F 统计量的检验。同时，每引入一个新的变量，对已入选方程的老变量进行检验，将经检验认为不显著的变量剔除，此过程经过若干步，直到既不能引入新变量，又不能剔除老变量为止。

需要说明的是，使用 F 统计量进行逐步回归时，引入变量的显著性水平一般小于剔除自变量的显著性水平。目前有一些软件包使用第 4 章将要介绍的 AIC 和 BIC 而不是 F 统计量作为逐步回归的标准。

2.2　压缩方法：岭回归与 Lasso

2.2.1　岭回归

最初提出岭回归是为了解决回归中的多重共线性问题，也就是 $X^T X$ 不满秩、不是正定矩阵的情形。这时有学者提出给 $X^T X$ 加上一个正常数矩阵 $kI(k>0)$，那么 $\hat{\beta}_{ridge}(k) = (X^T X + kI)^{-1} X^T Y$。其中，$k$ 是一个待估参数，需要使用一些方法来确定。简要说明一下岭估计的性质，首先，岭估计是有偏估计，但存在 $k>0$ 使得岭回归的均方误差小于最小二乘估计的均方误差。因为均方误差等于偏差的平方加上方差，所以岭估计的方差小于最小二乘估计的方差。此外，岭回归的系数估计值的绝对值小于最小二乘估计的绝对值。因此称岭回归为一种压缩估计。

现代统计从损失函数加罚的角度看待岭回归，可以证明岭回归等价于在最小二乘估计的基础上对估计值的大小增加一个约束（也叫惩罚，有时也称为正则化）。

$$\hat{\beta}_{ridge}=\arg\min_{\beta}\sum_{i=1}^{n}\left(y_i-\beta_0-\sum_{j=1}^{p}x_{ij}\beta_j\right)^2，满足条件\ \sum_{j=1}^{p}\beta_j^2\leqslant t \tag{2.4}$$

注意，这里只对自变量的系数施加了约束，并没有考虑截距项 β_0。一般可以通过数据中心化（因变量减去自身均值）消除 β_0 的作用。式（2.4）写成拉格朗日方程的形式为：

$$\hat{\beta}_{ridge}=\arg\min_{\beta}\{\sum_{i=1}^{n}\left(y_i-\beta_0-\sum_{j=1}^{p}x_{ij}\beta_j\right)^2+k\sum_{j=1}^{p}\beta_j^2\} \tag{2.5}$$

式中，t 与 k 一一对应。

求解可得：

$$\hat{\beta}_{ridge}=(X^TX+kI)^{-1}X^TY$$

上式称为 β 的岭回归估计，其中，k 称为岭参数。$k=0$ 时（此时对应 $t=\infty$）的岭回归估计 $\hat{\beta}_{ridge}(0)$ 就是普通的最小二乘估计。因为岭参数 k 不是唯一确定的，所以得到的岭回归估计 $\hat{\beta}_{ridge}(k)$ 实际是回归参数 β 的一个估计族。

当岭参数 k 在（0，∞）内变化时，$\hat{\beta}_{ridge}(k)$ 是 k 的函数，在平面坐标系上把函数 $\hat{\beta}_{ridge}(k)$ 描画出来，画出的曲线称为岭迹。

在图 2-3（a）中，$\hat{\beta}_{ridge}(0)=\hat{\beta}_{OLS}>0$，且比较大。从经典回归分析的观点看，应将 x 看作对 y 有重要影响的因素。但 $\hat{\beta}_{ridge}(k)$ 的图形显示出相当的不稳定，当 k 从零开始略增加时，$\hat{\beta}_{ridge}(k)$ 显著下降，而且迅速趋于零，因而失去预测能力。从岭回归的观点看，x 对 y 不起重要作用，甚至可以去掉这个变量。

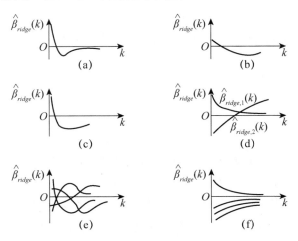

图 2-3　岭迹图

在图 2-3（b）中，$\hat{\beta}_{OLS} = \hat{\beta}_{ridge}(0) > 0$，但很接近 0。从经典回归分析的观点看，$x$ 对 y 的作用不大。但随着 k 略增加，$\hat{\beta}_{ridge}(0)$ 骤然变为负值。从岭回归的观点看，x 对 y 有显著影响。

在图 2-3（c）中，$\hat{\beta}_{OLS} = \hat{\beta}_{ridge}(0) > 0$，说明 x 还比较显著，但当 k 增加时，它迅速下降，且稳定为负值。从经典回归分析的观点看，x 是对 y 有正影响的显著因素。从岭回归的观点看，x 被看作对 y 有负影响的因素。

在图 2-3（d）中，$\hat{\beta}_{ridge,1}(k)$ 和 $\hat{\beta}_{ridge,2}(k)$ 都很不稳定，但其和却大体上稳定。这种情况往往发生在自变量 x_1 和 x_2 的相关性很大的场合，即 x_1 和 x_2 之间存在多重共线性的场合。因此，从变量选择的观点看，两者只要保存一个就够了。这可用来解释某些回归系数估计的符号不合理的情形。从实际观点看，β_1 和 β_2 不应该有相反符号。岭回归分析的结果对这一点提供了解释。

从全局考虑，岭迹分析可用来判断在某一具体实例中最小二乘估计是否适用，把所有回归系数的岭迹都描在一张图上，如果这些岭迹线的"不稳定性"很高，整个系统呈现比较"乱"的局面，往往就会怀疑最小二乘估计是否很好地反映了真实情况（见图 2-3（e））。如果情况如图 2-3（f）那样，则对最小二乘估计可以有更大的信心。

2.2.2 Lasso 回归

Lasso 回归（Tibshirani，1996）和岭回归类似（但又有着很重要的不同），是另一种压缩估计。与岭回归很重要的不同是，它在参数估计的同时既可以对估计值进行压缩，又可以让一些不重要的变量的估计值恰好为零，从而起到自动进行变量选择的功能。Lasso 为 Least Absolute Shrinkage and Selection Operator 的首字母缩写，其中的两个 s 分别表示压缩（shrinkage）和选择（selection）。

Lasso 回归等价于在最小二乘估计的基础上给估计值的大小增加一个不同于岭回归的约束（惩罚）：

$$\hat{\beta}_{lasso} = \arg\min_{\beta} \sum_{i=1}^{n} \left(y_i - \beta_0 - \sum_{j=1}^{p} x_{ij}\beta_j\right)^2, \text{满足条件} \sum_{j=1}^{p} |\beta_j| \leqslant t$$

写成拉格朗日方程的形式为：

$$\hat{\beta}_{lasso} = \arg\min_{\beta} \left\{ \sum_{i=1}^{n} \left(y_i - \beta_0 - \sum_{j=1}^{p} x_{ij}\beta_j\right)^2 + \lambda \sum_{j=1}^{p} |\beta_j| \right\} \tag{2.6}$$

式中，t 与 λ 一一对应。可以看到，在岭回归中对系数的惩罚 $\sum_{j=1}^{p} \beta_j^2 \leqslant t$ 为 L_2 范数，因为它等价于 $\|\beta\|_2 \leqslant \sqrt{t}$。在 Lasso 中被替换为 L_1 范数，即 $\sum_{j=1}^{p} |\beta_j| \leqslant t$。这使得式（2.6）不能求得显式的解析解。在 2.3 节中我们将介绍 Lasso 回归求解的数值方法以及 Lasso 解的理论性质。

注意：范数的概念是线性空间中向量长度概念的推广。向量 $c = (c_1, \cdots, c_I)$ 的 L_p

范数定义为 $\|c\|_p = (\sum_{i=1}^{I} |c_i|^p)^{1/p}$。因此 $\|c\|_1 = \sum_{i=1}^{I} |c_i|$，$\|c\|_2 = \sqrt{\sum_{i=1}^{I} c_i^2}$。有时，$L_2$ 范数的下标 2 会被省略，直接写成 $\|c\|$。

2.2.3　一张图看懂岭回归和 Lasso 回归

图 2-4 给出了 $p=2$（也就是只有两个自变量）时，岭回归、Lasso 回归的解和没有约束的最小二乘解的关系。在这个时候，我们需要估计的系数有两个（β_1 和 β_2），对于没有约束的最小二乘估计，参数空间 $(\beta_1, \beta_2) \in R^2$（即整个平面）。图中的黑点代表 $\hat{\beta}_{OLS}$，它使得没有约束的残差平方和（式（2.3））达到最小。图中的椭圆形曲线表示由不同的 β_1，β_2 的估计值得到的式（2.3）的 SSE 的等值曲线，SSE 的值随着椭圆半径的增大而增大。

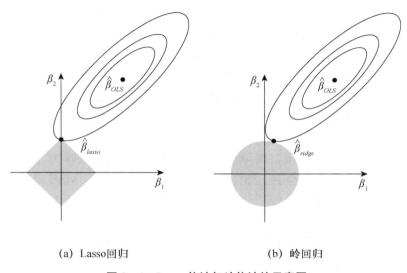

(a) Lasso回归　　　　　　　　　　(b) 岭回归

图 2-4　Lasso 估计与岭估计的示意图

对于图 2-4（b）（岭回归），以原点为中心，以 $\sqrt{t}$ 为半径的圆形区域是岭回归对估计值区域的约束（$\sum_{j=1}^{p} \beta_j^2 \leqslant t$），即我们事先约束了的参数空间，也就是说，岭回归的估计不能超过这个圆形范围。那么最小化带约束的 SSE 时（即求解式（2.5）），得到的解是椭圆曲线与圆形区域的切点（这是满足约束条件的使得 SSE 最小的点，因为我们前面提过，SSE 的值随着椭圆的增大而增大，所以，这个圆形区域内部任何点对应的 SSE 都会大于这个切点对应的 SSE 的值）。这个解的绝对值要小于最小二乘解的绝对值，因此是一个压缩估计。通常这个切点不会出现在坐标轴上，因此估计系数不会为 0，也就不能实现自动的变量选择。

对于图 2-4（a）（Lasso 回归），与岭回归不同的是，对估计值参数空间的约束（$\sum_{j=1}^{p} |\beta_j| \leqslant t$）不是圆形，而是正方形。这样，很多时候，椭圆曲线和正方形的约束区域

会相切在坐标轴上。于是其中一个参数的估计值直接为 0，起到了变量选择的作用。另一个参数的估计值的绝对值也小于其对应的最小二乘估计的绝对值，因此也起到了压缩估计的作用。对于变量维数超过 2 的情况，可以做出类似的解释，只是约束区域变为高维球体和高维立方体。维数越高，Lasso 估计越容易与坐标轴相切（高维立方体顶点位置），变量选择作用越明显。

此外，不论是从代数还是几何的角度都很容易理解，不管是岭回归还是 Lasso 回归，当 t 足够大且趋于 ∞ 时，也就是对应式（2.5）和式（2.6）的 k 和 λ 等于 0 时，约束（惩罚项）不再起作用，估计值与最小二乘估计相同。

图 2-4 还有一点需要解释，就是我们通常说的残差平方和（SSE）与估计量的均方误差（MSE）是两个不同的概念。残差平方和是统计量，有了数据，我们称作一次实现值，之后拟合模型，可以计算出预测值 $\hat{y}_i$，我们的目标是让 $\sum\limits_{i=1}^{n}(y_i-\hat{y}_i)^2$ 达到最小，由此得到无约束最小二乘估计 $\hat{\beta}_{OLS}$，如图 2-4 的黑点所示。如果再有一个独立样本，另一次实现值，那么计算的 $\hat{\beta}'_{OLS}$ 将会是图中另一个位置。因为它是无偏估计，所以它的不同的实现值将围绕真值 β^* 波动，没有系统偏差，但是方差很大，因此每次的实现值实际上距离真值（记为 β^*）较远。$\hat{\beta}_{lasso}$ 和 $\hat{\beta}_{ridge}$ 都是有偏估计，这意味着对于不同的数据，它们的估计值是不同的切点，且与真值 β^* 有系统偏差。虽然它们是有偏估计，但是方差较小。MSE 是我们衡量估计量好坏的一个理论依据，它是根据估计量的分布计算的。我们在"数理统计"课程中一再强调估计量是统计量，统计量是随机变量，统计量的分布是抽样分布。如果有不同的数据实现值，则可以得到统计量（估计量）不同的实现值。但往往我们没有多次数据实现值，因此使用理论分布讨论估计量的性质。MSE 是估计量的均方误差，是一个常数，定义为 $E(\hat{\beta}-\beta)^2$，可以分解成 $E(\hat{\beta}-E(\hat{\beta}))^2+(E(\hat{\beta})-\beta)^2$，即估计量的偏差平方加上估计量的方差。也就是说，统计从来不只是考察一阶矩（位置、期望、均值），更重要的是考察二阶矩（离散程度、方差）。在这个意义上，岭回归和 Lasso 回归的估计要优于最小二乘估计。

岭回归和 Lasso 回归中的参数 k 或 λ 称为调节参数，需要估计。实际上不同的调节参数的取值对应不同的模型。因此，可以把调节参数的估计看成模型选择问题，可以使用第 4 章将要介绍的方法（C_p、AIC、BIC 或交叉验证）来估计。

2.2.4 *[①] 从贝叶斯角度再看岭回归和 Lasso 回归

我们还可以从贝叶斯角度解释岭回归和 Lasso 回归。贝叶斯学派认为模型的参数 β 也是随机变量，服从一个先验分布，记为 $p(\beta)$。因此，根据贝叶斯公式，可得 β 的后验分布（正比例于先验分布乘以似然函数 $f(y\mid x;\beta)$）为：

$$p(\beta\mid x,y)\propto f(y\mid x;\beta)p(\beta)$$

对于回归模型（2.1），假定误差服从正态分布，由于样本是独立同分布的，因此似然

---

① 书中带"＊"的章节表示有一定的理论难度。

函数为：

$$f(y \mid x \,;\, \beta) \propto \exp\left\{-\frac{\sum_{i=1}^{n}(y_i - x_i\beta)^2}{2\sigma^2}\right\}$$

进一步假定向量 β 的先验分布为高斯分布，如图 2-5（a）所示，即 $\beta \sim N(0,\ \tau^2 I)$，则有

$$p(\beta) \propto \exp\left\{-\frac{\beta^T\beta}{2\tau^2}\right\}$$

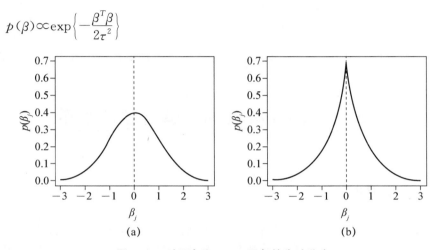

图 2-5　岭回归和 Lasso 回归的先验分布

根据贝叶斯公式，可求得 β 的后验分布为：

$$p(\beta \mid x,\ y) \propto f(y \mid x \,;\, \beta)p(\beta) \propto \exp\left\{-\frac{\sum_{i=1}^{n}(y_i - x_i\beta)^2}{2\sigma^2}\right\}\exp\left\{-\frac{\beta^T\beta}{2\tau^2}\right\} \quad (2.7)$$

对于这个后验分布，我们计算它的众数，即该分布取最大值的点对应的 β。因为对数函数是单增函数，所以对式（2.7）做对数变换，取最大值的点保持不变：

$$\ell(\beta \mid x,\ y) = -\frac{\sum_{i=1}^{n}(y_i - x_i\beta)^2}{2\sigma^2} - \frac{\beta^T\beta}{2\tau^2} + constant$$

显然，这与岭回归的目标函数（2.5）是一致的。将这一函数对 β 求一阶导并令其为 0，则可得到后验分布的众数（同时也是平均数）：

$$\hat{\beta}_{MAP} = \left(x^Tx + \frac{\sigma^2}{\tau^2}I\right)^{-1}x^Ty$$

将 $\frac{\sigma^2}{\tau^2}$ 看作岭回归中的调节参数 k，这样的 $\hat{\beta}_{MAP}$ 就是岭回归估计。

类似地，我们假定向量 β 的各个分量相互独立，且先验分布为 Laplace（双指数）分布，即 $\beta_j \sim Laplace(0,t)$，则有 $p(\beta_j) \propto \exp\left\{-\frac{|\beta_j|}{t}\right\}$（$j = 1,\ 2,\ \cdots,\ p$），如图 2-5（b）

所示。此时 β 的后验分布为：

$$p(\beta \mid x, y) \propto \exp\left\{-\frac{\sum_{i=1}^{n}(y_i - x_i\beta)^2}{2\sigma^2}\right\}\exp\left\{-\frac{\sum_{j=1}^{p}|\beta_j|}{t}\right\}$$

对其进行对数变换，得

$$\ell(\beta \mid x, y) = -\frac{\sum_{i=1}^{n}(y_i - x_i\beta)^2}{2\sigma^2} - \frac{\sum_{j=1}^{p}|\beta_j|}{t}$$

这与 Lasso 的目标函数（2.6）是一致的。后验分布的众数即 Lasso 估计。

2.3* Lasso 模型的求解与理论性质

2.3.1 Lasso 模型求解

Lasso 问题（式（2.6））是一个平方损失加凸惩罚的优化问题。有许多方法可以解决凸优化问题，这里介绍一个简单有效的优化算法。首先我们将 y 和 x 标准化，因此，$1/n\sum_i y_i = 0$，$1/n\sum_i x_{ij} = 0$，并且 $1/n\sum_i x_{ij}^2 = 1$。这样，截距项 β_0 就可以忽略。将 Lasso 问题等价地改写成如下拉格朗日形式，可以通过坐标下降（coordinate descent）法进行求解。

$$\min_{\beta \in R_p}\left\{\frac{1}{2n}\sum_{i=1}^{n}\left(y_i - \sum_{j=1}^{p}x_{ij}\beta_j\right)^2 + \lambda\sum_{j=1}^{p}|\beta_j|\right\}$$

首先考虑只有一个自变量 z 的情况，给定样本 $\{(z_i, y_i)\}_{i=1}^{n}$，于是求解 Lasso 问题就转变成求解

$$\min_{\beta}\left\{\frac{1}{2n}\sum_{i=1}^{n}(y_i - z_i\beta)^2 + \lambda|\beta|\right\}$$

标准的求解方法是目标函数对 β 求导，并让导数为 0，但绝对值函数 $|\beta|$ 在 $\beta = 0$ 处不可导。通过简单的推导，可以将目标函数改写成 $\frac{1}{2}\beta^2 - \frac{1}{n}\langle z, y\rangle\beta + \lambda|\beta| + const$，因此可以求出回归系数的解析解为：

$$\hat{\beta} = \begin{cases} \frac{1}{n}<z, y> - \lambda & \text{if } \frac{1}{n}<z, y> > \lambda \\ 0 & \text{if } \frac{1}{n}|<z, y>| \leqslant \lambda \\ \frac{1}{n}<z, y> + \lambda & \text{if } \frac{1}{n}<z, y> < -\lambda \end{cases}$$

也可简写为 $\hat{\beta} = S_\lambda\left(\frac{1}{n}\langle z, y\rangle\right)$，其中，$S_\lambda(x) = \text{sign}(x)(|x| - \lambda)_+$，称为软阈算子，它把 x 向 0 拉近 λ，并且当 $|x| \leqslant \lambda$ 时，令 x 等于 0。注意到，当自变量经过标准化后 $\frac{1}{n}\sum_i z_i^2 = 1$，求得的 Lasso 解是普通最小二乘解的软阈形式。

仿照上述求解单变量 Lasso 问题的思路，可以推广一个坐标循环方法来求解完整的 Lasso 问题。具体地说，我们按照某个固定的顺序重复对变量进行循环，也就是在第 j 步时，保持其他的回归系数 $\{\hat{\beta}_k, k \neq j\}$ 在当前值，然后通过最小化目标函数来更新回归系数 β_j，第 j 步的目标函数是：

$$\frac{1}{2n}\sum_{i=1}^n \left(y_i - \sum_{k \neq j} x_{ik}\beta_k - x_{ij}\beta_j\right)^2 + \lambda\sum_{k \neq j}|\beta_k| + \lambda|\beta_j|$$

可以看出，利用偏残差 $r_i^{(j)} = y_i - \sum_{k \neq j} x_{ik}\hat{\beta}_k$ 来求解 β_j，类似单变量求解 Lasso 问题，可以得到更新方程式为 $\hat{\beta}_j = S_\lambda\left(\frac{1}{n}\langle x_j, r^{(j)}\rangle\right)$，或者等价地写为 $\hat{\beta}_j \leftarrow S_\lambda\left(\hat{\beta}_j + \frac{1}{n}\langle x_j, r\rangle\right)$，其中，$r_i = y_i - \sum_{j=1}^p x_{ij}\hat{\beta}_j$ 是全残差。整个算法就是在重复交替地执行软阈更新。

这个算法为什么是有效的？Lasso 问题的目标函数是 β 的凸函数，因此没有局部最小值，该算法从每个坐标方向最小化目标函数，在相对温和的条件下，这种循环坐标下降法将收敛到全局最优。

注意到，当 λ 取 0 时，求解 Lasso 问题转变成求解普通最小二乘问题，按照上述算法求得的解会逐渐收敛到最小二乘解，但这并不是求解最小二乘问题的有效方法。

在实际应用中，我们不只想得到单一固定 λ 下 Lasso 的解，而是想要得到 Lasso 解的路径，一个合理的方法就是从一个非常大的 λ 值出发，这个值是 $\lambda_{\max} = \max_j \left|\frac{1}{n}\langle x_j, y\rangle\right|$。在该 λ 值下，所有的回归系数全为 0。然后逐渐降低 λ，并且利用前一次求出的解作为此次求解的"热启动"来求解 Lasso。这种方法叫做路径循环坐标下降（pathwise coordinate descent）。

实际操作是，可以通过定义活跃集的方式加速算法的实现。具体思路如下：以上一步的回归系数 $\hat{\beta}(\lambda_{l-1})$ 作为"热启动"，在 λ 取新值 λ_l 时，可以定义活跃集 A 为此时非零变量的索引集合。我们的想法是只使用活跃集中的变量进行算法迭代。在收敛过程中，考察所有遗漏的变量，如果它们都满足 $\frac{1}{n}|\langle x_j, r\rangle| < \lambda_l$，其中，$r$ 表示现在的残差，则得到 p 个变量的解。如果有不满足此条件的变量，那么这些变量被重新包含在活跃集 A 中，并且这个过程重复进行。

与上面的活跃集类似，也可以定义强集。强集 S 定义为 $S = \left\{j : \frac{1}{n}|\langle x_j, r\rangle| > \lambda_l - (\lambda_{l-1} - \lambda_l)\right\}$。现在的求解过程仅需要考虑强集 S 中的变量。除了特殊情况，强集将覆盖最优活跃集。强集规则是非常有用的，尤其是当 p 非常大时。

默认的 Lasso 公式对每个变量的惩罚是相同的，都是 λ，可以简单地利用相对惩罚强度 $\gamma_j \geqslant 0$ 改变对每个变量的惩罚，使得全局惩罚变为 $\lambda \sum_{j=1}^{p} \gamma_j P_\alpha(\beta_j)$。当某个 γ_j 被设置为 0 时，相当于对变量 x_j 不加惩罚，始终保留在模型中。

2.3.2 最小角回归

最小角回归（Least Angle Regression，LARS）是 Efron et al.（2004）提出的方法，可以看成是向前逐步回归的一个改进版，并且与 Lasso 回归有着很近的联系。实际上它提供了一种快速高效的求 Lasso 模型整个路径解的方法。也就是说，不再是固定一个 λ 的值，然后求解 β，而是把 β 看成 λ 的函数。与求最小二乘解的算法复杂度类似，改进的最小角回归方法可以得到全部关于 λ 的解 β。这开辟了广大学者研究各种模型的路径解的先河。

向前逐步回归的步骤是每次挑选一个"最优"变量加入模型。最小角回归采用相同的策略，不过每次每个变量只加到它应该加入的程度。具体来讲，首先，挑选一个与因变量最相关的自变量进入"备选集"。LARS 不是直接计算这个变量的最小二乘估计，而是让估计值从零逐渐增加，从而使得这个变量与新得的残差之间的相关性逐渐变小。直到有另一个变量和新得的残差之间的相关与这个变量和残差之间的相关相同，这个过程才暂停，新的变量加入"备选集"，两个变量的估计系数再同时变动，使得它们与残差的相关性继续下降。整个过程直到全部自变量加入"备选集"才终止，最后的估计值与最小二乘估计一致。算法流程如下：

S1：标准化所有自变量使得它们的均值为 0，标准差为 1。设定初始残差 $r = y - \bar{y}$，初始系数估计为 $\hat{\beta}_1 = \hat{\beta}_2 = \cdots = \hat{\beta}_p = 0$。

S2：找到与 r 最相关的预测变量 X_j。

S3：令 $\hat{\beta}_j$ 从 0 向它的最小二乘估计 $\langle X_j, r \rangle$ 增加，直到另一个预测变量 X_k 和当前残差的相关与 X_j 和当前残差的相关相同。

S4：令 $\hat{\beta}_j$ 和 $\hat{\beta}_k$ 沿着它们联合的最小二乘估计的方向增加，直到另一个预测变量 X_l 和当前残差的相关与这两个变量和当前残差的相关相同。

S5：持续上述过程，直到所有 p 个变量全部进入"备选集"，经过 $\min(n-1, p)$ 步之后，我们得到最小二乘解。（注：当 $p > n-1$，残差为 0。减 1 是因为我们标准化了数据。）

稍微调整一下上述算法的 S4 步，可以得到 Lasso 回归的路径解。

S4a：如果一个非零的系数估计变为 0，将它对应的变量从"备选集"里去除，重新计算当前的最小二乘方向。

下面进一步解释以上算法的细节。最小角回归的灵感来源于向前分段回归（forward stagewise linear regression）。具体来说，令回归函数的初始值为 0，即 $\hat{f} = 0$。如果 $\hat{f}$ 为当前的分段回归估计，则解释变量 X 与当前残差的相关向量为：

$$\hat{c} = X^T(y - \hat{f})$$

向前分段回归算法的下一步是选取与当前残差最相关的解释变量 x，并在该方向上移动一小步：

$$\hat{j} = \arg\max |\hat{c}_j| \text{ 并且 } \hat{f} \to \hat{f} + \varepsilon \cdot sgn(\hat{c}_j) \cdot X_{\hat{j}}$$

式中，ε 是一个较小的常数。当 ε 较大时，比如令 $\varepsilon = |\hat{c}_{\hat{j}}|$，该方法就变成经典的向前逐步回归。

最小角回归是由向前分段回归发展而来的，其回归函数 $\hat{f}$ 和估计系数 $\hat{\beta}$ 都是通过不断迭代得到的。两者的不同体现在前进方向和前进步长的选取上。令 A_k 表示在第 k 步开始时的"备选集"，$\hat{\beta}_{A_k}$ 表示此时的系数估计，其中有 $k-1$ 个非零值，刚刚进入的变量的估计值为 0。如果当前的残差为 $r_k = y - X_{A_k}\hat{\beta}_{A_k}$，则这一步的方向为 $\delta_k = (X_{A_k}^T X_{A_k})^{-1} X_{A_k}^T r_k$，系数估计值 $\hat{\beta}_{A_k}$ 的更新公式为 $\hat{\beta}_{A_k}(\alpha) = \hat{\beta}_{A_k} + \alpha\delta_k$，$\alpha$ 为步长。如果这一步最初的拟合值是 $\hat{f}_k$，则它的更新公式为 $\hat{f}_k(\alpha) = \hat{f}_k + \alpha u_k$，其中，$u_k = X_{A_k}\delta_k$ 是新的拟合方向。"最小角"这个名字来自这个过程的几何解释，u_k 和 A_k 里的每个变量拥有最小的相等的角度。值得注意的是，通过这样的算法构造，最小角回归的系数估计是分段线性的，也就是说，在每个新变量进入之前，现有变量的估计是线性增长的。

2.3.3　SCAD 回归与 Oracle 性质

为了讨论 Lasso 估计解 $\hat{\beta}_{lasso}$ 的理论性质，Fan and Li（2001）从惩罚函数的角度出发，认为一个好的惩罚函数应使得模型中的解具有以下三个理论性质：

（1）无偏性：当未知参数真值较大时，估计值应该几乎无偏。

（2）稀疏性：有某个阈值准则自动将较小的估计系数降至 0，以降低模型复杂度。

（3）连续性：为避免模型在预测时的不稳定性，估计值应该是最小二乘估计值的某种连续函数。

前文所述的 Lasso 的解一般是有偏的，而岭回归的解也是有偏的并且不满足稀疏性，都不是 Fan and Li（2001）所定义的好的惩罚函数。为找到这样一个好的惩罚函数，为了简化讨论，假定 X 是正交矩阵，一个加罚的最小二乘的一般形式如下：

$$\frac{1}{2}(y - x\beta)^2 + \lambda\sum_{j=1}^{p} p_j(|\beta_j|) = \frac{1}{2}\|y - xx^T y\|^2 + \frac{1}{2}\|x^T y - \beta\|^2 + \lambda\sum_{j=1}^{p} p_j(|\beta_j|)$$

$$= \frac{1}{2}\|y - \hat{y}\|^2 + \frac{1}{2}\sum_{j=1}^{p}(z_j - \beta_j)^2 + \lambda\sum_{j=1}^{p} p_j(|\beta_j|)$$

式中，$\hat{y} = xx^T y$；$z = x^T y$；$p(\cdot)$ 是对第 j 个分量的惩罚函数的一般形式，并不需要对每个分量都相同。接下来用 $p_\lambda(\cdot)$ 表示 $\lambda p(\cdot)$，说明惩罚函数依赖于调节参数 λ。上式就等价于最小化每个系数的估计：

$$\frac{1}{2}(z - \beta)^2 + p_\lambda(|\beta|) \tag{2.8}$$

式（2.8）对 β 求一阶导可得 $sgn(\beta)\{|\beta| + p'_\lambda(|\beta|)\} - z$，通过分析，可得满足无偏

性的充分条件是 $p'_\lambda(|\beta|)=0$ 对于大的 $|\beta|$ 成立。满足稀疏性的条件是 $|\beta|+p'_\lambda(|\beta|)$ 的最小值是正数。最后，满足连续性的条件是 $|\beta|+p'_\lambda(|\beta|)$ 的最小值在 0 点达到。Fan and Li（2001）提出了满足以上三个性质的 SCAD（smoothly clipped absolute deviation）惩罚函数，不过我们通常所说的 SCAD 惩罚函数指的是这一函数的导数：

$$p'_\lambda(\beta)=\lambda\left[I(\beta\leqslant\lambda)+\frac{(a\lambda-\beta)_+}{(a-1)\lambda}I(\beta>\lambda)\right],\ a>2,\ \beta>0$$

图 2-6 给出了 SCAD 惩罚函数和 Lasso 惩罚函数（$\lambda|\beta|$）的对比（给定某个 λ 的取值）。可以看到，与 Lasso 相比，SCAD 降低了对大系数（$\beta>\lambda$）的惩罚。

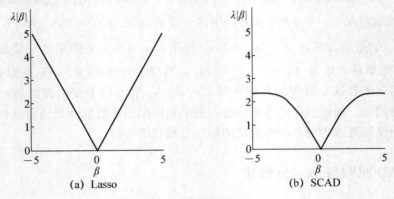

图 2-6　两种惩罚函数的对比

SCAD 的估计为：

$$\hat{\beta}=\begin{cases}sgn(z)(|z|-\lambda)_+,\ |z|\leqslant2\lambda\\ [(a-1)z-sgn(z)a\lambda]/(a-2),\ 2\lambda<|z|\leqslant a\lambda\\ z,\ |z|>a\lambda\end{cases}$$

Fan and Li（2001）证明，SCAD 估计在一定条件下满足神谕性（oracle property），即 SCAD 估计的表现与真实模型已知时（假定已知真实模型中参数为零的系数）的表现一样好，也就是说，SCAD 估计能准确地进行变量选择。具体来说，假定真实参数为 $\beta_0=(\beta_{10},\cdots,\beta_{p0})^T=(\beta_{A0}{}^T,\beta_{B0}{}^T)^T$，其中，$\beta_{B0}=0$，即一部分变量的系数为 0。令 $I(\beta_0)$ 表示 Fisher 信息矩阵，$I_1(\beta_{A0},0)$ 是已知 $\beta_{B0}=0$ 时的 Fisher 矩阵。首先可以证明存在一个带惩罚的似然估计以速度 $O_p(n^{-\frac{1}{2}}+a_n)$ 收敛，其中，$a_n=\max\{p'_{\lambda_n}(|\beta_{j0}|):\beta_{j0}\neq0\}$，也就是说，当 $\lambda_n\to0$ 时，SCAD 估计是 $\sqrt{n}$ 的相合估计。进一步，这个估计满足 $\hat{\beta}_{B0}=0$，且 $\hat{\beta}_{A0}$ 是渐近正态分布。当 $n^{1/2}\lambda_n\to\infty$ 时渐近，方差为 I_1^{-1}。这表明 SCAD 估计的表现和已知 $\beta_{B0}=0$ 时一样好，因为它恰好将其估计为 0（$\hat{\beta}_{B0}=0$）。

这个方法的缺点是非凸，使得求解非常困难。适应性 Lasso（Zou，2006）使用了一个加权的惩罚 $\sum_{j=1}^p\omega_j|\beta_j|$，其中，$\omega_j=1/|\hat{\beta}_j|^v$，$\hat{\beta}_j$ 是最小二乘估计，$v>0$。它能够保持估计结果的相合性，并且具有凸性，易于计算。

2.4 损失函数加罚的建模框架

2.4.1 损失函数的概念

从统计决策的角度来看，上述建模的过程可以归纳为损失函数加罚的框架。考虑回归问题，即 Y 为连续变量，解释变量为 X，其联合分布为 $Pr(X, Y)$。我们寻找一个函数 $f(X)$ 去预测 Y，定义损失函数 $L(Y, f(X))$ 来惩罚预测的误差，最常用的为平方损失 $L(Y, f(X)) = (Y - f(X))^2$。假设 $f(X) = \beta_0 + \sum_{j=1}^{p} X_j \beta_j$，也就是式（2.1）的线性回归形式，最小二乘估计即最小化训练集数据各数据点的平方损失之和。

除了平方损失之外，还有很多可以用于回归问题的损失函数，其中之一就是 Huber 损失函数，定义如下：

$$L(y, f(x)) = \begin{cases} [y-f(x)]^2/2, & |y-f(x)| \leqslant \delta \\ \delta(|y-f(x)|) - \delta^2/2, & \text{其他} \end{cases}$$

图 2-7 给出各种损失的示意图，横轴为 $y-f$，代表真实值与预测值的差异。回归损失函数的一个基本要求是，损失随 $|y-f|$ 的增大而增大。图中长虚线为平方损失，短虚线为 Huber 损失（$\delta=2$ 时）。可以看出它们关于原点对称，即相同程度的高估（$f>y$ 情形）或低估（$f<y$ 情形），损失相同。而 Huber 损失对异常值更稳健一些，因为它在 $|y-f|$ 取值较大时的损失小于相同情况下的平方损失。图中浅色实线是 ε-不敏感损失，我们将在第 7 章进行介绍。此外，图上还有分位损失（$\tau=0.3$ 为例，带"×"黑色实线）以及绝对值损失（黑色实线）。接下来会详细介绍以这两种损失为目标的回归模型。

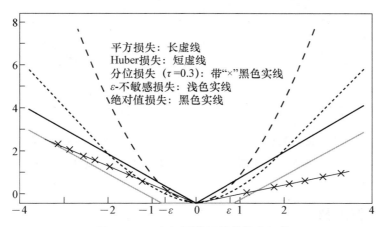

图 2-7 回归问题的不同的损失函数

2.4.2　最小一乘回归与分位回归

如果把损失函数改为 $L(Y, f(X)) = |Y - f(X)|$（图 2-7 中的黑色实线），则称为最小一乘回归。最小一乘回归是分位回归的特例，一般的 τ 分位回归的损失函数为 $L(Y - f(X), \tau) = (Y - f(X))(\tau - I(Y - f(X) < 0))$（图 2-7 中的带"×"黑色实线，$\tau = 0.3$）。当 $\tau = 0.5$ 时，就是绝对值损失对应的最小一乘回归（相差一个 1/2 因子）。最小二乘回归和最小一乘回归的损失函数是对称的，而一般的 τ 分位回归的损失函数不是对称的，是从原点出发的分别位于第一和第二象限的射线，斜率比为 $\tau : (1 - \tau)$。这种损失函数适合预测值高估和低估有明显不同后果的情况，比如预测某产品的销量，高估一点造成库存成本增加，但低估会使利润明显下降，此时我们使用这种不对称的损失函数。

图 2-8 给出了不同损失函数情况下对相同数据的拟合曲线。（a）图是模拟 50 个正态分布产生的数据，此时最小二乘估计（图中深色实线）和最小一乘估计（图中浅色实线）区别不大，分位回归（$\tau = 0.3$）的拟合曲线在最下方（长虚线），因为它对高估情况（$y - f < 0$）施加更大的惩罚，所以它更倾向低估一些。反之，分位回归（$\tau = 0.7$）的拟合曲线（短虚线）在最上方。

（b）图在数据中增加了 10 个异常点，可以看到，异常值对绝对损失（浅色实线）和两种分位损失（两种虚线）的影响不大。但平方损失受到较大影响，其拟合曲线（深色实线）明显向异常点靠近。读者可自行编写模拟程序，实现上述过程，体会不同模型拟合数据的差异。实际应用时选用哪种损失还要根据数据的特点、问题的背景来决定。

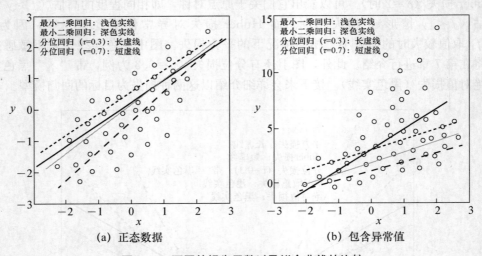

(a) 正态数据　　　　　　　(b) 包含异常值

图 2-8　不同的损失函数以及拟合曲线的比较

2.4.3* 其他罚函数

上文已经叙述，在使用平方损失的最小二乘估计时存在一些问题，因此对参数空间施加了一定的约束（惩罚，或称为正则化），得到了岭回归和 Lasso 回归。在讨论 Lasso 回归估计的理论性质时，我们介绍了 SCAD 回归和自适应 Lasso，它们都是不同的惩罚函数。除了这些模型，比较常用的罚函数还有 Elastic Net 惩罚（Zou and Hastie，2005）和 Grouped Lasso（Yuan and Lin，2006）。在 $p>n$ 的问题中，Lasso 最多能选出 n 个变量；在 $n>p$ 的问题中，如果存在高度相关的变量，岭回归会同时压缩这些变量的系数，而 Lasso 在做变量选择时对变量是否相关并不敏感，此时 Lasso 的表现不如岭回归。为克服这一局限，Zou and Hastie 在 2005 年提出了弹性网（elastic net）惩罚，以使模型在进行变量选择的同时，能将有关联的变量组选出来。

对任意给定的非负参数 λ_1，λ_2，Zou and Hastie（2005）首先定义了带朴素弹性网（naive elastic net）惩罚的目标函数：

$$\min \parallel y-x\beta \parallel_2^2 +\lambda_1 \parallel \beta \parallel_1 +\lambda_2 \parallel \beta \parallel_2^2$$

令 $\alpha=\lambda_2/(\lambda_1+\lambda_2)$，则这一目标函数等价于：

$$\arg \min_\beta \parallel y-x\beta \parallel_2^2 ，满足条件 (1-\alpha) \parallel \beta \parallel_1 +\alpha \parallel \beta \parallel_2^2 \leqslant t，对某一给定 t$$

式中，$(1-\alpha) \parallel \beta \parallel_1 +\alpha \parallel \beta \parallel_2^2$ 即弹性网惩罚。当 $\alpha \in (0，1)$ 时，这一惩罚项是严格凸的；而当 $\alpha=0$ 或 1 时，这一惩罚项变成 Lasso 或岭回归。从弹性网惩罚项中可以看到，弹性网惩罚的思想就是要结合岭回归与 Lasso 的优点：二范数的惩罚项使得模型同时压缩高度相关的变量，一范数的惩罚项则使得这些被同时压缩的变量被压缩至 0 从而得到稀疏解。

图 2-9 中给出二维情况下弹性网惩罚的示意图。最外面的实线大圆是岭回归约束，里面的虚线正方形是 Lasso 约束，中间的虚线图形是弹性网约束（$\alpha=0.5$ 时）。

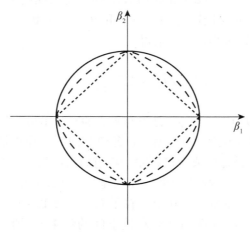

图 2-9 弹性网示意图

朴素弹性网的求解等价于 Lasso 问题的求解。对于矩阵（x，y）和参数（λ_1，λ_2），定义矩阵（x^*，y^*）为：

$$x_{(n+p)\times p}^* =(1+\lambda_2)^{-1/2} \begin{pmatrix} x \\ \sqrt{\lambda_2} I \end{pmatrix}，\quad y_{(n+p)}^* = \begin{pmatrix} y \\ 0 \end{pmatrix}$$

再定义 $\gamma = \dfrac{\lambda_1}{\sqrt{1+\lambda_2}}$，$\beta^* = \sqrt{1+\lambda_2}\,\beta$。则带朴素弹性网惩罚的目标函数等价于：

$$\| y^* - x^*\beta^* \|_2^2 + \gamma \| \beta^* \|_1$$

其解记为 $\hat{\beta}^*$，则原始问题的估计值为 $\hat{\beta}(naive) = \dfrac{1}{\sqrt{1+\lambda_2}}\,\hat{\beta}^*$。显然，上面的等价形式即 Lasso 问题的目标函数，因此朴素弹性网继承了 Lasso 低成本运算的优点。由于 x^* 是一个 $(n+p) \times p$ 维的矩阵，意味着朴素弹性网可以最多保留全部 p 个变量，这弥补了 Lasso 在 $p > n$ 时最多只能选择 n 个变量的不足；又由于 $\alpha \in (0，1)$ 时弹性网惩罚严格凸，这就保证了在所有变量都一样的极端情况下，这些变量的朴素弹性网估计系数也都是一样的，而在这种情况下，Lasso 是无解的。

不过，Zou and Hastie（2005）发现，朴素弹性网估计在数据分析中表现一般。另外，朴素弹性网对系数 β 进行两次惩罚带来了额外的偏差。因此，Zou and Hastie（2005）对朴素弹性网估计进行了缩放，得到弹性网估计：

$$\hat{\beta}(elastic\ net) = (1+\lambda_2)\,\hat{\beta}(naive) = \sqrt{1+\lambda_2}\,\hat{\beta}^*$$

式中，缩放系数为 $1+\lambda_2$。从数据分析的角度来说，Zou and Hastie（2005）通过比较弹性网估计、Lasso 估计和岭回归估计，发现这样的弹性网估计的效果非常好；从理论层面说，当预测变量正交时，Lasso 问题能实现极小化极大值（minimax）准则下的最优，乘以缩放系数 $1+\lambda_2$ 后，弹性网估计同样能实现 minimax 最优。

有些时候，自变量根据实际问题属于预先定义的一组，这时我们希望分组对变量进行压缩或选择。Grouped Lasso（Yuan and Lin，2006）是实现这个目标的一个方法。假定 p 个变量被分成 M 组，第 m 组有 p_m 个，x_m 和 β_m 代表相应的自变量矩阵及其系数。Grouped Lasso 估计可通过最小化下式求得：

$$\| y - \sum_{m=1}^{M} x_m\beta_m \|_2^2 + \lambda \sum_{m=1}^{M} \sqrt{p_m}\,\| \beta_m \|_2 \tag{2.9}$$

式中，$\sqrt{p_m}$ 代表每组的权重；$\| \cdot \|_2$ 是没有平方的欧几里得范数，即通常我们定义的 L_2 范数。可以看出对每组变量施加了 L_2 惩罚，各组之间的惩罚再加权求和。这样的惩罚可以使得整个一组变量同时被选中或者被删除（整组的系数为 0）。假定现在有三个变量，其中前两个构成一组，对应的系数是一个二元向量 $\beta_1 = (\beta_{11}，\beta_{12})'$，另一个变量的系数是 β_2，Yuan and Lin（2006）在图 2 - 10 中比较了 Grouped Lasso 与 Lasso 和岭回归间的差别。其中，图（a）对应 Lasso 惩罚（对参数空间的约束），即 $|\beta_{11}| + |\beta_{12}| + |\beta_2| = 1$；图（e）对应 Grouped Lasso 惩罚，即 $\| \beta_1 \| + |\beta_2| = 1$；图（i）对应岭回归，即 $\| (\beta_1^T，\beta_2)^T \| = 1$。而图（b）~（d）、图（f）~（h）以及图（j）~（l）分别对应 Lasso，Grouped Lasso 和岭回归下，$\beta_{11} = 0$（或 $\beta_{12} = 0$），$\beta_2 = 0$ 以及 $\beta_{11} = \beta_{12}$ 时的约束区域。显然，Lasso 使得 β_{11}，β_{12} 和 β_2 尽可能地被压缩至 0，图（a）～（d）全部是由直线组成的约束区域，有很多顶点；岭回归同时压缩三个系数，但不会压缩至 0。图（i）~（l）全部是由圆形曲线组成的约束区域，非常光滑。而 Grouped Lasso 则尽可能压缩 β_1 和 β_2 至 0，

使得 β_1 中的两个元素 β_{11} 和 β_{12} 只会同时为 0 或同时不为 0。图（g）是圆形约束区域，图（f）和图（h）是正方形区域，图（e）则是由直线和圆共同组成的立体约束区域。

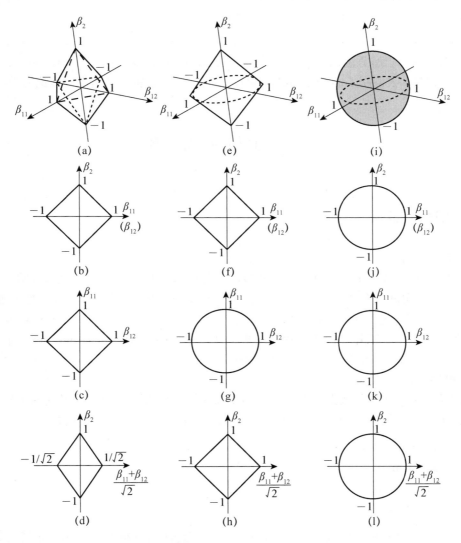

图 2 - 10　Lasso、Grouped Lasso 与岭回归示意图

对于 Grouped Lasso 模型的求解，根据优化理论的 KKT 条件，可以得到式（2.9）的解 $\beta=(\beta_1^T，\cdots，\beta_M^T)^T$ 的充分必要条件是：

$$-X_m^T(Y-X\beta)+\frac{\lambda\beta_m\sqrt{p_m}}{\|\beta_m\|}=0，\ \forall\beta_m\neq0$$

$$\|-X_m^T(Y-X\beta)\|\leqslant\lambda\sqrt{p_m}，\ \forall\beta_m=0$$

通常在理论分析中假定 $X_m^TX_m=I_{P_m}$（实际数据分析过程中可以通过相应的数据变换得到），则上述两式可以写成如下形式：

$$\beta = (1 - \frac{\lambda \sqrt{p_m}}{\| S_m \|})_+ , \ S_m = X_m^T(Y - X\beta_{-m})$$

$$\beta_{-m} = (\beta_1^T, \cdots, \beta_{m-1}^T, 0^T, \beta_{m+1}^T, \cdots, \beta_M^T)$$

(2.10)

这样的 Grouped Lasso 模型的解可以通过对式（2.10）迭代 $m = 1, 2, \cdots, M$ 获得。当变量数目较少时，这个求解方法相对有效。同时，在最小角回归的基础上，Yuan and Lin（2006）提出了用于求解 Grouped Lasso 的 Group LARS 算法，有兴趣的读者可阅读该论文学习。

2.5　上机实践：R

2.5.1　糖尿病数据

1. 数据说明

糖尿病数据来源于 Efron et al.（2004），包含在 R 程序包 lars 中。该数据除了因变量 y（糖尿病患者血液化验指标）之外，还有两个自变量矩阵，x 及 x2，前者是标准化的，为 442×10 矩阵，包含 age，sex，bmi，map，tc，ldl，hdl，tch，ltg 和 glu 这 10 个自变量；后者为 442×64 矩阵，包括前者和一些交互作用，例如 age^2 或者 age:sex。下面的分析使用 x2 和 y，即 64 个自变量，1 个因变量。

2. 描述统计

我们鼓励读者在实际数据分析之初，多做描述统计分析，以增加对数据的了解。在此我们仅给出检查共线性的程序。用 kappa() 函数查看自变量矩阵的条件数。

```
library(lars)
data(diabetes)
attach(diabetes)
kappa(x2)
```

结果显示，自变量条件数为 11 427.09，说明共线性问题很严重。为了消除多重共线性的问题，需要剔除一些不重要的解释变量。

3. 最小二乘回归与逐步回归

用 step() 函数建立逐步回归模型，剔除不重要的解释变量，该函数使用 AIC 准则选择变量，具体参见第 4 章。

```
model.step = step(lm(y~x2))    #建立逐步回归模型
summary(model.step)    #得到回归方程的系数和 p 值
```

部分结果展示：

```
Coefficients:
```

Estimate Std. Error t value Pr(>|t|)

```
(Intercept)    152.133      2.532   60.086   < 2e-16 ***
x2age           50.721     65.513    0.774   0.4393
x2sex         -267.344     65.270   -4.096   5.15e-05 ***
x2bmi          460.721     84.601    5.446   9.32e-08 ***
x2map          342.933     72.447    4.734   3.13e-06 ***
x2tc         -3599.542  60575.187   -0.059   0.9526
x2ldl         3028.281  53238.699    0.057   0.9547
x2hdl         1103.047  22636.179    0.049   0.9612
......
Residual standard error: 53.23 on 377 degrees of freedom
Multiple R-squared: 0.5924,    Adjusted R-squared: 0.5233
F-statistic: 8.563 on 64 and 377 DF,  p-value: < 2.2e-16
```

结果显示，调整后 R 方为 0.523 3，回归方程的 F 统计量显著，x2sex，x2bmi，x2map 和 x2age：sex 等变量的系数显著。

下面检验模型是否符合高斯马尔科夫假设，画出估计的 y 值与残差的散点图，以检验异方差性，并用夏皮洛-威尔克检验看看残差是不是正态分布。

```
plot(model.step $ fit,model.step $ res)   #画出散点图
abline(h = 0,lty = 2)
shapiro.test(model.step $ res)   #夏皮洛-威尔克检验
```

由残差图 2-11 可以看出，逐步回归没有明显的异方差性，夏皮洛-威尔克检验结果为 $W = 0.993\ 77$，p-value $= 0.066\ 48$，说明残差服从正态分布。

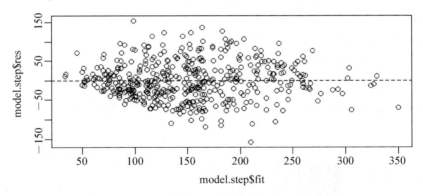

图 2-11　残差图

4. 岭回归

可以构建岭回归模型的 R 包有 MASS，lars，glmnet 等，本文使用 MASS 包中的 lm.ridge() 函数进行岭回归，该函数可自动选择岭回归参数。

```
library(MASS)   #library(glmnet)和 library(lars)也可以
ridgelm = lm.ridge(y~.,data = x2)   #建立岭回归模型
ridgelm $ coef   #输出回归方程的系数
```

```
plot(lm.ridge(y~.,data = x2,lambda = seq(0,10,1)))    #画出岭迹图
select(lm.ridge(y~.,data = x2,lambda = seq(0,10,1)))    #选择岭回归参数
```

回归系数估计结果略。岭迹图如图 2-12 所示。

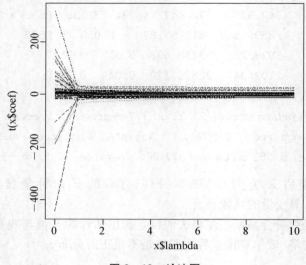

图 2-12　岭迹图

R 语言中的 select 函数提供了三种选取岭回归参数 lambda 的方法，分别是 HKB 估计量、LW 估计量和 GCV 广义交叉验证。采用不同的方法，可以发现岭回归参数的选择存在非常大的不确定性，结果如下。实际应用中，需要根据具体问题选择合适的方法。

```
modified HKB estimator is 0.333544
modified L-W estimator is 50.00585
smallest value of GCV   at 10
```

5. Lasso 回归

使用 lars() 函数进行 Lasso 回归，画出路径系数图（见图 2-13）。

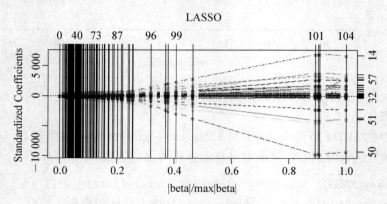

图 2-13　路径系数图

```
model.lasso = lars(x2,y)
plot(model.lasso)
```

给出拟合结果（在此未显示），并进行十折交叉验证（交叉验证方法的介绍见第 4 章），结果见图 2 - 14。

```
summary(model.lasso)      #给出拟合结果
cv.model.lasso = cv.lars(x2,y,K = 10)      #十折交叉验证
```

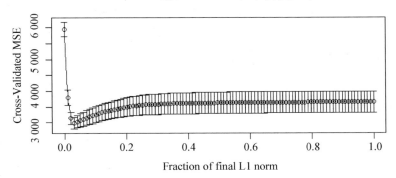

图 2 - 14　交叉验证结果

十折交叉验证后挑选最优模型，并查看模型的系数估计。

```
select = cv.model.lasso $ index[which.min(cv.model.lasso $ cv)]      #挑选模型(结果有随机性)
coef = coef.lars(model.lasso,mode = "fraction",s = select)      #输出对应的变量和系数
coef[which(coef!= 0)]      #查看筛选得到的变量
```

结果如下：（因为十折交叉验证是随机抽样，所以结果有随机性）

```
        sex          bmi          map          hdl          ltg          glu        bmi^2
 -92.966618   502.356055   241.631884  -174.935230   465.398774    10.828814    33.918974
      glu^2      age:sex      age:map      age:ltg      age:glu      bmi:map
  62.355697    97.307919    28.427380     4.497064    13.779861    79.712186
```

可以看出保留了 13 个自变量，接下来选用 C_p 值最小的模型，C_p 统计量为选择最优子集的一种标准，具体介绍见第 4 章。

```
n.Cp = which.min(model.lasso $ Cp)      #十折交叉验证后选用 Cp 值最小的模型
coef1 = coef.lars(model.lasso,mode = "step",s = n.Cp)
coef1[which(coef1!= 0)]
```

结果如下：

```
        sex          bmi          map          hdl          ltg          glu        age^2
-133.930639   500.604702   264.233731  -201.884050   470.164536    26.227288    18.655028
      bmi^2        glu^2      age:sex      age:map      age:ltg      age:glu      sex:map
  43.459389    77.287755   116.329773    30.694391    13.143977     9.120765     8.617379
    bmi:map
  91.067976
```

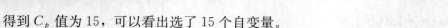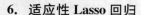

得到 C_p 值为 15，可以看出选了 15 个自变量。

6. 适应性 Lasso 回归

适应性 Lasso（adaptive lasso，alasso）回归是 Lasso 回归的改进，惩罚项是系数绝对值的加权平均。这里使用的是程序包 msgps，其中不仅包括适应性 Lasso（alasso）回归，还包括弹性网络（elastic net）及广义弹性网络（generalized elastic net）等方法。

```
library(msgps)
model.alasso = msgps(x2,as.vector(y),penalty = "alasso",gamma = 1,lambda = 0)
summary(model.alasso)
plot(model.alasso)
```

部分结果展示：

```
tuning.max: 45.41
```

```
ms.coef:
```

	Cp	AICC	GCV	BIC
(Intercept)	1.521e + 02	1.521e + 02	1.521e + 02	152.13
age	0.000e + 00	0.000e + 00	0.000e + 00	0.00
sex	− 2.138e + 02	− 2.138e + 02	− 2.169e + 02	− 163.49
bmi	5.054e + 02	5.054e + 02	5.054e + 02	505.39
map	3.108e + 02	3.108e + 02	3.139e + 02	275.38
tc	− 1.486e + 02	− 1.486e + 02	− 1.486e + 02	− 148.57

......

```
ms.tuning:
       Cp    AICC   GCV    BIC
[1,] 7.987  7.987  8.433  5.111
```

```
ms.df:
       Cp    AICC   GCV    BIC
[1,] 18.68  18.68  19.47  13.27
```

输出结果显示调整参数选择的是 45.41，这时各个准则的值及自由度分别如 ms.tuning 和 ms.df 所示。系数随参数变化的路径图见图 2 - 15。

2.5.2　恩格尔数据

1. 数据说明

该数据在程序包 quantreg 中，是一个关于比利时工薪阶层收入和食品花费的例子，数据名为 engel。这里有两个变量 foodexp（食品花费）和 income（收入），共 235 个观测值。

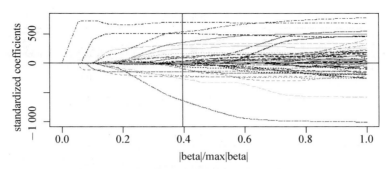

图 2-15　适应性 Lasso 回归系数随参数的变化

2. 描述统计

读取数据并绘制两个变量的箱线图和散点图。

```
library(quantreg)
data(engel)
par(mfrow = c(1,2))
boxplot(engel)
plot(engel)
```

由图 2-16 可以看出，income 和 foodexp 两个变量均呈右偏分布，并有明显的正相关性。

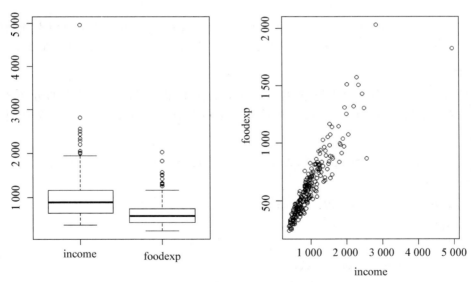

图 2-16　变量箱线图及散点图

3. 分位回归

将 income 作为自变量，foodexp 作为因变量进行分位回归，得到对应 50 个分位点的回归系数图（见图 2-17 和图 2-18）。

```
Rq.model = rq(foodexp~income,tau = 1:49/50,data = engel)
plot(summary(Rq.model))
```

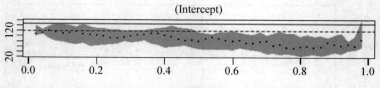

图 2-17　50 个分位点的常数项回归系数图

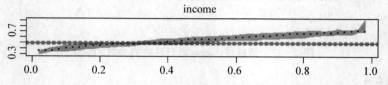

图 2-18　50 个分位点的 income 回归系数图

画出各分位点预测线。

```
par(mfrow = c(1,2))
plot(foodexp~income,data = engel,main = "engel data")
taus = c(.15,.25,.50,.75,.95,.99)
rqs = as.list(taus)

for (i in seq(along = taus))
{rqs[[i]] = rq(foodexp~income,tau = taus[i],data = engel)
lines(engel $ income,fitted(rqs[[i]]),lty = i)}   #画出各分位点预测线
legend("bottomright",cex = 0.5,paste("tau = ",taus),inset = 0.04,lty = 1:
(length(taus)))
```

从图 2-19 的左图中可以发现实际值点基本在预测线之内，但是点的分布较分散，所以把 foodexp 换成 log10(foodexp) 再重复上面的步骤进行分位回归，结果见图 2-19 的右图。

```
plot(log10(foodexp)~log10(income),data = engel,main = "engel data (log10
transformed)")
taus = c(.15,.25,.50,.75,.95,.99)
rqs = as.list(taus)

for (i in seq(along = taus))
{rqs[[i]] = rq(log10(foodexp)~log10(income),tau = taus[i],data = engel)
lines(log10(engel $ income),fitted(rqs[[i]]),col = i + 1)}

legend("bottomright",cex = 0.5,paste("tau = ",taus),inset = 0.04,col = 2:
(length(taus) + 1),lty = 1)
```

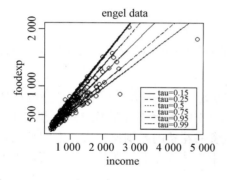
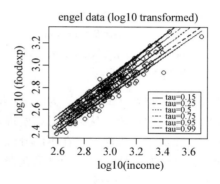

图 2 - 19 分位回归的各分位点预测线与 **foodexp** 实际值点的图线

可以看出，取对数后分位回归能准确地预测实际值，并且波动较小。

下面比较穷人（收入在 5% 分位点）和富人（收入在 95% 分位点）对不同分位数（各个 tau 的取值）的预测值的回归的拟合，从而模拟出穷人和富人的消费分布。

```
attach(engel)

z = rq(foodexp~income,tau = - 1,engel)    # rq 函数中，tau 不在 [0,1] 时，表
示按最细的分位点划分。
x. poor = quantile(income,.05)
x. rich = quantile(income,.95)

qs. poor = c(c(1,x. poor) % * % z$sol[4:5,])    # 计算 0.05 分位点对应的预测值
qs. rich = c(c(1,x. rich) % * % z$sol[4:5,])    # 计算 0.95 分位点对应的预测值

ps = z $ sol[1,]    # 取 tau 值为 ps
ps. wts = (c(0,diff(ps)) + c(diff(ps),0))/2
ap = akj(qs. poor,z = qs. poor,p = ps. wts)    # 得到 qs. poor 预测值的核密度估计
ar = akj(qs. rich,z = qs. rich,p = ps. wts)    # 得到 qs. rich 预测值的核密度估计

par(mfrow = c(1,2))
plot(c(ps,ps),c(qs. poor,qs. rich),type = "n",xlab = expression(tau),ylab =
"foodexp")
plot(stepfun(ps,c(qs. poor[1],qs. poor)),do. points = F,add = T)
plot(stepfun(ps,c(qs. rich[1],qs. rich)),do. points = F,add = T,lty = 2)
legend("topleft",c("poor","rich"),lty = c(1,2))    # 绘出收入 0.05 分位点
(poor) 和收入 0.95 分位点 (rich) 对不同分位数（各种 tau）的预测值图像

plot(c(qs. poor,qs. rich),c(ap $ dens,ar $ dens),type = "n",xlab = "Food
Expenditure",ylab = "Density")
```

```
lines(qs.poor,ap $ dens)
lines(qs.rich,ar $ dens,lty = 2)
legend("topright",c("poor","rich"),lty = c(1,2))    ♯绘出穷人和富人 food-
```
exp 预测值的核密度曲线

图 2-20 表示收入（income）为 5％分位点处（poor，穷人）和 95％分位点处（rich，富人）的食品花费的比较，从图中可以发现，对于穷人而言，在不同分位点估计的食品花费差别不大。而对于富人而言，在不同分位点食品花费的差别比较大。右图反映了穷人和富人的食品花费分布曲线。穷人的食品花费集中于 300 左右，比较陡峭；而富人的花费集中于 1 000～1 400，比较分散。

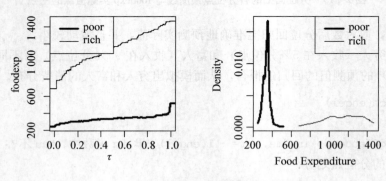

图 2-20 穷人与富人食品花费比较

2.6 上机实践：Python

2.6.1 糖尿病数据

我们将使用 Python 对糖尿病数据进行分析，首先需要读者从 R 中将 diabetes 数据集保存到 diabetes.csv 文件中，将其放到工作目录下。读者也可以从人大出版社提供的网址下载该数据。（注：Python 库 sklearn.datasets 中也包含 diabetes 数据集，但是此数据集仅包含 x 自变量矩阵，不包含 x2 自变量矩阵，因此我们选择从 R 中下载数据以分析 x2 自变量矩阵对因变量 y 的影响。）

1. 读取数据

```
import pandas as pd
data = pd.read_csv('diabetes.csv',index_col = 0)    ♯将索引是 0 的列当作数据
```
表的行标

2. 将自变量和因变量分别保存

```
Index = data.columns
xtitle = [index for index in Index if 'x.' in index]    ＃找出自变量矩阵 x 的
列名
x2title = [index for index in Index if 'x2.' in index]    ＃找出自变量矩阵 x2 的
列名
xdata = data[xtitle]
x2data = data[x2title]
ydata = data['y']
```

3. 求自变量矩阵 x2 的条件数

```
import numpy as np
def kappa(x):
    x = np.array(x)
    XX = np.dot(x.T,x)
    lam = np.linalg.eigvals(XX)
    return(np.sqrt(lam.max()/lam.min()))
kappa(x2data)    ＃5472.957046414529
```

由于条件数很大，因此存在严重的多重共线性问题，可以尝试使用岭回归和 Lasso 对多重共线性问题进行处理。

注：此处算出来的是精确条件数，与 R 中直接使用 kappa(x2) 的结果有差异，原因是 R 中 kappa 函数如果不加参数 exact＝TRUE，则默认计算估计条件数，R 中 kappa(x2, exact＝TRUE) 计算的是精确条件数。

4. 最小二乘回归

接下来我们使用 OLS 对因变量 y 和自变量矩阵 x2 进行线性回归分析。

```
import statsmodels.api as sm
import matplotlib.pyplot as plt
import scipy
X = sm.add_constant(x2data,prepend = True)
lm = sm.OLS(ydata,X)
lm_result = lm.fit()
dir(lm_result)    ＃查看类里有什么属性
lm_result.summary()
```

部分结果如图 2-21 所示，用 Python 分析得到的结果与用 R 得到的结果类似。

接下来我们画出因变量 y 的拟合值与残差的散点图（见图 2-22），可以看出比较明显的异方差现象，随着 y 拟合值的增加，残差分布的范围更大。

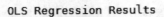

```
                         OLS Regression Results
========================================================================
Dep. Variable:                       y   R-squared:                 0.592
Model:                             OLS   Adj. R-squared:            0.523
Method:                  Least Squares   F-statistic:               8.563
Date:                 Tue, 02 May 2017   Prob (F-statistic):     1.69e-43
Time:                         10:20:10   Log-Likelihood:           -2348.8
No. Observations:                  442   AIC:                        4828.
Df Residuals:                      377   BIC:                        5094.
Df Model:                           64
Covariance Type:             nonrobust
========================================================================
                coef     std err          t      P>|t|    [95.0% Conf. Int.]
------------------------------------------------------------------------
const       152.1335       2.532     60.086      0.000     147.155    157.112
x2.age       50.7214      65.513      0.774      0.439     -78.094    179.537
x2.sex     -267.3439      65.270     -4.096      0.000    -395.682   -139.006
x2.bmi      460.7207      84.601      5.446      0.000     294.371    627.070
x2.map      342.9332      72.447      4.734      0.000     200.482    485.385
x2.tc     -3599.5420     6.06e+04     -0.059      0.953    -1.23e+05   1.16e+05
x2.ldl     3028.2812     5.32e+04      0.057      0.955    -1.02e+05   1.08e+05
```

图 2 - 21　OLS 回归结果

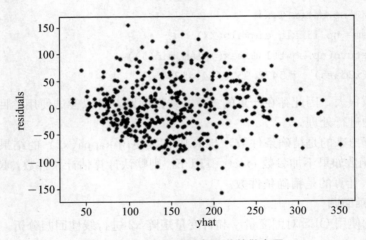

图 2 - 22　y 的拟合值与残差的散点图

y_hat = lm_result. fittedvalues

res = lm_result. resid

plt. plot(y_hat, res, '. k')

plt. xlabel('yhat')

plt. ylabel('residuals')

plt. show()

W, p_value = scipy. stats. shapiro(res)　♯夏皮洛-威尔克检验

♯W = 0. 9937732815742493, p_value = 0. 06650751084089279 与用 R 得到的结果相同

5. 岭回归

我们利用 sklearn 模块中的 linear _ model 可以建立岭回归和 Lasso。首先画出岭迹图（见图 2 - 23），之后画出 Lasso 的系数路径图（见图 2 - 24）。

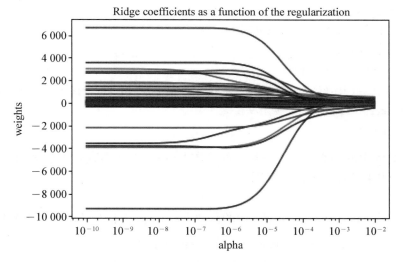

图 2 - 23　岭迹图

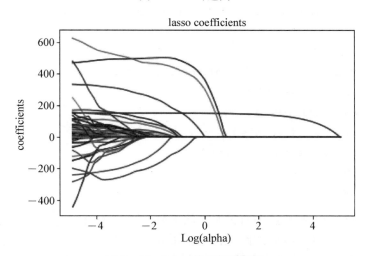

图 2 - 24　Lasso 的系数路径图

```
＃Ridge
from sklearn import linear_model
n_alphas = 200
alphas = np.logspace( - 10, - 2,n_alphas)
clf = linear_model.Ridge(fit_intercept = False)   ＃去掉截距项
coefs = []
for a in alphas:
    clf.set_params(alpha = a)
    clf.fit(X,ydata)
    coefs.append(clf.coef_)
ax = plt.gca()
ax.plot(alphas,coefs)
```

```
ax.set_xscale('log')
ax.set_xlim(ax.get_xlim())
plt.xlabel('alpha')
plt.ylabel('weights')
plt.title('Ridge coefficients as a function of the regularization')
plt.axis('tight')
plt.show()
```

注：Python 中的参数 alpha 与 R 中的参数 lambda 并不等同，但两者有着确定的对应关系，因此画出来的岭迹图没有区别。

6. Lasso

我们利用 sklearn. linear _ model 中的函数 lasso _ path 画出 Lasso 的系数路径图。

```
from sklearn.linear_model import lasso_path
eps = 5e-5   #the smaller it is the longer is the path
alphas_lasso, coefs_lasso, _ = lasso_path(X, ydata, eps, fit_intercept = False)
ax = plt.gca()
ax.plot(np.log(alphas_lasso), coefs_lasso.T)
ax.set_xlim(ax.get_xlim())
plt.xlabel('Log(alpha)')
plt.ylabel('coefficients')
plt.title('lasso coefficients')
plt.axis('tight')
plt.show()
```

Lasso 的系数路径图和岭迹图有很明显的区别。岭迹图没有进行变量选择，只是将系数压缩，更接近 0；而从 Lasso 的路径图可以看出，随着惩罚因子 alpha 增加，变量个数越来越少，越来越多的变量被压缩至 0，从而达到了变量选择的目的。

接下来利用 AIC 和 BIC 准则选择 Lasso 的最优参数 alpha。

```
import time
from sklearn.linear_model import LassoCV, LassoLarsCV, LassoLarsIC
#LassoLarsIC
model_bic = LassoLarsIC(criterion = 'bic', fit_intercept = False)
t1 = time.time()
model_bic.fit(X, ydata)
t_bic = time.time() - t1
alpha_bic_ = model_bic.alpha_   #0.20694147313160893

model_aic = LassoLarsIC(criterion = 'aic', fit_intercept = False)
model_aic.fit(X, ydata)
```

```
alpha_aic_ = model_aic.alpha_    #0.11744005093693313

def plot_ic_criterion(model,name,color):
    alpha_ = model.alpha_
    alphas_ = model.alphas_
    criterion_ = model.criterion_
    plt.plot(-np.log10(alphas_),criterion_,'--',color = color,
            linewidth = 3,label = '%s criterion'%name)
    plt.axvline(-np.log10(alpha_),color = color,linewidth = 3,
            label = 'alpha:%s estimate'%name)
    plt.xlabel('-log(alpha)')
    plt.ylabel('criterion')

plt.figure()
plot_ic_criterion(model_aic,'AIC','b')
plot_ic_criterion(model_bic,'BIC','r')
plt.legend()
plt.title('Information-criterion for model selection (training time%.
3fs)'%t_bic)
plt.show()
```

从图 2 - 25 中可以看出，根据 BIC 准则选出的最优模型的 alpha 要大于根据 AIC 准则选出的最优模型的 alpha，由 Lasso 路径可以看出，alpha 越大，变量个数越少，这表示 BIC 准则对变量个数有更大的惩罚，BIC 倾向于有更少的自变量。

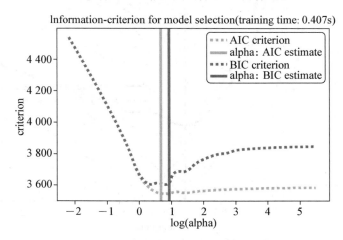

图 2 - 25　根据不同准则进行变量选择

接下来我们看一下 20 折交叉验证的结果。

```
t1 = time.time()
```

```
model = LassoCV(cv = 20).fit(X,ydata)
t_lasso_cv = time.time() - t1
# Display results
m_log_alphas = - np.log10(model.alphas_)
plt.figure()
ymin, ymax = 2500,3800
plt.plot(m_log_alphas,model.mse_path_,':')
plt.plot(m_log_alphas,model.mse_path_.mean(axis = - 1),'k',
        label = 'Average across the folds',linewidth = 2)
plt.axvline( - np.log10(model.alpha_),linestyle = '- -',color = 'k',
            label = 'alpha: CV estimate')
plt.legend()
plt.xlabel('-log(alpha)')
plt.ylabel('Mean square error')
plt.title('Mean square error on each fold: coordinate descent'
        '(train time:%.2fs)'%t_lasso_cv)
plt.axis('tight')
plt.ylim(ymin,ymax)
plt.show()
```

　　图 2-26 展示了 Lasso 20 折交叉验证的结果，黑色曲线表示 20 折交叉验证的平均均方误差。

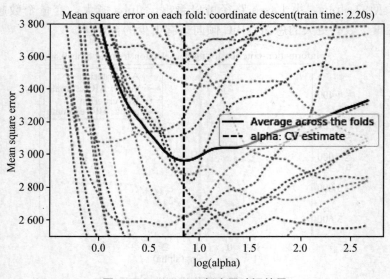

图 2-26　Lasso 20 折交叉验证结果

```
t1 = time.time()
model = LassoLarsCV(cv = 20).fit(X,ydata)
t_lasso_lars_cv = time.time() - t1
```

```
# Display results
m_log_alphas = - np.log10(model.cv_alphas_)
plt.figure()
plt.plot(m_log_alphas,model.cv_mse_path_, ':')
plt.plot(m_log_alphas,model.cv_mse_path_.mean(axis = - 1),'k',
        label = 'Average across the folds',linewidth = 2)
plt.axvline( - np.log10(model.alpha_),linestyle = ' - -',color = 'k',
            label = 'alpha CV')
plt.legend()
plt.xlabel(' - log(alpha)')
plt.ylabel('Mean square error')
plt.title ('Mean square error on each fold: Lars (train time:%.2fs)'
          % t_lasso_lars_cv)
plt.axis('tight')
plt.ylim(ymin,ymax)
plt.show()
```

　　图 2 - 27 展示的是用最小角回归方法得到的 Lasso 20 折交叉验证结果，可以看出与常规求解 Lasso 方法得到的最优 alpha 很接近。

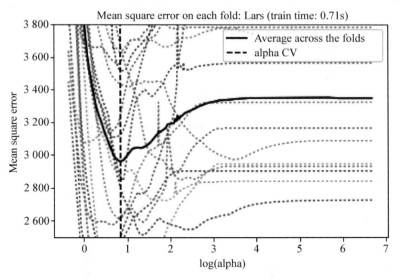

图 2 - 27　最小角回归 Lasso 20 折交叉验证结果

```
reg = linear_model.Lasso(alpha = model.alpha_,fit_intercept = False)
reg.fit(X,ydata)
dir(reg)
```

　　在得到最优的惩罚参数 alpha 后，可以用最优参数建立模型并拟合数据，利用 dir 方法查看模型属性。

2.6.2　恩格尔数据

我们继续利用 Python 对恩格尔数据进行分析。

1. 读取数据

```
import statsmodels.api as sm
import statsmodels.formula.api as smf
import matplotlib.pyplot as plt
import numpy as np
import pandas as pd
data = sm.datasets.engel.load_pandas().data
```

2. 描述统计

```
fig = plt.figure()
ax = fig.add_subplot(1,1,1)
box = plt.boxplot((data['foodexp'],data['income']),notch = True,
                   patch_artist = True,labels = ['foodexp','income'])
colors = ['lightblue','pink']
for patch, color in zip(box['boxes'], colors):
    patch.set_facecolor(color)
    patch.set_alpha(1)
plt.show()
```

图 2-28 展示了自变量与因变量的箱线图。

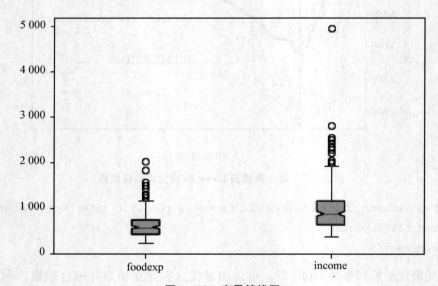

图 2-28　变量箱线图

3.　分位回归和线性回归

首先建立分位回归模型，分位数选取 0.05，0.15，…，0.95。之后建立线性回归模型，并比较分位回归模型和线性模型。

```python
quantiles = np.arange(.05,.96,.1)
def fit_model(q):
    mod = smf.quantreg('foodexp~income',data)
    res = mod.fit(q = q)
    return([q,res.params['Intercept'],res.params['income']] +
            res.conf_int().ix['income'].tolist())


models = [fit_model(x) for x in quantiles]
models = pd.DataFrame(models,columns = ['q','a','b','lb','ub'])


ols = smf.ols('foodexp~income',data).fit()
ols_ci = ols.conf_int().ix['income'].tolist()
ols = dict(a = ols.params['Intercept'],
            b = ols.params['income'],
            lb = ols_ci[0],
            ub = ols_ci[1])
```

4.　分位回归和线性回归的比较分析

```python
x = np.arange(data.income.min(),data.income.max(),50)
get_y = lambda a,b:a + b * x


fig,ax = plt.subplots(figsize = (8,6))


for i in range(models.shape[0]):
    y = get_y(models.a[i],models.b[i])
    ax.plot(x,y,linestyle = 'dotted',color = 'grey')


y = get_y(ols['a'],ols['b'])


ax.plot(x,y,color = 'red',label = 'OLS')
ax.scatter(data.income,data.foodexp,alpha = .2)
ax.set_xlim((240,3000))
ax.set_ylim((240,2000))
legend = ax.legend()
ax.set_xlabel('Income',fontsize = 16)
ax.set_ylabel('Food expenditure',fontsize = 16)
```

```
plt.show()
```

图 2 - 29 展示了分位回归和线性回归的比较结果，可以看出图 2 - 29 与 R 中的结果是一致的。

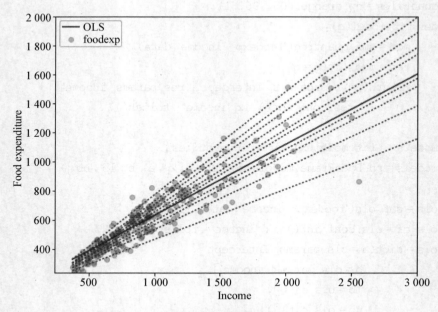

图 2 - 29　分位回归与 OLS 回归比较图

```
ax = plt.figure()
n = models.shape[0]
p1 = plt.plot(models.q,models.b,color = 'black',label = 'Quantile Reg.')
p2 = plt.plot(models.q,np.array(models.ub),linestyle = 'dotted',color =
'black')
p3 = plt.plot(models.q,np.array(models.lb),linestyle = 'dotted',color =
'black')
p4 = plt.plot(models.q,[ols['b']] * n,color = 'red',label = 'OLS')
p5 = plt.plot(models.q,[ols['lb']] * n,linestyle = 'dotted',color = 'red')
p6 = plt.plot(models.q,[ols['ub']] * n,linestyle = 'dotted',color = 'red')
plt.ylabel('beta')
plt.xlabel('Quantiles of the conditional food expenditure distribution')
plt.legend()
plt.show()
```

图 2 - 30 展示了不同分位回归的 beta 系数与 OLS 的 beta 系数的比较，图中虚线代表 beta 系数的上下界。

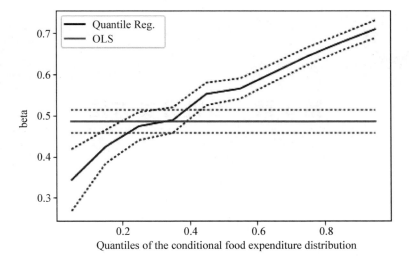

图 2 - 30　分位回归与 OLS 回归的回归系数置信区间图

第3章 线性分类方法

本章介绍最简单、最常用的线性分类方法——Logistic 回归（3.2 节）与线性判别（3.3 节）。在此之前，3.1 节给出分类问题综述与评价准则。最后两节（3.4 节和 3.5 节）是 R 和 Python 的上机实践。

3.1 分类问题综述与评价准则

3.1.1 分类问题

假设 X 是 p 维空间的子集，Y 是取值为 K 个类别的分类变量，通常用整数集合 $\{1, 2, \cdots, K\}$ 来表示，但并不表示这些取值有大小顺序。特别地，如果 $K=2$，称为二分类问题；$K>2$，称为多分类问题。对于二分类问题，有时用 $\{1, 2\}$，但更多时候用 $\{0, 1\}$ 或 $\{+1, -1\}$ 来表示，这是为了更方便地讨论一些方法的理论性质。在此提醒读者，在调用软件包的一些函数命令进行数据分析时，应了解函数命令对因变量数据格式的要求是否与输入数据本身的编码一致，避免不一致导致的分析结果错误。更糟糕的是，有些时候，程序并不报错，分析人员自己也不知道结果已经错了。

对于分类模型，我们的目的是构建从输入空间 X 到输出空间 Y 的映射（函数）：$f(X) \rightarrow Y$，它将输入空间划分成几个区域，每个区域对应一个类别。区域的边界（decision boundaries）可以是各种函数形式。最重要、最常用的一类是线性的。对于第 k 类，记 $\hat{f}_k(x) = \hat{\beta}_{k0} + \hat{\beta}_k^T x$ $(k=1, 2, \cdots, K)$，则第 k 类和第 m 类的判别边界为 $\hat{f}_k(x) = \hat{f}_m(x)$，也就是所有使得 $\{x : (\hat{\beta}_{k0} - \hat{\beta}_{m0}) + (\hat{\beta}_k - \hat{\beta}_m)^T x = 0\}$ 成立的点。需要说明，实际上我们只需要 $K-1$ 个边界函数。为了不失一般性，可以假设第 K 个函数的系数为 $\beta_{K0} = -\sum_{k=1}^{K-1} \beta_{k0}$，$\beta_K = -\sum_{k=1}^{K-1} \beta_k$。此外，对于每个类别 k，我们也可以估计判别函数（discriminant function）

$\delta_k(x)$，然后把 x 分到判别函数取值最大的那个类。估计后验概率 $Pr(Y=k|X=x)$ 的方法属于这种情况。可以看出，如果 $\delta_k(x)$ 或者 $Pr(Y=k|X=x)$ 是 x 的线性函数，则分类方法的边界函数也是线性的。

模型的期望预测误差（expected prediction error，EPE）可以写为 $EPE=E[L(Y,\hat{f}(x))]$，其中，L 表示分类问题的某种损失函数，期望是对（X，Y）的联合分布求取。EPE 写成条件分布的形式为：

$$EPE=E_X E_{Y|X}[L(Y,\hat{f}(x))|X]=E_X\sum_{k=1}^{K}L[Y=k,\hat{f}(x)]Pr(Y=k|X)$$

为求最优 $\hat{f}(x)$，可以在给定 X 的情况下，逐点最优，最小化 EPE 得到：

$$\hat{f}(x)=\arg\min_{k'\in\{1,\cdots,K\}}\sum_{k=1}^{K}L[Y=k,k']Pr(Y=k|X=x)$$

在回归分析中我们经常使用的是平方损失函数：$L=(Y-f(x))^2$。在分类中，常用的损失函数为 0—1 损失：

$$L(Y=y,\hat{f}(x))=\begin{cases}0,\ 如果\ \hat{f}(x)=y\\1,\ 如果\ \hat{f}(x)\neq y\end{cases}$$

0—1 损失实际上是分类器的分类误差。这时模型的估计为：

$$\hat{f}(x)=\arg\min_{k'\in\{1,\cdots,K\}}[1-Pr(k'|X=x)]$$

也可以写成

$$\hat{f}(x)=k',\ \text{if}\ Pr(k|X=x)=\max_{k'\in\{1,\cdots,K\}}Pr(k'|X=x)$$

这个解叫做贝叶斯分类器（Bayes classifier），表明我们根据条件分布 $Pr(Y|X=x)$ 将样本点判断为最可能（概率最大）的类别。贝叶斯分类器的误差称为 Bayes rate。

有时有些模型是专门针对二分类的，对于多分类问题不能直接应用。这时要么放弃使用这样的模型，选择可以直接进行多分类的模型，要么使用以下两种方法：一种方法是"一对一"，对于两两的类别组合，我们建立 $\binom{K}{2}$ 个二分类模型，对于一个新的预测样本点，最终的预测是选取这些模型中预测最多的那个类别。另一种方法是"一对其他"，给每个类别与其他非此类别的样本建立二分类模型，一共是 K 个二分类模型，最终的预测是选取概率最大、最有信心的那类。

3.1.2 分类问题评价准则

以二分类为例，记 $Y\in\{1,-1\}$。二分类问题的预测结果可能出现四种情况：如果一个点属于正类并且被预测到正类中，即为真正类（true positive，TP）；如果一个点属于负类但被预测到正类中，称为假正类（false positive，FP）；如果一个点属于负类且被预测到负类中，称为真负类（true negative，TN）；如果一个点属于正类但被预测到负类中，称为假负类（false negative，FN）。我们用表 3-1 表示这四类结果，称为混淆矩阵（confusion matrix）。

表 3-1 混淆矩阵

真实值	预测值	
	1	−1
1	真正类（TP）	假负类（FN）
−1	假正类（FP）	真负类（TN）

由表 3-1，模型的整体正确率为 accuracy＝(TP＋TN)/(TP＋FP＋FN＋TN)，整体错误率为 1−accuracy。

很多时候我们更关心模型在每个类别上的预测能力，尤其是在很多统计学习任务中，训练集中可能会出现某个类别下的样本数远大于另一些类别下的样本数的情况，即类别不平衡分类问题。此类问题中，模型对不同类别点的预测能力可能差异很大，如果只关注整体预测的准确性，很有可能模型预测所有数据属于占比最多那一类，实际上这样的模型是没有用的。因此我们需要考虑模型在我们关心的类别上的预测准确性。我们定义以下评价标准（见表 3-2）。

表 3-2 二分类问题的一些评价标准

名称	定义式	含义	相同含义的名称
FPR (False Pos. Rate)	FP/(TN＋FP)	反映了实际是负例但被预测为正例的样本占总的负例样本的比重	第一类错误（type Ⅰ error），1−特异度（specificity）
TPR (True Pos. Rate)	TP/(FN＋TP)	反映了被正确预测的正例的样本占总的正例样本的比重	1−第二类错误（type Ⅱ error），灵敏度（sensitivity），召回率（recall）
PPV (Pos. Pred. Value)	TP/(FP＋TP)	反映了分类器预测为正例的所有样本中真正为正例的样本的比重	准确率（precision）
NPV (Neg. Pred. Value)	TN/(TN＋FN)	反映了分类器预测为负例的所有样本中真正为负例的样本的比重	

从表 3-2 可以看出 precision 和 recall 越大越好，但往往不能同时提高，因此有一个综合指标 F 值：$F＝2×$召回率×准确率/(召回率＋准确率)。

针对二分类的模型很多时候并不是给出每个样本预测为哪一类，而是给出其中一类的概率预测，因此我们需要选取一个阈值（cutoff value），比如 0.5，当这个预测大于这个阈值时，我们将该样本预测为这一类，否则预测为另一类。不同的阈值对应不同的分类预测结果，从而整体错误率以及上述各评价指标的取值也不同。如何选择最优的阈值需要讨论。

对不同分类器分类效果的比较，ROC 曲线是一个很好的图形，ROC 的名字来自传播理论，全称为 Receiver Operating Characteristics。它通过阈值（cutoff point/cutoff value）从 0 到 1 移动，获得多对 FPR（1−specificity（特异度））和 TPR（sensitivity（灵敏度）），以 FPR 为横轴，以 TPR 为纵轴，连接各点绘制曲线，展示不同阈值对应的所有两类错误。如图 3-1 所示，曲线左下角点为原点，对应 FPR＝TPR＝0，此时阈值为 1，所有点均预测为负类；曲线右上角点为（1，1），对应 FPR＝TPR＝1，此时阈值为 0，所有点均预测为正类；曲线中间的点对应不同阈值下的 TPR 和 FPR。

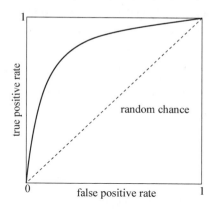

图 3 - 1　ROC 曲线

ROC 曲线下方的区域（Area Under the ROC Curve，AUC）包含了分类器取不同阈值时所有可能的表现，其面积用来衡量分类器的整体表现，AUC 越大表示模型越好，因此可以将 AUC 作为模型选择的一个标准。最理想的分类器覆盖图中左上角（TPR 为 1，FPR 为 0，此时 FP＝FN＝0），AUC 为 1。图中虚线为随机猜测模型所对应的曲线，位于连接点（0，0）和点（1，1）的对角线上，其 AUC 为 0.5，一个有效的分类器的 AUC 值应该大于 0.5。

一个好的分类器，TPR 应接近 1（表明 FN 接近 0），FPR 应接近 0（表明 TN 接近 0），即应靠近左上角。因此，曲线上离左上角最近的点对应的阈值即使得该分类器最优的阈值。实际中，我们经常用约登指数（Youden index）来描述 ROC 曲线，定义约登指数＝灵敏度＋特异度－1＝TPR－FPR，显然，约登指数越高的点越接近左上角，分类器越好。在一些实际问题的处理中，最优阈值需要结合领域知识进行选定和解释。

对于多分类问题，整体正确率定义为预测正确的样本点数目除以总样本数，错误率则是 1 减正确率。此外，使用"一对其他"方法，将每个类别 $k(k＝1，2，\cdots，K)$ 看作一个二分类结果，计算 TP_k，FN_k，FP_k，TN_k，之后可以通过以下公式计算准确率和召回率，

$$Prec＝\frac{\sum\limits_k TP_k}{\sum\limits_k TP_k＋\sum\limits_k FP_k}，Rec＝\frac{\sum\limits_k TP_k}{\sum\limits_k TP_k＋\sum\limits_k FN_k}。$$ 类似二分类方法，也可以画出

ROC 曲线，求解 AUC 面积。还有一些类似的评价指标，读者可参阅其他文献。

3.2　Logistic 回归

3.2.1　基本模型

Logistic 回归模型在传统的统计学教材里是广义线性模型的一种，是第 2 章介绍的多

元回归模型的推广，针对的是数据的响应变量取值不是连续型，分布不是正态的情况。在广义线性模型的理论框架下，使用联系函数对 $E(y|x)$ 进行变换，然后建模。在现代统计学理论的框架下，我们把 Logistic 回归称为一种分类模型，通常它的响应变量是二值变量，它也可以推广到多分类情况，在 3.3.3 中会有简单介绍。

接下来我们介绍二分类的 Logistic 回归。因变量 Y 为二元变量，取值为 0 或 1，一般我们将感兴趣的那一类取为"1"。给定 X 的情况下，因变量的条件期望实际上就是因变量在自变量的某种水平下取"1"的概率，即我们所关心的事件发生的概率：$E(Y|X=x)=P(Y=1|X=x)$，因此 Logistic 模型表示为：

$$P(Y=1|X=x)=p=\frac{e^{\beta_0+\beta^T x}}{1+e^{\beta_0+\beta^T x}} \tag{3.1}$$

式中，p 表示的是我们感兴趣的事件发生的概率，例如某个或某类客户购买某种产品的可能性。自变量与因变量之间的关系是非线性的（我们通常称 Logistic 模型是线性模型，指的是系数 β 和协变量 X 之间是线性的）。在这个简单的模型中，假设自变量是连续的，它与因变量之间的关系为图 3-2 所示的 S 形曲线。

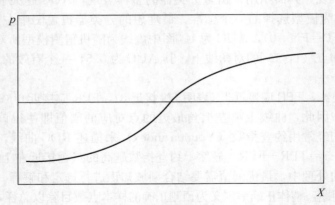

图 3-2   Logistic 回归自变量与因变量之间关系的 S 形曲线

这样的模型形式不仅可以满足因变量的概率值在 [0，1] 之间的要求，而且符合实际自变量与因变量之间的关系。在不同水平上自变量变动相同幅度给因变量带来的影响很可能是不同的，特别是自变量达到一定水平后再增加所引起的因变量的变动会非常小，例如，学习时间达到一定长度以后，测验的成功率就会接近上限。

在做 Logistic 回归时，为使模型的形式更清楚，解释更方便，往往将式（3.1）转换为如下形式：

$$\ln\frac{p}{1-p}=\beta_0+\beta^T x \tag{3.2}$$

这个变换称为 Logit 变换。式（3.2）的左边表示的是事件发生和不发生的概率之比（称作发生比 odds）的对数，右边是通常的线性回归的形式，这预示着在解释系数时可以借鉴线性回归的经验，具体做法在后面将会说明，这就是 Logit 变换所带来的好处。注意，与线性回归不同的是，此处并没有误差项 ε，这是因为在响应变量为连续型的多元线性回归模型中，我们假设 y 的分布是均值为 $\beta_0 + \beta^T x$，方差为 σ^2，即残差 $\varepsilon \sim N(0, \sigma^2)$ 的分布。而在 Logistic 回归中，响应变量 y 是取值为 0 或 1 的二元变量，我们假定它的分布实际上是参数为 $\dfrac{e^{\beta_0 + \beta^T x}}{1 + e^{\beta_0 + \beta^T x}}$ 的二项分布，因此没有误差项 ε。接下来要介绍的 Logistic 回归的参数估计方法也会使用这一分布的假定。

Logistic 回归模型的最终结果可以由式（3.2）化为更容易解释的形式：

$$\frac{p}{1-p} = \exp(\beta_0 + \beta^T x)$$

该式的左边是我们所关心的事件发生概率和不发生概率之比，显然这个比值越大说明事情越容易发生，它的取值范围在 $[0, \infty)$ 之间。

如果自变量 X_k 是连续的，那么它前面的系数 β_k 就说明，在控制其他变量不变的条件下，当该自变量增大一单位时，我们所关心事件的发生比会变为原来的 $\exp(\beta_k)$ 倍。可以看出，当 $\beta_k > 0$ 时，即 $\exp(\beta_k) > 1$，事件的发生比会变大，说明该自变量对事件的发生起到正向作用；当 $\beta_k < 0$ 时，即 $\exp(\beta_k) < 1$，事件的发生比会缩小，说明该自变量对事件发生的作用为负；当 $\beta_k = 0$ 时，即 $\exp(\beta_k) = 1$，事件的发生比保持不变，说明该自变量对事件的发生没有显著的影响。

如果自变量 X_k 是定性数据或称作二元虚拟变量，在定性变量处于某种水平时取值为 1，其余情况下取值为 0，系数 β_k 就表明，在控制其他变量不变的条件下，对比某定性变量的参照水平（即反映该定性变量水平的虚拟变量全部为 0 时表示的水平），该水平对事件发生比的影响是使其变为原来的 $\exp(\beta_k)$ 倍。β_k 的正负号同理也反映了该水平对事件发生比的影响到底是正还是负。

当然，我们在解释模型的结果时，不仅要看数字所体现的数量关系，还应当结合数据的背景看它体现的深层含义，这样构建的模型才有意义。

3.2.2* 估计和检验

Logistic 回归使用最大似然估计，用迭代的方法计算参数值。上文已经叙述，我们假定总体服从二项分布，这样每个观测值发生的概率可以表示为：

$$p(y_i) = p_i^{y_i} (1 - p_i)^{1 - y_i}$$

其似然函数为：

$$L(\beta) = \prod_{i=1}^{n} p_i^{y_i} (1 - p_i)^{1 - y_i}$$

两边取对数得到对数似然函数：

$$\ell(\beta) = \sum_{i=1}^{n} \left[y_i \ln(p_i) + (1 - y_i) \ln(1 - p_i) \right]$$
$$= \sum_{i=1}^{n} \left[y_i \ln\left(\frac{p_i}{1 - p_i}\right) + \ln(1 - p_i) \right]$$

$$= \sum_{i=1}^{n} \left[y_i \beta^T x_i - \ln(1 + e^{\beta^T x_i}) \right] \tag{3.3}$$

这里的 β 包括截距项，x_i 的第一个分量为 1。为了使对数似然函数最大化，我们令式 (3.3) 关于 β 的一阶偏导等于 0：

$$\frac{\partial \ell(\beta)}{\partial \beta} = \sum_{i=1}^{n} \left[y_i - \frac{e^{\beta^T x_i}}{1 + e^{\beta^T x_i}} \right] x_i = \sum_{i=1}^{n} (y_i - p_i) x_i = 0 \tag{3.4}$$

式 (3.4) 是 $p+1$ 个等式，关于待估参数 β 是非线性的。因为 x_i 的第一个分量是 1，所以式 (3.4) 的第一个等式变为 $\sum_{i=1}^{n} y_i = \sum_{i=1}^{n} p_i$，这个等式表明我们期望的类别是 1 的 y 的个数（等式右边）和实际观测到的类别是 1 的 y 的个数（等式左边）相等。为了求出待估参数 β，我们利用 Newton-Raphson 算法。首先对对数似然函数关于系数 β 求二阶偏导：

$$\frac{\partial^2 \ell(\beta)}{\partial \beta \partial \beta^T} = -\sum_{i=1}^{n} x_i x_i^T p_i (1 - p_i) \tag{3.5}$$

给一个 $\hat{\beta}^{old}$，则一步牛顿迭代为：

$$\hat{\beta}^{new} = \hat{\beta}^{old} - \left(\frac{\partial^2 \ell(\beta)}{\partial \beta \partial \beta^T} \right)^{-1} \frac{\partial \ell(\beta)}{\partial \beta} \tag{3.6}$$

将式 (3.4) 和式 (3.5) 表示成矩阵的形式：

$$\frac{\partial \ell(\beta)}{\partial \beta} = X^T (y - p)$$

$$\frac{\partial^2 \ell(\beta)}{\partial \beta \partial \beta^T} = -X^T W X$$

式中，W 是一个 $n \times n$ 对角矩阵，第 i 个元素取值为 $p(x_i, \hat{\beta}^{old})(1 - p(x_i, \hat{\beta}^{old}))$。

代入式 (3.6)，得

$$\begin{aligned} \hat{\beta}^{new} &= \hat{\beta}^{old} + (X^T W X)^{-1} X^T (y - p) \\ &= (X^T W X)^{-1} X^T W [X \hat{\beta}^{old} + W^{-1} (y - p)] \\ &= (X^T W X)^{-1} X^T W z \end{aligned}$$

式中，$z = X \hat{\beta}^{old} + W^{-1}(y - p)$。这实际上是一个加权最小二乘，$z$ 称作调整的因变量。但 z 不是真实存在的变量，而是不断更新的，当 p 改变时，W 和 z 都会有一个新的值，从而得到一个新的 $\hat{\beta}$。这个算法也称为加权迭代最小二乘（iteratively reweighted least squares，IRLS），因为实际上每一步迭代都解决了这样一个加权最小二乘问题：

$$\hat{\beta}^{new} \leftarrow \arg\min_{\beta} (z - X\hat{\beta})^T W (z - X\hat{\beta})$$

因为对数似然函数是一个凹函数，所以这个算法是收敛的，这样我们就会得到 β 的估计值。需要注意的一点是，Logistic 回归的最大似然估计具有一致性（consistency）、渐近有效性（asymptotically efficiency）和渐近正态性（asymptotically normal）。

评价一个模型的好坏往往从两个方面出发：模型的充分性和简洁性。模型的充分性（即模型拟合优度）反映模型的效果，指的是该模型能否充分拟合数据，用模型进行预测是否准确，如线性回归中的 R^2 拟合优度、F 检验等。模型的简洁性反映效率，指模型中不包含作用不显著的变量，用最少的变量和最简单的形式来建立模型，如对单个变量系数的显著性进行检验等。

对于 Logistic 回归来说，体现充分性的指标和方法有 Pearson χ^2、离差（deviance）检验、Hosmer-Lemeshow 拟合优度，体现简洁性的指标和方法有用 Wald χ^2 统计量来检验系数的显著性，以及似然比检验、离差检验等。在此我们不详细介绍各种检验方法，有兴趣的读者可阅读相关的参考书，相应的软件中也有各种检验结果的输出。

3.2.3 正则化的 Logistic 回归

对于 Logistic 回归模型的变量选择问题，可以通过传统的逐步回归方法来解决，也可以根据 Lasso 惩罚回归的思想，在损失函数中（负的对数似然函数（3.3））对模型系数施加 L_1 范数惩罚项，得到 L_1 正则化 Logistic 回归模型：

$$\min_{\beta_0,\beta}\Big\{-\sum_{i=1}^{n}\big[y_i(\beta_0+\beta^T x_i)-\ln(1+e^{\beta_0+\beta^T x_i})\big]+\lambda\sum_{j=1}^{p}|\beta_j|\Big\} \tag{3.7}$$

与 Lasso 中一样，这里惩罚项的 β 不包括 β_0，对 p 个变量均进行标准化处理。我们依然用牛顿迭代法来对式（3.7）进行求解，这里使用的是迭代加权 Lasso 算法。令式（3.7）对 β 的一阶偏导等于 0，得到

$$x_j^T(y-p)=\lambda sgn(\beta_j)$$

3.3 线性判别

3.3.1 线性判别方法

Logistic 回归直接对 $Pr(Y=k\mid X=x)$ 进行建模，用统计术语来讲，是估计给定 X 之后的 Y 的条件分布。现在我们介绍一种不那么直接估计这个概率的方法。在这里，我们对给定 Y 后每一类别的 X 的分布进行估计，然后使用贝叶斯定理估计 $Pr(Y=k\mid X=x)$。

假设我们想把观测值分为 K 类，$K\geqslant2$。假设各个类数据的分布都是已知的，分别记为 f_k，各个类的先验概率记为 π_k，此时 $Pr(Y=k\mid X=x)$ 可以由下式得到

$$Pr(Y=k\mid X=x)=\frac{f_k(x)\pi_k}{\sum\limits_{l=1}^{K}f_l(x)\pi_l}$$

假设每个类数据的分布是带未知参数的，比如，假设每个类的数据分别来自多元正态

分布：

$$f_k(x) = \frac{1}{(2\pi)^{p/2}|\Sigma_k|^{1/2}} e^{-\frac{1}{2}(x-\mu_k)^T\Sigma_k^{-1}(x-\mu_k)}$$

式中，u_k，Σ_k 可以通过估计得到。假设 $\Sigma_k = \Sigma$，则是线性判别分析（LDA）。在比较类别 k 和 l 时，我们可以看两类的对数比：

$$
\begin{aligned}
\log \frac{Pr(Y=k \mid X=x)}{Pr(Y=l \mid X=x)} &= \log \frac{f_k(x)}{f_l(x)} + \log \frac{\pi_k}{\pi_l} \\
&= \log \frac{\pi_k}{\pi_l} - \frac{1}{2}(\mu_k + \mu_l)^T \Sigma^{-1}(\mu_k - \mu_l) \\
&\quad + x^T \Sigma^{-1}(\mu_k - \mu_l)
\end{aligned}
\tag{3.8}
$$

可以看出上式是 X 的线性函数。相同方差的假定使得常数项部分以及指数函数中的二项式部分约简了。这个线性表达式表明类别 k 和 l 的决策边界（使得 $Pr(Y=k \mid X=x) = Pr(Y=l \mid X=x)$ 成立的 x 的点集）是关于 X 线性的。如果我们将 R^p 空间分成 K 个区域，这些分割将是超平面。

从上式可以得到等价的判别函数为：

$$\delta_k(x) = x^T\Sigma^{-1}\mu_k - \frac{1}{2}\mu_k^T\Sigma^{-1}\mu_k + \log(\pi_k)$$

$$Y(k) = \arg\max_k \delta_k(x)$$

实际中，π_k，μ_k，Σ 的估计一般采用下面的公式：

$$\hat{\pi}_k = \frac{n_k}{n}, \text{其中，} n_k \text{是第 } k \text{ 类样本数目}$$

$$\hat{\mu}_k = \frac{1}{n_k}\sum_{i:y_i=k} x_i$$

$$\hat{\Sigma}^2 = \frac{1}{n-K}\sum_{k=1}^{K}\sum_{i:y_i=k}(x_i - \hat{\mu}_k)(x_i - \hat{\mu}_k)^T$$

3.3.2 二次判别函数和正则化判别函数

假设各个类别的 Σ_k 不相等，那么式（3.8）的约简将不再成立，关于 x 的二次项保留在公式中。我们得到的二次判别函数（quadratic discriminant analysis，QDA）为：

$$\delta_k(x) = -\frac{1}{2}\log|\Sigma_k| - \frac{1}{2}(x-\mu_k)^T\Sigma_k^{-1}(x-\mu_k) + \log(\pi_k)$$

可以看到，对于类别 k 和 l，此边界 $\{x: \delta_k(x) = \delta_l(x)\}$ 为关于 x 的二次函数，这是一个曲线边界。对 QDA 的估计与 LDA 类似，只是每个类别的 Σ_k 要单独估计。当 p 比较大时，意味着有很多参数需要估计。在计算系数个数时需要小心仔细。在 LDA 模型中，需要估计 $(K-1)(p+1)$ 个参数，因为只有判别函数的差 $\delta_k(x) - \delta_K(x)$ 起作用，每一

个差需要 $(p+1)$ 个参数。QDA 则需要估计 $(K-1)[p(p+3)/2+1]$ 个参数。

　　LDA 和 QDA 在很多数据的分类效果上表现非常好，并不是因为数据是近似正态分布的，也不是因为 LDA 假定的各类方差相等。更可能的原因是，数据支持各类别边界是线性的或者是二次函数，LDA 和 QDA 的方法比较稳健。LDA 的模型更简洁，虽然偏差稍大，但是方差大大降低，使得模型估计准确率总体较高。QDA 的参数个数过多，往往方差较大。关于模型的复杂度和预测能力，下一章会具体介绍。

　　Friedman（1989）提出一个将 LDA 和 QDA 结合的方法，它假定将 QDA 不同类别不同的方差压缩到和 LDA 的方差相同。这和上一章介绍的压缩方法相似。具体来讲，正则化的方差协方差矩阵有如下形式：

$$\hat{\Sigma}_k(\alpha) = \alpha \hat{\Sigma}_k + (1-\alpha)\hat{\Sigma} \tag{3.9}$$

式中，$\hat{\Sigma}$ 是 LDA 中假定的统一的方差；$\alpha \in [0, 1]$ 表示一系列介于 LDA 和 QDA 之间的模型，实际应用中，使用下一章将要介绍的交叉验证等方法估计。

　　相似的调整可以使 $\hat{\Sigma}$ 向常数压缩：

$$\hat{\Sigma}(\gamma) = \gamma \hat{\Sigma} + (1-\gamma)\hat{\sigma}^2 I \tag{3.10}$$

式中，$\gamma \in [0, 1]$。把式（3.9）的 $\hat{\Sigma}$ 替换成式（3.10）的 $\hat{\Sigma}(\gamma)$，可以得到更一般的协方差矩阵的表达式 $\hat{\Sigma}(\alpha, \gamma)$，有两个索引参数 α 和 γ。

3.3.3　Logistic 回归与线性判别方法的比较

　　Logistic 回归与 LDA 在使用中需要注意各自的特点。对于 LDA，由式（3.8）可以看出，第 k 类和第 K 类的对数后验发生比是 x 的线性函数：

$$
\begin{aligned}
&\log \frac{Pr(Y=k \mid X=x)}{Pr(Y=K \mid X=x)} \\
&= \log \frac{\pi_k}{\pi_K} - \frac{1}{2}(\mu_k + \mu_K)^T \Sigma^{-1}(\mu_k - \mu_K) + x^T \Sigma^{-1}(\mu_k - \mu_K) \\
&\stackrel{\Delta}{=} \alpha_{k0} + \alpha_k^T x
\end{aligned}
$$

这是数据正态分布以及各类别协方差矩阵相同的假定的结果。

　　对于 Logistic 回归，上文介绍的是二分类模型，如果将其扩展到多分类问题，以第 K 类为基准，模型可以写成：

$$\log \frac{Pr(Y=1|X=x)}{Pr(Y=K|X=x)} = \beta_{10} + \beta_1^T x$$

$$\log \frac{Pr(Y=2|X=x)}{Pr(Y=K|X=x)} = \beta_{20} + \beta_2^T x$$

......

$$\log \frac{Pr(Y=K-1|X=x)}{Pr(Y=K|X=x)} = \beta_{(K-1)0} + \beta_{K-1}^T x$$

也就是

$$\log \frac{Pr(Y=k\mid X=x)}{Pr(Y=K\mid X=x)}=\beta_{k0}+\beta_k^T x,\ k=1,2,\cdots,K-1$$

看起来，两个模型一模一样，它们的差别在于模型参数估计的方法。Logistic 回归更一般，因为它的假设较少。

我们可以把 X 和 Y 的联合分布写成：

$$Pr(X,Y=k)=Pr(X)Pr(Y=k\mid X)$$

式中，$Pr(X)$ 表示数据 X 的边际分布。两种方法对于第二项都有 Logit 线性形式：

$$Pr(Y=k\mid X=x)=\frac{e^{\beta_{k0}+\beta_k^T x}}{1+\sum\limits_{l=1}^{K-1}e^{\beta_{l0}+\beta_l^T x}}$$

Logistic 回归并没有考虑 X 的联合分布 $Pr(X)$，而是使用最大似然方法拟合条件分布 $Pr(Y\mid X)$ 的参数。尽管 $Pr(X)$ 被忽略了，但我们可以认为它是被一种完全无约束的非参数的方法估计的，也就是每个样本点的概率是 $1/n$。

LDA 通过最大化完全似然函数（联合分布）估计参数：

$$Pr(X,Y=k)=\varphi(X;\mu_k,\Sigma)\pi_k$$

式中，φ 是正态分布的密度函数，可以得到 $\hat{\pi}_k$，$\hat{\mu}_k$，$\hat{\Sigma}$ 的估计，如 3.3.1 所示。不同于条件分布的情况，这里边际分布 $Pr(X)$ 起着作用。

$$Pr(X)=\sum\limits_{k=1}^{K}\pi_k\varphi(X;\mu_k,\Sigma)$$

那么，这个多加的一项起到什么作用？因为有了对数据更多的假定，我们对参数有了更多的信息，所以可以更有效率地估计它们（更低的方差）。实际上，如果数据的每一类真的是正态分布，忽略了这个知识，估计最多可能会损失 30% 的效率；换句话说，增加 30% 的数据量，条件分布能够达到相同的准确性。

不过实际应用中，正态性的假定在绝大多数情况下不成立，有些时候，预测变量甚至不是连续型，而是类别变量。所以通常来讲，Logistic 回归更稳妥一些。尽管 LDA 被不正当使用，但很多时候它有较好的效果，说明它有一定的稳健性和容错能力。

3.4　上机实践：R

1. 心脏病数据说明

本案例所用的数据为 glmpath 包中自带的数据 heart. data，样本是 462 个南非人的身体健康状况指标，用来研究哪些因素对是否患心脏病有影响。因变量 y 为二分类变量，代表是否患有冠心病，自变量包括 sbp（血压），tobacco（累计烟草量），ldl（低密度脂蛋白胆固醇），adiposity（肥胖），famhist（是否有心脏病家族史），typea（型表现），obesity

（过度肥胖），alcohol（当前饮酒），age（发病年龄）。

2. 描述统计

加载数据并查看因变量的分布情况。

```
library(glmpath)
data(heart.data)
attach(heart.data)
data = data.frame(cbind(as.matrix(heart.data $ x),y))    #转换成数据框
table(data $ y)
```

结果如下：

```
    0    1
302  160
```

可以看出在 462 个样本中 160 人患有心脏病。绘制变量的散点图矩阵，程序如下，结果见图 3-3。可以看出 adiposity 和 obesity 线性相关性较强。

```
windowsFonts(
 +    A = windowsFont("Times New Roman"),
 +    B = windowsFont("Arial Black")
 +  )
par(family = "A")    #设置图片中的字体
pairs(data)    #散点图矩阵
```

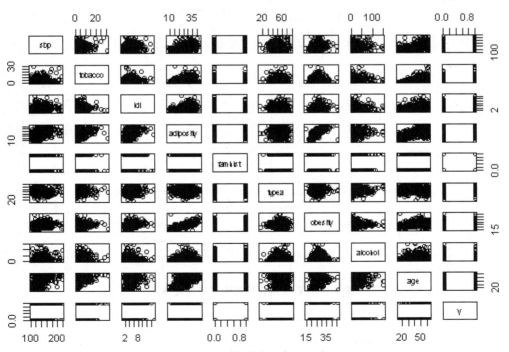

图 3 - 3　变量的散点图矩阵

进行 y 与定性变量的列联表分析，此处仅以 famhist 为例。

```
attach(data)
W1 = xtabs(～y + famhist)    #y 与定性变量的列联表分析
W1
chisq.test(W1)
```

结果如下，可以看出列联表分析结果显示 $p < 0.05$，说明在 0.05 的显著性水平下，famhist 对 y 有显著影响。

```
famhist
y     0     1
0    206   96
1    64    96
X - squared = 33.1226, df = 1, p - value = 8.653e - 09
```

接着我们进行 y 与连续自变量的箱线图分析，结果见图 3 - 4。

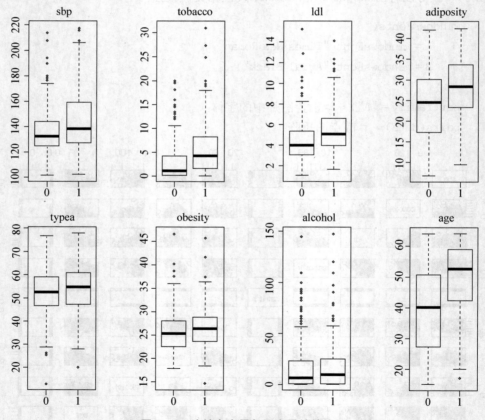

图 3 - 4   连续自变量与因变量的箱线图

```
par(mfrow = c(1,4),family = "A")
boxplot(sbp～y,main = "sbp")
```

```
boxplot(tobacco~y,main = "tobacco")
boxplot(ldl~y,main = "ldl")
boxplot(adiposity~y,main = "adiposity")
boxplot(typea~y,main = "typea")
boxplot(obesity~y,main = "obesity")
boxplot(alcohol~y,main = "alcohol")
boxplot(age~y,main = "age")
```

由图 3 - 4 可以看出 sbp, tobacco, ldl, adiposity, age 几个变量对 y 的影响较为明显。

3. Logistic 回归

首先随机抽取 80% 的样本作为训练集，剩下 20% 的样本作为测试集，用所有变量建立二元 Logistic 回归模型。然后用 AIC 和 BIC（详见第 4 章）对模型做逐步回归。

```
set.seed(9)   #设定随机种子，数字可以任意选取
n = nrow(data)
ss = sample(n,n * 0.8,replace = FALSE)
datatr = data[ss,]   #随机抽 80 % 的样本作为训练集
datate = data[ - ss,]   #剩下 20 % 的样本作为测试集

logit = glm(y~.,data = datatr,family = binomial)   #建立 Logistic 回归模型
summary(logit)

AIC = step(logit,trace = 0)AIC   #AIC 逐步回归
summary(AIC)

BIC = step(logit,k = log(n),trace = 0)   #BIC 逐步回归
summary(BIC)
```

三种回归结果的系数比较如下所示：

	Logistic 回归	AIC 逐步回归	BIC 逐步回归
(Intercept)	−5.6833134***	−5.06771	−5.96112***
sbp	0.0073078		
tobacco	0.0535730	0.05528	
ldl	0.1335703*	0.13446*	
adiposity	0.0084093		
famhist	0.9390109***	0.92867***	0.89752***
typea	0.0381032**	0.03730**	0.03581**
obesity	−0.729988	−0.05712	

| | | alcohol | -0.0001614 | | |
| | | age | 0.0530943^{***} | 0.05842^{***} | 0.06705^{***} |

三种回归参数的比较见表 3 - 3。

表 3 - 3　　　　　　　　　　　　　**三种回归参数的比较**

	AIC	residual deviance	degrees of freedom
Logistic 回归	407.51	387.51	359
AIC 逐步回归	402.91	388.91	362
BIC 逐步回归	407.2	399.20	365

由以上结果可以看出，三种模型的差异并不明显。为了进一步比较这三个模型，我们分别用三个模型对测试集进行预测，用 ROC 曲线以及约登曲线来选择最优模型，程序如下：

```
attach(datate)
p1 = matrix(0,length(datate[,1]),3)   #3 列，分别用来放 3 个模型的预测值
p1[,1] = predict(logit,datate)
p1[,2] = predict(AIC,datate)
p1[,3] = predict(BIC,datate)

p1 = exp(p1)/(1 + exp(p1))   #概率值
p = as.data.frame(p1)
names(p) = c("logit","AIC","BIC")

y.true = datate $ y
p0 = 0.3
prob = p[,1]
y.hat = 1 * (prob>p0)
right = 1 - mean(y.true! = y.hat);right   #判断正确率，结果为 0.6989
table(as.data.frame(cbind(y.hat,y.true)))
par(mfrow = c(2,2),family = "A",cex = 0.8,mai = c(0.9,0.8,0.3,0.1))

###ROC 曲线
ngrid = 1000
plot(c(0,1),c(0,1),type = "l",xlab = "FPR",ylab = "TPR")
FPR = rep(0,ngrid)
TPR = rep(0,ngrid)
for(k in 1:3){
+    prob = p[,k]
+    for(i in 1:ngrid){
```

```r
+     p0 = i/ngrid
+     y.hat = 1 * (prob>p0)
+     table(as.data.frame(cbind(y.hat,y.true)))
+     TPR[i] = sum(y.true * y.hat)/sum(y.true)
+     FPR[i] = sum((1 - y.true) * y.hat)/sum(1 - y.true)
+   }
+   points(FPR,TPR,type = "l",col = k,lty = k)
+ }
legend("bottomright",c("logit","logitAIC","logitBIC"),lty = c(1:3),col =
c(1:3))


### # Sensitivity 曲线
ngrid = 1000
plot(c(0,1),c(0,1),type = "l",xlab = "Critical value",ylab = "Sensitivity",
col = "white")
Sensitivity = rep(0,ngrid)
a = seq(0.001,1,0.001)
for(k in 1:3){
+   prob = p[,k]
+   for(i in 1:ngrid){
+     p0 = i/ngrid
+     y.hat = 1 * (prob>p0)
+     table(as.data.frame(cbind(y.hat,y.true)))
+     Sensitivity[i] = sum(y.true * y.hat)/sum(y.true)
+   }
+   points(a,Sensitivity,type = "l",col = k,lty = k)
+ }
legend("topright",c("logit","logitAIC","logitBIC"),lty = c(1:3),col = c
(1:3))


### # Specificity 曲线
ngrid = 1000
plot(c(0,1),c(1,0),type = "l",xlab = "Critical value",ylab = "Specificity",
col = "white")
Specificity = rep(0,ngrid)
a = seq(0.001,1,0.001)
for(k in 1:3){
+   prob = p[,k]
+   for(i in 1:ngrid){
```

```
+      p0 = i/ngrid
+      y. hat = 1 * (prob>p0)
+      table(as. data. frame(cbind(y. hat,y. true)))
+      Specificity[i] = sum((1 - y. true) * (1 - y. hat))/sum(1 - y. true)
+    }
+    points(a,Specificity,type = "l",col = k,lty = k)
+ }
legend("bottomright",c("logit","logitAIC","logitBIC"),lty = c(1:3),col =
c(1:3))


### #youden 曲线
ngrid = 1000
plot(c(0,1),c(1,0),type = "l",ylim = c(0,0.6),xlab = "Critical value",ylab =
"Youden",col = "white")
Specificity = rep(0,ngrid)
youden = rep(0,ngrid)
a = seq(0. 001,1,0. 001)
for(k in 1:3){
+    prob = p[,k]
+    for(i in 1:ngrid){
+      p0 = i/ngrid
+      y. hat = 1 * (prob>p0)
+      table(as. data. frame(cbind(y. hat,y. true)))
+      Sensitivity[i] = sum((1 - y. true) * (1 - y. hat))/sum(1 - y. true)
+      Specificity[i] = sum(y. true * y. hat)/sum(y. true)
+      youden[i] = Sensitivity[i] + Specificity[i] - 1
+    }
+    points(a,youden,type = "l",col = k,lty = k)
+ }
legend("topright",c("logit","logitAIC","logitBIC"),lty = c(1:3),col = c
(1:3))
```

最终模型的比较见图 3 - 5。

由图 3 - 5 可以看出，Logistic 和 AIC 逐步回归两种方法的约登指数更大，效果略好于 BIC 逐步回归。下面使用 Logistic-AIC 模型进行建模，并通过最大化约登指数寻找最优参数，得到最优模型，最后进行预测效果测试，程序如下：

```
y. true = datate $ y
k = 2    #选择 Logistic - AIC 模型
prob = p[,k]
```

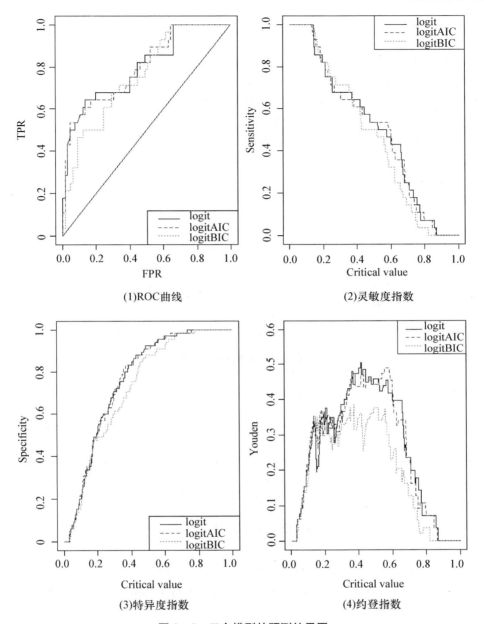

(1)ROC曲线　　　　　　　　　(2)灵敏度指数

(3)特异度指数　　　　　　　　(4)约登指数

图 3 - 5　三个模型的预测结果图

```
for(i in 1:ngrid){
+    p0 = i/ngrid
+    y.hat = 1 * (prob>p0)
+    table(as.data.frame(cbind(y.hat,y.true)))
+    TPR[i] = sum(y.true * y.hat)/sum(y.true)
+    FPR[i] = sum((1 - y.true) * y.hat)/sum(1 - y.true)
+    Sensitivity[i] = sum((1 - y.true) * (1 - y.hat))/sum(1 - y.true)
+    Specificity[i] = sum(y.true * y.hat)/sum(y.true)
```

```
+    youden[i] = Sensitivity[i] + Specificity[i] - 1
+ }
plot(FPR,TPR,type = "l",col = k,lty = k)
plot(a,youden,type = "l",col = k,lty = k)
p0 = which. max(youden)/ngrid;p0    # 找到最优参数 p0，结果为 0.556，大于
0.556 的 y 值预测为 1，小于的取值为 0
max(youden)    # 结果为 0.4895604

### # 检验预测效果
y. hat = 1 * (prob > p0)
table(as.data.frame(cbind(y.hat,y.true)))
right = 1 - mean(y.true! = y.hat);right
false = mean(y.true! = y.hat);false
TPR[which.max(youden)]
FPR[which.max(youden)]
```

输出结果见表 3-4，得到 $TPR = 0.536$，$FPR = 0.046$，正确率 $R = 0.828$。

表 3-4 最优预测模型的预测效果

y 预测值	y 实际值		
	0	1	行和
0	62	13	75
1	3	15	18
列和	65	28	93

下面我们建立带 L_1 罚函数的 Logistic 回归模型，可以使用 glmpath 包和 glmnet 包，它们分别使用预测校正法和坐标下降法计算系数估计值。

```
### predictor - corrector methods 预测校正法
library(glmpath)
fit. a = glmpath(x[ss,],data $ y[ss],family = binomial)
fit. a $ standardize    # 这个函数本身对 x 进行了标准化处理，输出结果为 TRUE
summary(fit.a)
par(mfrow = c(1,1),family = "A",mar = c(5,5,5,5))
plot(fit.a)    # 给出图形结果
pre = predict(fit.a,s = 8,newx = x[ - ss,])    # 这里的 s 为 lamda，随便取了一
个值，可以用交叉验证（见第 4 章）等方法确定最优的 lamda 值
phat = exp(pre)/(1 + exp(pre))

### Coordinate descent methods 坐标下降法
library(glmnet)
fit. b = glmnet(scale(x[ss,]),data $ y[ss],family = "binomial")    # 需要对 x
```

进行标准化处理

```
print(fit.b)
plot(fit.b $ lambda)
par(mfrow = c(1,1),family = "A",mar = c(5,5,5,5))
plot(fit.b)
coef(fit.b,s = 0.01)
pre = predict(fit.b,s = 0.01,newx = scale(x[ - ss,]))
phat = exp(pre)/(1 + exp(pre))
```

4. 线性判别

下面我们用 MASS 包中的 lda( ) 函数和 qda( ) 函数分别建立线性判别模型和二次判别模型，并对二者结果进行比较，程序如下：

```
＃＃＃LDA 线性判别模型
library(MASS)
lda.fit = lda(y~.,data = datatr)
lda.fit

lda.pred = predict(lda.fit,datate)
lda.class = lda.pred $ class
table(lda.class,datate $ y)
mean(lda.class = = datate $ y)

＃＃＃QDA 二次判别模型
qda.fit = qda(y~.,data = datatr)
qda.fit
qda.pred = predict(qda.fit,datate)
qda.class = qda.pred $ class
table(qda.class,datate $ y)

mean(qda.class = = datate $ y)
```

部分结果展示：
```
Coefficients of linear discriminants：
            LD1
sbp         0.007812818
tobacco     0.056650378
ldl         0.125747605
adiposity   0.001382063
famhist     0.893138412
```

typea	0.030749347		
obesity	− 0.062607403		
alcohol	− 0.001375448		
age	0.043317894		

由以上结果可得到表3−5和表3−6，进而计算出两种方法的正确率。

表3−5是线性判别模型用于测试集的预测结果。

表3−5   LDA 预测结果

y 预测值	y 实际值		
	0	1	行和
0	60	14	74
1	5	14	19
列和	65	28	93

得到 $TPR=0.5$，$FPR=0.077$，正确率 $R=0.796$。

表3−6是二次判别模型用于测试集的预测结果。

表3−6   QDA 预测结果

y 预测值	y 实际值		
	0	1	行和
0	54	12	66
1	11	16	27
列和	65	28	93

得到 $TPR=0.571$，$FPR=0.169$，正确率 $R=0.753$。

可见，LDA 的结果略好于 QDA 的结果。

3.5   上机实践：Python

3.5.1   数据说明

本案例所用的数据仍为 R 语言 glmpath 包中的数据 heart. data，具体的数据说明参见 R 语言的上机实践。

3.5.2   描述统计

首先需要将 R 语言 glmpath 包中的数据 heart. data 导出并保存在 heart. csv 文件中。也可从人大出版社提供的网址下载该数据。加载数据并查看因变量的分布情况。

```
# − ∗ − coding: utf − 8 − ∗ −
```

```
#加载一些必要的库
import os
from numpy import *
from scipy import *
from pandas import *
import matplotlib.pyplot as plt
import seaborn as sns


heart = read_csv('heart.csv',sep = ',')
heart.head()
heart.ix[:,'y'].value_counts()
```

绘制变量的散点图矩阵，程序如下，结果见图 3 - 6。

```
fig,axes = plt.subplots(10,10,sharex = False,sharey = False)
for i in range(10):
    for j in range(10):
        if i = = j:
            sns.kdeplot(heart.ix[:,i],shade = True,ax = axes[i,i])
        else:
            axes[i,j].scatter(heart.ix[:,j],heart.ix[:,i],s = 5)
```

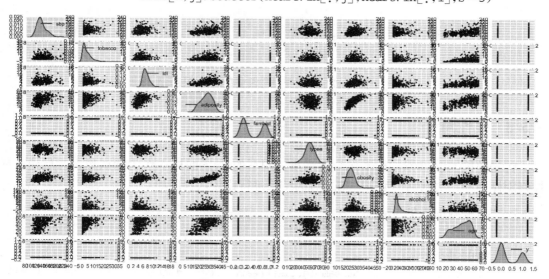

图 3 - 6 变量的散点图矩阵

进行 y 与定性变量的列联表分析，此处仅以 famhist 为例。

```
from scipy.stats import chi2_contingency
contingency_table = heart.ix[:,0].groupby([heart['y'],heart['x.famhist']]).
count().unstack()
```

```
chi2_contingency(contingency_table)[1]  #p-value
```

列联表分析显示 $p < 0.05$，说明在 0.05 的显著性水平下，famhist 对 y 有显著影响。接着进行 y 与连续自变量的箱线图分析，程序如下，箱线图见图 3-7。

```
fig,axes = plt.subplots(2,4,sharex = False,sharey = False)
for i in range(2):
    for j in range(4):
        temp = heart.ix[:,[5 * i + j,10]]
        temp.boxplot(by = 'y',ax = axes[i,j])
        axes[i,j].set_xlabel(xlabel = '')
```

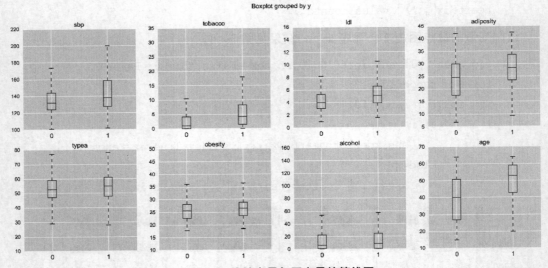

图 3-7　连续变量与因变量的箱线图

3.5.3　线性判别

首先随机抽取 80% 的样本作为训练集，剩下的 20% 的样本作为测试集，然后建立线性判别模型和二次判别模型，并对二者的结果进行比较，程序如下：

```
#分割训练集与测试集
import random
random.seed(9)
training_index = random.sample(list(heart.index),int(len(heart.index) * 0.8))
test_index = list(set(heart.index) - set(training_index))
data_train = heart.ix[training_index,:]
data_test = heart.ix[test_index,:]


#LDA
from sklearn.discriminant_analysis import LinearDiscriminantAnalysis
```

```
clf = LinearDiscriminantAnalysis()
clf.fit(X = data_train.ix[:,0:9],y = data_train['y'])
data_test['LDA_pred'] = clf.predict(data_test.ix[:,0:9])
data_test.ix[:,0].groupby([data_test['LDA_pred'],data_test['y']]).count
().unstack()  #混淆矩阵
mean(data_test['y'] = = data_test['LDA_pred'])  #正确率


#QDA
from sklearn.discriminant_analysis import QuadraticDiscriminantAnalysis
clf = QuadraticDiscriminantAnalysis()
clf.fit(X = data_train.ix[:,0:9],y = data_train['y'])
data_test['QDA_pred'] = clf.predict(data_test.ix[:,0:9])
data_test.ix[:,0].groupby([data_test['QDA_pred'],data_test['y']]).count
().unstack()  #混淆矩阵
mean(data_test['y'] = = data_test['QDA_pred'])  #正确率
```

由程序运行的结果可得到表 3-7 和表 3-8，进而可计算出两种方法的正确率。

表 3-7 是线性判别模型用于测试集的预测结果。

表 3-7   LDA 预测结果

y 预测值	y 实际值		
	0	1	行和
0	54	16	70
1	8	15	23
列和	62	31	93

得到 $TPR=0.484$，$FPR=0.129$，正确率 $R=0.742$。

表 3-8 是二次判别模型用于测试集的预测结果。

表 3-8   QDA 预测结果

y 预测值	y 实际值		
	0	1	行和
0	54	18	72
1	8	13	21
列和	62	31	93

得到 $TPR=0.419$，$FPR=0.129$，正确率 $R=0.720\ 4$。

3.5.4   Logistic 回归

我们建立三个 Logistic 回归模型，第一个使用所有自变量，第二个使用之前 R 语言示例中利用 AIC 准则挑选出的自变量，第三个使用利用 BIC 准则挑选出的自变量。

```
#Logistic Regression
```

```
from sklearn.linear_model import LogisticRegression
clf = LogisticRegression(penalty = 'l1',C = 100,tol = 1e - 6)
clf.fit(X = data_train.ix[:,0:9],y = data_train['y'])
clf.coef_
clf.intercept_
data_test['logit_pred'] = clf.predict(data_test.ix[:,0:9])
data_test['logit_pred_prob'] = clf.predict_proba(data_test.ix[:,0:9])
[:,1]
data_test.head()


# Logistic Regression based on AIC criterion
clf = LogisticRegression(penalty = 'l1',C = 100,tol = 1e - 6)
clf.fit(X = data_train[['x.tobacco','x.ldl','x.famhist','x.typea','x.obesity',
'x.age']],y = data_train['y'])
clf.coef_
clf.intercept_
data_test['logit_aic_pred'] = clf.predict(data_test[['x.tobacco','x.ldl','x.
famhist','x.typea','x.obesity','x.age']])
data_test['logit_aic_pred_prob'] = clf.predict_proba(data_test[['x.tobacco','x.
ldl','x.famhist','x.typea','x.obesity','x.age']])[:,1]
data_test.head()


# Logistic Regression based on BIC criterion
clf = LogisticRegression(penalty = 'l1',C = 100,tol = 1e - 6)
clf.fit(X = data_train[['x.famhist','x.typea','x.age']],y = data_train['y'])
clf.coef_
clf.intercept_
data_test['logit_bic_pred'] = clf.predict(data_test[['x.famhist','x.typea',
'x.age']])
data_test['logit_bic_pred_prob'] = clf.predict_proba(data_test[['x.famhist','x.
typea','x.age']])[:,1]
data_test.head()
```

三种回归系数的比较见表 3 - 9。

表 3 - 9　　　　　　　　　　　三种回归系数的对比

	Logistic 回归	AIC	BIC
(Intercept)	−6.372 472 82	−5.828 897 79	−6.344 554 07
sbp	8.89608560e-03		
tobacco	8.12379254e-02	0.082 045 18	

续前表

	Logistic 回归	AIC	BIC
ldl	1. 99918929e-01	0. 215 001 1	
adiposity	3. 68499393e-02		
famhist	9. 59963861e-01	0. 931 765 55	0. 892 793 58
typea	4. 61486720e-02	0. 043 094 56	0. 045 002 81
obesity	−8. 97385875e-02	−0. 042 764 12	
alcohol	7. 65730611e-04		
age	3. 61707863e-02	0. 048 385 34	0. 063 639 82

下面绘制三种回归模型的 ROC 曲线以及约登曲线，程序如下：

```
from sklearn import metrics
fpr,tpr,thresholds = metrics. roc_curve(y_true = data_test['y'], y_score =
data_test['logit_pred_prob'])
fpr_aic,tpr_aic,thresholds_aic = metrics. roc_curve(y_true = data_test['y'],
y_score = data_test['logit_aic_pred_prob'])
fpr_bic,tpr_bic,thresholds_bic = metrics. roc_curve(y_true = data_test['y'],
y_score = data_test['logit_bic_pred_prob'])
sensitivity = tpr;specificity = 1 − fpr;youden = tpr − fpr
sensitivity_aic = tpr_aic;specificity_aic = 1 − fpr_aic;
youden_aic = tpr_aic − fpr_aic
sensitivity_bic = tpr_bic;specificity_bic = 1 − fpr_bic;
youden_bic = tpr_bic − fpr_bic

# ROC Curve
fig1 = plt. figure()
ax1 = fig1. add_subplot(111)
ax1. plot([0,1],[0,1])
ax1. plot(fpr,tpr,'− −',label = 'logit')
ax1. plot(fpr_aic,tpr_aic,'− ',label = 'logit_aic')
ax1. plot(fpr_bic,tpr_bic,':',label = 'logit_bic')
plt. legend(loc = 'lower right')
ax1. set_xlabel('FPR');ax1. set_ylabel('TPR');
ax1. set_title('ROC Curve')

# Sensitivity Curve
fig2 = plt. figure()
ax2 = fig2. add_subplot(111)
ax2. plot(thresholds,sensitivity,'− −',label = 'logit')
```

```
ax2.plot(thresholds_aic,sensitivity_aic,'-',label = 'logit_aic')
ax2.plot(thresholds_bic,sensitivity_bic,':',label = 'logit_bic')
plt.legend(loc = 'upper right')
ax2.set_xlabel('Critical Value');
ax2.set_ylabel('Sensitivity');
ax2.set_title('Sensitivity')

# Specificity Curve
fig3 = plt.figure()
ax3 = fig3.add_subplot(111)
ax3.plot(thresholds,specificity,'- -',label = 'logit')
ax3.plot(thresholds_aic,specificity_aic,'-',label = 'logit_aic')
ax3.plot(thresholds_bic,specificity_bic,':',label = 'logit_bic')
plt.legend(loc = 'lower right')
ax3.set_xlabel('Critical Value');
ax3.set_ylabel('Specificity');
ax3.set_title('Specificity')

# Youden Curve
fig4 = plt.figure()
ax4 = fig4.add_subplot(111)
ax4.plot(thresholds,youden,'- -',label = 'logit')
ax4.plot(thresholds_aic,youden_aic,'-',label = 'logit_aic')
ax4.plot(thresholds_bic,youden_bic,':',label = 'logit_bic')
plt.legend(loc = 'upper right')
ax4.set_xlabel('Critical Value');
ax4.set_ylabel('Youden');
ax4.set_title('Youden')
```

最终模型比较见图 3 - 8。

下面使用 Logistic-AIC 模型进行建模，并通过最大化约登指数寻找最优参数，得到最优模型，最后进行预测效果测试，程序如下：

```
youden_aic
max(youden_aic)
loc_best = where(youden_aic = = max(youden_aic))[0][0]
youden_aic[loc_best]
tpr_aic[loc_best]
fpr_aic[loc_best]
thresholds_best = thresholds_aic[loc_best]
```

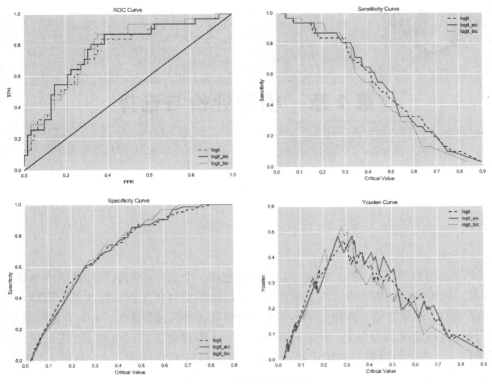

图 3 - 8　模型选择与评价

```
data_test['logit_aic_best_pred'] = 0
data_test['logit_aic_best_pred'][data_test['logit_aic_pred_prob']>=
thresholds_best] = 1
```

♯混淆矩阵
```
data_test.ix[:,0].groupby([data_test['logit_aic_best_pred'],data_test['y']]).
count().unstack()
```

最优模型预测结果见表 3 - 10，得到 $TPR=0.871$，$FPR=0.387$，正确率 $R=0.699$。

表 3 - 10　　　　　　　　　　　　QDA 预测结果

y 预测值	y 实际值		
	0	1	行和
0	62	13	75
1	3	15	18
列和	65	28	93

我们也可以使用上述函数建立带 L1 或 L2 罚函数的逻辑回归模型，只需要在 Logistic-Regression(penalty='l1'，C=100，tol=1e-6)中调整罚函数 penalty 和惩罚力度 C（C 越小，惩罚越严厉）即可。

第 4 章　模型评价与选择

一个学习模型的泛化（推广）能力，也就是它对一个独立的测试集的预测准确性，是非常重要的。评价模型在实际中的表现很重要，可以指导如何在无数可能的备选模型中选择一个优秀的模型。本章介绍与此相关的非常重要的模型选择和模型评价。4.1 节介绍基本概念，包括各种误差的定义以及偏差-方差分解。4.2 节介绍理论方法，包括 C_p 统计量、AIC 和 BIC 准则。4.3 节介绍数据重利用方法，包括交叉验证法和自助法。4.4 节和 4.5 节是 R 和 Python 上机实践。

4.1　基本概念

4.1.1　各种误差的定义

首先考虑回归问题，训练集 T 包括输入向量 X 和连续型因变量 Y。拟合训练数据集 T 得到模型 $\hat{f}(X)$。衡量预测准确性的损失函数定义为 $L(Y, \hat{f}(X)) = (Y - \hat{f}(X))^2$ 或 $|Y - \hat{f}(X)|$。

测试误差（test error），也叫做推广误差（generalization error），定义为 $Err_T = E[L(Y, \hat{f}(X))|T]$。这是一个条件期望，是给定训练集 T 之后，对 (X, Y) 的联合分布取期望。期望预测误差/期望测试误差（expected prediction error, expected test error）定义为 $Err = E[L(Y, \hat{f}(X))] = E[Err_T]$，这个期望平均了所有的随机性，包括由特定训练集拟合模型带来的随机性。值得注意的是，这两个量都是体现模型预测能力的指标，是未知的常数，也可称为数字特征。模型选择和评价的目的就是对它们进行估计。

训练误差（training error）是训练样本点损失的平均，定义为 $\overline{err} = \dfrac{1}{n}\sum_{i=1}^{n} L(y_i, \hat{f}(x_i))$。这是一个统计量，有了训练数据的观测值（实现值，realization），可以计算得

到具体数值。当模型变得越来越复杂的时候（比如线性回归增加自变量个数，或者由线性模型变为非线性模型），模型可以利用更多的训练数据信息，训练误差随着模型复杂度的增加一直减小，通常可以降到零（最后的模型就是逐点拟合），如图 4-1 下方曲线所示（注：图形纵坐标预测误差为泛指，根据不同情况，代表各种特定的误差）。因此训练误差并不是期望测试误差很好的估计。模型的测试误差如图 4-1 上方曲线所示，通常在模型过于简单时，误差偏高，此时模型欠拟合。随着模型复杂度的增加，测试误差先下降后升高（此时模型过拟合），不论是欠拟合还是过拟合，模型推广预测的能力都差。因此存在一个中等复杂度的模型使得期望测试误差达到最小，我们的目标就是找到这个最优模型。

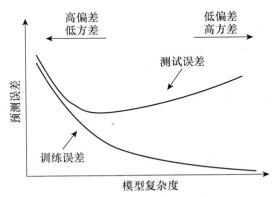

图 4-1　模型复杂度与模型的预测误差

对于分类问题，情况是一样的。因变量 $Y \in \{1, 2, \cdots, K\}$。通常我们拟合一个概率 $p_k(X) = Pr(Y = k \mid X)(k = 1, 2, \cdots, K)$，最终的预测值 $\hat{Y}(X) = \arg\max\limits_{k} \hat{p}_k(X)$。常用的损失函数有 0—1 损失 $L(Y, \hat{Y}(X)) = I(Y \neq \hat{Y}(X))$ 以及负对数似然损失 $L(Y, \hat{p}(X)) = -2\sum\limits_{k=1}^{K} I(Y = k) \log \hat{p}_k(X)$（该式右端又称为离差，它等于 -2 乘以对数似然函数）。

测试误差与回归问题相同，定义为 $Err_T = E[L(Y, \hat{Y}(X)) \mid T]$，训练误差是 $\overline{err} = -\dfrac{2}{n}\sum\limits_{i=1}^{n} \log \hat{p}_{y_i}(x_i)$。

任何分布的负对数似然函数都可以看成是损失函数。有时在前面乘以 2，是为了使得正态分布的该种损失和平方损失相同。

本章主要介绍一些估计模型期望预测误差的方法，通常我们的模型有一个调节参数或者系数 α，所以把模型写成 $\hat{f}_\alpha(x)$。调节参数的大小控制着模型的复杂程度，我们希望选取合适的 α 从而最小化误差。需要强调的是，我们有以下两个目的：

● 模型选择：估计不同模型的表现，从中选择最好的。

● 模型评价：对于已选择的模型，估计它在新的数据集上的推广预测误差。

如果数据量很大，最好的办法是把数据集随机分成三部分，即训练集、验证集、测试集。训练集用于拟合模型，验证集用于估计预测误差和模型选择，测试集用来评价选中模型的推广误差。测试集应该只在最后的模型评价阶段使用。通常这三部分数据集的比例设定为 2:1:1。实际上，我们很难判断多少样本量的训练集是合适的，因为这与要研究问题的信噪比以及所要拟合模型的复杂程度有关。

4.2节和4.3节介绍的方法的作用近似验证集，或者是采用理论方法（C_p，AIC，BIC），或者是采用交叉验证法或者自助法。在此之前，我们先介绍重要的偏差-方差分解的概念。

4.1.2 偏差-方差分解

假定 $Y = f(X) + \varepsilon$，其中，$E(\varepsilon) = 0$，$Var(\varepsilon) = \sigma_\varepsilon^2$，可以得到 $\hat{f}(X)$ 在 $X = x_0$ 点的期望预测误差（平方损失下）：

$$
\begin{aligned}
Err(x_0) &= E[(Y - \hat{f}(x_0))^2 | X = x_0] \\
&= [E\hat{f}(x_0) - f(x_0)]^2 + E[\hat{f}(x_0) - E\hat{f}(x_0)]^2 + \sigma_\varepsilon^2 \\
&= Bias^2(\hat{f}(x_0)) + Var(\hat{f}(x_0)) + \sigma_\varepsilon^2
\end{aligned}
$$

第一项是偏差的平方，偏差是指估计值的平均 $E(\hat{f}(x_0))$ 与真值 $f(x_0)$ 的差异。第二项是估计值 $\hat{f}(x_0)$ 的方差。最后一项是目标值围绕其真值 $f(x_0)$ 的方差，这是不能避免的，不论我们用什么函数估计 $f(x_0)$。

这里需要强调的是，我们假定 $f(x)$ 是一个未知确定的函数，因此 $f(x_0)$ 是一个未知常数。我们通过训练数据对它的估计是 $\hat{f}(x_0)$，这是一个统计量，它有抽样分布，如果我们可以得到多次样本数据（多个实现值），则可以有多个 $\hat{f}(x_0)$ 的估计值。因此我们对 $\hat{f}(x_0)$ 的评价是计算它的理论期望值 $E(\hat{f}(x_0))$ 与真值 $f(x_0)$ 的差异（偏差），以及 $\hat{f}(x_0)$ 的方差。

通常是模型越复杂偏差越小，但方差越大，如图4-1所示。图4-2给出模型复杂度与模型偏差、方差的解释。图中的黑色二次曲线是真实的 $f(x)$，黑色圆圈是一次数据的实现值。图中浅色的曲线是使用二次曲线拟合数据的结果，它是无偏估计；也就是说，如果我们有多次数据的实现值，那么每次估计得到的二次曲线围绕真实的黑色曲线波动，没有系统偏差。但是因为通常我们不知道真实的模型，如果使用线性回归模型（复杂度低的模型）拟合数据，黑色的直线就是得到的拟合模型。设想我们有多次数据的实现值，因为线性模型较简单，只能是直线形式，对训练数据的波动不会很敏感，所以拟合的直线与图中的黑色直线不会有太大差别；也就是说，它的方差比较小，但是它的均值与黑色真实二次曲线的距离较大，即偏差较大。如果使用复杂的模型来拟合这个数据，图中有很多波峰波谷的浅色曲线就是拟合模型。设想我们有多次数据的实现值，因为模型较复杂，对训练数据的波动很敏感，所以拟合的曲线与图中浅色有很多波峰波谷的曲线会有较大的差别；也就是说，它的方差比较大，但是它的均值与黑色真实二次曲线的距离较小，即偏差较小。

图4-3从另一个角度阐述了模型复杂度与偏差、方差的关系。图中左侧大圆的圆心代表真实值，大圆的半径代表总体分布的方差，因此实现值是大圆内右上角这个点。图中黑色曲线及其右侧的区域代表模型空间，曲线上与实现值距离最近的点表示拟合实现值得到的估计模型（最优拟合（closest fit））。曲线上与真实值最近的这个点表示估计模型的期望，也可以说是总体上的最优拟合（closest fit in population），这两个点（真实值与总体上的最优拟合）之间的差距就是模型偏差（model bias）。如果再有一个实现值，那么拟合

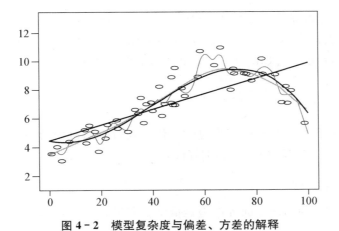

图 4 - 2　模型复杂度与偏差、方差的解释

模型会是黑色曲线上与这个实现值最近的点，因此拟合模型的方差用图中虚线大圆表示。如果我们约束拟合模型的空间使其更简约一些，用图中浅色曲线及其右侧的区域表示，则浅色曲线与实现值距离最近的点是拟合模型，称为压缩估计。与真实值最近的点是总体上的最优拟合，两个总体上的最优拟合（深色大的模型空间与浅色小的模型空间上的两个拟合值）的差称为估计偏差。可以看到模型简单后，偏差增大，但是方差会减小（图中虚线小圆的半径），所以在均方误差（偏差平方加方差）的准则下，需要寻找一个复杂度适中的模型。

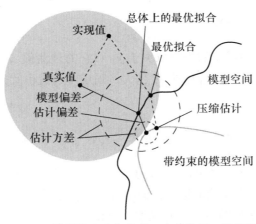

图 4 - 3　模型复杂度与偏差、方差的另一种解释

4.2* 理论方法

4.2.1 C_p 统计量

特别需要强调的是，讨论误差的估计有时候会引起混淆，我们必须弄清楚哪个量是固

定的（给定哪些变量的条件期望），哪个量是变化的（对哪个分布取期望）。

Err_T 可以看做样本外误差，因为测试样本的输入变量不需要和训练样本的取值一致。讨论训练误差的乐观度（optimism）时，我们关心的是样本内误差：

$$Err_{in} = \frac{1}{n} \sum_{i=1}^{n} E_{Y^0}\left[L(Y_i^0, \hat{f}(x_i)) \mid T \right]$$

式中，Y^0 表示观测到的 n 个新的因变量的取值，其对应的自变量的取值还是原来训练样本的 X_i。我们定义乐观度为 Err_{in} 和训练误差 $\overline{err}$ 的差：

$$op = Err_{in} - \overline{err}$$

op 是大于零的，因为通常训练误差是低估误差的。最后，乐观度的期望称为平均乐观度：

$$\omega \equiv E_y(op)$$

因为训练样本的输入变量是固定的，这里的期望是对所有可能的 Y 的取值而取的，所以我们使用 E_y 而不是 E_T。通常只能估计期望误差 ω 而不是 op，就像我们通常是估计期望测试误差 Err 而不是条件误差 Err_T。关于这一点，有兴趣的读者可以参考 Hastie, Tibshirani and Friedman（2008），阅读更多相关的讨论。

对于平方损失和 0—1 损失以及其他的损失，ω 的一般表达式可以写为：

$$\omega = \frac{2}{n} \sum_{i=1}^{n} Cov(\hat{y}_i, y_i)$$

因此，$\overline{err}$ 低估样本内误差的程度取决于 y_i 和它的预测值 $\hat{y}_i$ 的相关程度。模型拟合越充分，y_i 和它的预测值 $\hat{y}_i$ 的相关程度越大，乐观度的值也就越大。因此，我们得到以下重要公式：

$$E_y(Err_{in}) = E_y(\overline{err}) + \frac{2}{n} \sum_{i=1}^{n} Cov(\hat{y}_i, y_i)$$

因此，估计 Err_{in} 需要先估计 ω，然后加上 $\overline{err}$。本节介绍的 C_p，AIC，BIC 都采用这样的思路。下一节介绍的交叉验证法和自助法则是直接估计样本外误差。

如果是含有 p 个自变量的线性回归模型，可得

$$\sum_{i=1}^{n} Cov(\hat{y}_i, y_i) = p\sigma_\varepsilon^2$$

通常样本内误差并不是我们真正关心的量，因为未来新的观测不一定和训练样本有相同的自变量值。但是作为模型的比较和选择，我们关心的是相对的取值，所以样本内误差是一个非常好的评价标准。

通过前面的叙述可以看出，样本内误差估计的一般公式为：

$$\widehat{Err}_{in} = \overline{err} + \hat{\omega}$$

使用这个公式，对平方损失拟合有 p 个自变量的模型，定义 C_p 统计量为：

$$C_p = \overline{err} + 2\frac{p}{n}\hat{\sigma}_\varepsilon^2$$

这里 $\hat{\sigma}_\varepsilon^2$ 是随机误差项方差的估计。使用这个方法，我们实际上是在调整训练误差对真实误差的低估，增加的值（上式的第二项）与拟合模型的复杂度（变量个数）成正比。在模型选择时，C_p 统计量取值越小越好。

4.2.2 AIC 准则

AIC 与 C_p 近似但应用更广泛，它是基于负对数似然损失的。它的一般公式是：

$$AIC = -2\log L(\hat{\theta}) + 2p \tag{4.1}$$

与 C_p 相比，上式等号右边第一项是负对数似然损失，第二项是对模型参数个数（模型复杂度）的惩罚。实际应用时选择 AIC 取值最小的模型。它的推导是从 KL 距离的角度考虑的，接下来我们详细介绍。

KL 距离是 Kullback-Leibler 差异（Kullback-Leibler divergence）的简称，也叫做相对熵（relative entropy）。它衡量的是相同事件空间里两个概率分布的差异情况。对于连续随机变量，其概率分布 P 和 Q 的 KL 距离为：

$$D_{KL}(P \parallel Q) = \int_\Omega P(x)\log\frac{P(x)}{Q(x)}\mathrm{d}x$$

对于离散随机变量，其概率分布 P 和 Q 的 KL 距离为：

$$D_{KL}(P \parallel Q) = \sum_i P(i)\log\frac{P(i)}{Q(i)}$$

相对熵的值为非负，当且仅当 $P = Q$ 时，$D_{KL}(P \parallel Q) = 0$。因此可以用 $D_{KL}(P \parallel Q)$ 来度量概率分布 Q 与 P 之间的差异。

假设 $P(x)$ 是真实的分布，$Q(x)$ 是它的估计，取值空间为一些可接受的分布集合 Z。

$$\begin{aligned} D_{KL}(P \parallel Q) &= \int_\Omega P(x)\log\frac{P(x)}{Q(x)}\mathrm{d}x \\ &= \int_\Omega P(x)\log P(x)\mathrm{d}x - \int_\Omega P(x)\log Q(x)\mathrm{d}x \end{aligned}$$

因此最好的估计使上式右式取值最大化，满足

$$\max_{Q \in Z} E[\log Q(x)]$$

如果用最大似然估计量 $\hat{\theta}$ 来估计分布 $Q(x)$ 的参数 θ，当样本量足够大时，上式近似为：

$$\log L(\hat{\theta}) - p$$

式中，L 是似然函数；$\hat{\theta}$ 是参数 θ 的最大似然估计量；p 是估计的参数个数。

因此在评价估计的概率分布 Q 的好坏时，可以直接利用 $\log L(\hat{\theta})-p$ 来进行分析。它的取值越大越好，乘以-2可得到评价标准 AIC（见式（4.1））。

使用 AIC 选择模型时，选取值最小的那个，对于非线性或者更复杂的模型，要用衡量模型复杂度的值代替 p，详见 4.2.4。

4.2.3 BIC 准则

BIC 准则与 AIC 相似，都是用于最大化似然函数的拟合。BIC 的一般公式为：

$$BIC = -2\log L(\hat{\theta}) + p\log n \tag{4.2}$$

式中，L 是似然函数；$\hat{\theta}$ 是参数 θ 的最大似然估计量；p 是参数的个数。

BIC 统计量乘以 $1/2$ 也叫做施瓦兹准则。

可以看出 BIC 与 AIC 非常类似，只是把 AIC 中的 2 换成了 $\log n$。当 $n > e^2 = 7.4$ 时，BIC 对复杂模型的惩罚更大，更倾向于选取简单的模型。

尽管与 AIC 形式相似，但 BIC 是从贝叶斯的角度推导出来的。假定有一个模型的候选集 $M_m (m=1, 2, \cdots, M)$，对应的参数为 θ_m，我们的目标是从中挑选一个最优模型。假定每个模型参数的先验分布为 $Pr(\theta_m \mid M_m)$，则后验分布为：

$$Pr(M_m|Z) \propto Pr(M_m) Pr(Z|M_m)$$
$$\propto Pr(M_m) \int Pr(Z \mid \theta_m, M_m) Pr(\theta_m \mid M_m) \mathrm{d}\theta_m$$

式中，Z 是训练集数据 $\{x_i, y_i\}_1^n$。比较两个模型 M_m 和 M_l，我们得到后验概率的比：

$$\frac{Pr(M_m|Z)}{Pr(M_l|Z)} = \frac{Pr(M_m)}{Pr(M_l)} \frac{Pr(Z|M_m)}{Pr(Z|M_l)}$$

如果这个比值大于 1，我们就选择模型 m，否则选择模型 l。最右侧的比值

$$BF(Z) = \frac{Pr(Z|M_m)}{Pr(Z|M_l)}$$

称作贝叶斯因子。

通常我们假定先验分布是均匀分布，因此 $Pr(M_m)$ 是常数。我们需要估计 $Pr(Z \mid M_m)$。对积分的拉普拉斯近似可以得到：

$$\log Pr(Z|M_m) = \log Pr(Z \mid \hat{\theta}_m, M_m) - \frac{p_m}{2}\log n + O(1)$$

这里 $\hat{\theta}_m$ 是最大似然估计，是 p_m 模型参数的个数。上式乘以 -2 得到式（4.2）的 BIC。因此选择最小 BIC 值的模型等价于选择最大后验概率的模型。

如果我们计算了每个模型的 BIC 值，则第 m 个模型的后验概率为：

$$\frac{\mathrm{e}^{-\frac{1}{2}BIC_m}}{\sum_{l=1}^{M} \mathrm{e}^{-\frac{1}{2}BIC_l}}$$

这样我们不只得到最优模型，而且得到每个模型的相对重要性。

4.2.4　有效参数个数

参数个数的概念可以推广，尤其是对有约束"正则化"的模型。假定响应变量为 y，预测值是 $\hat{y}$。线性估计可以写成如下形式：$\hat{y}=Sy$。其中，S 是一个 $n\times n$ 的矩阵，依赖于 X，但不依赖于 y。线性拟合包括在原始变量或者变换后的基函数基础上的多元回归、岭回归、样条回归等。有效参数个数（effective number of parameters）的定义为 $df(S)=trace(S)$，即 S 的对角元素的和，也叫作有效自由度（effective degrees-of-freedom）。

如果 S 是一个在 M 个变量展开的基集合上的正交矩阵的投影，则 $trace(S)=M$ 是在 C_p 统计量里替换掉变量个数 p 的准确数字。如果 y 是误差，可加模型 $Y=f(X)+\varepsilon$，$Var(\varepsilon)=\sigma_\varepsilon^2$，我们可以得到 $\sum\limits_{i=1}^{n}Cov(\hat{y}_i,\ y_i)=trace(S)\sigma_\varepsilon^2$，因此有一个更一般的定义：

$$df(\hat{y})=\frac{\sum\limits_{i=1}^{n}Cov(\hat{y}_i,y_i)}{\sigma_\varepsilon^2}$$

4.3　数据重利用方法

4.3.1　交叉验证法

估计预测误差最常用、最简单的方法是交叉验证，这个方法直接估计的是期望样本外误差。我们可能认为它估计的是给定训练集之后的条件误差，但实际上它估计的是期望误差。更多详细的讨论见 Hastie, Tibshirani and Friedman（2008）。

交叉验证的思路是使用一部分数据作为训练集建立模型，留下另外的数据测试模型的表现。比如，将数据 K 等分（或近似 K 等分），对于 $k=1,\ 2,\ \cdots,\ K$，留出第 k 份数据，使用另外的 $K-1$ 份数据建立模型，用 $\hat{f}^{-k}(x)$ 表示。然后应用建立好的模型测试它在预留的第 k 份数据上的表现。交叉验证的预测误差为：

$$CV(\hat{f})=\frac{1}{n}\sum\limits_{i=1}^{n}L(y_i,\hat{f}^{-k(i)}(x_i))$$

对于使用 α 作为索引变量的一组模型 $f(x,\alpha)$，用 $\hat{f}^{-k}(x,\alpha)$ 表示留出第 k 份数据之后建立的模型，定义

$$CV(\hat{f},\alpha)=\frac{1}{n}\sum\limits_{i=1}^{n}L(y_i,\hat{f}^{-k(i)}(x_i;\alpha))$$

是测试误差的估计，我们可以选择使得这个误差最小的 $\hat{\alpha}$ 作为 α 的估计。我们最终选择

的模型是 $\hat{f}(x, \hat{a})$，之后还需要使用全部数据再估计一次模型的其他参数作为最终的模型估计。

怎样确定 K 呢？当 $K=n$ 时，就是留一交叉验证。但此时，模型的估计会有问题，因为我们建立的 n 个训练模型使用的样本相似度太大，并且一共建立 n 个模型，计算成本很高。通常使用 $K=5$ 或 10。

正确使用交叉验证的方法非常重要。对于一个回归或者分类问题，我们可能会按以下步骤进行分析：

（1）变量初步筛选：使用全部数据在 p 个解释变量中（通常 p 比较大）挑选出 m 个（m 较小）与响应变量最相关的变量。

（2）使用挑选出来的 m 个变量建立预测模型。

（3）使用交叉验证方法估计调节参数和模型的预测误差。

实际结果表明这不是一个正确的分析方法，Hastie，Tibshirani and Friedman（2008）使用模拟的方法证明这样操作会大大低估测试误差。问题出在哪里呢？原因是挑选出来的 m 个变量有了不公平的优势——在第（1）步是使用全部样本挑选的。挑选完变量之后再留出样本进行交叉验证有悖测试样本需要完全独立于训练样本的原则。正确使用交叉验证的方法应该是：

（1）随机将数据分成 K 份。

（2）对于每一部分数据 $k=1，2，\cdots，K$：

（2.1）使用除了第 k 份以外的数据挑选与响应变量最相关的 m 个变量；

（2.2）使用除了第 k 份以外的数据以及挑选出来的 m 个变量建立模型；

（2.3）使用上一步建立的模型测试它在第 k 份数据上的表现。

上述（2.3）在所有 K 个模型上的平均误差是交叉验证的最终误差。总的来讲，在一个多步骤建模的过程中，交叉验证必须应用于建模的每个步骤。本章 4.4.1 给出了这个过程的模拟程序和结果，希望读者能够深刻体会。

交叉验证可能存在的问题是因训练集数量减少而引起偏差。图 4-4 给出了一个理论的假想情况，用于讨论训练集样本量与模型准确性之间的关系。模型的表现随着样本量的增加而变好，样本量达到 100 时，模型已经很好，样本量增加到 200，模型能力的提高有限。如果样本量是 200，那么使用 5 折交叉验证，每次建模的样本量是 160，可以看到模型的效果和全数据差不多，交叉验证方法不会带来太大的偏差。但是如果只有 50 个样本点，5 折交叉验证使用 40 个数据建模，则估计的准确性会降低，模型偏差会增大。问题是

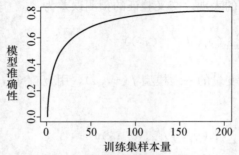

图 4-4　训练集样本量与模型准确性关系示意图

在实际数据分析中，我们并不知道用多大的样本量拟合模型是充分的，因此较难评估交叉验证方法由于少使用样本而导致估计准确性降低。

4.3.2 自助法

自助法（Bootstrap）也是一种常用的评价模型准确性的方法。我们先介绍自助法的一般步骤，之后再看它是怎样估计样本外误差的。同交叉验证一样，看起来自助法是在估计测试误差 Err_T，但实际上它只能对期望测试误差 Err 进行比较好的估计。假定有一组训练数据 $Z=(z_1, z_2, \cdots, z_n)$，其中，$z_i=(x_i, y_i)$。自助法的基本原理是从训练集中等概率、有放回地重新抽取样本，得到 Bootstrap 数据集 Z^*。一般来讲，自助法抽样的样本量也是 n。等概率是指每次抽取新样本时，原来每个样本被抽中的概率为 $1/n$。有放回是指每次样本被抽中之后，并不从初始的训练样本中移除，下次仍有机会被抽中，所以在 Bootstrap 样本中，原始训练集中的某个样本点可能多次出现，也可能一次都不出现。样本点 i 出现在 Z^* 中的概率是 $Pr((x_i, y_i)\in Z^*)=1-\left(1-\dfrac{1}{n}\right)^n\approx 1-e^{-1}=0.632$。

可以将 Bootstrap 样本理解成从数据 Z 的经验分布 $\hat{F}$ 中抽样。我们可以多次重复上述步骤，得到 B 个 Bootstrap 数据集（见图 4-5）。用 $S(Z)$ 表示通过原始数据 Z 计算的一个统计量，通过 B 个 Bootstrap 数据集我们能够估计 $S(Z)$ 的分布。比如，可以计算 $S(Z)$ 的方差：

$$\widehat{Var}\left[S(Z)\right]=\frac{1}{B-1}\sum_{b=1}^{B}(S(Z^{*b})-\overline{S}^*)^2$$

式中，$\overline{S}^*=\sum_{b}S(Z^{*b})/B$。

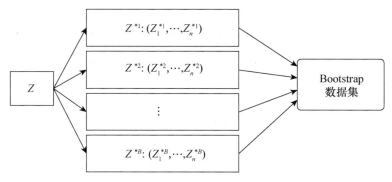

图 4-5 Bootstrap 抽样示意图

怎样使用 Bootstrap 样本估计预测误差？一个做法是使用 Bootstrap 样本拟合模型，然后在原始数据集上测试模型的表现。记 $\hat{f}^{*b}(x_i)$ 为使用第 b 个 Bootstrap 样本集建立的模型在 x_i 这点的预测值，Bootstrap 误差估计为：

$$\widehat{Err}_{boot}=\frac{1}{B}\frac{1}{n}\sum_{b=1}^{B}\sum_{i=1}^{n}L(y_i, \hat{f}^{*b}(x_i))$$

但是，$\widehat{Err}_{boot}$ 并不是一个很好的估计，原因是作为训练集的 Bootstrap 样本和作为测试集的原始样本有很大的重复，这样会造成低估误差、过度乐观的结果。相较之下，交叉验证使用的是独立的测试集。所以模仿交叉验证，一个改进的 Bootstrap 误差估计的方法是对于每个样本点，使用不包含这个样本点的 Bootstrap 样本集建立的模型对其进行预测。留一 Bootstrap 误差估计定义为：

$$\widehat{Err}^{(1)} = \frac{1}{n}\sum_{i=1}^{n} \frac{1}{|C^{-i}|}\sum_{b \in C^{-i}} L(y_i, \hat{f}^{*b}(x_i))$$

式中，C^{-i} 表示不包含样本点 i 的那些 Bootstrap 样本集，$|C^{-i}|$ 是集合 C^{-i} 的元素个数。在计算 $\widehat{Err}^{(1)}$ 时，要么取 B 足够大，使得 $|C^{-i}|$ 不等于 0；要么把上式 $|C^{-i}|$ 等于 0 的那些项去掉。$\widehat{Err}^{(1)}$ 解决了 $\widehat{Err}_{boot}$ 过拟合的问题，但是它本身存在训练集数量少引起的偏差问题。如上文所述，每一个 Bootstrap 样本集包含的原数据集中不重复样本点的个数大约是 $0.632n$，某种程度上相当于 2 折交叉验证。如果图 4-4 中的学习曲线在 $n/2$ 样本点处的斜率较大，$\widehat{Err}^{(1)}$ 将会高估真实的误差。"0.632 估计"是为了纠正这个偏差。

$$\widehat{Err}^{(0.632)} = 0.368\overline{err} + 0.632\widehat{Err}^{(1)}$$

注意，在过拟合，也就是 $\overline{err}$ 过小的情况下，$\widehat{Err}^{(0.632)}$ 估计的效果会变差。我们可以对 $\widehat{Err}^{(0.632)}$ 进行改进，定义 γ 为无信息误差率，它表示在预测变量和响应变量没有关系时（独立情况下），预测模型 $\hat{f}$ 的误差率。可以通过以下公式估计 γ，该公式表示对训练数据集的 x_i 和 y_i 进行任意组合，得到新的 n^2 个样本点：

$$\hat{\gamma} = \frac{1}{n^2}\sum_{i=1}^{n}\sum_{i'=1}^{n} L(y_i, \hat{f}(x_{i'}))$$

相对过拟合率定义为 $\hat{R} = \dfrac{\widehat{Err}^{(1)} - \overline{err}}{\hat{\gamma} - \overline{err}}$，它介于 0（没有过拟合，$\overline{err} = \widehat{Err}^{(1)}$）和 1（过拟合，并且 $\widehat{Err}^{(1)}$ 等于 $\hat{\gamma}$）之间。最后，我们定义"0.632+估计"为：

$$\widehat{Err}^{(0.632+)} = (1 - \hat{\omega})\overline{err} + \hat{\omega}\widehat{Err}^{(1)}$$

式中，$\hat{\omega} = \dfrac{0.632}{1 - 0.368\hat{R}}$。

因为权重 $\hat{\omega}$ 介于 $0.632(\hat{R} = 0)$ 和 $1(\hat{R} = 1)$ 之间，所以 $\widehat{Err}^{(0.632+)}$ 介于 $\widehat{Err}^{(0.632)}$ 和 $\widehat{Err}^{(1)}$ 之间。

4.4 上机实践：R

4.4.1 模拟研究 1

1. 数据说明

本研究是为了说明 4.3.1 介绍的交叉验证的正确使用方法。随机生成一个样本量为 50

的二分类样本点，以及 5 000 个服从标准正态分布的连续型解释变量，这些解释变量与响应变量（二分类样本点）是独立的。在这个问题中，任一分类器的真实测试误差应为 50%。

2. 生成数据

首先生成解释变量和响应变量。

```
library(MASS)
nq <- 5000
Q <- matrix(0,50,nq)
for(i in 1:nq){Q[,i]<- rnorm(50)}
N1 <- rep(0,25)
N2 <- rep(1,25)
N <- c(N1,N2)
N <- sample(N)
```

3. 交叉验证

首先使用全部数据在这 5 000 个解释变量中挑选出 100 个与响应变量最相关的变量，用 1-近邻分类器[①] 模拟 50 次，并采用交叉验证计算平均误差。然后在 50 个二分类样本点中随机选择 10 个，计算其标签与预先挑选的 100 个解释变量的标签的相关系数。

```
### 挑选出最相关的变量
nc <- 100
b <- rep(0,nq)
for (i in 1:nq){b[i]<- cor(Q[,i],N)}
max <- order(b,decreasing = TRUE)[1:nc]


### 用 1-近邻分类器模拟 50 次
library(class)
mydata <- data.frame(cbind(N,Q[,max]))
N <- mydata $ N
tt <- matrix(1:50,nrow = 5,ncol = 10,byrow = TRUE)
cv.error <- rep(0,50)
cv.true <- rep(0,5)
final.cv <- rep(0,50)
final.corr <- array(0,c(nc,5,50))
for (t in 1:50){    #模拟 50 次
    mydata <- mydata[sample(nrow(mydata)),]
```

---

① K 近邻（KNN）方法是"最简单"的预测方法，既可以用于分类问题，也可以用于回归问题。我们认为与一个点距离最近的 K 个点是这个点的邻居（计算距离时只利用协变量 X 的信息）。对这个点目标变量 Y 的预测为它的 K 个邻居类别的众数（分类问题）或因变量的平均（回归问题）。本例中选取 $K=1$，通常 K 可以通过交叉验证方法来选择。

```
for (j in 1:5){   #5折交叉验证
  test_row <- tt[j,]
  train <- mydata[-test_row,]
  test <- mydata[test_row,]
  knn.pred <- knn(train,test,train$N,k=1)
  cv.true[j] <- mean(knn.pred == mydata[test_row,]$N)
  for (k in 1:nc){
    final.corr[k,j,t] <- cor(test$N,test[,k+1])
  }
}
final.cv[t] <- mean(cv.true)
}
1-mean(final.cv)   #通过交叉验证计算平均误差
mean(final.corr)   #计算相关系数
hist(final.corr,breaks=8,main="Wrong way",xlab="Correlations of Se-
lected Predictors with Outcome")
```

交叉验证得到的平均误差仅为3.4%（注：因为数据随机生成，所以每次模拟结果略有不同），远远小于真实误差50%。然而这些解释变量和响应变量的相关系数的平均值为0.33（直方图见图4-6），远远大于真实值0。问题产生的原因在于，我们在第一步中选择了与因变量相关关系最大的变量，使得这些预测值有不公平的优势，即使结果的精度很高，也不是正确的交叉验证方式。

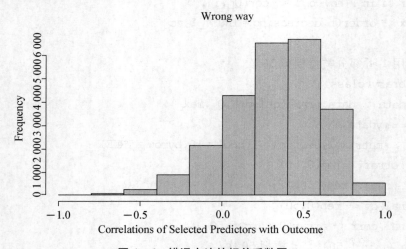

图4-6　错误方法的相关系数图

接下来我们在这个数据集上采用4.3.1所述的正确的 K 折交叉验证法，将数据随机划分为 K 份进行预测，并计算误差率和相应的相关系数。

```
mydata <- data.frame(cbind(N,Q))   #N,Q仍为上述生成的数据
N <- mydata$N
```

```
tt <- matrix(1:50,nrow = 5,ncol = 10,byrow = TRUE)
b <- rep(0,nq)
cv.true <- rep(0,5)
final.cv <- rep(0,50)
final.corr <- array(0,c(nc,5,50))
for (t in 1:50){
    mydata <- mydata[sample(nrow(mydata)),]
for (j in 1:5){
    test_row <- tt[j,]
    for (i in 1:nq){b[i]<- cor(Q[-test_row,i],N[-test_row])}
    max <- order(b,decreasing = TRUE)[1:nc]
    max <- max + 1
    newdata <- cbind(N,mydata[,max])
    train = newdata[-test_row,]
    test = newdata[test_row,]
    knn.pred <- knn(train,test,train $ N,k = 1)
    cv.true[j]<- mean(knn.pred = = test $ N)
    for (k in 1:nc){
        final.corr[k,j,t]<- cor(test $ N,test[,k + 1])
    }
}   #用交叉验证法选取变量
final.cv[t]<- mean(cv.true)
}
1 - mean(final.cv)   #计算平均误差和相关系数
mean(final.corr)
hist(final.corr,breaks = 8,main = "Right way",xlab = "Correlations of
Selected Predictors with Outcome")   #绘制相关系数直方图
```

计算结果是，平均误差为 48.68%，平均相关系数接近 0，相关系数的直方图如图 4-7 所示。

以上分析告诉我们，在划分数据之前，正确的交叉验证方法不应该使用关于响应变量的标签信息，这会给预测值带来不公平的优势。

4.4.2　模拟研究 2

1. 数据说明

本例研究交叉验证方法在高维分类问题上的表现。问题同样来自 Hastie et al. (2008)。假定有一个样本量为 20 的二分类问题，类别比例为 1∶1。有 500 个预测变量，它们都与类别变量独立。那么同上例一样，正确的分类误差应该是 50%。一个简单的想法会认为交叉验证可能不正确：

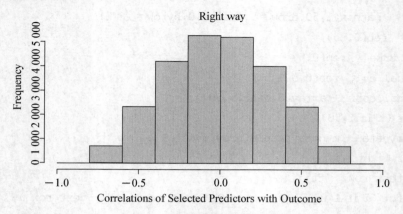

图 4-7　正确方法的相关系数图

　　拟合全部数据，我们会找到一个变量，可以很好地将两个类别分开。如果做 5 折交叉验证，这个变量对任何 4/5 和 1/5 的样本的分类效果也很好。因此它的交叉验证的误差比较小。这样交叉验证不能给出正确的误差估计。

接下来我们编写模拟程序来研究这个问题。

2．生成数据

下面的代码给出了生成数据的程序。

```
library(class)
library(MASS)
library(tree)
nq <- 500
Q <- matrix(0,20,nq)
For(i in 1:nq){Q[,i] <- rnorm(20)}
N1 <- rep("No",10)
N2 <- rep("Yes",10)
N <- c(N1,N2)
```

3．交叉验证

　　在整个数据集上，每次用只含一个解释变量的决策树（第 5 章将具体介绍决策树模型）建立 500 个简单分类器。从这些分类器中选出分类效果最好的。图 4-8 左上角给出了对应编号的变量建立的模型所得的测试误差。测试误差最小的四个我们用实心点标记出来。

```
set.seed(9)
N <- sample(N)
err.rate1 <- rep(0,500)
#i = 83
for (i in 1:nq){
    subdata <- data.frame(cbind(N,Q[,i]),stringsAsFactors = F)
```

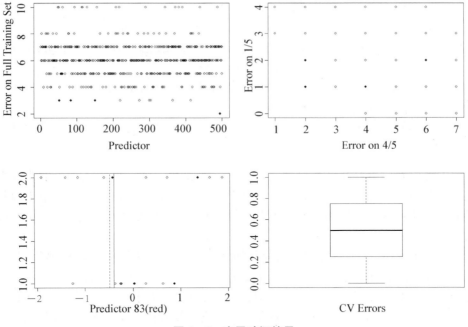

图 4 - 8　交叉验证结果

```
subdata $ N <- as. factor(subdata $ N)
tree. simul <- tree(N~., subdata)
err. rate1[i]<- summary(tree. simul) $ misclass[1]
}
err. pch <- rep(1,500)
min <- order(err. rate1, decreasing = FALSE)[1:4]
err. color[min]<- c("blue", "red", "green", "darkgreen")
err. pch[min]<- c(16,16,16,16)   #标注训练误差最小的四个点
plot(err. rate1, xlab = "Predictor", ylab = "Error on Full Training Set", pch =
err. pch)
```

接下来考察上述四个解释变量在随机划分的训练集和验证集上的分类效果。将数据集随机分成训练集（80%，16 个样本点）和测试集（20%，4 个样本点），图 4 - 8 右上角的图是在训练集上建立的 500 个简单分类器的训练误差和测试误差，图中的实心点和第一幅图相对应。

```
###检验交叉验证效果
err. train <- rep(0,500)
err. test <- rep(0,500)
set. seed(16548)
train_row <- sample(20,20 * 0. 8, replace = FALSE)   #训练集（4/5）和测试集（1/5）
for (i in 1:nq){
  subdata <- data. frame(cbind(N,Q[,i]), stringsAsFactors = F)
```

```
subdata $ N <- as.factor(subdata $ N)
my.train <- tree(N~.,subdata,subset = train_row)
my.pred <- predict(my.train,newdata = subdata[ - train_row,],type = "class")
err.train[i]<- summary(my.train) $ misclass[1]
err.test[i]<- sum(my.pred! = subdata[ - train_row,] $ N)
}    #计算对应实心点分类效果
plot(err.train,err.test,xlab = "Error on 4/5",ylab = "Error on 1/5",pch =
err.pch)
```

从图中可以看出由这几个变量建立的模型在测试集（四个样本点）上的表现并不好，和随机猜测差不多。这是因为交叉验证的模型是在 80% 的训练数据集上重新拟合的，在这个例子里，意味着最优变量和分枝阈值都是在 80% 的数据集里得到的，与预留的 20% 的数据无关。

现在我们考察第 83 个解释变量构成的简单分类器，这个分类器在全部数据集上的表现较好，但在交叉验证法中估计的测试误差为 2/5（图 4 - 8 上两幅图对应的深色点）。图 4 - 8 左下角的图标出了 20 个样本的类别标签，图中实线表示该分类器在整个数据集上学习得到的分类边界，虚线表示在 4/5 的训练集上学习得到的分类边界。可以看到，虚线代表的分类器的错分率为 1/4。

```
###标注类别标签
Npch <- rep(1,20)
N <- as.factor(N)
Npch[ - train_row]<- c(16,16,16,16)
plot(Q[,83],N,ylab = "Class Label",xlab = "Predictor 83",pch = Npch)
abline(v = - 0.399247)    #整个数据集上得到的分类边界
abline(v = - 0.486766,lty = 2)    #4/5 训练集上得到的分类边界
legend("topright",c("full","4/5"),lty = c(1,2))
```

图 4 - 8 右下角是在 50 个模拟的数据集上学习得到的 CV 误差的箱线图，和预期效果一致，其均值约为 50%。

```
###模拟数据集学习的 CV 误差
i = 83
err.test <- rep(0,50)
for (t in 1:50){
  set.seed(45 + t)
  N <- sample(N)
  subdata <- data.frame(cbind(N,Q[,i]),stringsAsFactors = F)
  subdata $ N <- as.factor(subdata $ N)
  my.train <- tree(N~.,subdata,subset = train_row)
  my.pred <- predict(my.train,newdata = subdata[ - train_row,],type =
"class")
```

```
err.test[t]<- mean(my.pred!= subdata[- train_row,]$N)
}
boxplot(err.test,xlab = "CV Errors")
```

本研究需要说明的是，由于随机效应，每次运行结果会不同，但不影响这个问题的本质。

4.5　上机实践：Python

4.5.1　模拟 1

1. 数据说明

本研究是 4.4 节 R 语言模拟的 Python 版本，两部分研究所得结果相同。首先，同前一节一致，先生成解释变量和响应变量，响应变量是 50 个 0—1 变量，其中一半是 0，另一半是 1。解释变量是从标准正态分布中随机生成的随机数，共有 5 000 个解释变量，每个解释变量的长度是 50，解释变量之间以及解释变量与响应变量之间是独立的。

2. 生成数据

```
import random
import numpy as np
import matplotlib.pyplot as plt
from sklearn.neighbors import KNeighborsClassifier
nq = 5000
Q = np.empty((50,nq))
for i in range(50):
    for j in range(nq):
        Q[i,j] = random.gauss(0,1)
N1 = np.zeros(25)
N2 = np.ones(25)
N = np.hstack((N1,N2))
random.shuffle(N)    #打乱数组或列表
```

3. 交叉验证

首先使用全部数据在这 5 000 个解释变量中挑选出 100 个与响应变量最相关的变量，用 1-近邻分类器模拟 50 次，并利用交叉验证计算平均误差。然后在 50 个二分类样本点中随机选择 10 个，计算其标签与预先挑选的 100 个解释变量的标签的相关系数。

```
b = np.empty(nq)
nc = 100
for i in range(nq):
```

```
        b[i] = np.corrcoef(N,Q[:,i])[0,1]
Index = np.argsort(-b)[:nc]   # -b 表示降序排列
vnames = ['V' + str(i) for i in np.arange(2,102)]
nnames = ['N'] + vnames
#mydata = pd.DataFrame(np.hstack((np.array([N]).T,Q[:,Index])),columns = nnames)
mydata = np.hstack((np.array([N]).T,Q[:,Index]))
N = mydata[:,0]
tt = np.arange(50).reshape((5,10))
cv_error = np.zeros(50)
cv_true = np.zeros(5)
final_cv = np.zeros(50)
final_corr = np.zeros((nc,5,50))
rowIndex = np.arange(len(mydata))
for t in range(50):
        random.shuffle(rowIndex)
        mydata = mydata[rowIndex,:]
        #mydata = pd.DataFrame(np.array(mydata)[rowIndex,:],columns = nnames)
        for j in range(5):
                test_row = np.zeros(len(mydata),dtype = bool)
                test_row[tt[j,:]] = 1
                train = mydata[~test_row,1:]
                test = mydata[test_row,1:]
                testN = mydata[test_row,0]
                knn = KNeighborsClassifier(n_neighbors = 1)
                knn.fit(train,mydata[~test_row,0])
                knn_pred = knn.predict(test)
                cv_true[j] = np.mean(knn_pred = = testN)
                for k in range(nc):
                        final_corr[k,j,t] = np.corrcoef(testN,test[:,k])[0,1]
        final_cv[t] = np.mean(cv_true)
1 - np.mean(final_cv)   # 0.028000000000000025
np.mean(final_corr)   # 0.33660313986593321
a,b,c = final_corr.shape
ax = plt.figure()
plt.hist(final_corr.reshape((a*b*c)),color = 'c',edgecolor = 'k')
plt.ylabel('Frequency')
plt.xlabel('Correlations of Selected Predictors with Outcome')
plt.title('Wrong way')
plt.show()
```

从图 4-9 中可以看出，平均错误率非常低，仅为 2.8%，远远低于真实误差 50%；而解释变量和响应变量的平均相关系数为 0.336 6，远远高于真实值 0。这告诉我们，在进行交叉验证时，要采用正确方法选取变量，不然会高估分类器的预测效果，得不偿失。接下来展示采用正确方法（参见 4.3.1）选取变量得到的结果。

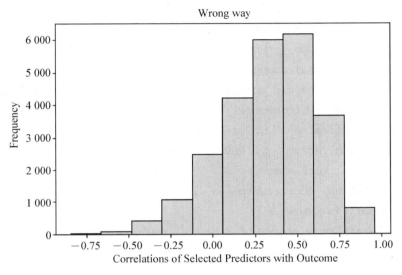

图 4-9 采用错误方法进行交叉验证

```
mydata = np.hstack(((np.array([N]).T,Q)))
N = mydata[:,0]
tt = np.arange(50).reshape((5,10))
cv_error = np.zeros(50)
cv_true = np.zeros(5)
final_cv = np.zeros(50)
final_corr = np.zeros((nc,5,50))
rowIndex = np.arange(len(mydata))
for t in range(50):
    random.shuffle(rowIndex)
    mydata = mydata[rowIndex,:]
    #mydata = pd.DataFrame(np.array(mydata)[rowIndex,:],columns = nnames)
    for j in range(5):
        test_row = np.zeros(len(mydata),dtype = bool)
        test_row[tt[j,:]] = 1
        b = np.empty(nq)
        for i in range(nq):
            b[i] = np.corrcoef(mydata[~test_row,0],mydata[~test_
            row,i+1])[0,1]
        Index = np.argsort(-b)[:nc]   #-b表示降序排列
```

```
            train = mydata[~test_row,1:][:,Index]
            test = mydata[test_row,1:][:,Index]
            testN = mydata[test_row,0]
            knn = KNeighborsClassifier(n_neighbors = 1)
            knn.fit(train,mydata[~test_row,0])
            knn_pred = knn.predict(test)
            cv_true[j] = np.mean(knn_pred = = testN)
            for k in range(nc):
                final_corr[k,j,t] = np.corrcoef(testN,test[:,k])[0,1]
        final_cv[t] = np.mean(cv_true)
1 - np.mean(final_cv)   # 0.46879999999999999
np.mean(final_corr)   # 0.0098115502614143073
a,b,c = final_corr.shape
plt.hist(final_corr.reshape((a * b * c)),color = 'c',edgecolor = 'k')
plt.ylabel('Frequency')
plt.xlabel('Correlations of Selected Predictors with Outcome')
plt.title('Right way')
plt.show()
```

图 4 - 10 显示，通过正确方法获得的交叉验证平均误差为 46.88%，接近真实误差 50%；解释变量与响应变量之间的平均相关系数仅有 0.009 8，接近真实值 0。由此可以看出，只有通过正确的方法划分数据集以及选取解释变量，才能得到真实的结果。

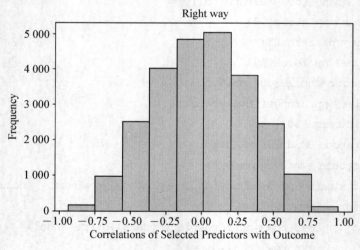

图 4 - 10　采用正确方法进行交叉验证

4.5.2　模拟 2

在此我们展示使用 Python 自带的交叉验证进行试验的结果。

1. 数据说明

我们在此生成含有 20 个样本的数据集，每个样本的响应变量是二值变量，取值为 Yes 或 No，其中一半是 Yes，一半是 No；解释变量由 500 个相互独立的标准正态分布随机变量生成，并且解释变量与响应变量是独立的。

2. 生成数据

```
from sklearn.tree import DecisionTreeClassifier
from sklearn.cross_validation import cross_val_score
nq = 500
Q = np.empty((20,nq))
for i in range(20):
    for j in range(nq):
        Q[i,j] = random.gauss(0,1)
N1 = ['No'] * 10
N2 = ['Yes'] * 10
N = N1 + N2
random.shuffle(N)    #打乱数组或列表
```

3. 进行模拟

在整个数据集上，每次只使用一个变量建立决策树，对每个决策树进行 5 折交叉验证，并从中选出分类效果最好的决策树，查看最优决策树对新生成的 50 个模拟数据集的检验效果。

```
cv_scores = []
for i in range(nq):
    clf = DecisionTreeClassifier(random_state = 14)
    clf.fit(Q[:,i].reshape(20,1),N)
    cv_scores.append(np.mean(cross_val_score(clf,Q[:,i].reshape(20,1),
                            N,scoring = 'accuracy',cv = 5)))
plt.plot(cv_scores,'.')
plt.xlabel('Predictors')
plt.ylabel('Accuracy')
plt.title('Accuracy of Different Tree')
plt.show()
```

图 4-11 展示了 500 棵决策树的交叉验证正确率，可以看出这些决策树的正确率在 50% 两侧大体呈现均匀分布。

接下来随机生成另外的 50 个数据集，代入最优决策树进行预测分析。

```
loc = np.where(cv_scores = = np.max(cv_scores))[0][0]    #363
err_test = []
for i in range(50):
```

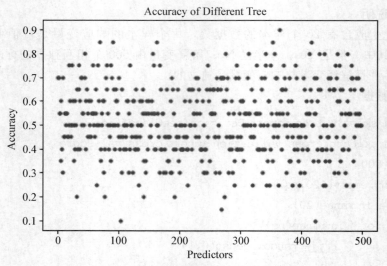

图 4 - 11　500 棵决策树的交叉验证正确率

```
random. shuffle(N)
clf = DecisionTreeClassifier(random_state = 14)
err_test. append(1 - np. mean(cross_val_score(clf, Q[:, loc]. reshape(20, 1),
                          N, scoring = 'accuracy', cv = 5)))

import seaborn as sns
sns. boxplot(err_test, orient = 'v')
plt. ylabel('CV Errors')
plt. title('CV Errors of Different Response Variables')
plt. show()
```

　　最优的决策树是使用第 364 个变量构建的决策树，我们将随机模拟生成的 50 个新数据集代入这棵决策树，得到交叉验证平均误差为 50%（见图 4 - 12），表明在训练数据集中通过交叉验证得到的最优结果用在与训练数据集无关的测试数据集中，得到的预测效果与随机猜测没什么区别。

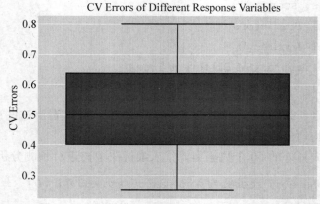

图 4 - 12　随机模拟生成新数据集的预测误差图

102

第 5 章　决策树与组合方法

从本章开始到第 7 章，我们将介绍一些用于回归和分类问题的非线性方法。本章介绍决策树以及基于决策树模型的组合方法（Bagging、Boosting、随机森林）。第 6 章介绍神经网络模型以及在其基础上发展的深度学习算法。第 7 章介绍支持向量机。

5.1　决策树

5.1.1　决策树的基本知识

决策树方法最早产生于 20 世纪 60 年代，是由 Hunt 等人研究概念建模时建立的概念学习系统（Concept Learning System，CLS）。到了 70 年代末，Quinlan 提出 ID3 算法，引进信息论中的有关思想，提出用信息增益（information gain）作为特征判别能力的度量，选择属性作为决策树的节点，并将建树的方法嵌在一个迭代的程序之中。当时他的主要目的在于减少树的深度，却忽略了对叶子数目的研究。1984 年 Breiman 等人提出 CART 算法。1986 年，Schlinner 提出 ID4 算法。1988 年，Utgoff 提出 ID5R 算法。1993 年，Quinlan 以 ID3 算法为基础研究出 C4.5 算法。新算法在预测变量的缺失值处理、剪枝技术、派生规则等方面做了较大的改进，C5.0 是 C4.5 的商业改进版。

决策树既可以应用于分类问题，也可以应用于回归问题，分别称为分类树和回归树。利用决策树技术发现数据模式和规则的核心是归纳算法。这是一种逼近离散函数值的方法，最终结果的图形看似一棵倒长的树（见图 5-3），因此得名。建模之初，全部数据组成一个节点，称为根节点。决策树的建模过程就是依据某些指标寻找一个最优变量，根据这个变量取值的某个条件，把数据分成两个（二叉树）或多个（多叉树）纯度更高的数据子集，依此递推，直到预先设定的某个条件停止。不再继续分枝的节点称为决策树的叶节点。根节点和叶节点之外的都称作中间节点。为了防止决策树过度生长，出现过拟合现象，有些方法允许生成一棵较大的决策树，再对决策树进行剪枝。接下来我们会详细介绍。

5.1.2 决策树的建模过程

对于分类问题，假定数据 (x_i, y_i) $(i=1, 2, \cdots, n)$ 包含 p 个输入变量和一个类别型的响应变量 $y \in \{1, 2, \cdots, K\}$，样本量为 n。分类树的建模过程就是自动选择分枝变量，以及根据这个变量进行分枝的条件。假定我们想把数据分成 M 个区域（或称为节点），第 m 个区域 R_m 的样本量为 n_m $(m=1, 2, \cdots, M)$。令 $\hat{p}_{m,k} = \dfrac{1}{n_m} \sum_{x_i \in R_m} I(y_i = k)$ 表示在节点 m 中第 k 类样本点的比例，最终我们预测节点 m 的类别为 $k(m) = \arg\max\limits_{k} \hat{p}_{m,k}$，节点 m 中类别最多的一类。最优的分枝方案是使得 M 个节点的不纯度达到最小。衡量节点 m 不纯度 Q_m 的指标有：

错分率：$\dfrac{1}{n_m} \sum_{x_i \in R_m} I(y_i \neq k(m)) = 1 - \hat{p}_{m,k(m)}$

Gini 指数：$\sum_{k \neq k'} \hat{p}_{m,k} \hat{p}_{m,k'} = \sum_{k=1}^{K} \hat{p}_{m,k}(1 - \hat{p}_{m,k})$

熵（entropy）：$-\sum_{k=1}^{K} \hat{p}_{m,k} \log \hat{p}_{m,k}$

对于二分类的情况，如果 p 表示节点 m 包含其中一类的比例，那么这三个指标的取值分别是 $1 - \max(p, 1-p)$，$2p(1-p)$，$-p\log p - (1-p)\log(1-p)$。图 5-1 给出了图示，其中熵的取值乘以 $1/2$ 使其经过点 $(0.5, 0.5)$。这三种情况很类似，但 Gini 指数和熵是光滑可导的，因此经常使用。

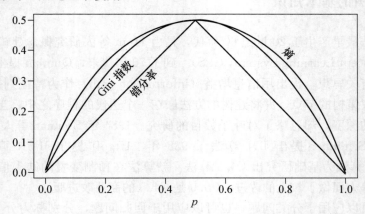

图 5-1 度量二分类节点不纯度的三种指标

决策树的建模是一个迭代递归的过程，从根节点开始第一次分成若干个子节点，之后对于每个子节点再次进行分枝。因此，算法何时停止，也就是最终的树有多少叶节点需要由数据来决定，并且数据决定了模型的复杂程度。通常的做法是先生成一棵最大树 T_0，比如说每个叶节点至少包含 5 个观测值。然后使用代价-复杂度准则进行剪枝。

定义一棵子树 $T \subset T_0$，可以通过对 T_0 进行剪枝得到，也就是减去 T_0 某个中间节点

的所有子节点，使其成为 T 的叶节点。用符号 m 表示叶节点 R_m，$|T|$ 表示子树 T 的叶节点数目，n_m 表示叶节点 R_m 的样本量，则代价-复杂度的定义为：

$$C_\alpha(T) = \sum_{m=1}^{|T|} n_m Q_m(T) + \alpha \mid T \mid$$

我们的目标是确定 α，使得子树 $T_\alpha (T_\alpha \subseteq T_0)$ 最小化 $C_\alpha(T)$。调节参数 α 控制着模型对数据的拟合与模型的复杂度（树的大小）之间的平衡。α 取值越大，树就越小，模型越简单。α 可以通过上一章介绍的交叉验证法选择。

如果响应变量是连续变量，则称为回归树。这时每个节点的预测值写为：

$$\hat{c}_m = \frac{1}{n_m} \sum_{x_i \in R_m} y_i$$

节点的不纯度为节点内样本的残差平方和的平均：

$$Q_m(T) = \frac{1}{n_m} \sum_{x_i \in R_m} (y_i - \hat{c}_m)^2$$

5.1.3 需要说明的一些问题

1. 二叉树还是多叉树

除了每次分枝只有两个子节点（即生成二叉树）之外，也可以建立多叉树（每次分枝有多个子节点）。这样做有时是有好处的，但并不提倡，原因是每次分枝节点过多，容易使得数据很快被分到每个节点，没有足够的数据进行下一层的分枝，有些变量的作用可能体现不出来。此外，多叉树也可以通过多层的二叉树来实现。

2. 自变量的进一步处理方法

当分枝变量为类别变量，并且一共有 q 个属性时，有 $2^{q-1}-1$ 种可能将其分成两部分。如果 q 取值较大，会使得计算量激增，对于因变量是 0—1 二分类的情况，计算可以简化。我们可以把预测变量的类别按照它在 1 类中的比例排序，然后将其视为一个顺序变量，可以证明，在 Gini 指数或者熵的标准下，这样做得到的结果和 $2^{q-1}-1$ 中选取的最优结果是一致的。这个结论对于连续变量的回归树（平方损失）也成立，这时类别变量按照各类别样本的因变量的均值的增加排序。对于多分类的分类树，这样的结论不成立。q 过大容易使得决策树模型过拟合，因此建议在建模之前进行预处理。

当自变量中有一些缺失数据时，一般模型的处理方法是删除这些观测，或者使用均值/众数等对缺失值进行差补。对于决策树模型，有两种特殊的处理方法。一是对于类别型自变量，可以将缺失数据看成增加的一个类别（比如，性别变量有缺失，则性别分三类：男、女、未知）。这样我们可能看到缺失数据这一类别体现的和已知类别不同的规律。另一个更一般的方法是构建替代变量（surrogate variable）。考虑选取分枝变量时，我们只使用没有缺失的那些观测。选择最优的分枝变量以及分枝变量的取值后，接下来寻找一系列替代变量，第一个替代变量是可以最好地近似最优变量的分枝效果的变量，第二个替代变量是近似效果次之的变量，依此类推。应用这个决策树模型时（不论是训练集数据的回代还是测试集数据的预测），如果这个观测在这个分枝的最优变量的取值是缺失的，那么我们依次使用替代变量。这个方法充分利用变量之间的相关性来减少缺失变量的影响。缺失变量与其他变量之间的相关性越高，越可以减少因为缺失而受到的信息损失。

此外，除了每次分枝时只选择一个变量 $X_j \leqslant s$，也可考虑变量的线性组合 $\sum a_j X_j \leqslant s$。系数 a_j 和分枝阈值 s 可以通过最小化相关标准得到。这样做可以提高模型的预测能力，但是降低了模型的可解释性，增大了计算难度。

3. 其他的决策树算法

上文叙述更多的是 CART（classification and regression tree）模型。其他比较有名的决策树模型还包括 ID3 及其以后的版本 C4.5 和 C5.0。这些方法开始只适用于类别型解释变量，从上向下建立决策树，不进行剪枝。现在 C5.0 和 CART 非常相似。C5.0 一个独有的特征是：它侧重于产生一系列规则集，决策树生成后，每个叶节点的分枝规则可以简化（甚至可能不是树型结构），对于使用者来讲比较方便。

4. 决策树的一些问题

决策树模型的最大问题是方差很大，不稳定。数据很小的扰动/变动会得到完全不同的分枝结果，有可能是完全不同的决策树，使得模型的解释产生问题。这种不稳定性产生的主要原因是决策树建立过程中层次迭代的贪婪方法，通常不太容易消除。接下来要介绍的 Bagging 方法通过组合多棵决策树来降低方差。

决策树的另一个问题是预测曲面是不平滑的。对于 0—1 二分类的分类树，这个问题还不算严重，但是对于回归树，我们可能认为真实的预测函数是光滑的。多元自适应样条回归可以解决这个问题。

5.2　Bagging

组合算法即通过聚集多个学习器（分类或回归模型）来提高效果。它根据训练数据构建一组基学习器，然后对基学习器进行组合得到最终模型。在实际操作中，组合算法的效果通常比单个模型好。目前，常用的组合算法主要包括 Bagging、Boosting 和随机森林。本节介绍 Bagging，接下来的两节将依次介绍 Boosting 和随机森林。

Bagging 是 bootstrap aggregating 的缩写，指的是利用 Bootstrap 抽样方法对训练集进行抽样，得到一系列新的训练集，对每个训练集构建一个预测器，称为基预测器（base predictor），组合所有的预测器得到最终的预测模型。对于分类问题，最终的预测模型是所有基预测器"投票"的结果；也就是说，所有基预测器预测结果中最多的那类为最终的预测结果。对于回归问题，最终的预测模型则是所有基预测器"平均"的结果；也就是说，所有基预测器预测值的平均作为最终的预测结果。如果生成基预测器的算法是不稳定的（unstable），那么通过 Bagging 得到的最终预测模型的预测精度往往大大高于单个基预测器的预测精度。这里所说的"不稳定"指的是 Breiman（1996a）所定义的：当训练样本集有很小的变动时，由此生成的预测器会有很大的变化。数据挖掘中的大量算法是不稳定的，比如决策树、神经网络、MARS（multivariate adaptive regression splines）和子集回归（subset regression）等；稳定的算法包括岭回归（ridge regression）、最近邻方法（K-nearest neighbor）和线性判别方法（linear discriminant）等。

5.2.1 分类、回归问题的 Bagging 算法

设训练样本集 T 为 $\{(x_i, y_i), i=1, 2, \cdots, n\}$，其中，$x_i$ 为 p 维向量，是预测变量；y_i 为因变量，是取值 $\{1, 2, \cdots, K\}$ 的分类变量。对此数据集，我们可以构建一棵决策树 $h_B(x; T)$（也可以使用其他不稳定的分类算法）来预测 y。假设有一系列与 T 有同样分布的训练集 $\{T_m, m=1, 2, \cdots, M\}$，每个训练集 T_m 都包含 n 个独立样本。我们可以构建 M 棵决策树 $h_B(x; T_m)$，目的是组合这 M 棵树得到最终分类器 H_{agg}，以提高预测精度。一种自然而然可以想到的组合方法是"投票"（voting）。令

$$N_j = \sum_{m=1}^{M} \{I(h_B(x; T_m) = j)\}$$

式中，$I(\cdot)$ 为示性函数，在 $h_B(x; T_m)=j$ 时取值为 1，其他情况下取值为 0。那么 N_j 表示所有 M 棵树中预测 x 属于类 j 的总个数；$H_{agg}(x) = \arg\max_j N_j$，即最终组合的分类器 H_{agg} 预测 x 属于使得 N_j 取最大值的第 j 类。通常只有一个训练样本集 T，我们如何得到与其具有相同分布的训练集 T_m 呢？答案是对 T 进行 Bootstrap 抽样，即对 $\{(x_i, y_i), i=1, 2, \cdots, n\}$ 中 n 个样本点进行概率为 $\frac{1}{n}$ 的等概率、有放回的抽样，样本量为 n。通过这样的抽样方法得到的最终组合分类器 H_{agg} 记为 H_B，该预测方法称为 Bagging 预测方法。

综上所述，分类问题的 Bagging 算法如下：

（1）$m=1, 2, \cdots, M$。对 T 进行 Bootstrap 抽样，得到样本量为 n 的训练样本集 T_m，对 T_m 构建分类器（决策树）$h_B(x; T_m)$。

（2）组合 M 棵决策树 $h_B(x; T_m)$ 得到最终分类器 H_B，H_B 对 x 的预测为 $\arg\max_j N_j$，即 x 属于使得 N_j 取最大值的第 j 类。其中，$N_j = \sum_{m=1}^{M} \{I(h_B(x; T_m) = j)\}$，$I(\cdot)$ 为示性函数。

如果训练样本集 $T = \{(x_i, y_i), i=1, 2, \cdots, n\}$ 中因变量 y_i 为连续变量，则是一个回归问题。对此数据集，我们可以构建一棵回归决策树 $f_B(x; T)$ 来预测 y。与分类问题的 Bagging 算法一样，对训练样本集 T 进行 Bootstrap 抽样得到新的样本集 T_m，然后对 T_m 构建回归决策树 $f_B(x; T_m)$，$m=1, 2, \cdots, M$。组合这 M 棵树得到最终预测器 F_B，其对样本 (x, y) 的预测为 M 棵树预测的平均值，即

$$F_B(x) = \sum_{m=1}^{M} (f_B(x; T_m))/M$$

综上所述，回归问题的 Bagging 算法如下：

（1）$m=1, 2, \cdots, M$。对 T 进行 Bootstrap 抽样，得到样本量为 n 的训练样本集 T_m，对 T_m 构建预测器（回归决策树）$f_B(x; T_m)$。

（2）组合 M 棵决策树 $f_B(x; T_m)$ 得到最终预测器 $F_B(x)$，$F_B(x)$ 对（x，y）的预测为 M 棵树预测的平均值，即 $F_B(x) = \sum\limits_{m=1}^{M}(f_B(x; T_m))/M$。

5.2.2* 理论分析

模拟和实际数据分析都表明 Bagging 方法可以大大提高单棵决策树的准确率。Breiman（1996b）对此进行了一些理论解释。

1. 分类问题

假设训练集 T 中的样本为（x，y），其中，y 属于 $\{1, 2, \cdots, K\}$ 中的一类，$h_B(x; T)$ 为基分类器。令

$$Q(j|x) = P(h_B(x; T) = j)$$

$Q(j|x)$ 可以这样理解：多次独立抽样得到一系列训练集 T，分类器 $h_B(x; T)$ 预测 x 属于第 j 类的概率是 $Q(j|x)$。令 $P(j|x)$ 表示 x 属于第 j 类的概率，则分类器 $h_B(x; T)$ 对 x 准确预测的概率是：

$$\sum_j Q(j \mid x)P(j \mid x) \tag{5.1}$$

对式（5.1）取 x 上的概率分布 P_x 的期望，得到总体准确预测的概率：

$$r = \int \left[\sum_j Q(j \mid x)P(j \mid x)\right]P_x \mathrm{d}x \tag{5.2}$$

对于式（5.1），对任何的 $Q(j \mid x)$，有

$$\sum_j Q(j \mid x)P(j \mid x) \leqslant \max_j P(j \mid x) \tag{5.3}$$

式中，等号成立的条件是：

$$Q(j|x) = \begin{cases} 1, & P(j|x) \leqslant \max\limits_i P(i|x) \\ 0, & \text{其他} \end{cases}$$

如果 $H^*(x; T) = \arg\max\limits_j P(j \mid x)$，则分类器 $H^*(x; T)$ 称为贝叶斯分类器。它使得式（5.3）的等号成立。根据式（5.2），贝叶斯分类器可达到最大的准确预测的概率：

$$r^* = \int \max_j P(j \mid x)P_x \mathrm{d}x$$

如果在 x 点有

$$\arg\max_j Q(j|x) = \arg\max_j P(j|x)$$

分类器 H 称为在 x 点的 Order-correct 分类器，这意味着如果在 x 点数据生成第 j 类的概率最大（$\arg\max\limits_j P(j \mid x)$），则分类器 H 也以最大的概率预测 x 属于第 j 类（$\arg\max\limits_j Q(j \mid x)$）。

这里需要注意到 Order-correct 分类器的预测准确率不一定很高。比如对一个简单的二分

类问题，假设在 x 点，$P(1|x)=0.9$，$P(2|x)=0.1$。在这种情况下，贝叶斯分类器预测 x 属于第 1 类，其准确分类的概率为 0.9。若分类器 H 满足 $Q(1|x)=0.6$，$Q(2|x)=0.4$，根据定义我们知道 H 为 Order-correct 分类器，但是其准确分类的概率只有 $0.9 \times 0.6+0.1 \times 0.4=0.58$。

组合分类器定义为 $H_{agg}(x；T)=\arg\max\limits_{j}Q(j|x)$，组合分类器 H_{agg} 在 x 点准确分类的概率是：

$$\sum_{j}I(\arg\max_{i}Q(i|x)=j)P(j|x) \tag{5.4}$$

式中，$I(\cdot)$ 为示性函数。

如果 H 为在 x 点的 Order-correct 分类器，则式（5.4）可以写为 $\max\limits_{j}P(j|x)$。如果 H 在所有 x 点都是 Order correct 的，它准确分类的概率可能不高，但其组合分类器 H_{agg} 准确分类的概率是 $\int\max\limits_{j}P(j|x)P_{x}\mathrm{d}x=r^{*}$，达到最优。此时组合分类器是最优的贝叶斯分类器。

如果 H 不是在所有 x 点都是 Order correct 的，我们令集合 $\mathscr{C}$ 表示那些使得 H 是 Order correct 的点的集合，此时组合分类器 H_{agg} 准确分类的概率是：

$$r_{agg}=\int_{x\in\mathscr{C}}\max_{j}P(j|x)P_{x}\mathrm{d}x+\int_{x\in\mathscr{C}'}\Big[\sum_{j}I(H_{agg}(x)=j)P(j|x)\Big]P_{x}\mathrm{d}x$$

如果 H 在大多数的 x 点是 Order correct 的话，则组合分类器 H_{agg} 准确分类的概率接近最优。

2. 回归问题

令训练集 T 中的每个样本 $(x，y)$ 独立同分布。y 为数值型变量，预测器为 $f_{B}(x；T)$，则基于 T 的组合预测器为：

$$F_{agg}(x；T)=E_{T}f_{B}(x；T)$$

对于固定的样本点 $(x，y)$，有

$$E_{T}(y-f_{B}(x；T))^{2}=y^{2}-2yE_{T}f_{B}(x；T)+E_{T}f_{B}^{2}(x；T)$$

由不等式 $EZ^{2}\geqslant(EZ)^{2}$，得

$$E_{T}(y-f_{B}(x；T))^{2}\geqslant y^{2}-2yE_{T}f_{B}(x；T)+E_{T}f_{B}^{2}(x；T)=(y-E_{T}f_{B}(x；T))^{2}$$
$$=(y-F_{agg}(x；T))^{2}$$

对上个不等式两边取 $(x，y)$ 联合分布的期望，我们得到组合算法 $F_{agg}(x；T)$ 的均方误差小于 $f_{B}(x；T)$ 在 T 上平均的均方误差，相差多少取决于不等式 $(E_{T}f_{B}(x；T))^{2}\leqslant E_{T}f_{B}^{2}(x；T)$ 的程度。

我们可以看到基预测器的不稳定性对组合算法的有效性有明显的作用。当重新得到训练样本 T'，预测器 $f'_{B}(x；T')$ 变化不是很大的时候（即预测器较稳定），组合算法对减少预测误差不是很有用。

此时需要注意的是，$F_{agg}(x；T)$ 不仅依赖于 x，而且依赖于 T 的分布 P，即可以写

成 $F_{agg}(x; P)$。在 Bagging 算法中，T 的抽样概率是 Bootstrap 抽样 P_B，即有放回的等概率 $\frac{1}{n}$ 抽样，这是对概率分布 P 的 Bootstrap 近似，所以 Bagging 算法的组合预测器可以写成 $F_B(x; P_B)$。这里有两点需要注意：当基预测器不稳定时，可以通过组合提高预测的稳定性；当基预测器稳定时，Bagging 组合算法 $F_B(x; P_B)$ 不是 $F_{agg}(x; P)$ 的一个好的近似，此时 $F_{agg}(x; P)$ 和基预测器 $f_B(x; T)$ 的预测效果差不多。

5.2.3　Out-of-bag 估计

上面介绍的 Bagging 组合算法中，我们注意到在对训练集 $T = \{(x_i, y_i), i = 1, 2, \cdots, n\}$ 进行 Bootstrap 抽样（样本量为 n）以获得新的训练集 $\{T_m, m = 1, 2, \cdots, M\}$ 时，鉴于 Bootstrap 抽样的性质，T 中每次大约有 37% 的样本点不在 T_m 中，对于应用 T_m 构建的预测器 $h_B(x; T_m)$ 或 $f_B(x; T_m)$ 来说，这些样本点可以看作未被使用的测试样本点。假设 $M = 100$，则对于某一个固定的样本点 (x_i, y_i)，大概有 37 个 $h_B(x; T_m)$ 或 $f_B(x; T_m)$ 没有使用该样本点。我们称这些样本点为 Out-of-bag 样本点，对这些样本点预测可以用来准确估计某些重要指标。比如在分类树中，可以用 Out-of-bag 估计每个样本点属于第 j $(j = 1, 2, \cdots, K)$ 类的概率，也可以估计节点（node）概率；应用到回归树中，可以估计节点均方误差。Out-of-bag 的预测值可以用来构建更准确的回归树，也可以用来估计组合预测器的推广误差（generalization error）。接下来我们介绍应用 Out-of-bag 估计组合预测器的推广误差。更详细的 Out-of-bag 估计参见 Breiman（1996c）。

我们想估计 Bagging 组合算法（分类问题或者是回归问题）的推广误差，如果使用交叉验证的方法，则需要大量的计算时间，如果使用 Out-of-bag 方法，因为每次计算都是在同一次迭代中进行的，所以几乎不需要额外的时间。

假定对于训练集 $T = \{(x_i, y_i), i = 1, 2, \cdots, n\}$，无论是分类问题还是回归问题，构建一个预测函数 $H(x; T)$，定义损失函数 $L(y; H)$ 来度量使用 $H(x; T)$ 估计 y 的损失。对于 Bootstrap 训练集 T_m，构建预测函数 $h_B(x; T_m)$，并且组合所有的 $h_B(x; T_m)$ 得到 Bagging 预测函数 $H_B(x)$。对于训练集中的样本点 (x, y)，组合那些 T_m 中不包含 x 的 $h_B(x; T_m)$，定义这个 Out-of-bag 预测函数为 $H_{OB}(x)$，则 Out-of-bag 方法估计的推广误差为所有训练集中样本点 $L(y; H_{OB}(x))$ 的平均。

对分类问题取损失函数为 0—1 损失，对回归问题取均方误差。记 e^{TS} 为测试集误差估计，e^{OB} 为 Out-of-bag 误差估计。Breiman（1996c）对模拟和实际数据的分析表明，Out-of-bag 估计十分准确，e^{OB} 的平均几乎等于 e^{TS} 的平均。

5.2.4　讨论

本节介绍了分类和回归问题的 Bagging 方法，以及 Out-of-bag 估计方法。可以看到，对于不稳定的基预测器（比如决策树），使用 Bagging 算法虽然使我们失去了一个简单的可解释的树型结构，却大大提高了预测的准确度。但是它也有局限性，在应用该算法时应该注意以下几点：

（1）Bagging 算法在基预测器不稳定的情况下很有用，而当基预测器稳定时，Bagging 算法并不有效。感兴趣的读者应用 K 近邻作为基预测器，可以看到 Bagging 算法并没有使其预测精度提高。

（2）Bagging 算法可以让好的分类器（错分率 $e<0.5$）效果更好，但也会让坏的分类器（错分率 $e>0.5$）效果更坏。假设对所有的 x，其真实分类为 $Y=1$，而分类器 $h(x)$ 预测 $Y=1$ 的概率为 0.4，$Y=0$ 的概率为 0.6，那么 $h(x)$ 的错分率 $e=0.6$，而组合后的分类器的错分率会趋于 1。

（3）Breiman（1996b）建议对于回归问题，M 的取值可以小一些，对于分类问题，尤其是当 y 的类别比较多的时候，M 的取值应该大一些。M 取值的大小对于 Bagging CART 的影响并不明显，因为相对来讲构建 CART 决策树比较快。但是下一章要介绍的神经网络算法是一种不稳定的预测器，可以作为基预测器进行 Bagging 组合，因为其耗时较长，所以如果 M 取值很大的话，通常需要等很久才能得到结果。

（4）每次进行 Bootstrap 抽样时，我们选择的样本量都等于原始训练集的样本量 n。因为 Bootstrap 是有放回的重复抽样，所以有些样本点被抽中的次数超过一次，有些样本点一次都没有被抽中。根据 Bootstrap 抽样的理论，当样本量为 n 时，大约有 37% 的样本点没有被抽中。增加 Bootstrap 抽样样本量的个数（我们知道，按照 Bootstrap 抽样技术，一般是按照等于原始数据集的样本量 n 进行抽样，但从理论上讲，Bootstrap 抽样的样本量既可以大于 n 也可以小于 n）是否可以提高 Bagging 算法的精度？对这个问题的经验回答是否定的，当提高 Bootstrap 抽样样本量的个数至 $2n$ 后，大约有 14% 的样本点没有被抽中，但是 Bagging 算法的精度并没有提高。

（5）如果从偏差-方差分解的角度理解 Bagging 算法，它可以提高不稳定基预测器的预测精度，实质上是减少了预测的方差（variance），但并没有降低偏差（bias）。从这个角度出发，Breiman（2001a）提出了迭代（iterated）Bagging 算法，它可以同时减少预测的偏差及方差。Buhlmann and Yu（2002）进一步从理论上探讨了 Bagging 方法对偏差及方差的降低，提出了 Subbagging 算法，与 Bagging 方法相比，它有相同的预测精度，但却可以大幅缩短计算时间。

5.3　Boosting

5.3.1　AdaBoost 算法

对于分类问题，设训练样本集 T 为 $\{(x_i, y_i), i=1, 2, \cdots, n\}$，其中，$x_i$ 为 p 维向量，是预测变量；y_i 为因变量，是取值 $\{1, 2, \cdots, K\}$ 的分类变量。上一节介绍的 Bagging 算法使用 Bootstrap 抽样方法得到训练样本集 $T_m(m=1, 2, \cdots, M)$，然后构建 M 棵决策树 $h_B(x; T_m)$，最后以投票的方式组合这 M 棵决策树得到组合分类器 H_B。Freund and Schapire（1996，1997）提出的 AdaBoost 方法与 Bagging 最大的不同是，只有训

练集 T_1 应用 Bootstrap 方法抽样得到，在接下来的过程中，重新抽样 T_m（$m=2$，3，$\cdots$，M）的概率根据之前构建的分类器的错分率重新调整，即自适应的重新抽样方法（adaptive resample）。具体步骤如下：

（1）$m=1$，以 Bootstrap 方法（即等概率（$p_1(i)=1/n$）有放回重复抽样）对训练样本集 $T=\{(x_i, y_i), i=1, 2, \cdots, n\}$ 进行抽样得到新的训练集 T_1，样本量为 n。对 T_1 构建决策树 $h_B(x; T_1)$。应用 $h_B(x; T_1)$ 预测训练集 T 中所有样本点 (x_i, y_i)（$i=1, 2, \cdots, n$），如果 $h_B(x; T_1)$ 对 (x_i, y_i) 预测错误，令 $d_1(i)=1$，否则 $d_1(i)=0$。计算

$$\varepsilon_1 = \sum_i p_1(i)d_1(i); \quad \beta_1 = (1-\varepsilon_1)/\varepsilon_1; \quad C_1 = \log(\beta_1)$$

（2）对于 $m=2$，3，$\cdots$，M，更新第 m 次抽样概率为：

$$p_m(i) = p_{m-1}(i)\beta_{m-1}^{d_{m-1}(i)} / \sum_i p_{m-1}(i)\beta_{m-1}^{d_{m-1}(i)}$$

以概率 $p_m(i)$ 对训练集 T 进行有放回重复抽样得到新的训练集 T_m，并对 T_m 构建决策树 $h_B(x; T_m)$。应用 $h_B(x; T_m)$ 预测训练集 T 中所有样本点 (x_i, y_i)（$i=1, 2, \cdots, n$），如果 $h_B(x; T_m)$ 对 (x_i, y_i) 预测错误，令 $d_m(i)=1$，否则 $d_m(i)=0$。计算

$$\varepsilon_m = \sum_i p_m(i)d_m(i); \quad \beta_m = (1-\varepsilon_m)/\varepsilon_m; \quad C_m = \log(\beta_m)$$

（3）计算 $W_m = C_m / \sum_m C_m$，组合 M 棵决策树得到最终分类器 $H_A(x)$，使得

$$H_A(x) = \arg\max_{y \in \{1,\cdots,K\}} \left\{ \sum_m W_m I(h_B(x; T_m)=y) \right\}$$

式中，$I(\cdot)$ 为示性函数。

5.3.2 可加模型：从统计的角度看 AdaBoost

以上介绍的 AdaBoost 分类方法应用于实际的数据集的结果表明，该方法可以大大降低测试集的误差，这引起了许多学者的兴趣，他们纷纷尝试用各种理论进行解释。Breiman（1996）从偏差-方差分解的角度讨论了这个问题，认为 AdaBoost 方法同 Bagging 一样降低了分类的方差，从而提高了精度。但是 Schapire et al.（1998）指出，AdaBoost 方法最初提出是为了减少估计的偏差，很多试验表明，AdaBoost 方法有些时候增大了方差，却总体上降低了测试误差。此外，AdaBoost 算法一般来讲只要组合很少棵树就可以使训练集的误差降到很低，但是继续增大 M，最后组合的分类器仍然可以大幅降低测试集的误差。这个现象是偏差-方差分解方法所不能解释的。Schapire et al.（1998）从提升边际（boosting the margin）的角度理解 AdaBoost。下面是 AdaBoost 算法中训练集样本点的边际（margin）的定义：

$$mg(i) = \sum_m W_m I(h_B(x_i; T_m)=y_i) - \max_{y' \neq y} \sum_m W_m I(h_B(x_i; T_m)=y')$$

式中，W_m 表示组合 M 个分类器时的权重。从定义中可以看出边际就是 M 个分类器对 x_i 预测正确的权重的总和减去预测错误最多的一类的权重的总和。Schapire et al.

（1998）的主要结论是，AdaBoost 方法可以大大提高训练集样本点的边际，从而降低推广误差的上限。但是对于实际的应用，该文章中给出的推广误差的上限太宽松了，实际计算的测试集误差都远远小于这个上限。Breiman（1998）从预测博弈的角度对这个理论进行了进一步探讨，首次证明 AdaBoost 算法实际上是一种优化算法，并从提升边际的角度提出了最优的 Arc-gv 算法。应用模拟和实际数据，与 AdaBoost 算法比较的结果表明，Arc-gv 方法产生了比 AdaBoost 方法更大的边际，但总的来讲，AdaBoost 方法的测试集误差要小于 Arc-gv 算法。这与前面的理论结论（提升边际可以降低推广误差）是相悖的。这使我们怀疑是不是边际直接决定了推广误差的上限。当我们努力提升边际时，算法却出现了过拟合的现象。不过，Reyzin and Schapire（2006）的研究表明，Arc-gv 算法没有控制树的复杂度，这使得它在更大范围内选取基预测器，从而倾向于过拟合。

目前统计界普遍认可的是用 Friedman et al.（2000）和 Hastie et al.（2008）提出的可加模型（additive models）的理论来解释 AdaBoost。一般来说，可加模型可以写成如下形式：

$$f(x) = \sum_{m=1}^{M} \beta_m b(x; \gamma_m)$$

式中，β_m 是展开式系数；$b(x; \gamma_m)$ 是参数为 γ_m 的基函数（分类或者回归）。通常这种可加模型的拟合是通过最小化训练集样本上的损失函数 L（对于回归问题，通常选取本书第 2 章介绍的平方损失或基于似然函数的负对数似然损失等）来求解参数：

$$\min_{\{\beta_m, \gamma_m\}_1^M} \sum_{i=1}^{n} L\left(y_i, \sum_{m=1}^{M} \beta_m b(x_i; \gamma_m)\right)$$

对于大多数损失函数和基函数，上式的最优解一般很难求得。通常可以使用分步向前（forward stagewise）的方式拟合。也就是给定初始函数 $f_0(x)$，对于第 m 步迭代，寻找最优的基函数 $b(x; \gamma_m)$ 和展开式系数 β_m：

$$(\beta_m, \gamma_m) = \arg\min_{\beta, \gamma} \sum_{i=1}^{n} L(y_i, f_{m-1}(x_i) + \beta b(x_i; \gamma))$$

然后令 $f_m(x) = f_{m-1}(x) + \beta_m b(x; \gamma_m)$。

下面我们来证明二分类 AdaBoost 算法是最小化指数损失 $L(y, f(x)) = \exp(-yf(x))$ 的分步向前可加模型。在第 2 章对回归问题的讨论中，我们指出损失函数加罚建模框架，这同样适用于分类问题。只是鉴于数据的特点，使用不同于回归的损失函数。分类问题的损失函数将在 5.3.4 具体介绍。这里先简单解释。此处我们假定二分类问题的响应变量 y 的取值为 +1 或 -1，预测模型 $f(x)$ 的输出为实数，最终预测结果 $\hat{y} = sgn(f(x))$。$|f(x)|$ 的大小表明模型预测的把握程度，取值越大，表明越有把握。因此 $y \cdot f(x)$ 大于零（y 与 $f(x)$ 同号）时，模型预测正确；反之，y 与 $f(x)$ 异号，$y \cdot f(x)$ 小于零时，模型预测错误，并且此时 $|y \cdot f(x)|$ 值越大，错误越大，损失也越大。在 5.3.4 中的图 5-2 中，横轴为 $y \cdot f(x)$，长虚线为指数损失，它是单调递减的函数，$y \cdot f(x)$ 取值越小（负数），判断越错误，损失越大；反之，$y \cdot f(x)$ 取值越大（正数），判断越正

确，损失趋于 0。

假定二分类问题的基分类器为 $h_m(x) \in \{-1, 1\}$，对于指数损失，第 m 步迭代，我们要计算：

$$(\beta_m, h_m) = \arg\min_{\beta, h} \sum_{i=1}^{n} \exp[-y_i(f_{m-1}(x_i) + \beta h(x_i))]$$

这等价于

$$(\beta_m, h_m) = \arg\min_{\beta, h} \sum_{i=1}^{n} \omega_i^{(m)} \exp[-\beta y_i h(x_i)] \tag{5.5}$$

式中，$\omega_i^{(m)} = \exp[-y_i f_{m-1}(x_i)]$，它既不依赖于 β_m，也不依赖于 h_m，可以看作样本点 i 的权重（依赖于 $f_{m-1}(x_i)$）。式（5.5）的求解可以通过以下两步完成：

（1）给定 $\beta > 0$，展开式（5.5）得

$$\mathrm{e}^{-\beta} \sum_{y_i = h(x_i)} \omega_i^{(m)} + \mathrm{e}^{\beta} \sum_{y_i \neq h(x_i)} \omega_i^{(m)} = (\mathrm{e}^{\beta} - \mathrm{e}^{-\beta}) \sum_{i=1}^{n} \omega_i^{(m)} I(y_i \neq h(x_i)) + \mathrm{e}^{-\beta} \sum_{i=1}^{n} \omega_i^{(m)}$$

所以使得式（5.5）达到最小值的 h_m 为：

$$h_m = \arg\min_h \sum_{i=1}^{n} \omega_i^{(m)} I(y_i \neq h(x_i)) \tag{5.6}$$

这相当于寻找分类器使得对加权的训练样本点的分类错误率最小。

（2）将式（5.6）代入式（5.5）求解 β，得到

$$\beta_m = \frac{1}{2} \log \frac{1 - err_m}{err_m}$$

式中，

$$err_m = \frac{\sum_{i=1}^{n} \omega_i^{(m)} I(y_i \neq h_m(x_i))}{\sum_{i=1}^{n} \omega_i^{(m)}}$$

这样 $f_m(x)$ 更新为 $f_{m-1}(x) + \beta_m h_m(x)$，第 $m+1$ 步迭代的权重更新为：

$$\omega_i^{(m+1)} = \omega_i^{(m)} \mathrm{e}^{-\beta_m y_i h_m(x_i)} \tag{5.7}$$

由于 $-y_i h_m(x_i) = 2I(y_i \neq h_m(x_i)) - 1$，式（5.7）可写成：

$$\omega_i^{(m+1)} = \omega_i^{(m)} \mathrm{e}^{\alpha_m I(y_i \neq h_m(x_i))} \mathrm{e}^{-\beta_m} \tag{5.8}$$

式中，$\alpha_m = 2\beta_m$，$\mathrm{e}^{-\beta_m}$ 使得所有点的权重乘以相同的数，所以不起作用。这样式（5.8）相当于本节开头介绍的 AdaBoost 算法中的更新抽样概率 $p_m(i)$。式（5.6）相当于 AdaBoost 算法中对重抽样样本构建最优决策树。分类规则为 $sgn(f(x))$，对于二分类问题，这与 AdaBoost 算法 $H_A(x)$ 等价。所以我们得到结论：二分类 AdaBoost 算法是最小化指数损失 $L(y, f(x)) = \exp[-yf(x)]$ 的分步向前可加模型。

5.3.3* 梯度下降算法

从可加模型的角度看，AdaBoost 给我们提供了一个新的视野，就是函数空间的优化问题。将分步向前拟合可加模型与最速下降最小化方法（steepest-descent minimization）相联系，可以得到一般梯度下降（generic gradient descent）Boosting 算法（Friedman，2001；Buhlmann and Hothorn，2007）。

考虑预测问题（分类或者回归），我们有训练集样本点 (x_i, y_i)（$i=1, 2, \cdots, n$）。我们的目标是得到函数 $F^*(x)$ 的估计，其中，$F^*(x)$ 对于某一损失函数 $L(y, F(x))$ 满足：

$$F^* = \arg \min_F E_{y,x} L(y, F(x)) = \arg \min_F E_x [E_y (L(y, F(x))) | x]$$

一个常用的方法是假定 $F(x)$ 是一个参数函数 $F(x; P)$，其中，$P = \{P_1, P_2, \cdots\}$ 是一个有限的参数集合。当 $F(x)$ 是可加模型时，可以写成如下形式：

$$F(x; \{\beta_m, a_m\}_1^M) = \sum_{m=1}^M \beta_m h(x; a_m) \tag{5.9}$$

式中，$h(x; a_m)$ 是一个简单的参数函数，称为基函数，如果它是决策树，那么它的参数 a_m 表示节点分枝变量、分枝规则、根节点的数目等。

当使用参数函数 $F(x; P)$ 时，优化问题可以转换成寻找最优的参数 P^*，使得

$$P^* = \arg \min_P E_{y,x} L(y, F(x; P))$$

从而得到 $F^*(x) = F(x; P^*)$。对于绝大多数的 $F(x; P)$ 和 L，我们需要使用数值算法寻找 P^*，通常将 P^* 写成 $P^* = \sum_{m=0}^M p_m$，其中，p_0 是初始值，$\{p_m, m=1, 2, \cdots, M\}$ 是步长（steps or boosts）。

最速下降法是寻找 $\{p_m, m=1, 2, \cdots, M\}$ 的最简单、最常用的方法之一。它的求解过程如下：

首先计算当前的梯度（gradient）g_m：

$$g_m = \{g_{jm}\} = \left\{ \left[\frac{\partial \Phi(P)}{\partial P_j} \right]_{p=P_{m-1}} \right\}$$

式中，$\Phi(P) = E_{y,x} L(y, F(x; P))$；$P_{m-1} = p_0 + p_1 + \cdots + p_{m-1}$。

然后取步长 $p_m = -\rho_m g_m$，其中，$\rho_m = \arg \min_\rho \Phi(P_{m-1} - \rho g_m)$。

这里负梯度（$-g_m$）用来定义最速下降的方向，而 ρ_m 是指沿着这个方向线性搜索（line search）的步长。

如果优化问题不是在参数空间，而是在函数空间，也就是说，我们把在某一点 x 的函数 $F(x)$ 视为一个参数，则考虑最小化下面的损失函数：

$$\Phi(F) = E_{y,x} L(y, F(x)) = E_x [E_y (L(y, F(x))) | x]$$

或等价地，在某一固定点 x，有

$$\Phi(F(x)) = E_y[L(y, F(x)) | x]$$

根据上述优化方法，取 $F^*(x) = \sum_{m=0}^{M} f_m(x)$，其中，$f_0(x)$ 是初始值，$\{f_m(x), m = 1, 2, \cdots, M\}$ 是优化方法得到的步长。应用最速下降方法得

$$f_m(x) = -\rho_m g_m(x) \tag{5.10}$$

式中，

$$g_m(x) = \left[\frac{\partial \Phi(F(x))}{\partial F(x)}\right]_{F(x) = F_{m-1}(x)} = \left[\frac{\partial E_y[L(y, F(x)) | x]}{\partial F(x)}\right]_{F(x) = F_{m-1}(x)}$$

$$F_{m-1}(x) = \sum_{i=0}^{m-1} f_i(x)$$

假定积分和微分可以互换的条件成立，我们有

$$g_m(x) = E_y\left[\frac{\partial L(y, F(x))}{\partial F(x)} \Big| x\right]_{F(x) = F_{m-1}(x)}$$

通过线性搜索可以进一步得到乘子：

$$\rho_m = \arg \min_{\rho} E_{y,x} L(y, F_{m-1}(x) - \rho g_m(x))$$

当使用有限的样本点 (y_i, x_i) $(i = 1, 2, \cdots, n)$ 来估计 (y, x) 的联合分布时，上述方法并不适用，因为条件分布 $E_y[\cdot | x]$ 在每个样本点 x_i 并不能得到准确的估计。即使可以，它也不能估计 $F^*(x)$ 在样本点 x_i 以外的 x 上的取值。一个解决办法是假定 $F(x)$ 具有某种参数形式，如式（5.9），然后得到如下的最优参数估计：

$$\{\beta_m, a_m\}_1^M = \arg \min_{\{\beta'_m, a'_m\}_1^M} \sum_{i=1}^{n} L\left(y_i, \sum_{m=1}^{M} \beta'_m h(x_i; a'_m)\right)$$

当不能直接求解上式时，我们可应用分步向前方法，即对于 $m = 1, 2, \cdots, M$，有

$$(\beta_m, a_m) = \arg \min_{\beta, a} \sum_{i=1}^{n} L(y_i, F_{m-1}(x_i) + \beta h(x_i; a_m)) \tag{5.11}$$

然后令

$$F_m(x) = F_{m-1}(x) + \beta_m h(x; a_m) \tag{5.12}$$

我们需要注意这种分步（stagewise）向前方法与通常所说的逐步（stepwise）向前并不相同，因为此方法在第 m 步并不调整前 $m-1$ 步的计算。

如果对于给定的损失函数 L 和基函数 $h(x; a)$，式（5.11）不易求解的话，对于式（5.11）和式（5.12）中给定的 $F_{m-1}(x)$，我们可以将 $\beta_m h(x; a_m)$ 看作估计 $F^*(x)$ 的第 m 步步长（相当于式（5.10）中的 $f_m(x)$）。只不过这一步中确定方向的项 $h(x; a_m)$ 带有约束：它是一个参数函数。式（5.10）中没有约束的在样本点 x_i 处的负梯度可以写成：

$$-g_m(x_i) = -\left[\frac{\partial L(y_i, F(x_i))}{\partial F(x_i)}\Big|x\right]_{F(x)=F_{m-1}(x)}$$

虽然 $-g_m = \{-g_m(x_i)\}_1^n$ 给出了 $F_{m-1}(x)$ 在 n 维数据点上的最速下降方向，但是这个梯度仅在 $x_i(i=1, 2, \cdots, n)$ 这 n 个点上有定义，很难将其推广到整个 x 的取值空间。一个可行的方法是通过下式寻找最近似 $-g_m$ 的 $h_m = \{h(x_i; a_m), i=1, 2, \cdots, n\}$：

$$a_m = \arg\min_{\beta,a}\sum_{i=1}^n [-g_m(x_i) - \beta h(x_i; a)]^2 \qquad (5.13)$$

用 $h(x; a_m)$ 代替式（5.10）中的 $-g_m(x)$，并且调整相应的乘子 ρ_m 的计算：

$$\rho_m = \arg\min_{\rho}\sum_{i=1}^n L(y_i, F_{m-1}(x_i) + \rho h(x_i; a_m)) \qquad (5.14)$$

从而得到 $F^*(x)$ 估计的更新为 $F_m(x) = F_{m-1}(x) + \rho_m h(x; a_m)$。

总结上述方法可以看到，为了得到式（5.11）的解，我们拟合 $h(x; a)$ 与伪响应变量 $\{\bar{y}_i = -g_m(x_i)\}_1^n$。这使得较困难的最小化问题转变成用较容易的最小二乘法求解式（5.13）以及用线性搜索法求解式（5.14）。这样对于可以使用最小二乘法求解式（5.13）的所有基函数 $h(x; a)$，我们可以应用上述的分步向前方法来最小化任意一个可微的损失函数 L，从而得到可加模型的最优拟合。这启发我们得到下面一般意义上的梯度下降提升算法：

（1）给定初始估计 $F_0(x) = \arg\min_{\rho}\sum_{i=1}^n L(y_i, \rho)$。

（2）对于 $m=1, 2, \cdots, M$，计算

$$\bar{y}_i = -\left[\frac{\partial L(y_i, F(x_i))}{\partial F(x_i)}\right]_{F(x)=F_{m-1}(x)}, \quad i=1,2,\cdots,n$$

$$a_m = \arg\min_{a,\beta}\sum_{i=1}^n [\bar{y}_i - \beta h(x_i; a)]^2$$

$$\rho_m = \arg\min_{\rho}\sum_{i=1}^n L(y_i, F_{m-1}(x_i) + \rho h(x_i; a_m))$$

$$F_m(x) = F_{m-1}(x) + \rho_m h(x; a_m)$$

5.3.4　分类问题的不同损失函数及 LogitBoost 算法

通过上面的介绍我们知道，二分类 AdaBoost 方法可以看成是拟合最小化指数损失的可加模型，指数损失对于统计界来讲并不是一个常用的损失函数，我们有必要进一步讨论该损失函数的性质并将它与其他损失函数做比较，从而更深刻地了解 AdaBoost 方法并且对其进行改进。Friedman et al.（2000）证明了在指数损失下，总体（population level）的最优估计是：

$$f^*(x) = \arg\min_{f(x)} E_{y|x}(e^{-yf(x)}) = \frac{1}{2}\log\frac{Pr(y=1|x)}{Pr(y=-1|x)} \qquad (5.15)$$

或者等价为

$$Pr(y=1|x)=\frac{1}{1+e^{-2f^*(x)}}$$

此处的证明如下：

由 $E_{y|x}(e^{-yf(x)})=Pr(y=1|x)e^{-f(x)}+Pr(y=-1|x)e^{f(x)}$，对 $f(x)$ 求导并令其等于零，得

$$-Pr(y=1|x)e^{-f(x)}+Pr(y=-1|x)e^{f(x)}=0$$

解之即可求出极值点，即 $f(x)$ 的取值：

$$\left(\frac{Pr(y=1|x)}{Pr(y=-1|x)}\right)^{\frac{1}{2}}=e^{f(x)}$$

$$f(x)=\frac{1}{2}\log\frac{Pr(y=1|x)}{Pr(y=-1|x)}$$

也就是说，AdaBoost 方法实际上是估计优势比（odds ratio）对数的一半，这也证明了用它的符号作为最终分类标准的合理性。

一个统计上常用的损失函数是负值的二项分布对数似然函数，它和指数损失具有相同的总体最优估计。令

$$p(x)=Pr(y=1|x)=\frac{e^{f(x)}}{e^{-f(x)}+e^{f(x)}}=\frac{1}{1+e^{-2f(x)}} \tag{5.16}$$

定义 $y'=(y+1)/2\in\{0,1\}$，二项分布的对数似然函数为：

$$\ell(y,p(x))=y'\log p(x)+(1-y')\log(1-p(x))$$

取负值等价于下式（因为 $y=\pm1$）：

$$-\ell(y,f(x))=\log(1+e^{-2yf(x)}) \tag{5.17}$$

因为在总体层面上，对数似然函数的最大值在 $p(x)=Pr(y=1|x)$ 处达到，通过式（5.16）我们可以看到最小化指数损失和最小化负值的二项分布对数似然函数所得到的最优解是一致的。但需要注意，e^{-yf} 本身并不是一个恰当的对数似然。

尽管在总体上最小化指数损失和最小化负值的二项分布对数似然函数所得到的最优解是一致的，但是应用到样本数有限的训练集，结果可能会不同。两个损失函数都是 $yf(x)$ 的单调函数，对应 5.3.2 介绍的边际的定义，可以看出，$yf(x)$ 实际是二分类问题的边际。在二分类问题中（响应变量取值-1，1），边际 $yf(x)$ 的作用类似回归中的残差 $(y-f(x))$，分类准则 $G(x)=sgn(f(x))$ 表示拥有正的边际 $y_if(x_i)>0$ 的点被正确分类，拥有负的边际 $y_if(x_i)<0$ 的点被错误分类，区分边界是 $f(x)=0$，分类的目标是产生越多越好的正的边际。任何损失函数都应该在正的边际点取值较小，在负的边际点取值较大，从而惩罚分类错误的点。

图 5-2 给出了指数损失（长虚线）和负值的二项分布对数似然函数（点虚线）作为 $yf(x)$ 的函数的图形（为了使所有损失函数都通过点（0，1），式（5.17）负值的二项分

布对数似然函数取以 2 为底，类似于式（5.15）的证明，我们可以得到基于二项分布似然函数的负对数似然损失的总体最优估计为 $f(x)=\log \dfrac{Pr(y=1\mid x)}{Pr(y=-1\mid x)}$。同时也得到了误判损失（misclassification loss）函数 $L(y,f(x))=I(yf(x)<0)$ 的图形，这个损失函数实际上是 0—1 损失（黑色实线）：分类正确的点（边际 >0）损失为 0，分类错误的点（边际 <0）损失为 1。指数损失和负值的二项分布对数似然函数损失都可以看成是对 0—1 损失的一个单调连续的函数近似：当负边际的绝对值逐渐增大时，损失随之加大；当正边际逐渐增大时，损失逐渐减少。两者的区别是当负边际的绝对值逐渐增大时，负值的二项分布对数似然函数损失呈线性增长，而指数损失呈指数增长，也就是说，指数损失对训练集中这样的点影响更大。当数据集噪声较大时，负值的二项分布对数似然函数损失比指数损失更稳健（Hastie et al.，2008）。

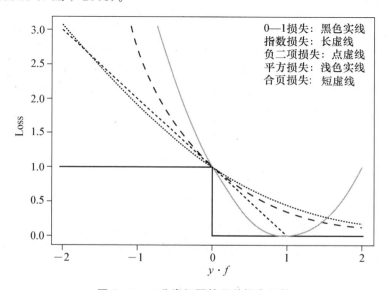

图 5 - 2　二分类问题的几种损失函数

图 5-2 同时给出了 hinge loss（合页损失），这将在第 7 章介绍；也给出了平方损失 $L(y,f(x))=(y-f(x))^2=1-2yf(x)+[yf(x)]^2$（因为 $y=\pm1$）。该损失下总体的 $f(x)$ 的最优估计是（此处证明同式（5.15）的证明）：

$$f^*(x)=\arg\min_{f(x)}E_{y\mid x}(y-f(x))^2=E(y\mid x)=2Pr(y=1\mid x)-1$$

同前面一样，分类规则是 $G(x)=sgn(f(x))$。但我们看到平方损失在分类问题上不是一个很好的对 0—1 损失的近似，因为它对边际较大的点（分类正确）给予较大的惩罚。

介绍了不同的损失函数，以及它们与指数损失的比较，下面介绍以负值的二项分布对数似然函数作为损失函数的拟合可加模型的 Boosting 算法。如果直接应用前面介绍的一般梯度下降算法，可以得到二分类问题的 BinomialBoost 算法（Buhlmann and Hothorn，2007）。但文献中更经常引用的是 Friedman et al.（2000）首次提出的 LogitBoost，算法如下：

对于二分类问题，将 $y^*\in[0,1]$ 记为输出变量，$y^*=1$ 的概率为 $p(x)=\exp(F_A(x))/[\exp(F_A(x))+\exp(-F_A(x))]$。

（1）初始权重 $\omega_1(i)=1/n\ (i=1,\ 2,\ \cdots,\ n)$；$F_A(x)=0$；$p_1(x_i)=1/2$。

（2）对于 $m=1,\ 2,\ \cdots,\ M$

1）计算

$$z_i=[y_i^*-p_m(x_i)]/p_m(x_i)(1-p_m(x_i))$$
$$\omega_m(i)=p_m(x_i)(1-p_m(x_i))$$

2）给样本点 $(x_i,\ z_i)$ 赋予权重 $\omega_m(i)$，拟合加权最小二乘回归函数 $f_m(x)$ 预测 z。

3）更新 $F_A(x)=F_A(x)+0.5f_m(x)$，且 $p_{m+1}(x)=\exp(F_A(x))/[\exp(F_A(x))+\exp(-F_A(x))]$。

（3）组合分类器对 x 的分类为 $sgn(F_A(x))=sgn\left(\sum_m f_m(x)\right)$。

LogitBoost 与 BinomialBoost 方法唯一的不同就是，LogitBoost 方法在优化过程中使用的是牛顿方法而不是最速下降方法，具体推导过程见 Friedman et al.（2000）。

以上介绍的 LogitBoost 算法适用于二分类问题，也可将其推广到多分类问题。假设响应变量 y 取值为 $\{1,\ 2,\ \cdots,\ K\}$，如果给定 x，y 属于第 j 类的条件概率是 $p_j(x)=Pr(y=j|x)(j=1,\ 2,\ \cdots,\ K)$，满足条件：

$$0\leqslant p_j(x)\leqslant 1,\ \sum p_j(x)=1$$

则根据贝叶斯分类方法有

$$G(x)=\arg\ \max_j p_j(x)$$

虽然如果只是分类的话，我们不需要知道具体的 $p_j(x)$ 值，只需要知道它们中哪一个最大就可以了，但在实际问题中，我们往往更希望知道 $p_j(x)$ 的取值，由广义 Logistic 回归模型可以得到

$$p_j(x)=\frac{e^{f_j(x)}}{\displaystyle\sum_{l=1}^{K}e^{f_l(x)}} \tag{5.18}$$

注意到这里是每一类都有一个方程，共有 K 个。因为有 $\sum p_j(x)=1$ 的约束，这 K 个方程有一个是冗余的，我们可以约束 $f_K(x)=0$，但是为了对称性，我们往往约束 $\sum f_j(x)=0$。负二项分布的对数似然函数可以推广成 $K-1$ 类多项分布的对数似然函数，并取负值作为损失函数：

$$\begin{aligned}
L(y,p(x))&=-\sum_{j=1}^{K}I(y=j)\log p_j(x)\\
&=-\sum_{j=1}^{K}I(y=j)f_j(x)+\log\left(\sum_{l=1}^{K}e^{f_l(x)}\right)
\end{aligned}$$

最小化以上损失函数可以得到多分类问题的拟合可加模型的 Boosting 算法 LogitBoost（K-Class）（Friedman et al.，2000）：

（1）初始权重 $\omega_{ij}=1/n$（$i=1, 2, \cdots, n$；$j=1, 2, \cdots, K$）。对 $\forall j$ 有 $F_j(x)=0$；$p_j=1/K$。

（2）对于 $m=1, 2, \cdots, M$

1）对于 $j=1, 2, \cdots, K$

①计算

$$z_{ij}=[y_{ij}^*-p_j(x_i)]/[p_j(x_i)(1-p_j(x_i))]$$

$$\omega_{ij}=p_j(x_i)(1-p_j(x_i))$$

②基于权重 ω_{ij}，将 z_{ij} 对 x_i 做加权最小二乘回归，拟合分类器 $f_{mj}(x)$。

2）令 $f_{mj}(x)=\dfrac{K-1}{K}\left[f_{mj}(x)-\dfrac{1}{K}\sum_{j=1}^{K}f_{mj}(x)\right]$，更新 $F_j(x)=F_j(x)+f_{mj}(x)$。

3）根据式（5.18）更新 $p_j(x)$。

（3）组合分类器对 x 的分类为 $\arg\max\limits_{j}F_j(x)$。

5.3.5　回归问题的 L_2-Boosting 算法

虽然前面讲过平方损失在分类问题中不是一个很好的损失函数，但我们知道它是回归问题中常用的损失函数。这里将平方损失除以 2，这样做是使得它的一阶导数恰好为模型的残差，而且不影响最小化该损失对 $f(x)$ 的求解：

$$L(y,f(x))=(y-f(x))^2/2$$

在第 2 章我们已经介绍了回归问题的各种损失函数，给出了平方损失作为残差（$y-f$）的函数图形，同时也给出了另一种常用的损失函数绝对损失（$L(y,f(x))=|y-f(x)|$）的图形。我们知道在平方损失下总体的最优函数是 $f(x)=E(y|x)$，绝对损失下总体的最优函数是 $f(x)=median(y|x)$。如果误差的分布是对称的，则在两种损失下最优解是一致的。但是在有限的样本点的情况下，平方损失对残差较大的点给予更大的惩罚，因此较不稳健。当误差的分布是厚尾分布时，平方损失的表现很差，较稳健的绝对损失在这种情况下优于平方损失。因此绝对损失相当于分类问题中的负值对数似然函数损失：对错分的惩罚呈线性增长；但是指数损失对错分比较严重的点的惩罚甚于平方损失，因为它是指数增长，而平方损失为二次增长。如果从统计性质出发，将稳健性作为一个指标的话，各种针对回归问题的损失函数会被提出，以消除算法对异常点的敏感性。其中之一就是第 2 章已经介绍的 Huber 损失函数。

针对以上三种损失函数，可以分别得到 Boosting 的回归算法（Friedman，2001）。虽然平方损失从稳健性的角度来看并不是最好的损失函数，但由于它计算方便，还是普遍被采用。基于平方损失的 Boosting 回归方法称为 L_2-Boosting。将这个损失函数带入前面介绍的一般梯度下降 Boosting 算法，伪响应变量（pseudo-response）为 $\tilde{y}_i=y_i-F_{m-1}(x_i)$，$a_m$ 的求解即对当前残差的拟合，ρ_m 的解即上一步求解 a_m 时得到的 β_m，所以 L_2-Boosting 算法如下：

（1）初始化 $F_0(x)=\bar{y}$。

(2) 对于 $m=1,2,\cdots,M$，有

$$\bar{y}_i = y_i - F_{m-1}(x_i), \quad i=1,2,\cdots,n$$

$$(\rho_m, a_m) = \arg\min_{a,\rho} \sum_{i=1}^{n} \left[\bar{y}_i - \rho h(x_i;a)\right]^2$$

$$F_m(x) = F_{m-1}(x) + \rho_m h(x;a_m)$$

5.3.6　XGBoost

XGBoost 是 2014 年 2 月提出的基于决策树模型的提升算法，因其优良的学习效果以及较高的训练速度获得广泛的关注。它有开源的程序包，适用于大规模的稀疏数据，具有运算速度快、准确率高等优点。在 2015 年 Kaggle 竞赛中获胜的 29 个算法中，有 17 个使用了 XGBoost 库，作为对比，有 11 个使用了近年来大热的深度神经网络方法。在 KDDCup 2015 年竞赛中，排名前十的队伍全部使用了 XGBoost（Chen and Guestrin，2016）。

XGBoost 方法是对前几小节介绍的梯度提升树方法的改进，并且在计算机程序实现时增加了对提升计算速度和节省硬盘空间的考虑。从可加模型的角度来看，一个基于决策树的组合模型可以写成 K 个可加函数的形式：

$$\hat{y}_i = \varphi(x_i) = \sum_{k=1}^{K} f_k(x_i), f_k \in F$$

式中，$F = \{f(x) = w_{q(x)}\}$ 是决策树函数的集合。

字母 q 代表树的分枝结构，w 代表叶节点的权重值。XGBoost 方法优化的目标函数如下：

$$L(\phi) = \sum_i l(\hat{y}_i, y_i) + \sum_k \Omega(f_k)$$

式中，

$$\Omega(f_k) = \gamma T + \frac{1}{2}\lambda \sum_{j=1}^{T} \omega_j^2$$

这里，l 是我们选择的损失函数，通常它是可导的凸函数。Ω 函数惩罚树的大小以及叶节点的权重值，防止模型过拟合。上述优化问题的目标变量是函数，因此采用逐步向前可加的方式来优化。令 $\hat{y}_i^{(t)}$ 是在第 t 步迭代第 i 个样本点的预测值，需要增加 f_t 来优化下述目标函数：$L^{(t)} = \sum_{i=1}^{n} l(y_i, \hat{y}_i^{(t-1)} + f_t(x_i)) + \Omega(f_t)$。Chen and Guestrin（2016）使用二阶近似的方法优化该目标函数，从而对固定的树状结构 $q(x)$ 可以求得叶子权重 w 的最优值。之后再根据 w 的值计算树状结构 q 的得分函数，将其作为评价指标，使用贪婪算法进行树的生长和剪枝。

此外，在算法的细节上，XGBoost 还引入了两个技巧以降低过拟合程度。第一个技巧就是通过因子 η 控制每一步提升的步长，类似于 Stochastic 优化中的学习速率，利用收缩可以降低每棵树的影响并且为未来的树留出改进模型的空间。第二个技巧是对列变量（特征）进行子抽样，这种技巧被用在随机森林中，列抽样不仅可以加速计算过程，而且能很

好地降低过拟合程度。

在建立决策树的过程中，最重要的一步就是确定分枝变量和最优分枝值。确切贪婪算法（exact greedy algorithm）是在所有分枝中寻找最优，但是当数据量过大时，计算速度很慢。XGBoost 使用了近似（approximate）算法，首先根据变量取值的分位数提出候选分枝点，然后计算一个整合的统计量，根据这个统计量的取值寻找最优结果。在此过程中，Chen and Guestrin（2016）提出了加权的分位点寻找方法，该方法不仅有理论的准确性保证，还可以并行分布式编程实现。

同时，XGBoost 方法考虑了对稀疏数据的处理，并且在算法实施的数据排序过程中使用了列分块（column block）的思想，在计算梯度统计量时使用了内存的缓存管理技术。为了更好地使用计算资源实现快速大规模计算，XGBoost 使用了更好地利用硬盘空间的方法以及数据快速读写和计算的方法。上述这些内容通过并行分布式计算来实现。Chen and Guestrin（2016）提供了开源的程序包，使得 XGBoost 在处理大规模数据集方面体现出独特的优势。

5.3.7　讨论

本节介绍了在统计学习领域受到广泛关注的 AdaBoost 分类方法，并从理论上解释了它是最小化指数损失标准下对可加模型的拟合。从这个角度出发，选用不同的损失函数拟合可加模型可以得到不同的 Boosting 方法。实际数据的计算结果表明，Boosting 方法的预测能力通常比单棵决策树和 Bagging 方法更好。在实际应用中，如果想使该方法更有效，还需要考虑以下几个方面：

（1）Boosting 方法的一个重要参数就是迭代的次数 M，如何确定算法在哪一步停止，学者们有不同的看法。在 Boosting 方法提出的最初，它的一个非常令人兴奋的特点就是，它似乎对过拟合免疫，也就是说，在算法运行的前几步，训练集误差已经降到很低（甚至可以降到 0），但是继续增加迭代的次数到一个很大的数字（甚至是 $M=1\,000$），仍然可以大幅降低测试集的误差（Schapire et al.，1998）。最近的一些研究表明，Boosting 方法的确存在过拟合的现象，虽然很慢。Buhlmann and Hothorn（2007）基于一些模型拟合的最优化理论，提出了确定 M 的标准。也可以使用交叉验证的方法确定 M。

（2）M 的选取只是提高预测精度的一个考虑，我们还可以像岭回归和神经网络那样使用收缩技术。在 Boosting 方法中，最简单的收缩方法就是在每一步迭代对最优函数的逼近过程中，将当前的基预测器的贡献率用乘子 v 缩放，$f_m(x)=f_{m-1}(x)+vh_m(x)$（Hastie et al.，2008；Buhlmann and Hothorn，2007）。乘子 v 可以看成是用来控制提升过程的学习率，较小的 v 使得 M 取值相同时，训练集有较大的误差，但是实验结果表明，取较小的 v（$v<0.1$）并适当提前停止（early stopping）M 可以更有效地降低测试集的误差。

（3）通过本节的介绍，我们知道 Boosting 方法是对基预测器的相加或组合，基预测器的选取可以是任意的，但绝大多数时候，我们使用决策树，因为决策树方法在对数据做变换的情况下是不变的，并且可以同时处理连续、分类、次序变量，变量选择也较容易，实际数据表明使用决策树作为 Boosting 的分类器往往可以实现预测精度的大幅提高。但即使选取决策树作为基预测器，我们也需要确定每棵决策树的复杂程度，即根节点的数目。首先它与 M 的选取互相制约，如果选取较复杂的决策树作为基分类器，则可以选取相对较

小的 M，但大部分学者倾向于选取较简单的决策树（甚至是树桩：只有两个根节点）作为基分类器，而使整个算法迭代多次。Buhlmann and Hothorn（2007）提出了低方差（low variance）的准则，也就是使用较简单的决策树，它们往往有较大的偏差、较小的方差，Boosting 方法的作用之一就是降低偏差。上面第（2）点介绍的缩放因子 v 也有同样的降低基分类器的方差、提高偏差的作用。选择较简单的决策树作为基分类器的另一个考虑是最终模型的结构性质（structure properties），如果我们组合多个复杂的基预测器，会使得最终的模型更加复杂，但是如果选择只有两个根节点的树桩作为基预测器，它每次只选取一个变量作为解释变量，也就是每次只有一个主效应，当组合多个树桩得到最终的分类器时，它是一个只有主效应的模型。决策树的变量的交互作用的阶数取决于其叶节点的数目，一个有 K 个叶节点的决策树不可能有大于 $K-1$ 阶的变量的交互作用，因为在一般问题中，变量的交互作用的阶数不宜过高，当树桩不足以拟合数据时，我们也选取根节点较少的决策树作为基预测器，比如 $4 \leqslant K \leqslant 8$。

（4）我们都知道单棵决策树有很好的解释性，组合多棵决策树会使得最终的预测器失去那种简单的树形结构，因此需要另外的方法对其进行解释。Hastie et al.（2008）给出了预测变量的相对重要性（relative importance of predictor variables）以及偏依赖图（partial dependence plots）两种方法。对于单棵树，定义 $I_l(T)$ 为第 l 个变量 X_l 的相对重要性，计算方法为（Breiman et al.，1984）：

$$I_l^2(T) = \sum_{t=1}^{J} \hat{\tau}_t^2 I(v(t) = l)$$

具体地，在所有 J 个非叶节点的某个节点 t 处选择用于分割的变量为 $X_{v(t)}$，使得分割后这一节点的纯度为 $\hat{\tau}_t^2$。这样，变量 X_l 的相对重要性就是在所有的非叶节点中，选择 X_l 作为分割变量的节点提升值 $\hat{\tau}_t^2$ 的和。这样，对于由 M 棵决策树组成的组合算法，变量重要性可以扩展为：

$$I_l^2 = \frac{1}{M} \sum_{m=1}^{M} I_l^2(T_m)$$

当输入矩阵维数较高时，要在二维平面上表现出因变量对自变量的依赖关系，可以用一组图来表示，其中每一幅子图表示因变量对某几个自变量的偏依赖关系。具体地，对于输入矩阵 $X^T = (X_1, X_2, \cdots, X_p)$，令其某个子集的角标集为 $S \subset \{1, 2, \cdots, p\}$，这一子集的补集的角标集为 C，即 $S \cup C = \{1, 2, \cdots, p\}$，则模型可表示为 $f(X) = f(X_S, X_C)$，定义 $f(X)$ 对变量子集 X_S 的偏依赖为：

$$f_S(X_S) = E_{X_C} f(X_S, X_C)$$

偏依赖 $f_S(X_S)$ 在 X_S 与 X_C 间相关性不强时尤其有用。这种方法可以用来评价任何"黑盒子"模型自变量对因变量的重要性。我们可以通过

$$\bar{f}_S(X_S) = \frac{1}{n} \sum_{i=1}^{n} f(X_S, x_{iC})$$

来估计偏依赖 $f_S(X_S)$。其中，$\{x_{1C}, x_{2C}, \cdots, x_{nC}\}$ 是训练集中出现的补集 X_C 中的元素。

（5）本节所介绍的 Boosting 方法主要是针对传统的分类和回归问题，将这种思想推广

开来，可以对指数分布族模型（Possion 回归等）以及生存分析模型（Cox 回归等）进行改进，有兴趣的读者可以参考 Ridgeway（1999）以及 Buhlmann and Hothorn（2007）。

5.4 随机森林

5.4.1 基本算法

随机森林（random forest）由 Breiman（2001）提出。与 Bagging 算法类似，随机森林算法首先建立若干互不相关的树，再对各树的结果进行平均。由于这一算法在训练、调参等方面简单有效，因此是目前相当流行的一种算法，在很多软件包中都有涉及。

如前所述，在 Bagging 算法中，每棵树都是同分布的，因此 Bagging 的期望误差与单棵树的期望误差是一致的，若想提高算法的表现，只能采用方差缩减技术（variance reduction）。具体来说，对于 B 棵独立同分布的树，设每一棵的方差都为 σ^2，则组合 B 棵树的方差是 $\frac{1}{B}\sigma^2$。如果只是同分布，树间的成对正相关系数为 ρ，则 B 棵树的平均方差为 $\rho\sigma^2 + \frac{1-\rho}{B}\sigma^2$。显然，当树的数量 B 增加时，ρ 的存在使得树间的平均方差仍然很大，这样就失去了取平均的意义。为解决这一问题，随机森林算法在构造单棵树时，随机选取全部 p 个随机变量中的 m 个（$m \leqslant p$）。这样，随机森林算法就可以降低树与树之间的相关系数，同时尽可能地控制平均方差。

随机森林算法的基本步骤如下：

（1）对于每棵树 $b = 1, 2, \cdots, B$，有

1）从全部训练样本单元中，采用 Bootstrap 方法抽取 n 个样本单元构成 Bootstrap 数据集 Z^*。

2）基于数据集 Z^* 构造一棵树 H_b，对树上的每个节点重复以下步骤，直到节点的样本数达到指定的最小限定值 $n_{\min}$：

①从全部 p 个随机变量中随机取 m（$m \leqslant p$）个；

②从 m 个随机变量中取最佳分枝变量；

③在这一节点上分裂成两个子节点。

（2）输出组合后的 B 棵树。

对于分类问题，随机森林算法在构造每棵树时默认使用 $m = \sqrt{p}$ 个随机变量，节点最小样本数为 1。在预测中，随机森林算法首先用每棵树对新样本点 x 的类别做一次预测，记第 b 棵树对样本点 x 的预测为 $\hat{C}_b(x)$，则随机森林算法对这一样本点 x 的最终预测结果为 $\hat{C}_{rf}^B(x) = majority\ vote\{\hat{C}_b(x)\}_1^B$。

对于回归问题，随机森林算法在构造树时默认使用 $m = \frac{p}{3}$ 个随机变量，节点最小样本

数为 5。类似地，它对新样本点 x 的预测结果为 $\hat{f}_{rf}^{B}(x)=\dfrac{1}{B}\sum\limits_{b=1}^{B}H_{b}(x)$。

注意，随机森林方法与 Bagging 方法一样，也可以使用 Out-of-bag 估计预测误差；与 Boosting 方法一样，可以得到变量重要性。

此外，临近图是随机森林算法的一个结果展示。临近（proximity）指任意两个 Out-of-bag 样本点出现在同一棵树的同一个终端节点上。这样，我们就可以构造一个 $n\times n$ 的临近矩阵，第 ij 个元素为对第 i 个观测和第 j 个观测在决策树同一叶节点的频率的一种度量。从临近矩阵中就能看出哪些样本点在随机森林中是临近的。我们也可以对这个 n 维的临近矩阵做降维，通过一个二维的临近图来表示。

5.4.2* 理论分析

在这一节中我们着重从方差和偏差两个角度讨论回归问题（平方损失）中的随机森林。

1. 方差与降低相关性

当树的个数 $B\rightarrow\infty$ 时，随机森林的回归估计可以写作：

$$\hat{f}_{rf}(x)=E_{\Theta|T}H(x;\Theta(T))$$

式中，$H(x;\Theta(T))$ 表示基于训练样本 T 拟合的树；$\Theta(T)$ 刻画树的分枝、取值等特征。这样，对于某一训练样本点 x 来说，其估计值 $\hat{f}_{rf}(x)$ 的方差为：

$$Var\,\hat{f}_{rf}(x)=\rho(x)\sigma^{2}(x)$$

式中，$\rho(x)$ 表示随机森林中任意两棵树间的相关性：

$$\rho(x)=corr\left[H(x;\Theta_{1}(T)),H(x;\Theta_{2}(T))\right]$$

$\sigma^{2}(x)$ 表示任意一棵树的方差：

$$\sigma^{2}(x)=Var\,H(x;\Theta(T))$$

在 $Var\,\hat{f}_{rf}(x)$ 的表达式中，树与树之间的相关性 $\rho(x)$ 会随着用于估计的变量子集 m 的减小而降低，因为如果每棵树在构造过程中用到的变量不同，这两棵树就不太可能相似。

而单棵树的方差 $\sigma^{2}(x)$ 可以展开为：

$$Var_{\Theta,T}H(x;\Theta(T))=Var_{T}E_{\Theta|T}H(x;\Theta(T))+E_{T}Var_{\Theta|T}H(x;\Theta(T))$$

式中，第一项可以理解成给定不同的训练样本 T 所构造的树之间的方差，它是由于随机森林对样本进行抽样而产生的，此时所用的变量 m 越少，这一方差越小；第二项为给定训练样本 T 所构造的不同树之间的方差，显然所用的变量 m 越少，这一方差就越大。这样，当变量 m 的大小变动时，单棵树的方差并不会剧烈波动。综上所述，$Var\,\hat{f}_{rf}(x)$ 比单棵树的方差小得多。

2. 偏差

与 Bagging 类似，随机森林对样本点 x 的估计偏差与随机森林中任意一棵树 $H(x;\Theta(T))$ 对样本点 x 的估计偏差一致。一般来讲，构造树时所用到的变量 x 越少，则偏差越大，并且比基于训练样本 T 所构造的单棵未经剪枝的树所求得的偏差要大。因此，Bagging 和随机森林一样，在预测上的改进完全体现在方差缩减上，这与岭回归是类似的。

5.5 上机实践：R

5.5.1 乳腺癌数据

1. 数据简介

乳腺癌（Biopsy）数据集是从威斯康星麦迪逊大学医院获得的，包括对 699 个病人乳腺肿瘤切片的诊断信息。数据集中共有 11 个变量，除不纳入分析的病人 ID 和输出变量（即是否为恶性肿瘤）外，还有 9 个与判别是否为恶性肿瘤相关的检验指标，如肿块厚度、细胞大小均匀性等，每个病人在这些细胞特征上都有一个 1～10 的得分，1 为接近良性，10 为接近病变。

数据分析的目的是根据 9 个检验指标的得分预测病人是否为恶性肿瘤。

2. 描述统计

Biopsy 数据可从 R 的 MASS 包中获得。数据集中第一列是病人 ID，不纳入分析。载入数据，检查数据缺失情况，并将数据集分为 80％训练集，20％测试集，程序如下：

```
library(MASS)
data(biopsy)
biopsy = biopsy[-1]
table(biopsy $ class)
library(mice)
md.pattern(biopsy)    #生成缺失报告
set.seed(1234)
train = sample(1:nrow(biopsy), round(0.8 * nrow(biopsy)))    #抽取 80％作为
训练集
```

结果显示，699 个病人中有 241 人为恶性肿瘤。数据集中有 16 个样本单元在第 6 个指标裸核（bare nuclei）上有缺失值。训练集中有 559 个样本单元（376 个良性，183 个恶性），测试集中有 140 个样本单元（82 个良性，58 个恶性）。

将用到决策树、Bagging、Boosting 和随机森林这四种算法。需要的软件包包括 tree、randomForest 和 gbm。

3. 分类树

首先使用 tree 包中的 tree()函数建立一棵分类决策树。

```
library(tree)
bio.tree = tree(class~. - class, biopsy[train,])
summary(bio.tree)
```

结果如下：

Classification tree：

tree(formula = class ～ . − class, data = biopsy[train,])

Variables actually used in tree construction：

[1] "V2" "V1" "V6" "V8"

Number of terminal nodes： 8

Residual mean deviance： 0.1422 = 76.93 / 541

Misclassification error rate：0.02732 = 15 / 549

在 summary 中可以看到训练误差为 2.7%，残差的平均偏差小代表这种方法在训练集上的拟合效果好。再看看其在测试集上的表现。

bio.tree.pred = predict(bio.tree, biopsy[− train,], type = 'class')

table(bio.tree.pred, biopsy[− train, 'class'])

结果如下：

pred/true	benign	malignant
benign	77	6
malignant	5	52

此时，模型在训练集上的预测准确率为 92%。在实际为良性的样本单元中，决策树正确预测了其中的 94%；而在实际为恶性的样本单元中，它正确预测了 90%。用 plot() 函数画出决策树结构，如图 5-3 所示。

plot(bio.tree)

text(bio.tree)

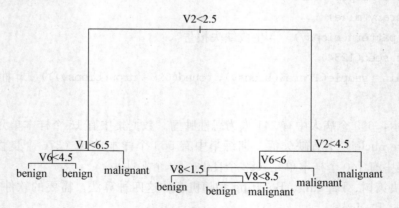

图 5-3 决策树结构图

可以看到，V2（细胞大小均匀性）、V1（肿块厚度）以及 V6（裸核）得分都较低时，癌细胞可能是良性的；而 V2（细胞大小均匀性）得分较高（V2＞4.5）时，癌细胞可能是恶性的。

4. Bagging

由于 Bagging 是随机森林的一种特殊情况，即在每次分割时不对变量做随机抽样，因此这里用到的函数就是随机森林的函数。也有其他的 R 包可以实现 Bagging 算法。

```
library(randomForest)
bio.bag = randomForest(class~., biopsy[train,], na.action = na.roughfix,
            mtry = ncol(biopsy) - 1)
```

在函数中我们用 mtry＝ncol(biopsy)−1 来指定每次分割时用到的变量个数，即除输出变量外的 9 个变量；用 na.action＝na.roughfix 来指定用列的中位数代替缺失数据。

再对测试集做预测。注意测试集中 6 个样本单元中有缺失数据，在预测时被剔除。

```
bio.bag.pred = predict(bio.bag, biopsy[-train,])
table(bio.bag.pred, biopsy[-train, 'class'])
```

结果如下：

Pred/true	benign	malignant
benign	74	2
malignant	3	55

此时，模型在测试集上的预测准确率为 96％，在这个数据上 Bagging 的表现要优于单棵决策树。

5. 随机森林

使用 randomForest()函数建立一个随机森林模型。

```
library(randomForest)
bio.rf = randomForest(class~., biopsy[train,], na.action = na.roughfix,
            importance = T)  # importance = T 表示计算变量重要性
```

注意这里不再指定每次分割时用到的变量数，对于分类问题，随机森林默认用 $\sqrt{p}$ 个，在本数据中即 3 个。

在测试集上测试模型：

```
bio.rf.pred = predict(bio.rf, biopsy[-train,])
table(bio.rf.pred, biopsy[-train, 'class'])
```

结果如下：

pred/ true	benign	malignant
benign	74	1
malignant	3	56

可以看到，随机森林的表现较 Bagging 有所提高，在测试集上的准确率提高到 97％，对恶性肿瘤的预测准确率从 96％提高到 98％。

接下来我们通过 importance()函数查看各变量在模型中的相对重要性。

```
importance(bio.rf)
```

结果如下（每次运行结果会略有不同）：

	benign	malignant	MeanDecreaseAccuracy	MeanDecreaseGini
V1	16.329413	23.589535	21.680505	16.780427
V2	15.511463	15.396767	22.523579	65.520766
V3	8.510887	16.909898	18.809907	55.627734
V4	6.751221	10.863352	12.407182	6.134530
V5	12.215878	4.426790	12.967549	15.562844
V6	18.247870	27.701354	27.372547	35.198849
V7	7.249343	14.338619	15.857463	25.854758
V8	10.567275	11.237542	14.742362	22.376894
V9	7.917135	5.334528	9.121728	2.351801

这里一共给出了两种度量变量准确性的指标。MeanDecreaseAccuracy 即当这一变量被剔除时，预测准确率的下降；MeanDecreaseGini 即由这一节点处的分裂导致的节点不纯度的下降。

6. Boosting

用 gbm() 函数构造 Boosting 模型。注意在用 gbm() 函数处理分类问题时，类别变量要以 0 和 1 的方式编码。

```
library(gbm)
biopsy $ class = factor(biopsy $ class, labels = c(0,1))
biopsy $ class = as.numeric(levels(biopsy $ class))[biopsy $ class]
bio.boost = gbm(class~.,biopsy[train,],distribution ='adaboost',
                n.trees = 5000, interaction.depth = 3)
summary(bio.boost)
```

这里采用 AdaBoost 算法。n.trees＝5000 表示我们一共希望构造 5 000 棵树（即 5 000 次迭代），interaction.depth＝3 限制每棵树的深度。用 summary() 函数可以输出变量的相对重要性。结果如图 5－4（左）所示。

可以看到，第二个变量（细胞大小均匀性）最重要，可画出其偏依赖图（见图 5－4（右））。

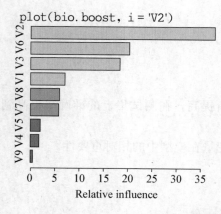
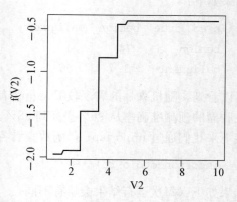

图 5－4 变量相对重要性与 V2 偏依赖图

偏依赖图给出了这一变量对模型输出值的边际影响。在本例中，从偏依赖图可以看出，细胞大小均匀性的得分与模型的输出值成正比，即细胞大小均匀性的得分越高，病人的癌细胞越可能是恶性的。

用所得模型在测试集上进行预测。由于 predict() 函数返回的预测值是实数，我们只需通过正负号来判断类别。

$$bio.\ boost.\ pred = predict(bio.\ boost, biopsy[-train,], n.\ trees = 5000)$$
$$table(bio.\ boost.\ pred > 0, biopsy[-train,'class'] > 0)$$

结果如下：

pred/true	benign	malignant
benign	78	2
malignant	4	56

Boosting 在测试集上的准确率为 96%，正确判别了 95% 的良性肿瘤和 97% 的恶性肿瘤。

7. XGBoost

首先需要进行 XGBoost 包的安装，只需在 R 中运行 install. packages（'xgboost'）即可。安装好包后，我们对乳腺癌数据进行建模预测。

```
library('xgboost')
library(MASS)
data(biopsy)
biopsy = biopsy[-1]
x <- data.matrix(biopsy[1:9])
y <- data.matrix(biopsy[10])
y[y = = 2] = 0
x <- apply(x, 2, as.numeric)
bst <- xgboost(data = x, label = y, max.depth = 2, eta = 1, nround = 10, objective =
"binary:logistic")
```

结果展示在图 5-5 中，此处，我们选取最大深度为 2、学习速率为 1、决策树棵树为 10、目标函数是二分类问题的 logistic 损失建立模型。

```
> bst<-xgboost(data=x,label=y,max.depth=2,eta=1,nround=10,objective='binary:logistic')
[1]     train-error:0.048641
[2]     train-error:0.044349
[3]     train-error:0.038627
[4]     train-error:0.030043
[5]     train-error:0.030043
[6]     train-error:0.027182
[7]     train-error:0.024320
[8]     train-error:0.021459
[9]     train-error:0.021459
[10]    train-error:0.020029
```

图 5-5　XGBoost 训练过程

也可以利用函数 xgb.cv 对数据进行交叉验证分析，此处我们选取 5 折交叉验证，交叉验证结果如图 5-6 所示。

```
> cv.res<-xgb.cv(data=x,label=y,max.depth=2,eta=1,nround=5,objective='binary:logistic',n
fold=5)
[1]    train-error:0.052574+0.009701    test-error:0.075807+0.016597
[2]    train-error:0.035403+0.007070    test-error:0.055745+0.022721
[3]    train-error:0.026107+0.003835    test-error:0.044296+0.021363
[4]    train-error:0.027535+0.007186    test-error:0.041460+0.019867
[5]    train-error:0.026463+0.005902    test-error:0.044306+0.022741
> cv.res
##### xgb.cv 5-folds
 iter train_error_mean train_error_std test_error_mean test_error_std
    1       0.0525742      0.009700640       0.0758066      0.01659727
    2       0.0354030      0.007070342       0.0557452      0.02272129
    3       0.0261068      0.003835341       0.0442960      0.02136326
    4       0.0275352      0.007186103       0.0414596      0.01986681
    5       0.0264632      0.005902246       0.0443064      0.02274081
```

图 5-6 XGBoost 5 折交叉验证结果

cv. res <- xgb. cv(data = x, label = y, max. depth = 2, eta = 1, nround = 10, objective = "binary:logistic", nfold = 5)

＃利用 predict 函数进行预测

pred <- predict(bst,x)

5.5.2 cpu 数据

1. 数据简介

cpu 数据集中有 209 个 CPU 的 9 种性能指标，包括型号与制造商（name）、循环时间（syct）、最小主内存（mmin）、最大主内存（mmax）、缓冲区大小（cach）、最小通道数（chmin）、最大通道数（chmax）、与基准比较的性能（perf）、估计性能（estperf）。

2. 描述统计

cpu 数据可从 MASS 包中获得。我们以"与基准比较的性能"为因变量，以"循环时间""最小主内存""最大主内存""缓冲区大小""最小通道数""最大通道数"六个变量为自变量。首先进行描述统计分析。

library(MASS)

data(cpus)

cpus = cpus[, 2:(ncol(cpus) − 1)]

cpus = data. frame(cpus)

windowsFonts(A = windowsFont("Times New Roman"),B = windowsFont("Arial Black"))

par(family = "A")

pairs(cpus)   ＃绘制散点图（此处结果略）

从散点图矩阵可以看出，mmin，chmin，cach，mmax，chmax 这几个变量与因变量 perf 呈正相关。接下来，使用 hist() 函数绘制因变量 perf 的直方图，结果如图 5-7（左）所示。

```
hist(cpus $ perf)
```

可以看出，因变量严重右偏，因此对其取对数，绘制新的直方图（见图 5 - 7（右））
并代替原来的因变量。

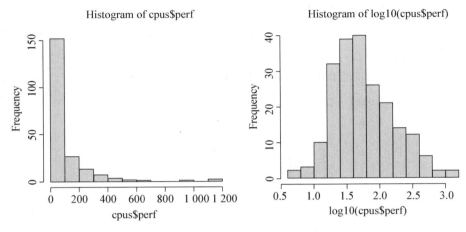

图 5 - 7　perf 及 log10（perf）分布直方图

```
hist(log10(cpus $ perf))
cpus $ perf = log10(cpus $ perf)
set. seed(1234)
train = sample(1:nrow(cpus), round(0. 8 * round(nrow(cpus))))
```

这样，训练集中共有 167 个样本单元，测试集中共有 42 个样本单元。

3. 回归树

首先对训练集建立回归树。

```
library(tree)
attach(cpus)
cpus_tree = tree(perf~., cpus[train,])
summary(cpus_tree)
```

结果如下：

```
Regression tree：
tree(formula = perf ~ ., data = cpus[train,])
Variables actually used in tree construction：
[1] "cach" "mmax" "syct" "mmin"
Number of terminal nodes： 9
Residual mean deviance： 0. 03267 = 5. 162 / 158
Distribution of residuals：
    Min.    1st Qu.   Median     Mean    3rd Qu.    Max.
 - 0. 42540 - 0. 11100 - 0. 00625  0. 00000  0. 10680  0. 67660
```

将模型用于测试集。对于回归问题，我们用模型估计值的 MSE 来评价模型的预测能力。

```
cpus_tree.pred = predict(cpus_tree, cpus[-train,])
mean((cpus_tree.pred - cpus[-train,'perf'])^2)
```

回归树在测试集上的 MSE 为 0.077 846 7，其平方根为 0.279，意味着模型的预测性能与实际性能差 0.279。

同样，我们还可以通过 plot() 函数画出决策树结构图（见图 5-8）。

```
plot(cpus_tree)
text(cpus_tree)
```

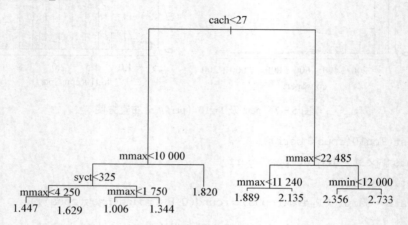

图 5-8　决策树结构图

这样，我们可以看到每个节点所用的变量。比如，最大主内存 mmax 越大，通常对应越高性能的 CPU，缓存区大小 cach<27 对应较差性能的 CPU。

需要说明的是，决策树模型很不稳定，数据集稍有变化，模型结果可能会有很大不同。

4. Bagging

与分类问题类似，我们用 randomForest() 函数构造 Bagging 模型，指定每棵树都用到全部 6 个自变量，并将模型用于测试集。

```
###构造 Bagging 模型
library(randomForest)
cpus_bag = randomForest(perf~., cpus[train,], mtry = ncol(cpus)-1)

###用于测试集
cpus_bag.pred = predict(cpus_bag, cpus[-train,])
mean((cpus_bag.pred - cpus[-train,'perf'])^2)
[1] 0.03659822
```

相比单棵决策树，Bagging 模型的 MSE 下降至 0.036 598 22。

134

5. 随机森林

再用 randomForest()函数构造随机森林模型。

```
library(randomForest)
cpus_rf = randomForest(perf~., cpus[train,], importance = T)
```

对于回归问题，随机森林默认用 $p/3$ 个变量构造每一棵树，在本例中即 2 个变量。用 importance＝T 计算变量重要性，构造模型后即可用 importance()函数输出各变量的重要性，观察随机森林模型在测试集上的表现。

```
cpus_rf.pred = predict(cpus_rf, cpus[-train,])
mean((cpus_rf.pred - cpus[-train, 'perf'])^2)
[1] 0.0384395
```

随机森林的表现与 Bagging 差不多。

6. Boosting

再对数据集建立 Boosting 模型。

```
library(gbm)
cpus_boost = gbm(perf~., cpus[train,], distribution = 'gaussian',
                 n.trees = 5000, interaction.depth = 4)
```

由于本例中的因变量为连续变量，因此这里用 distribution = 'gaussian'观察该模型在测试集上的表现。

```
cpus_boost.pred = predict(cpus_boost, cpus[-train,], n.trees = 5000)
mean((cpus_boost.pred - cpus[-train, 'perf'])^2)
[1] 0.03703204
```

类似地，我们也可以通过 summary()函数给出变量的相对重要性（见图 5－9（左））。可以看到，变量 cach（缓冲区大小）、mmax（最大主内存）是最重要的变量。cach 偏依赖图见图 5-9（右）。

```
plot(cpus_boost, i = 'cach')
```

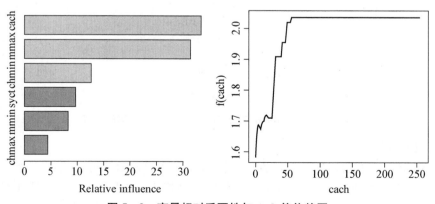

图 5－9　变量相对重要性与 cach 偏依赖图

5.5.3* Boosting 方法的进一步研究

正如 5.3 节所述，Boosting 算法一经提出便引起了热烈的讨论，此处，我们将 Boosting 算法分解以进一步研究。我们鼓励读者自行编程探索各种统计分析方法的算法，研究其背后的原理，而不是仅调用软件包的一个函数命令。本书仅以 Boosting 算法为例。本小节的程序可在人大出版社提供的网址下载。

1. 树桩、单棵最优决策树、AdaBoost 方法比较

下面我们看一个模拟的例子，X_1，X_2，…，X_{10} 来自独立的标准正态分布，Y 的定义如下：

$$Y = \begin{cases} 1, & \sum_j X_j^2 > \chi_{10}^2(0.5) = 9.34 \\ -1, & \text{其他} \end{cases}$$

这里 9.34 是卡方分布（10 个自由度）的中位数点。模拟产生 2 000 个点作为训练集，大概每类有 1 000 个点，再模拟产生 10 000 个点作为测试集。我们选择的基分类器为只有两个叶节点的树桩（stump）。首先使用单棵树桩来预测，测试集的预测误差为 45.48%（仅比随机猜测（50%）好一点）。再用 CART 算法建立一棵最优决策树，单棵决策树的预测误差率为 25.84%。再运行 AdaBoost 算法，随着迭代次数的增加，测试集的误差逐渐下降，当 $M = 400$ 时，测试集的误差达到 15.15%。结果见图 5-10。

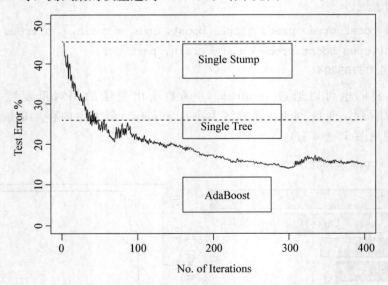

图 5-10 AdaBoost 方法与树桩和单棵决策树的比较

2. 自适应重抽样

自从 AdaBoost 方法提出之后，大量模拟和应用结果显示该方法可以大幅降低基分类器（比如决策树）的预测误差，Breiman（1996）曾指出，AdaBoost 方法是现有的分类方法中最好的一种。他的研究比较了 AdaBoost 方法与 Bagging 方法，结果是 AdaBoost 方法更有效地减少了测试集误差。当时他认为最主要的原因是 AdaBoost 的自适应的重新抽样方法，而不是其具体定义的更新 $p(i)$ 的公式。为此他定义了另一种自适应的重新抽样方法，记为 Arc-X4。

（1）$m=1$，以 Bootstrap 方法（即等概率 $\left(p_1(i)=\dfrac{1}{n}\right)$ 有放回重复抽样）对训练样本集 $T=\{(x_i，y_i)，i=1，2，\cdots，n\}$ 抽样得到新的训练集 T_1，样本量为 n。对 T_1 构建决策树 $h_B(x；T_1)$。应用 $h_B(x；T_1)$ 预测训练集 T 中所有样本点 $(x_i，y_i)$（$i=1，2，\cdots，n$）。令 $r_1(i)=1$，如果 $h_B(x；T_1)$ 对 $(x_i，y_i)$ 预测错误；否则 $r_1(i)=0$。对于 $m=2，3，\cdots，M$，更新第 m 次抽样概率为：

$$p_m(i)=(1+r_{m-1}(i)^4)\Big/\sum_i (1+r_{m-1}(i)^4)$$

（2）以概率 $p_m(i)$ 对训练集 T 进行有放回重复抽样得到新的训练集 T_m，并对 T_m 构建决策树 $h_B(x；T_m)$。应用 $h_B(x；T_m)$ 预测训练集 T 中所有样本点 $(x_i，y_i)$（$i=1，2，\cdots，n$）。令 $r_m(i)$ 等于 $h_B(x；T_1)$ 到 $h_B(x；T_m)$ 中对 $(x_i，y_i)$ 预测错误的个数。

（3）组合 M 棵决策树得到最终分类器：

$$H_A(x)=\arg\max_{y\in\{1,\cdots,K\}}\{\sum_m I(h_B(x；T_m)=y)\}$$

这里使用四个数据集：第一个是 5.5.1 使用过的 Biopsy 乳腺癌数据；第二个是 Glass 数据，在 mlbench 包中，是玻璃分类的数据，共 6 类，有 9 个预测变量。另外两个是模拟数据，waveform 是三分类数据，共 21 个预测变量；twonorm 是两个多元正态混合的分类数据，共 20 个预测变量，具体说明参见 R 软件的帮助文档。对于 twonorm，waveform 两个模拟数据集，模拟产生 300 个训练样本点，1 500 个测试样本点。对于 Biopsy，Glass 两个真实数据集，随机选取 90% 作为训练集，剩余 10% 作为测试集。对训练集的样本运行 AdaBoost 和 Arc-X4 算法，令 $M=50$。组合 50 棵决策树生成最终的分类器，并应用到测试集上计算分类误差。重复以上算法 100 次，得到分类误差的平均，并与 Bagging 和 CART 方法进行比较（见表 5-1）。

表 5-1　　　　**AdaBoost，Arc-X4，Bagging 与 CART 方法的测试集误差之比较**

数据集	AdaBoost	Arc-X4	Bagging	CART
twonorm	4.77	5.0	9.8	24.7
waveform	17.9	17.8	20.7	29.5
Biopsy	3.59	3.53	4.0	5.5
Glass	21.52	22.14	28	31.4

可见 AdaBoost 和 Arc-X4 算法的测试集误差相差很小，优于 Bagging 算法，最差的是 CART。

注意在使用 AdaBoost 方法时，当 ε_m 大于等于 1/2 或等于 0 时，Freund and Schapire（1996，1997）的做法是终止循环，Breiman（1996）则是令 $p(i)=1/n$ 重新开始，这样可以得到更好的结果。

3. 样本使用情况

Breiman（1996）在文章的后半部分讨论了 AdaBoost 算法的性质，这对我们了解在运行迭代过程中抽样概率的变化、训练集样本点的使用情况等有很大的帮助。

我们知道在 Bootstrap 抽样中，当抽取的样本量与原来训练集的样本量相同时，大概有 37% 的样本不会出现在新的训练集里面，对于自适应的重新抽样，因为分错的样本具有更大的抽样概率，所以有更多的样本不会出现在新的训练集中。

首先计算 AdaBoost 算法使用的训练集样本点数，再计算 Arc-X4 训练集需要的样本点数。同样，我们比较两个模拟数据集与两个实际数据集。首先比较两个模拟数据集——twonorm 和 waveform 训练集样本点的使用情况。对于 Glass 和 Biopsy 这两个实际数据集，比较在两种不同方法下训练集样本点的使用情况。

表 5-2 给出了每次抽样后新的训练集中不重复的样本点占原始训练集样本点百分比的平均值。

表 5-2　　　　　　　　　Arc-X4 与 AdaBoost 方法下训练集样本点的使用情况

数据集	Arc-X4	AdaBoost
twonorm	47.3	31.3
waveform	49.3	39.3
Biopsy	29.0	16.6
Glass	51.3	47.1

Arc-X4 每次大概使用了 30%~50% 的样本点，AdaBoost 用的则更少。

4. 抽样概率的波动

不同算法的抽样概率的波动性是不一样的，对于第 i 个样本点的抽样概率 $p_m(i)$（$m=1, 2, \cdots, M$），计算 $np_m(i)$ 的均值与标准差，可以将所有 n 个样本点的 $np_m(i)$ 的均值与方差绘成散点图。以 Glass 数据集为例，绘制不同算法下入样概率的散点图，结果见图 5-11。

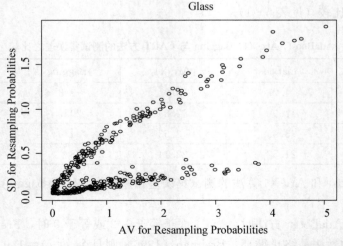

图 5-11　Arc-X4（下方）与 AdaBoost（上方）方法下样本点抽样概率的波动

可以看到 AdaBoost 方法（上方）的标准差一般大于其均值，并且随着均值的增加而线性增加；Arc-X4 方法（下方）的标准差一般很小，并且随着均值的增加而增加的幅度不大。

5. 误判次数与被抽中次数

对于每个样本点，它被误判的次数越多，它的抽样概率就应该越大，它出现在训练集 T_m 中的次数也应该越多。

以 Biopsy 数据集为例，设 $M = 1\,000$。首先计算其在 AdaBoost 方法下的误判次数，再计算其在 Arc-X4 方法下的误判次数。画出误判次数的散点图（见图 5 - 12）。横轴是出现在训练集中的次数，纵轴是误判次数。

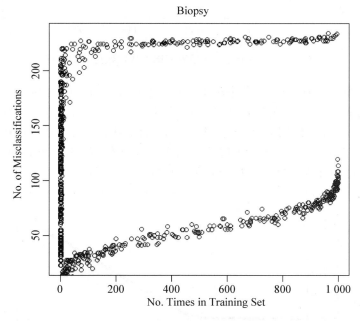

图 5 - 12　Arc-X4（下方）与 AdaBoost（上方）方法下样本点被抽中次数与误判次数

Arc-X4（下方）的表现和预期一样，但 AdaBoost（上方）并不是这样，其散点图很快上升然后变平，也就是说，当出现在训练集中的次数一定大的时候，被误判的概率并没有增大。这个现象可以用 AdaBoost 的性质来解释。

假设有 M 次循环，β_M 是一个常数且等于 β（在我们的计算中，当 M 比较大的时候，β_M 的标准差/均值相对稳定），对于每个点 i，令 $r(i)$ 表示第 i 个样本点被误判的百分比，则 $p(i) \approx \beta^{M_{r(i)}} / \sum \beta^{M_{r(i)}}$。令 $r^* = \max_i r(i)$，F 是使得 $r(i) > r^* - \varepsilon$ 的所有点的集合，$|F|$ 是集合 F 的势，如果 $|F|$ 很小，则不在 F 中的点的误判次数将升高，直到接近 r^*。

以模拟数据 twonorm 中 $p(i)$ 较大和较小的两个点为例，观察当 M 变化时误判率的变化情况。

挑选 $p(i)$ 较大和较小的两个点，画出随着 M 的增大误判率变化的情况。图 5 - 13 上面的曲线表示 $p(i)$ 较大的一个点，下面的曲线表示 $p(i)$ 较小的一个点。

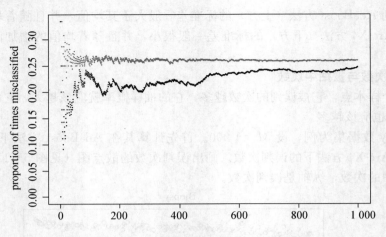

图 5 - 13　两个样本点误判率随迭代次数变化的情况

　　实际上有很多点具有较小的误判率和 $p(i)$，它们是图 5-13 中聚集在 y 轴附近的点。继续以模拟数据集 twonorm 为例，取训练集样本点 $N=300$，令 $M=1\,000$。画出训练集样本点被 AdaBoost 算法使用的百分比。图 5-14 的横轴表示分位数（percentile），纵轴表示 300 个样本点在训练集 T_m 中出现次数的比例。可以看到，40% 的样本点很少出现在训练集 T_m 中，其他的样本点近似于均匀分布在训练集 T_m 中。

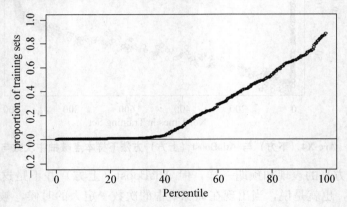

图 5 - 14　训练集样本点被使用的百分比

6.　易判错的点是否得到更大的权重

　　我们使用二分类数据集 twonorm 来研究这个问题，根据该模拟数据产生的方法，在 x 点，两个类的概率密度的比值仅依赖于 $|(x, l)|$（向量内积运算），其中，l 是所有分量都为 1 的向量。$|(x, l)|$ 越小，两个类的概率密度的比值越接近 1，x 点越难判别。按照 AdaBoost 和 Arc-X4 的原理，当 $|(x, l)|$ 变小的时候，x 的抽样概率应该增大。图 5-15 给出 $M=1\,000$ 的 $p(i)$ 的平均相对 $|x(i), l|$ 的散点图。但是在此图上并不能明显看出我们希望看到的趋势，Breiman（1996）也未能解释这个现象，这有待进一步研究。

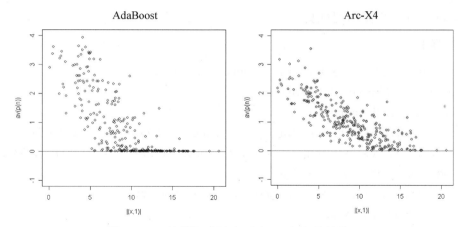

图 5 - 15　抽样概率随 $|x(i),l|$ 变化的情况

5.6　上机实践：Python

5.6.1　乳腺癌数据

1. 数据简介

本案例采用 Python 模块 sklearn. datasets 中自带的乳腺癌数据，该数据与 R 中的数据有所差异，该数据读取后以字典的形式保存，字典的键包括 DESCR（简介），data（自变量），feature _ names（自变量的名称），target（因变量），target _ names（因变量名称）。数据集共包含 569 个样本，30 个自变量，我们利用这 30 个变量来预测病人是否患有恶性肿瘤。

2. 读入数据

```
from sklearn import datasets
from sklearn. tree import DecisionTreeClassifier
from sklearn. cross_validation import train_test_split
from sklearn. metrics import confusion matrix
import numpy as np
import pandas as pd
from collections import OrderedDict
import matplotlib. pyplot as plt
biopsy = datasets. load_breast_cancer()    #数据集是一个字典
X = biopsy['data']
Y = biopsy['target']
X_train, X_test, Y_train, Y_test = train_test_split(X, Y, random_state = 14)
```

♯划分为训练集和测试集

3. 决策树

```
clf = DecisionTreeClassifier(random_state = 14)
clf.fit(X_train, Y_train)
Y_test_pred_onetree = clf.predict(X_test)
accuracy_onetree = np.mean(Y_test_pred_onetree = = Y_test) * 100
print("The test accuracy is {:.1f}%".format(accuracy_onetree))  ♯93.0%
def show_table(y_true, y_pred):
    from sklearn.metrics import confusion_matrix
    import numpy as np
    import pandas as pd
    matrix = confusion_matrix(y_true, y_pred)
    level = np.unique(y_true).tolist()
    Index = ['True_' + str(content) for content in level]
    columns = ['pred_' + str(content) for content in level]
    return(pd.DataFrame(matrix, index = Index, columns = columns))
confusion_matrix(Y_test, Y_test_pred_onetree)
show_table(Y_test, Y_test_pred_onetree)
```

自定义函数 show_table 用于将混淆矩阵展示出来，该函数也可以用于多分类数据。混淆矩阵如图 5-16 所示。预测准确率为 93%，由混淆矩阵可以看出，预测结果令人满意。

```
In [30]: show_table(Y_test, Y_test_pred_onetree)
Out[30]:
         pred_0  pred_1
True_0      46       7
True_1       3      87
```

图 5-16　决策树预测结果

4. Bagging

接下来我们使用决策树提升算法 Bagging 进行建模，Bagging 通过 Boostrap 多次重抽样得到多棵决策树，然后依据少数服从多数原则进行投票，通常情况下，结果会优于单棵决策树，但也有例外，如本例的展示。

```
from sklearn.ensemble import BaggingClassifier
bagging = BaggingClassifier(DecisionTreeClassifier(random_state = 14),
random_state = 14)
bagging.fit(X_train, Y_train)
Y_test_pred_bagging = bagging.predict(X_test)
accuracy_bagging = np.mean(Y_test_pred_bagging = = Y_test) * 100
print("The test accuracy is {:.1f}%".format(accuracy_bagging))  ♯92.3%
```

show_table(Y_test,Y_test_pred_bagging)

如图 5－17 所示，BaggingClassifier 类默认选取 10 棵决策树进行投票，读者也可以根据参数 n_estimators 来控制决策树的个数。相比于单棵决策树，结果反而多判错一个样本，这是由于 Bagging 在重抽样时具有随机性，抽样效果如果较差，那么建立的多棵决策树不一定比单棵决策树要好，但通常情况下还是优于单棵决策树。

```
In [36]: show_table(Y_test,Y_test_pred_bagging)
Out[36]:
          pred_0   pred_1
True_0      45        8
True_1       3       87
```

图 5－17　Bagging 预测结果

5. 随机森林

我们利用 RandomForestClassifier 类并且设置参数 n_estimators＝20 来建立拥有 20 棵决策树的随机森林。随机森林与 Bagging 类似，也是通过重抽样方法生成多棵决策树，区别在于 Bagging 在生成决策树时利用所有的变量训练决策树，而随机森林是随机从自变量中选取一部分训练决策树，这样就可以提高决策树之间的独立性，提高分类器的泛化能力。此处我们默认自变量个数为'auto'，相当于选取的变量个数是总数的平方根。

```
from sklearn.ensemble import RandomForestClassifier
rf = RandomForestClassifier(random_state = 14,n_estimators = 20)
rf.fit(X_train,Y_train)
Y_test_pred_rf = rf.predict(X_test)
accuracy_rf = np.mean(Y_test_pred_rf = = Y_test) * 100
print("The test Accuracy:{0:.1f}%".format(accuracy_rf))  #94.4%
def feature_importance(importance,feature_names,color = 'red',height = 1):
    Index = np.argsort(importance)
    plt.barh(left = 0,bottom = np.arange(len(importance)),
            width = importance[Index],color = color,height = height,
            edgecolor = 'k',tick_label = feature_names[Index])
    plt.title('Importance of Variables')
    plt.show()
importance_rf = rf.feature_importances_
feature_names = biopsy.feature_names
feature_importance(importance_rf,feature_names)
show_table(Y_test,Y_test_pred_rf)
```

自定义函数 feature_importance 将变量重要性展示在图 5－18 中，可以看出变量 worst concave points 是最重要的，混淆矩阵如图 5－19 所示。

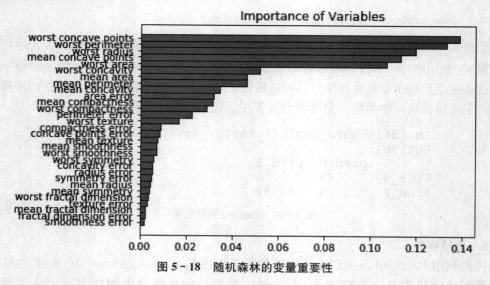

图5-18 随机森林的变量重要性

```
In [44]: show_table(Y_test,Y_test_pred_rf)
Out[44]:
          pred_0  pred_1
True_0       47       6
True_1        2      88
```

图5-19 随机森林预测结果

可以看出，随机森林通过提高泛化能力，降低过拟合程度，使得预测效果更令人满意。

6. AdaBoost

AdaBoost 是对 Bagging 的又一改进，它通过不等概率抽样，增大上一次判错样本被抽中的概率，使得分类器对判错样本也能有一个很好的预测效果。往往 AdaBoost 是对决策树最好的提升。接下来我们将展示怎么实现 AdaBoost，以及 AdaBoost 的变量重要性。

```
from sklearn.ensemble import AdaBoostClassifier
ada = AdaBoostClassifier(n_estimators = 20,random_state = 14)
ada.fit(X_train,Y_train)
Y_test_pred_ada = ada.predict(X_test)
accuracy_ada = np.mean(Y_test_pred_ada = = Y_test) * 100
print("The test Accuracy: {0:.1f} % ".format(accuracy_ada))   #97.9 %
importance_ada = ada.feature_importances_
feature_names = biopsy['feature_names']
feature_importance(importance_ada,feature_names)
        show_table(Y_test,Y_test_pred_ada)
```

结果显示，使用 AdaBoost 算法改进的分类器的预测准确率高达 97.9%，混淆矩阵如图 5-20 所示，说明 AdaBoost 确实使分类器得到很大的改进。变量重要性如图 5-21 所示，可以看出，AdaBoost 的变量重要性与随机森林的有差异。

```
In [50]: show_table(Y_test,Y_test_pred_ada)

In [50]: Out[50]:
         pred_0   pred_1
True_0     51        2
True_1      1       89
```

图 5 - 20　AdaBoost 预测结果

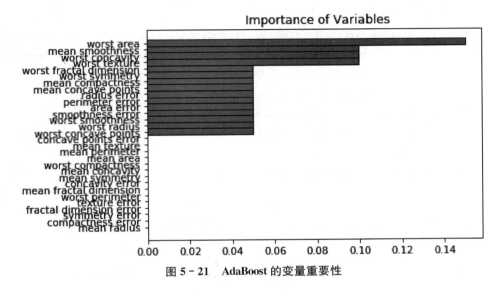

图 5 - 21　AdaBoost 的变量重要性

7. 比较 Bagging、随机森林、AdaBoost 算法

我们对每种算法进行 50 次试验，每次试验采用 5 折交叉验证计算平均准确率，每次试验中 Bagging、随机森林和 AdaBoost 都是建立 20 棵决策树的分类器，比较结果如图 5 - 22 所示。

```
from sklearn.cross_validation import cross_val_score
n = 50
accuracy_onetree = []
accuracy_bagging = []
accuracy_rf = []
accuracy_ada = []
for i in range(n):
    clf = DecisionTreeClassifier()
    accuracy_onetree.append(np.mean(cross_val_score(clf,X,Y,
                                    scoring = 'accuracy',cv = 5)))
    bagging = BaggingClassifier(DecisionTreeClassifier(),n_estimators = 20)
    accuracy_bagging.append(np.mean(cross_val_score(bagging,X,Y,
                                    scoring = 'accuracy',cv = 5)))
```

```
          rf = RandomForestClassifier(n_estimators = 20)
          accuracy_rf.append(np.mean(cross_val_score(rf,X,Y,
                                          scoring = 'accuracy',cv = 5)))
          ada = AdaBoostClassifier(n_estimators = 20)
          accuracy_ada.append(np.mean(cross_val_score(ada,X,Y,
                                          scoring = 'accuracy',cv = 5)))
   fig = plt.figure()
   ax = fig.add_subplot(1,1,1)
   box = plt.boxplot((accuracy_onetree,accuracy_bagging,accuracy_rf,accuracy_ada),
                notch = True, patch_artist = True,labels = ['DecisionTree',
                'Bagging','RandomForest','AdaBoost'])
   colors = ['lightblue', 'lightgreen', 'tan', 'pink']
   for patch, color in zip(box['boxes'], colors):
       patch.set_facecolor(color)
       patch.set_alpha(1)
   plt.title('Accuracy of Different Methods')
   plt.show()
```

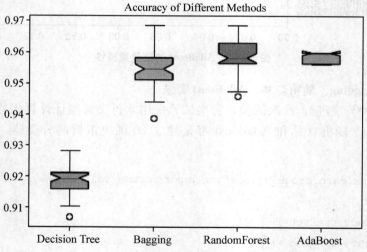

图 5 - 22　决策树与不同组合算法的预测结果比较

从图 5 - 22 中可以看出，各种算法都对单棵决策树有一定的提升，其中提升最大的是随机森林和 AdaBoost，它们在测试集上的表现比 Bagging 更加优秀。

8. XGBoost

在使用 XGBoost 之前，需要首先安装 XGBoost 模块，安装操作请参见官方文档，网址为：https://xgboost.readthedocs.io/en/latest/build.html。

```
   from xgboost.sklearn import XGBClassifier
   from sklearn.grid_search import GridSearchCV
```

♯有许多参数来控制模型的拟合效果，感兴趣的读者可以自行探索，此处仅以树的最大深度和最小子权重进行参数寻优，设置学习速率为 0.1、决策树个树为 100、gamma 为 0、子抽样比例为 0.8、列抽样比例为 0.8、目标函数是二分类问题来进行逐点搜寻。利用 auc 作为评价指标。

```python
param_test = {
'max_depth':range(3,10,2),
'min_child_weight':range(1,6,2)
}
gsearch = GridSearchCV(estimator = XGBClassifier(learning_rate = 0.1,
                       n_estimators = 100,
                       gamma = 0,
                       subsample = 0.8,
                       colsample_bytree = 0.8,
                       objective = 'binary:logistic'),
            param_grid = param_test,
            scoring = 'roc_auc',
            iid = False,
            cv = 5)
gsearch.fit(X, Y)
♯利用逐点寻找到的最优模型进行预测,注意：XGBoost 调参需要经过许多步骤。
gsearch.predict(X)
```

5.6.2 cpu 数据

1. 数据简介
从 R 中将 5.5.2 节中的 cpu 数据保存到 cpus.csv 文件中，将该文件放至工作目录下，读取数据进行分析。

```python
import pandas as pd
import numpy as np
import matplotlib.pyplot as plt
import seaborn as sns
data = pd.read_csv('cpus.csv',index_col = 0)
Y = data['perf']
Xnames = data.columns
X = data[Xnames[1:7]]
```

2. 描述统计
利用 np.corrcoef() 函数计算各个变量之间的相关系数，结果不进行展示。

```
COR = np.corrcoef(np.hstack((X,Y.reshape(len(Y),1)))).T)    #corrcoef 的参
```
数 X 每一行是一个变量

```
plt.hist(Y,color = 'red',edgecolor = 'k')
plt.xlabel('range of perf')
plt.ylabel('Frequency')
plt.title('Histgram of perf')
plt.show()


sns.distplot(np.log(Y),color = 'red')
plt.xlabel('range of ln(perf)')
plt.ylabel('Frequency')
plt.title('Histgram of ln(perf)')
plt.show()
```

图 5 - 23 （a）展示了因变量 perf 的直方图，可以看出 perf 近似服从幂律分布，经过对数变换后大体服从正态分布，如图 5 - 23 （b）所示，故在此对因变量 y 做对数化处理。

```
y = np.log(Y)
```

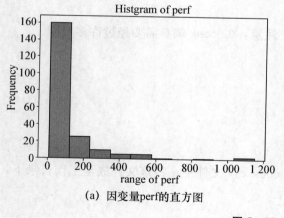

(a) 因变量perf的直方图

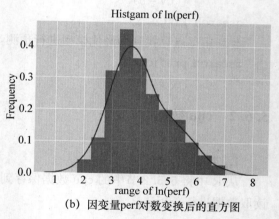

(b) 因变量perf对数变换后的直方图

图 5 - 23　直方图

3. 回归树

我们利用 10 折交叉验证比较不同深度树的拟合效果，评价指标使用 MSE（均方误差），不同深度意味着不同的拟合程度。图 5 - 24 展示了实验的结果。

```
from sklearn.cross_validation import train_test_split
from sklearn.tree import DecisionTreeRegressor
#比较不同深度树的拟合效果
from sklearn.cross_validation import cross_val_score
mse = []
for depth in np.arange(2,12):
```

```
reg = DecisionTreeRegressor(max_depth = depth)
mse.append(np.mean(abs(cross_val_score(reg,X,y,
                scoring = 'neg_mean_squared_error',cv = 10))))
plt.plot(np.arange(2,12),mse,'o-')
plt.title('Mse of different max_depth')
plt.xlabel('max_depth')
plt.ylabel('MSE')

plt.show()
```

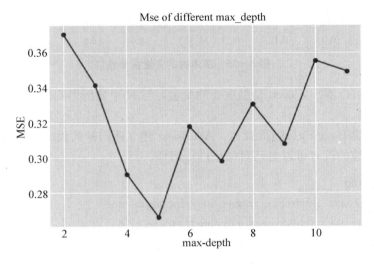

图 5 - 24　不同深度的均方误差

从图 5 - 24 中可以看出，当深度取值为 5 时，回归树达到最小的 MSE。之后我们将选取最大深度为 5 进行建模。

```
X_train,X_test,y_train,y_test = train_test_split(X,y,random_state = 14)
reg = DecisionTreeRegressor(max_depth = 5)
reg.fit(X_train,y_train)
pred = reg.predict(X_test)
MSE = np.mean((y_test - pred) ** 2)    #0.16582110346294854
SCORE = reg.score(X_test,y_test)    #0.83947791495193402
importance_reg = reg.feature_importances_
feature_names = X.columns
feature_importance(importance_reg,feature_names,height = 0.5)
```

在此，我们划分训练集和测试集，利用训练集训练回归树，在测试集上得到拟合结果，得到的 MSE 为 0.16，变量重要性如图 5 - 25 所示。

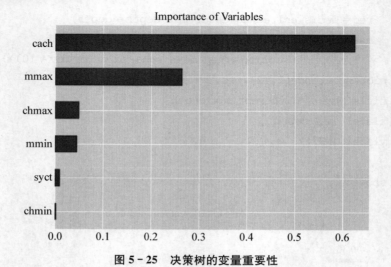

图 5 - 25　决策树的变量重要性

由图 5 - 25 可以看出，cach 是最重要的变量，与 R 中分析得到的结果一致。

4. 组合算法

接下来将给出 Bagging、随机森林、AdaBoost 建立回归树的代码，运行结果不再进行过多展示，感兴趣的读者可以自己对结果进行解释。

```
# Bagging
from sklearn. ensemble import BaggingRegressor
bagging = BaggingRegressor(random_state = 14)
bagging. fit(X_train, y_train)
bagging_pred = bagging. predict(X_test)
MSE = np. mean((y_test - bagging_pred) * * 2)
SCORE = bagging. score(X_test, y_test)


# RandomForest
from sklearn. ensemble import RandomForestRegressor
rf = RandomForestRegressor(random_state = 14)
rf. fit(X_train, y_train)
rf_pred = rf. predict(X_test)
MSE = np. mean((y_test - rf_pred) * * 2)
SCORE = rf. score(X_test, y_test)
importance_rf = rf. feature_importances_
feature_names = X. columns
feature_importance(importance_rf, feature_names, height = 0. 5)


# AdaBoost
from sklearn. ensemble import AdaBoostRegressor
```

```
ada = AdaBoostRegressor(random_state = 14)
ada.fit(X_train, y_train)
ada_pred = ada.predict(X_test)
MSE = np.mean((y_test - ada_pred) ** 2)
SCORE = ada.score(X_test, y_test)
importance_ada = ada.feature_importances_
feature_names = X.columns
feature_importance(importance_ada, feature_names, height = 0.5)
```

第 6 章　神经网络与深度学习

　　人脑是由大量神经细胞相互连接而形成的一种复杂的信息处理系统，长期的自然进化使人脑具备很多良好的功能，如分布式表示和计算、巨量并行性、学习能力、推广能力、容错能力、自适应性等。人工神经网络（Artificial Neural Networks，ANN），简称神经网络（Neural Networks，NN），是通过对人脑神经系统的抽象和建模而得到的简化模型，是一种具有大量连接的并行分布式处理器，由简单的处理单元组成，具有通过学习来获取知识并解决问题的能力。

　　人工神经网络已有 70 多年的研究历史，其发展道路曲折，几经兴衰。人工神经网络研究的先驱为生理学家 McCulloch 和数学家 Pitts，他们于 1943 年在神经细胞生物学基础上，从信息处理的角度出发提出形式神经元的数学模型（McCulloch and Pitts，1943），开启了神经网络研究的第一个热潮。然而 1969 年人工智能创始人之一的 Minsky 和计算机科学家 Papert 在《感知器》一书（Minsky and Papert，1969）中指出感知器模型的缺陷，由此引发了神经网络发展史上长达十几年的低潮时期。直到 1982 年美国物理学家 Hopfield 提出了一种新颖的 Hopfield 网络模型（Hopfield，1982；Hopfield，1984），标志着人工神经网络研究工作的复苏。随后以 Rumelhart 和 McClelland 为首的科学家小组于 1986 年发表了《并行分布式处理》一书的前两卷（Rumelhart，1986），该书介绍了并行分布式处理网络思想，发展了适用于多层神经网络模型的反向传播算法，克服了感知器模型继续发展的重要障碍，由此引发了神经网络研究的第二个热潮。然而从 90 年代开始，人工神经网络又逐渐受到冷落。这一方面是由于以支持向量机和组合算法为代表的统计学习的兴起，但更重要的是人工神经网络的巨大计算量和优化求解难度使其只能包含少量隐层，从而限制了在实际应用中的性能。直到 2006 年多伦多大学计算机系教授 Geoffrey Hinton 和其学生 Salakhutdinov 在《科学》上发表文章（Hinton and Salakhutdinov，2006），认为多隐层的人工神经网络具有优异的特征学习能力，而对于多隐层神经网络在训练上的困难，可以通过"逐层初始化"来有效克服，由此 Hinton 等人进一步提出了深度学习的概念，开启了深度学习的研究浪潮。目前，深度学习引起学术界与工业界的广泛关注，在语音识别、图像识别、自然语言处理等领域获得了突破性进展。

　　6.1 节介绍神经网络的基本概念，6.2 节介绍深度信念网，6.3 节介绍卷积神经网络，

6.4 节给出相应的 R 语言上机实践，6.5 节给出上述方法的 Python 实现。

6.1　神经网络

6.1.1　人工神经元的模型

1. 生物神经元

神经元，又称为神经细胞，是神经系统结构和功能的基本单位。生物神经元是以细胞体为主体，由许多向周围延伸的不规则树枝状纤维构成的神经细胞。典型的神经元结构如图 6-1 所示。

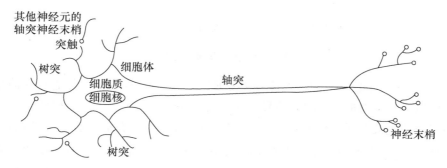

图 6-1　生物神经元的结构

神经元的主要组成部分为：（1）细胞体（简称胞体）。它是神经元的主体，存在于脑和脊髓的灰质及神经节内，其形态各异，常见的形态有星形、锥体形、梨形和圆球形等。细胞体由细胞核、细胞质和细胞膜组成。细胞体是神经元代谢和营养的中心。（2）轴突。它是细胞体向外伸出的最长的一个管状突起，长度从几微米到一米左右。每个神经元只有一条轴突，它是神经元的输出通道。轴突相当于细胞的输出端，其末端的许多向外延伸的树枝状纤维体（称为神经末梢）为信号输出端子，将神经冲动由细胞体传导至其他神经元或效应细胞。（3）树突。它是细胞体向外延伸的其他许多较短的突起，常有大量分枝，长度较短，通常不超过一毫米。树突是神经元的输入通道，能接受和整合来自其他神经细胞和从细胞体其他部位传来的信息。（4）突触。一个神经元的神经末梢与另一神经元的树突或细胞体的接触处称为突触，它是一个神经元和另一个神经元间的机能连接点，将信息从神经系统的一个部位传导至另一个部位，产生细胞间通讯。每个神经元约有 $10^3 \sim 10^4$ 个突触。树突的突触多为兴奋性的，使突触后神经元兴奋；细胞体的突触多为抑制性的，阻止突触后神经元兴奋。总的来说，树突是神经元的输入端，轴突是神经元的输出端，突触是神经元输入输出的接口，使得神经元成为信息处理的基本单元。

神经元具有兴奋和抑制这两种常规工作状态（边肇祺等，2000）。对于某一神经元，其树突和细胞体接收其他神经元由突触传入的神经冲动，多个传入的冲动经整合后若使细胞膜电位升高到动作电位的阈值，则细胞进入兴奋状态，产生神经冲动，并由突触传递给其他神经元；反之，若传入的神经冲动经整合后使细胞膜电位下降到低于动作电位的阈值，则细胞进入抑制状态，没有神经冲动输出。因此，生物神经元是按照"1 或 0"的原则工作的，只具有"兴奋—抑制"这样的二值状态。

2. 人工神经元

人工神经元是对生物神经元的极端抽象、简化和模拟，是人工神经网络的基本处理单元。人工神经元的种类众多，本章只介绍工程上常用的最简单的模型，如图 6-2 所示，它是一个多输入—单输出的模块。

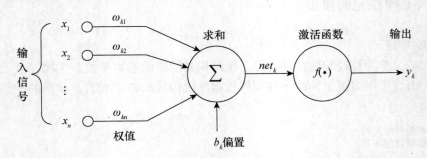

图 6-2　人工神经元模型

在图 6-2 中，神经元 k 的输入信号 $x_i \in R(i=1, 2, \cdots, n)$ 为其他 n 个神经元的输出，用来模拟不同生物神经元间的信号传递；$\omega_{ki}(i=1, 2, \cdots, n)$ 为权值，对应于生物神经元的突触的连接强度，权值 $\omega_{ki}(i=1, 2, \cdots, n)$ 为正表示对信号 x_i 激励，权值为负则表示抑制；$\sum$ 为求和单元，用来求输入信号在各种突触强度下的加权和，相当于生物神经元将多个传入的冲动整合所得的膜电位；在生物神经元中，只有当膜电位超过动作电位的阈值时才产生神经冲动，因此在人工神经元中引入阈值 θ_k 或偏置 $b_k = -\theta_k$ 来表示；net_k 为神经元 k 的内部激活水平；非线性函数 $f(\cdot)$ 称为激活函数（或称传递函数、激励函数），用来模拟生物神经元的膜电位与神经冲动间的非线性转换关系；y_k 为第 k 个神经元的唯一输出，相当于生物神经元的轴突。具体地，该模型的数学表示为：

$$net_k = \sum_{i=1}^{n} \omega_{ki} x_i + b_k$$
$$y_k = f(net_k)$$

有时为了方便，可把偏置 b_k 看作固定输入 $x_0 = 1$ 对应的权值，即 $\omega_{k0} = b_k$，此时人工神经元结构如图 6-3 所示。若令

$$x_k = (x_0, x_1, \cdots, x_n)^T, \omega_k = (\omega_{k0}, \omega_{k1}, \cdots, \omega_{kn})^T$$

则神经元 k 的输出为：

$$y_k = f(net_k) = f(\omega_k^T x_k)$$

在神经元模型中，不同的激活函数可构成不同的神经元模型（Kantardzic，2014），在此我们介绍以下三种激活函数：

（1）阈值函数。这是最简单的激活函数，其输出状态取二值（1 与 0，或 +1 与 -1），

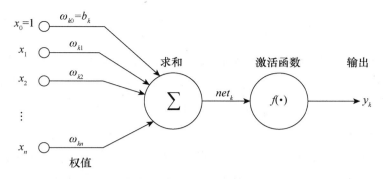

图 6 - 3　另一种人工神经元模型

用来简单模拟生物神经元"兴奋—抑制"的二值状态。阈值函数包含阶跃函数和对称型阶跃函数（即符号函数）。阶跃函数如图 6 - 4（a）所示，其表达式为：

$$f(x) = \begin{cases} 1, & x \geqslant 0 \\ 0, & x < 0 \end{cases}$$

这样的神经元常称为 McCulloch-Pitts 模型或 M-P 模型，用以纪念提出该模型的美国心理学家 McCulloch 和数学家 Pitts。

对称型阶跃函数如图 6 - 4（b）所示，其表达式为：

$$f(x) = sgn(x) = \begin{cases} +1, & x \geqslant 0 \\ -1, & x < 0 \end{cases}$$

（2）分段线性函数。其特点是自变量与函数值在一定区间内满足线性关系，因此函数具有分段线性的形式。分段线性函数如图 6 - 4（c）所示，具体表达式如下：

$$f(x) = \begin{cases} 0, & x \leqslant 0 \\ x, & 0 < x < 1 \\ 1, & x \geqslant 1 \end{cases}$$

对称型分段线性函数如图 6 - 4（d）所示，其表达式为：

$$f(x) = \begin{cases} -1, & x \leqslant -1 \\ x, & -1 < x < 1 \\ 1, & x \geqslant 1 \end{cases}$$

（3）Sigmoid 函数。该类函数具有 S 形状的曲线，因此也称 S 型函数。它具有非线性、单调性和可微性，在线性和非线性之间具有较好的平衡，是人工神经网络中最常用的一种激活函数。一个典型例子是如下定义的对数 S 型函数（如图 6 - 4（e）所示）：

$$f(x) = \frac{1}{1 + \exp(-ax)}, \quad f(x) \in (0, 1)$$

式中，a 为参数，控制函数的倾斜程度。该函数及其一阶导数都连续可微，处理起来非常方便。

另一种常用的是双曲正切函数（如图 6 - 4（f）所示）：

$$f(x)=tanh\left(\frac{x}{2}\right)=\frac{1-e^{-x}}{1+e^{-x}},\ f(x)\in(-1,1)$$

该函数经常被生物学家用做神经细胞激活状态的数学模型。

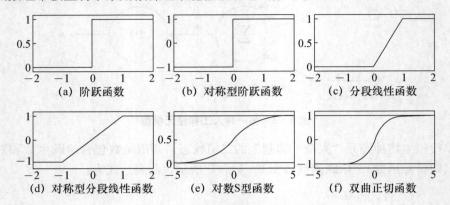

图 6-4　神经元的常用激活函数

6.1.2　人工神经网络的结构

生物神经元是人脑处理信息的基本单元，人脑约有 10^{11} 个神经元，它们之间相互作用构成复杂的网络，以实现认知、情感、记忆、行为等功能。因此，人工神经网络为了模拟人脑的信息处理功能，必须将其基本单元——人工神经元按照一定的方式连接成网络。神经元间的连接方式不同，网络结构也不同。根据神经网络内部信息传递方向，可将其分为两大类：前向网络和反馈网络。

1. 前向网络

如图 6-5 所示，在前向网络中神经元是分层排列的，每层神经元只接收来自前一层神经元的输入信号，并将信号处理后输出至下一层，网络中没有任何回环和反馈。前向网络的层按功能可分为输入层、隐层和输出层。输入层负责接收来自外界的输入信号，并传递给下一层神经元。隐层可没有，也可有一层或多层，它是神经网络的内部处理层，负责进行信息变换。输出层负责向外界输出信息处理结果。前向网络可用有向无环图表示，图的节点分为两类：输入节点与计算单元。每个计算单元可以有任意多个输入，但只能有一个输出，该输出又可作为其他计算单元的输入。图 6-5 所示为 4 层前向网络，网络第一层（输入层）有 5 个神经元，第二层（第 1 隐层）有 3 个神经元，第三层（第 2 隐层）有 4 个神经元，第四层（输出层）有 2 个神经元，因此它可以称为"5—3—4—2"结构的网络（Haykin，2011）。

2. 反馈网络

反馈网络又称递归网络、回归网络，它和前向网络的区别在于它至少有一个反馈环，形成封闭回路，即反馈网络中至少有一个神经元将自身的输出信号作为输入信号反馈给自身或其他神经元。在如图 6-6（a）所示的反馈网络中，输出层有反馈回路，将输出信号反馈到输入层进行处理。图 6-6（b）所示的反馈网络则是全连接的，每个节点和其他所有节点相连接，每条连接线都是双向的，因此可用完全无向图表示；图中每个节点从其他

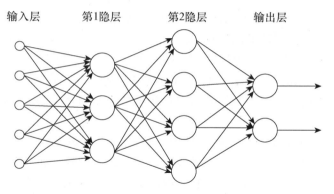

图 6-5　前向网络

节点接收信息，同时向其他节点输出信息。在反馈网络中，输入信号决定整个反馈系统的初始状态，信号在神经元间反复往返传递，使得系统状态不断改变，然后逐渐收敛于平衡状态。这样的平衡状态就是反馈系统的最终输出结果。

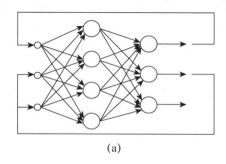

(a)

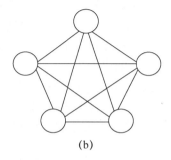

(b)

图 6-6　反馈网络

6.1.3　人工神经网络的学习

建立人工神经网络模型的三大关键要素为：人工神经元模型、人工神经网络的结构和人工神经网络的学习方法。本小节介绍人工神经网络的学习方法，它涉及学习方式和学习规则的确定。

1. 人工神经网络的学习方式

人类具有从周围环境中学习的能力，而学习的过程离不开训练，如英语技能、体育技能等的学习需要大量的训练。类似地，人工神经网络也具有从基于真实样本的环境中学习的能力，这是它的一个重要特性。神经网络能够通过对样本的学习训练，不断调整网络的连接权值，形成完成某项特殊任务的能力（例如，对手写数字"0"与"1"的图像进行识别）。理想情况下，神经网络每学习一次，完成某项特殊任务的能力就会更好一些。按外部提供给神经网络的信息量的多少，其学习方式可分为三种（王士同，2006）：

（1）有监督学习（有导师学习）。在这种学习方式下，神经网络外部需提供训练向量（样例）和相应的期望输出（目标值）。在给定信息下，神经网络计算当前参数下训练向量的实际输出与期望输出间的差值，根据差值的方向和大小，依据一定的规则调整网络权值，使调整后的网络的实际输出结果与期望输出更接近。这种调整逐步反复进行，直至系统达到稳定状态（即连接权值基本稳定）。在这种学习模式中，环境所给的期望输出相当于一名对需要完成的任务有充分认识的导师所给的完美答案，因此这种学习方式也称为有导师学习。

神经网络既可以解决回归问题，也可以分析分类问题。回归问题中，输出神经元的个数是 1，数据类型是连续型；二分类问题中，输出神经元的个数是 1，数据类型是 0—1 型（或正负 1）。

多分类问题有两种处理方式。第一种处理方式（也是最基本的处理方式）是多输出型。输出节点个数等于类别数，训练阶段，如果是第 i 类的数据，则期望输出设置为第 i 个节点为 1，其余为 0；识别阶段，样本类别判定为输出值最大的节点对应的类别，若输出值最大的节点与其他节点输出值的差距较小，可暂不判别。第二种处理方式是单输出型。在多输出方式中，由于网络需要同时适应多类别，因此需要更多的隐层节点。由于学习过程经常收敛较慢，因此可以采用单输出的形式，让每个网络只完成两类分类，即判断样本是否属于某个类别。第 i 个分类器用于判断样本数据是否属于第 i 类。训练时将第 i 类样本的期望输出设置为 1，其他类样本的期望输出设置为 0。在识别阶段，如果某个网络的输出接近 1 或大于阈值，则判别该样本属于这一类；如果有多个网络的输出大于阈值，则将样本判断为具有最大输出的那一类，或者暂不判别；当网络的输出值都小于阈值时，可采用类似的决策方法。

（2）无监督学习（无导师学习）。在这种学习方式下，神经网络外部只提供训练向量，而不提供期望输出。此时神经网络按照自己的结构和学习规则，通过调节网络的参数来挖掘数据中可能存在的模式或统计规律，使神经网络的输入与输出之间的模式或统计规律与之尽可能一致。

（3）强化学习。强化学习介于有监督学习与无监督学习之间，强化学习中环境对训练向量给出评价信息（奖励或惩罚），而不给出具体的期望输出。然后神经网络通过强化受激励的动作来调节网络参数，改善自身性能。

2. 人工神经网络的学习规则

人工神经网络的学习过程就是不断地调整连接权值的过程，而改变权值的具体方法或规则称为神经网络的学习规则（或称学习算法）。神经网络的学习规则多种多样，不同结构的神经网络具有不同的学习规则，下面介绍两种常用的学习规则。

（1）误差纠正学习规则。该规则适用于采用有监督学习方式的人工神经网络。为了说明该规则，我们在图 6-7 中演示了前向网络中一个输出神经元 k 的情况。神经元 k 由一层或多层隐藏神经元产生的信号向量 $x(t)=(x_1(t), x_2(t), \cdots, x_m(t))^T$ 驱动，这些隐藏神经元则由输入层的输入向量驱动，参数 t 为调整神经元权值的迭代过程中的时间步。令 $y_k(t)$ 为输出神经元 k 在当前（第 t 步）连接参数下的实际输出，$d_k(t)$ 为相应的期望输出，可定义误差信号：

$$e_k(t)=d_k(t)-y_k(t)$$

误差纠正学习规则的基本思想是：利用误差信号 $e_k(t)$ 构造能量函数 $E_k(t)$ 来驱动网络学习，对作用于神经元 k 的连接权值进行调节，使网络的实际输出结果 $y_k(t)$ 越来越接近期望输出 $d_k(t)$。该目标可通过使能量函数 $E_k(t)$ 最小化来实现：

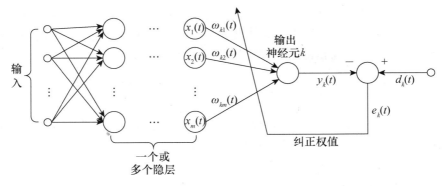

图 6-7　误差纠正学习规则（前向网络中一个输出神经元 k 的情况）

$$\min E_k(t) = \frac{1}{2} e_k^2(t)$$

对于此问题，Bernard Widrow 与 Marcian Hoff 提出了 Widrow-Hoff 学习规则：

$$\Delta \omega_{ki}(t) = \eta e_k(t) x_i(t)$$
$$\omega_{ki}(t+1) = \omega_{ki}(t) + \Delta \omega_{ki}(t)$$

式中，$\eta > 0$，为常数，用于控制学习速率；$\omega_{ki}(t)$ 为在第 t 时间步，信号向量 $x(t)$ 的第 i 个分量 $x_i(t)$ 与输出神经元 k 间的连接权值；$\Delta \omega_{ki}(t)$ 为权值的调整量；$\omega_{ki}(t+1)$ 为在第 $t+1$ 时间步的连接权值；$\omega_{ki}(t)$ 与 $\omega_{ki}(t+1)$ 可看成是权值 ω_{ki} 的旧值与新值。

（2）Hebb 学习规则。Hebb 学习规则是由神经心理学家 Donald Hebb 提出的，可以归纳为：若神经元 k 接收了来自另一神经元 i 的输出，当这两个神经元同时处于兴奋状态时，从神经元 i 到神经元 k 的权值应加强，反之应减弱。用数学模型可描述为：

$$\Delta \omega_{ki}(t) = \eta y_k(t) x_i(t)$$
$$\omega_{ki}(t+1) = \omega_{ki}(t) + \Delta \omega_{ki}(t)$$

式中，$\eta > 0$，为常数，用于控制学习速率；$\omega_{ki}(t)$ 为在第 t 时间步从神经元 i 到神经元 k 的权值；$\Delta \omega_{ki}(t)$ 为权值的调整量；$y_k(t)$ 为在第 t 时间步神经元 k 的输出；$x_i(t)$ 为在第 t 时间步神经元 i 的输出，它是提供给神经元 k 的输入之一。Hebb 学习规则和条件反射学说一致，并得到神经细胞学说的证实。

6.1.4　感知器

　　感知器神经网络是一种典型的前向神经网络，具有分层结构，信息从输入层进入网络并逐层传递至输出层。该模型最早是由美国心理学家 Rosenblatt 于 1958 年提出的（Rosenblatt，1958），它试图模拟人的视觉感知能力与学习能力。感知器分为单层与多层，以下分别进行介绍。

1. 单层感知器

　　感知器处理单元的结构如图 6-8 所示。左侧为输入神经元，将 n 个输入信号 x_1，x_2，…，x_n 传递给神经元 k，输入神经元 i 与输出神经元 k 间的权值为 ω_{ki}。记输入向量为 $x =$

$(x_1, \cdots, x_n)^T$，权值向量为 $\omega = (\omega_{k1}, \cdots, \omega_{kn})^T$。神经元 k 为处理单元，它接收输入信息 x，将该信息处理后向外部输出。具体处理过程为：首先计算输入信号的加权和，然后用激活函数计算最终输出。信号的加权和为：

$$net_k = \sum_{i=1}^{n} \omega_{ki} x_i + b_k = \sum_{i=0}^{n} \omega_{ki} x_i \qquad (6.1)$$

式中，$x_0 = 1$ 为固定输入，$\omega_{k0} = b_k$ 为对应的权值。单层感知器的激活函数一般采用符号函数（或阶跃函数），由此得到神经元 k 的输出 y_k：

$$y_k = sgn(net_k) = \begin{cases} 1, & net_k \geqslant 0 \\ -1, & net_k < 0 \end{cases} \qquad (6.2)$$

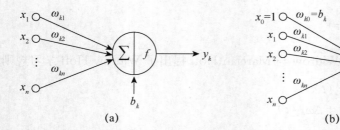

(a)   (b)

图 6-8　感知器处理单元

　　单层感知器是由若干个感知器处理单元组合而成的神经网络，其结构如图 6-9 所示。它是由输入层与输出层构成的双层神经网络，只有输出层的神经元有信息处理功能，因此又称为单层感知器。输入层也称为感知层，其功能是接收环境输入信息并直接传递给输出层神经元，自身没有信息处理能力。输出层也称为处理层，每个神经元都具有信息处理能力：按照式（6.1）计算输入信号的加权和，然后用式（6.2）进行非线性处理并向外部输出结果。

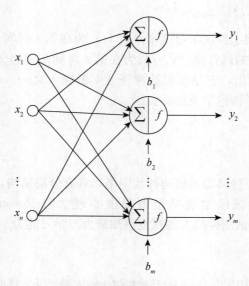

图 6-9　单层感知器的结构

单层感知器的学习任务是改变网络中的权值，使得对于给定的样本，神经网络的输出等于给定的期望输出。单层感知器可作为一个分类器，用已知类别的模式向量作为训练集；当输入向量 x 是第 c 类的数据时，令相应第 c 个神经元的输出为 1，其他神经元的输出为 0（或 -1），以此建立分类规则。设单层感知器有 n 个输入单元，m 个输出单元，感知器学习算法可描述如下（史忠植，2009）：

步骤 1：初始化所有网络权值 $\omega_{ki}(t)$（包括偏置）为小的随机数，其中，t 表示学习步数并初始化为 0。

步骤 2：对训练样本 $x=(1,\ x_1,\ x_2,\ \cdots,\ x_n)^T\in R^{n+1}$ 及期望输出 $d=(d_1,\ d_2,\ \cdots,\ d_m)\in R^m$

① 计算输出层各单元的实际输出：

$$y_k = sgn\left(\sum_{i=0}^{n}\omega_{ki}(t)x_i\right),\ k=1,2,\cdots,m$$

② 计算输出层各单元的实际输出 y_k 与期望输出 d_k 间的误差：

$$e_k = d_k - y_k,\ k=1,2,\cdots,m$$

③ 调整连接权值及阈值：

$$\omega_{ki}(t+1) = \omega_{ki}(t) + \alpha x_i e_k$$

式中，α 为学习率参数，用来控制速度，一般有 $0<\alpha<1$。

步骤 3：依次重复输入所有训练数据，进行步骤 2，直至所有样本的实际输出与期望输出间的误差等于 0 或小于预先给定的阈值。

已有学者证明，如果输入样本是线性可分的，则感知器学习算法在有限次迭代后一定可以收敛到正确的连接权值和偏置。但是，如果输入样本不是线性可分的，则学习过程中有可能出现震荡，从而无法保证一定能收敛到正确的结果。该问题使得单层感知器在应用中有很大的局限性。

2. 多层感知器

由于单层感知器只能处理线性可分的数据，而现实世界中的数据大多不是线性可分的，因此相关研究者提出在单层感知器的输入层和输出层之间增加一个或多个隐层，由此构成多层感知器，也称为多层前向神经网络。如图 6-10 所示，多层感知器包含输入层、一个或多个隐层、输出层。输入信号从输入层节点传递到隐层节点，最后传递至输出节点，每一层节点的输入只跟上一层节点的输出相连。多层感知器是单层感知器的推广，它能够解决单层感知器无法有效处理的非线性可分问题。

在多层感知器中，隐层的存在使得网络学习比较困难。经过艰苦的探索，以 Rumelhart 和 McClelland 为首的科学家小组于 1986 年在《并行分布式处理》一书中详细介绍了多层感知器的反向传播算法（Back Propagation Algorithm，简称 BP 算法），并对 BP 算法的潜在能力进行了深入的探讨。采用 BP 算法的多层感知器也称为 BP 网络，是目前应用最广泛的神经网络。

BP 算法的基本思想如下：BP 算法由信号的正向传播与误差的反向传播两部分组成。在正向传播过程中，信号由网络的输入层经隐层逐层传递至输出层，得到网络的实际输

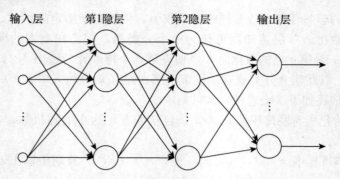

图 6 - 10　包含两个隐层的多层感知器的结构

出。若此实际输出与期望输出不一致，则转入误差反向传播阶段。在反向传播阶段，将输出误差经由隐层向输入层反传，从而获得各层各单元的误差信号，依此信号对网络连接权值进行调整。反复执行信号的正向传播与误差的反向传播这两个过程，直至网络输出误差小于预先设定的阈值，或进行到预先设定的学习次数为止。

下面对 BP 算法进行推导与描述。如图 6 - 11 所示，设我们研究的是第 l 层的神经元 j，第 $l-1$ 层的神经元用 i 表示，第 $l+1$ 层的神经元（若存在）用 k 表示。o_j 表示神经元 j 的输出，ω_{ji} 表示神经元 i 与 j 间的连接权值，ω_{kj} 表示神经元 j 与 k 间的连接权值。

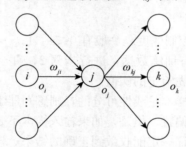

图 6 - 11　BP 算法的节点示意图

对于每个训练样本，首先考虑信号的正向传播——逐层计算各神经元 j 的输入加权和 net_j 及其输出 o_j：

$$net_j = \sum_i \omega_{ji} o_i \qquad (6.3)$$

$$o_j = f(net_j) \qquad (6.4)$$

式中，$f(\cdot)$ 为激活函数。BP 算法通常采用梯度下降法修正权值，这要求激活函数可微。单层感知器中使用的阈值函数不可微，不适合梯度下降法。因此 BP 网络通常采用 Sigmoid 函数作为激活函数：

$$o = f(net) = \frac{1}{1 + e^{-net}} \qquad (6.5)$$

利用式（6.3）与式（6.4）逐层计算各神经元的输出后，可得到输出层总的平方误差：

$$E = \frac{1}{2} \sum_u (d_u - o_u)^2 \qquad (6.6)$$

式中，d_u 与 o_u 分别为期望输出与实际输出。

由梯度下降法可知，对于每个训练样本，每个权值 ω_{ji} 的修正量为：

$$\Delta \omega_{ji}(t) = -\eta \frac{\partial E}{\partial \omega_{ji}}$$

式中，η 为学习率参数；ω_{ji} 为第 $l-1$ 层神经元 i 与第 l 层神经元 j 间的连接权值；t 为学习步数。由于权值 ω_{ji} 只能通过 net_j 影响网络的其他部分，由链式法则可得

$$\frac{\partial E}{\partial \omega_{ji}} = \frac{\partial E}{\partial net_j} \frac{\partial net_j}{\partial \omega_{ji}} = \frac{\partial E}{\partial net_j} o_i = -\delta_j o_i$$

式中，误差信号 δ_j 定义为：

$$\delta_j = -\frac{\partial E}{\partial net_j} \qquad (6.7)$$

只要推导出 δ_j 的具体计算公式，便可得到权值训练规则：

$$\Delta \omega_{ji}(t) = \eta \delta_j o_i$$
$$\omega_{ji}(t+1) = \omega_{ji}(t) + \Delta \omega_{ji}(t)$$

下面分别考虑两种情况来计算 δ_j：

（1）节点 j 为输出层神经元。由于 net_j 只能通过 o_j 影响网络，由链式法则可得

$$\delta_j = -\frac{\partial E}{\partial net_j} = -\frac{\partial E}{\partial o_j} \frac{\partial o_j}{\partial net_j}$$

由式（6.6）可得

$$\frac{\partial E}{\partial o_j} = -(d_j - o_j)$$

由式（6.5）可得 Sigmoid 函数的导数为：

$$\frac{\partial o_j}{\partial net_j} = o_j(1 - o_j) \qquad (6.8)$$

故对于输出层神经元 j，有

$$\delta_j = (d_j - o_j)o_j(1 - o_j)$$

（2）节点 j 为隐层神经元。由图 6-11 可看出，第 l 层神经元 j 的输出 o_j 对第 $l+1$ 层所有神经元 k 都有影响，故

$$\delta_j = -\frac{\partial E}{\partial net_j} = -\sum_k \frac{\partial E}{\partial net_k} \frac{\partial net_k}{\partial o_j} \frac{\partial o_j}{\partial net_j} \qquad (6.9)$$

由式（6.3）可得

$$\frac{\partial net_k}{\partial o_j} = \omega_{kj} \qquad\qquad (6.10)$$

将式（6.7）、式（6.8）、式（6.10）带入式（6.9）中，可得到对于隐层神经元 j 有

$$\delta_j = \sum_k \delta_k \omega_{kj} o_j (1 - o_j) = o_j (1 - o_j) \sum_k \omega_{kj} \delta_k$$

式中，$\sum$ 是对第 $l+1$ 层所有神经元 k 求和。

综上所述，BP 算法的具体步骤如下：

步骤 1：初始化所有网络权值 $\omega_{ki}(t)$（包括偏置）为小的随机数，其中，t 表示学习步数并初始化为 0。

步骤 2：重复下述过程直至收敛（对各训练样本依次计算）。

①信号的正向传播。逐层计算各隐层及输出层神经元的输出 o_j：

$$net_j = \sum_i \omega_{ji}(t) o_i$$

$$o_j = f(net_j)$$

②误差的反向传播。

首先对输出层各神经元计算

$$\delta_j = (d_j - o_j) o_j (1 - o_j)$$

然后沿网络反向逐层对各隐层神经元计算

$$\delta_j = o_j (1 - o_j) \sum_k \omega_{kj} \delta_k$$

若 j 是第 l 层的神经元，则上式中的 $\sum$ 是对第 $l+1$ 层所有神经元 k 求和。

③计算权值修正量：

$$\Delta \omega_{ji}(t) = \eta \delta_j o_i \qquad\qquad (6.11)$$

④更新每个网络权值：

$$\omega_{ji}(t+1) = \omega_{ji}(t) + \Delta \omega_{ji}(t)$$

上述标准 BP 算法在使用式（6.11）调整连接权值时，只考虑了本次调整时的误差梯度下降方向，而没有考虑以前的方向，因而容易使训练过程发生震荡，收敛缓慢。为了减少震荡，提高网络收敛速度，可以在式（6.11）的基础上加入一个动量项：

$$\Delta \omega_{ji}(t) = \eta \delta_j o_i + \alpha \Delta \omega_{ji}(t-1)$$

式中，α 称为动力常数，一般有 $0.1 < \alpha < 1$；$\alpha \Delta \omega_{ji}(t-1)$ 为动量项，反映了以前积累的调整经验。新的权值调整规则同时考虑以前积累的经验与本次误差梯度，会使权值变化更为平滑。特别是当连续两次连接权值调整的方向差别较大时，可以减少震荡，提高训练速度。

BP 算法不能保证 BP 网络一定收敛，这是由于 BP 算法采用了误差函数按梯度下降的学习算法，因而可能陷入局部最小值，无法达到全局最小值。具体来说，该局部最小值问

题是指，当网络训练了一定次数之后，尽管实际输出与期望输出存在较大误差，但继续学习下去，网络误差减少的速度会很慢，甚至不再发生变化。

单层感知器的收敛性不受连接权值的初始值的影响。但多层感知器使用 BP 算法时，连接权值的初始值对算法收敛性有较大影响，BP 网络中连接权值一般用较小的随机数进行初始化；当网络训练不收敛时，可尝试改变初始值。BP 算法中还需确定两个参数：学习率 η，动力常数 α。学习率对算法收敛性影响较大，学习率太小，网络收敛速度会比较慢；学习率太大，网络容易出现震荡而无法收敛；一般学习率 η 在 0～1 之间试探，大部分情况下取较小的值。动力常数 α 也会影响网络收敛速度，在很多应用中，其值可在 0.1～1 之间选择，有些情形下可不用动量项（$\alpha=0$）。

BP 网络的输入层与输出层的节点数依据所处理的任务确定后，还需确定隐层数和隐层节点数，目前理论上还没有科学的、普遍的确定方法，但相关设计者已积累了不少可以借鉴的经验。对于隐层数，在设计 BP 网络时一般先考虑设计一个隐层，当一个隐层的节点数很多但仍不能改善网络性能时，可以考虑再增加一个隐层。对于隐层节点数，若选取得太少，网络从数据中获取信息的能力会很差，即网络误差很大，性能很差；若隐层节点数太多，虽然可减少网络误差，但一方面使网络训练时间延长，另一方面训练容易出现过拟合现象，对未出现的样本的推广能力变差。确定隐层节点数的基本原则是：在满足精度要求的前提下取尽可能紧凑的结构，即取尽可能少的隐层节点数。这意味着可以先从隐层节点数少的神经网络开始训练，然后增加节点，选取网络误差最小时对应的节点数；也可一开始加入足够多的隐层节点，通过学习把不太起作用的隐层节点删去。

6.2　深度信念网

深度神经网络是指含有多个隐层的神经网络，与含有一个隐层的浅层神经网络相对应。它模仿大脑皮层的深度架构来处理数据，例如，视觉图像在人脑中是分级进行处理的：从视网膜出发，首先进入低级的 V1 区提取边缘特征，再到 V2 区进行原始形状检测，再到高层的整个目标（如判定为一张人脸），以及到更高层的 PFC（前额叶皮层）进行分类判断等。高层特征是低层特征的组合，从低层到高层的特征表示越来越抽象，越来越能表现内在的规律。

深度网络模仿人脑的机制来解释数据，通过组合低层特征形成更加抽象的高层特征，得到数据的分层特征表示，使得系统以更加紧凑简洁的方式来表达比浅层网络大得多的函数集合（http://ufldl.stanford.edu/wiki/index.php/UFLDL_Tutorial）。

BP 算法是传统训练多层感知器的经典算法，它采用随机化初始权值并基于局部梯度下降法进行学习。虽然对含有一个隐层的浅层网络使用 BP 算法能获得较好效果，但对深度神经网络使用 BP 算法进行训练存在一定的问题：（1）梯度弥散问题。BP 算法采用梯度下降法进行反向误差传播，当网络使用随机化初始权值时，若隐层数较多，则传播到最前面层时误差函数对权值的导数会变得很小，从而使最前面层的权值变化非常缓慢，不能有效进行学习。（2）局部极值问题。若网络隐层只有一层，BP 算法通常能收敛。但当隐层数较多时，BP 算法陷入局部极小值而不收敛的可能性很大。（3）数据获取问题。进行有导师学习时，需要知道数据的期望输出，但该信息的获取有时比较困难，因此难以得到足够多的数据进行学习。

由于上述问题，深度神经网络在早期并未引起研究者的充分关注。直到 2006 年，加拿大多伦多大学教授、机器学习领域的领军人物 Hinton 引入了深度信念网（Deep Belief Net，DBN）并提出了训练该网络的无监督贪婪逐层预训练算法，深度神经网络的应用才取得突破性进展，由此开启了深度学习的研究热潮（Hinton and Salakhutdinov，2006；Arel et al.，2010）。现已出现多种深度学习（Deep Learning，DL）的方法，如卷积神经网络（Convolutioal Neural Networks，CNN）、深度玻尔兹曼机（Deep Boltzmann Machine，DBM）、深度信念网、栈式自编码网络（Stacked Autoencoder）等，它们在分类、回归、降维、目标分割、信息恢复、自然语言处理等多个领域得到成功应用。

深度信念网是目前研究和应用都比较广泛的一种深度学习结构，它是由受限玻尔兹曼机（Restricted Boltzmann Machine，RBM）（Smolensky，1986）进行逐层贪婪训练而得到的。本节首先介绍 RBM，然后介绍深度信念网。

6.2.1 受限玻尔兹曼机

受限玻尔兹曼机（RBM）是一种典型的神经网络，可视为一个无向图模型，结构如图 6-12 所示。

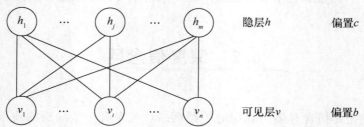

图 6-12 RBM 的结构

它由可见层即输入数据层（v）与隐层（h）组成，每一层的节点之间没有连接，但可见层和隐层之间彼此互连，连接权值矩阵记为 W。设 RBM 有 n 个可见单元和 m 个隐单元，可见单元状态为 $v=(v_1, v_2, \cdots, v_n)^T$，隐单元状态为 $h=(h_1, h_2, \cdots, h_m)^T$。简便起见，RBM 中的可见单元与隐单元可设为二值变量，即 $v_i \in \{0, 1\}$（$i=1, 2, \cdots, n$），$h_j \in \{0, 1\}$（$j=1, 2, \cdots, m$）。RBM 是基于能量的无向图概率模型，通过状态（v, h）下的能量函数来定义联合概率分布（张春霞等，2013）：

$$P(v,h) = \frac{1}{Z} e^{-E(v,h)}$$

式中，$E(v, h)$ 和 Z 分别为能量函数和归一化因子（也称为配分函数），定义为：

$$E(v,h) = -b^T v - c^T h - h^T W v$$

$$Z = \sum_{v,h} e^{-E(v,h)}$$

式中，$b=(b_1, \cdots, b_n)^T$ 为可见单元的偏置；$c=(c_1, \cdots, c_m)^T$ 为隐单元的偏置。

由于 RBM 模型层内无连接，所以给定可见单元状态时，隐单元的激活状态间是条件独立的；给定隐单元状态时，可见单元的激活状态间也是条件独立的，即

$$P(h \mid v) = \prod_{j=1}^{m} P(h_j \mid v)$$

$$P(v \mid h) = \prod_{i=1}^{n} P(v_i \mid h)$$

给定可见单元状态 v 时，隐单元 j 的激活概率为：

$$P(h_j = 1 \mid v) = sigm(c_j + \sum_i v_j W_{ji}) \tag{6.12}$$

式中，$sigm(x) = \dfrac{1}{1+\exp(-x)}$ 为 Sigmoid 函数；W_{ji} 为 W 的第 (j, i) 位置元素，表示可见单元 i 与隐单元 j 间的连接权值。类似地，给定隐单元状态 h 时，可见单元 i 的条件概率为：

$$P(v_i = 1 \mid h) = sigm(b_i + \sum_i h_j W_{ji}) \tag{6.13}$$

RBM 的学习任务是求出参数 $\Theta = \{W_{ji}, b_i, c_j\}$ 的值，以拟合给定的训练数据，可以通过最大化训练数据的对数概率或最小化训练数据的负对数概率来实现。具体地，若令 θ 为 Θ 中的一个参数，则 RBM 可见层的负对数概率关于参数 θ 的梯度为：

$$
\begin{aligned}
\frac{\partial}{\partial \theta}(-\log P(v)) &= \frac{\partial}{\partial \theta}\left(-\log \sum_h P(v,h)\right) \\
&= \frac{\partial}{\partial \theta}\left[-\log \sum_h \frac{\exp(-E(v,h))}{\sum_{v,h} \exp(-E(v,h))}\right] \\
&= \frac{\partial}{\partial \theta}\left(-\log \sum_h \exp(-E(v,h)) + \log \sum_{v,h} \exp(-E(v,h))\right) \\
&= \sum_h \frac{\exp(-E(v,h))}{\sum_h \exp(-E(v,h))} \frac{\partial E(v,h)}{\partial \theta} - \frac{1}{Z}\sum_{v,h} \exp(-E(v,h)) \frac{\partial E(v,h)}{\partial \theta} \\
&= \sum_h P(h \mid v) \frac{\partial E(v,h)}{\partial \theta} - \sum_{v,h} P(v,h) \frac{\partial E(v,h)}{\partial \theta} \\
&= \left\langle \frac{\partial E(v,h)}{\partial \theta} \right\rangle_{P(h \mid v)} - \left\langle \frac{\partial E(v,h)}{\partial \theta} \right\rangle_{P(h,v)} \\
&= \left\langle \frac{\partial E(v,h)}{\partial \theta} \right\rangle_{data} - \left\langle \frac{\partial E(v,h)}{\partial \theta} \right\rangle_{model}
\end{aligned}
$$

式中，$\langle \cdot \rangle_P$ 为关于分布 P 的数学期望；$data$ 与 $model$ 分别表示分布 $P(h \mid v)$ 与 $P(h, v)$；Z 是上文定义的配分函数。进一步地，$-\log P(v)$ 关于连接权值 W、可见单元偏置 b 与隐单元偏置 c 的偏导数分别为：

$$\frac{\partial}{\partial W}(-\log P(v)) = \langle -hv^T \rangle_{data} - \langle -hv^T \rangle_{model}$$

$$\frac{\partial}{\partial b}(-\log P(v)) = \langle -v \rangle_{data} - \langle -v \rangle_{model}$$

$$\frac{\partial}{\partial c}(-\log P(v)) = \langle -h \rangle_{data} - \langle -h \rangle_{model} \tag{6.14}$$

上述三式的第一项 $\langle \cdot \rangle_{data}$ 为关于条件分布 $P(h \mid v)$ 求期望，比较容易计算。第二项 $\langle \cdot \rangle_{model}$ 为关于联合分布 $P(h, v)$ 求期望，由于配分函数 Z 需要对模型的所有可能状态求和才能获得，因此第二项不易计算，但可通过一些采样方法（如 Gibbs 采样）获取其近似值。

Gibbs 采样是一种基于马尔科夫链蒙特卡罗（Markov Chain Monte Carlo，MCMC）策略的采样方法。对于一个 D 维的随机向量 $X = (X_1, X_2, \cdots, X_D)$，假定在给定 X 的其他分量时知道 X_d $(d=1, 2, \cdots, D)$ 的条件分布，现在的问题是如何在未知联合分布 $P(X)$ 下进行采样。对于该问题，Gibbs 采样从任意状态 $\{X_1^{(0)}, X_2^{(0)}, \cdots, X_D^{(0)}\}$ 开始，在每一次迭代中，对 D 个分量依次按照其条件分布进行采样；设经过 k 次迭代后，我们得到 k 个变化量：$X_1^{(k)}, X_2^{(k)}, \cdots, X_D^{(k)}$。在相当温和的条件下，$\{X_1^{(k)}, X_2^{(k)}, \cdots, X_D^{(k)}\}$ 的联合概率分布以 k 的几何级数速度收敛于联合分布 $P(X)$。具体地，在 RBM 中进行 k 步 Gibbs 采样的方法为：用可见层的任意随机化状态来初始化可见层状态 v^0，然后进行如下采样：

$$h^0 \sim P(h \mid v^0) \qquad v^1 \sim P(v \mid h^0)$$
$$h^1 \sim P(h \mid v^1) \qquad v^2 \sim P(v \mid h^1)$$
$$\vdots$$
$$h^{k-1} \sim P(h \mid v^{k-1}) \qquad v^k \sim P(v \mid h^{k-1})$$

若 Gibbs 采样步数 k 足够大，则可得到服从 RBM 中联合分布 $P(h, v)$ 的样本，从而近似计算式（6.14）的第二项。然而，较大的采样步数使得算法效率较低，因此 2002 年 Hinton 提出 RBM 的一个快速学习算法：对比散度（Contrastive Divergence，CD）。Hinton 指出，当模型分布与训练数据分布比较接近时，若使用训练样本初始化可见层状态 v^0，则仅需使用较少抽样步数的 Gibbs 采样就可以得到足够好的近似，此时该算法可简称为 CD-k，k 为抽样步数且通常取 1。具体地，在 CD-1 中，可见单元的状态被初始化为一个训练样本，然后所有隐单元的二值状态可通过式（6.12）并行计算；选定隐单元的二值状态后，根据式（6.13）计算每个可见单元取值为 1 的概率，由此产生可见层的一个重构（reconstruction），用重构的模型分布 $\langle \cdot \rangle_{recon}$ 替换式（6.14）中的 $\langle \cdot \rangle_{model}$，即可近似计算偏导。最后，使用随机梯度下降法可得矩阵 W、可见层的偏置向量 b、隐层的偏置向量 c 的更新准则：

$$\Delta W_{ji} = \varepsilon(\langle h_j v_i \rangle_{data} - \langle h_j v_i \rangle_{recon})$$
$$\Delta b_i = \varepsilon(\langle v_i \rangle_{data} - \langle v_i \rangle_{recon})$$
$$\Delta c_j = \varepsilon(\langle h_j \rangle_{data} - \langle h_j \rangle_{recon})$$

式中，ε 为随机梯度下降法的学习率。

RBM 的基于 CD-1 的更新算法如算法 6.1 所示，其中，$P(h^{(k)}=1\mid v^{(k)})(k=0，1)$ 是元素为 $P(h_j^{(k)}=1\mid v^{(k)})(j=1，2，\cdots，m)$ 的 m 维列向量。另外，虽然算法 6.1 是针对可见单元和隐层单元都是二值变量的情形提出的，但很容易推广到指数变量与高斯变量等其他情形。

<h3 style="text-align:center">算法 6.1　RBM 的基于 CD-1 的更新算法</h3>

输入：一个训练样本 x；随机梯度下降法的学习率 ε；更新前的连接权值矩阵 W、可见层的偏置向量 b 与隐层的偏置向量 c。

输出：更新后的连接权值矩阵 W、偏置向量 b 与 c。

初始化：令可见层单元的初始状态 $v^{(0)}=x$。

for 所有隐单元 j do

　　计算 $P(h_j^{(0)}=1\mid v^{(0)})=sigm(c_j+\sum_i v_i^{(0)}W_{ji})$

　　从 $P(h_j^{(0)}=1\mid v^{(0)})$ 中抽取 $h_j^{(0)}\in\{0，1\}$

end for

for 所有可见单元 i do

　　计算 $P(v_i^{(1)}=1\mid h^{(0)})=sigm(b_i+\sum_j h_j^{(0)}W_{ji})$

　　从 $P(v_i^{(1)}=1\mid h^{(0)})$ 中抽取 $v_i^{(1)}\in\{0，1\}$

end for

for 所有隐单元 j do

　　计算 $P(h_j^{(1)}=1\mid v^{(1)})=sigm(c_j+\sum_i v_i^{(1)}W_{ji})$

end for

$$W\leftarrow W+\varepsilon(P(h^{(0)}=1\mid v^{(0)})(v^{(0)})^T-P(h^{(1)}=1\mid v^{(1)})(v^{(1)})^T)$$
$$b\leftarrow b+\varepsilon(v^{(0)}-v^{(1)})$$
$$c\leftarrow c+\varepsilon(P(h^{(0)}=1\mid v^{(0)})-P(h^{(1)}=1\mid v^{(1)}))$$

6.2.2　深度信念网

深度信念网（DBN）是由 Geoffrey Hinton 在 2006 年提出的，目前 DBN 广泛用于手写体识别、图像识别以及语音识别等领域。图 6－13 所示为一个具有三个隐层的深度信念网。

DBN 最顶部两层间的连接是无向的，它们的联合分布形成一个 RBM；较低的其他层构成有向的图模型。DBN 可作为一个生成模型，顶层 RBM 与具有 $P(\cdot)$ 分布的实线箭头构成生成路径。DBN 也可提取数据的多层次的表示进行推理与识别，具有 $Q(\cdot)$ 分布的虚线箭头与顶层 RBM 构成识别路径。当自下而上进行学习时，顶层 RBM 从隐层学习；当自上而下学习时，顶层 RBM 作为生成模型的起始器。对于 DBN 生成模型，可通过如下方式获得样本 x（Bengio，2009）：

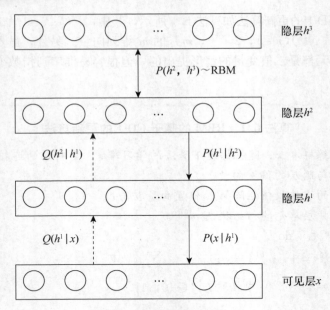

隐层h^3

$P(h^2,\ h^3)\sim$RBM

隐层h^2

$Q(h^2|h^1)$ $P(h^1|h^2)$

隐层h^1

$Q(h^1|x)$ $P(x|h^1)$

可见层x

图 6-13　DBN 的结构

（1）在顶层 RBM 中执行多次交替的 Gibbs 采样：$h^L\sim P(h^L\mid h^{L-1})$，$h^{L-1}\sim P(h^{L-1}\mid h^L)$，以此获得一个平衡样本，该取样过程可以进行足够长的时间直至平衡。

（2）从顶层可见单元 h^{L-1} 开始自上而下传播：给定 $h^k(k=L-1,\cdots,1)$，其中，L 为 DBN 隐层的个数，依据分布 $P(h^{k-1}\mid h^k)$ 采样获得 h^{k-1}。

（3）$x=h^0$ 即 DBN 生成的样本。

Hinton 等人认为，一个有 L 个隐层的典型的 DBN，可以用如下联合概率分布刻画输入向量 x 和 L 个隐层向量 h^k（$k=1,2,\cdots,L$）的关系（Bengio，2009）：

$$P(x,h^1,\cdots,h^L)=(\prod_{k=0}^{L-2}P(h^k\mid h^{k+1}))P(h^{L-1},h^L) \tag{6.15}$$

式中，$h^0=x$；$P(h^k\mid h^{k+1})$ 为 DBN 第 k 层的条件分布；$P(h^{L-1},h^L)$ 为顶层 RBM 的联合分布。DBN 学习的过程，就是学习式（6.15）所示联合概率分布的过程。

鉴于传统的梯度下降算法对多隐层网络训练效果不佳，Hinton 等人提出了深度信念网的贪婪逐层预训练方法（greedy layer-wise training），获得较好的效果。贪婪逐层预训练方法的基本思想为：每次只训练网络中的一层，以此得到网络的初始参数值。具体而言，首先训练只含一个隐层的网络，得到其初始参数值，接着训练含两个隐层的网络，随后训练含三个隐层的网络，依此类推。在训练含 k 个隐层的网络时，固定已经训练好的前 $k-1$ 个隐层的初始参数值，将其输出作为新加入的第 k 个隐层的输入进行训练，得到该层的初始化参数。在对多层进行训练得到初始化参数后，对整个深度结构神经网络的参数进行微调（fine-tuning），所得网络的学习性能会有很大提高。

算法 6.2 展示了对 DBN 采用贪婪逐层方式进行训练的具体步骤（Bengio，2009）。每层被初始化为一个 RBM，用 $Q(h^k,h^{k-1})$ 表示通过此种方式训练所得的第 k 个 RBM 的概率分布，相对的 DBN 的概率则用 $P(\cdot)$ 表示。由于 RBM 的分布 $Q(h^k\mid h^{k-1})$ 便于计算和采样，我们将其作为 DBN 后验分布 $P(h^k \mid h^{k-1})$ 的近似，这些近似后验分布 $Q(h^k \mid h^{k-1})$ 可构造输入向量 x 的一个表示。为了获得所有层的近似后验分布或表示，可按算法 6.2 所示策略进行。首先从第一层 RBM 中采样 $h^1 \sim Q(h^1 \mid x)$，或使用均值向量 $\hat{h^1} = E[h^1 \mid h^0]$（关于分布 $Q(h^k \mid h^{k-1})$ 求期望）。随后将样本 h^1 或均值向量 $\hat{h^1}$ 作为输入训练第二层 RBM，进而得到样本 h^2 或均值向量 $\hat{h^2}$，依此类推直至最后一层。若 RBM 隐单元为二值变量，则第 k 层 RBM 的均值向量 μ^k 的第 j 个分量 $\mu_j^k = sigm(c_j^k + \sum_i W_{ji}^k \mu_i^{k-1})$，其中，$\mu^0 = x$。按算法 6.2 对 DBN 进行训练后，可得到各层 RBM 的连接权值矩阵 W^k 与隐单元的偏置向量 c^k，它们可以用来对 DBN 进行初始化。Hinton 等人已经证明，采用此种训练方式，每次添加一个新的 RBM 层时，原始训练数据的对数概率的可变下界就得到改善。

算法 6.2　基于 RBM 的 DBN 无监督贪婪逐层预训练方法

输入：网络的训练数据分布 $\hat{P}_x$；RBM 训练的学习率 ε_{CD}；网络的隐层数 L；各层中隐单元的数目 $n = (n^1, n^2, \cdots, n^L)$；Boolean 数据 mean _ field _ computation，当且仅当每个新增隐层通过均值向量近似而非随机采样获得训练数据时，mean _ field _ computation 取值为真。

输出：第 k（$k=1, 2, \cdots, L$）层的连接权值矩阵 W^k 与偏置向量 c^k。

for $k=1$ to L do

　　初始化 $W^k = 0$，$c^k = 0$

　　while 不满足停止准则 do

　　　　从 $\hat{P}_x$ 中抽取 $h^0 = x$

　　　　for $i=1$ to $k-1$ do

　　　　　　if mean _ field _ computation then

　　　　　　　　对 μ^i 的所有元素 μ_j^i，令 $\mu_j^i = E(h_j^i \mid h^{i-1} = \mu^{i-1})$

　　　　　　else

　　　　　　　　对 h^i 的所有元素 h_j^i，从 $Q(h_j^i \mid h^{i-1})$ 中抽取 h_j^i

　　　　　　end if

　　　　end for

　　　　以 μ^{k-1} 或 h^{k-1}，ε_{CD}，W^k，c^{k-1}，c^k 为输入，采用算法 6.1 更新 RBM（由此提供未来将要使用的 $Q(h_j^k \mid h^{k-1})$）

　　end while

end for

通过贪婪逐层预训练方法所获得的 DBN 参数并不是最优的，因此 DBN 对预训练得到的各层参数进一步微调，得到整个多层模型的参数。例如，Hinton 于 2006 年提出使用 Up-down 算法（Wake-sleep 算法的一个变形）继续进行无监督训练，以得到更好的生成模型。DBN 中自下而上的权值用于"认知"，并获得输入数据在各隐层的表示；自上而下的权值用于"生成"，利用输入数据的潜在表示进行重构，得到近似的输入数据。Up-down 算法的目的是获得数据的简洁表示，同时希望输入数据被准确地重构。Up-down 算法分为三个阶段：第一阶段，通过使用认知权值进行随机自下向上的传播，然后修改生成权值从而更好地重构下面层中的特征激活值；第二阶段，在顶层 RBM 中进行多次迭代采样，然后通过 CD 算法调整 RBM 的权值；第三阶段，通过生成权值进行自上向下的随机传播，然后修改认知权值从而更好地重构上面层中的特征激活值。

另外，在使用算法 6.2 对 DBN 的各层进行无监督预训练后，还可以通过有监督训练标准来微调 DBN 以使模型具有更好的判别性，这时需要在网络顶层加入额外的学习器（如线性分类器）来将学习到的表示变为有监督的预测。算法 6.3 展示了在对 DBN 进行预训练后，关于有监督准则 C 使用随机梯度下降法来微调所有参数的过程。

算法 6.3　DBN 的有监督微调方法

输入：网络的训练数据分布 $\hat{P}$ 及样本 (x, y)（其中，x 为输入数据，y 为相应的目标值）；训练准则 C，计算网络输出值 $f(x)$ 与目标值 y 的代价；对训练准则 C 使用随机梯度下降法的学习率 ε_C；网络隐层数 L；各层中隐单元的数目 $n = (n^1, n^2, \cdots, n^L)$；Boolean 数据 mean＿field＿computation，定义如算法 6.2 所示；第 k（$k=1, 2, \cdots, L$）层的连接权值矩阵 W^k 与偏置向量 c^k。

输出：调整后的 W^k，c^k（$k=1, 2, \cdots, L$），网络的有监督输出层的权值矩阵 V。

if mean＿field＿computation then

令 $\mu^0 = x$，并递归计算各层均值向量 μ^i（$i=1, \cdots, L$），μ^i 的元素 $\mu_j^i = E(h_j^i \mid h^{i-1} = \mu^{i-1})$，若神经元为二值变量，则有 $\mu_j^i = sigm(c_j^i + \sum_k W_{jk}^i h_k^{i-1})$

定义网络输出函数 $f(x)$，如 $f(x) = V(1, (\mu^L)^T)^T$

else

令 $h^0 = x$，并递归获得各隐层神经元状态 h^i（$i=1, 2, \cdots, L$），h^i 的元素 h_j^i 从 $Q(h_j^i \mid h^{i-1})$ 中抽取得到

定义网络输出函数 $f(x)$，如 $f(x) = V(1, (h^L)^T)^T$

end if

通过迭代调整参数 W, c, V，最小化 $C(f(x), y)$ 的期望，其中 (x, y) 是通过从 $\hat{P}$ 分布中采样获得的。这可以通过采用学习率为 ε_C 的随机梯度下降法以及合适的停止准则来完成。

算法 6.4 展示了针对有监督学习任务的 DBN 的完整的训练方法：首先对除了输出层的所有层执行算法 6.2 以进行无监督预训练，然后执行算法 6.3 以进行有监督微调（Bengio，2006）。

算法 6.4　针对有监督学习任务的 DBN 训练方法

输入：网络的有监督训练数据分布 $\hat{P}$ 及样本 (x, y)（其中，x 为输入数据，y 为相应

的目标值)；训练准则 C；对训练准则 C 使用随机梯度下降法的学习率 ε_C；RBM 的 CD 中使用随机梯度下降法的学习率 ε_{CD}；网络隐层数 L；各层中隐单元的数目 $n=(n^1,\ n^2,\ \cdots,\ n^L)$；Boolean 数据 mean＿field＿computation，定义如算法 6.2 所示。

输出：第 $k\ (k=1,\ 2,\ \cdots,\ L)$ 层的连接权值矩阵 W^k 与偏置向量 c^k，网络的有监督输出层的权值矩阵 V。

求 $\hat{P}$ 的边缘分布 $\hat{P}_x$。

以 $\hat{P}_x$，ε_{CD}，L，n，mean＿field＿computation 为输入，执行算法 6.2 得到第 $k\ (k=1,\ 2,\ \cdots,\ L)$ 层的连接权值矩阵 W^k 与偏置向量 c^k。

以 $\hat{P}$，C，ε_C，L，n，mean＿field＿computation，W^k 与 c^k 为输入，执行算法 6.3。

6.3　卷积神经网络

6.3.1　CNN 的基本结构

卷积神经网络（Convolutional Neural Networks，CNN）保持了与人工神经网络类似的网络层级结构，但卷积神经网络的不同层次中有不同形式的运算与功能。卷积神经网络的一般结构如图 6-14 所示。

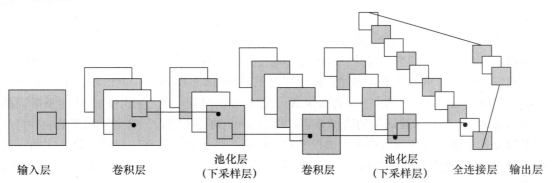

输入层　卷积层　池化层（下采样层）　卷积层　池化层（下采样层）　全连接层　输出层

图 6-14　卷积神经网络的一般结构

卷积神经网络主要包括输入层（Input Layer）、卷积层（Convolutional Layer）、池化层（Pooling Layer，又称为下采样层（Down-sampling Layer））、全连接层（Fully Connected Layer）、输出层（Output Layer）。在卷积神经网络中可以有多个卷积层、池化层及全连接层，以下介绍卷积神经网络的各层级。

1. 输入层

在数据处理中，卷积神经网络通常采用去均值的处理方式，即将输入数据的各个维度都中心化到零。最开始提出的卷积神经网络多是处理图片分类问题的，所以输入数据一般是像素矩阵[1]，可以是二维的（以下用 $M*N$ 的二维矩阵表示）或三维的（以下用 $M*N*3$ 的三维矩阵表示，其中第三个维度表示图片的 R（red）、G（green）、B（blue）三个基本颜色，即通常所说的 RGB，所以第三个维度的数值通常是3）。因此下文在描述过程中有时会用像素表示输入矩阵的元素。卷积神经网络已经推广应用到更多领域，比如自然语言处理等。输入数据都是对应的矩阵表示。

2. 卷积层

卷积神经网络与普通神经网络相似，它们都是由具有可学习的权重和偏置的神经元组成的，实际上，这些权重和偏置就是模型的待估参数。称一个 $m*n$ 维（输入矩阵为二维像素矩阵时）或 $m*n*3$ 维（输入矩阵为三维像素矩阵时）的矩阵为滤波器（filter），通常 m 与 n 取值较小且相等。该矩阵的每个元素即上述权重。卷积层各个神经元的取值通过该滤波器在上一级输入层逐一滑动窗口计算而得。具体而言，就是将滤波器的各个参数与对应的局部像素值相乘之和加上对应偏置项（bias），得到的矩阵称为特征图（feature map）。注意，滤波器每次只能"看见"输入图像中的一部分，即局部感受野。

卷积神经网络利用输入图像的特点，把神经元设计成三个维度：宽度、高度和颜色。例如，输入图像的大小是 $M*N*3$，那么输入神经元的维度是 $M*N*3$。

一个输出单元的大小由以下三个量来控制：

● 步幅（stride）。步幅是滤波器每次滑过的像素数。如当步幅为2时，每次就会滑过2个像素。根据不同的需要，可以分别设置滤波器向右滑动与向下滑动的幅度大小。在输入像素数一定的情况下，步幅越大，特征图的维数越小。

● 深度（depth）。深度是卷积操作中用到的滤波器的个数，卷积后特征图的个数与滤波器的个数相同。

● 补零（zero-padding）。通过对输入数据的边缘补零，可对图像矩阵的边缘像素施加滤波器，进而控制特征图的尺寸。补零操作对于图像边缘部分的特征提取是很有帮助的。

我们用一个简单的例子来讲述如何计算卷积，如图6-15所示，此图展示了一个 $3*3$ 的滤波器 W（深度为1）在 $5*5$ 的图像 X 上做卷积的过程，此过程中向右和向下滑动的步幅均设为1，并且未在图像的边缘补零，得到 $3*3$ 的特征图 O。每个卷积都是一种特征的提取方式，是对局部图像像素的加权平均。以第一步为例，其具体卷积计算公式为（滤波器 W 与原始图像数据左上角 $3*3$ 矩阵 $X_{[1:3,1:3]}$ 的点乘之和，再加上偏置 b，本例中，偏置 b 为0）：

$$C_{11} = W \cdot X_{[1:3,1:3]} + b$$
$$= (1\times1+1\times0+1\times1+0\times0+1\times1+1\times0+0\times1+0\times0+1\times1)+0$$
$$= 4$$

---

① 图像的数量化矩阵表示一般有二值图像、灰度图像及 RGB 彩色图像三种形式。二值图像一般仅是二维矩阵，仅由 0，1 两个数值构成，"0"代表黑色，"1"代表白色；灰度图像的像素数据组成一个二维矩阵，矩阵的行对应图像的高（单位为像素），矩阵的列对应图像的宽（单位为像素），矩阵的元素值就是像素的灰度值，取值范围通常是 [0，255]，"0"表示纯黑色，"255"表示纯白色；RGB 彩色图像由 $M*N*3$ 的三维矩阵来表示，三个 $M*N$ 的二维矩阵分别表示各个像素的 R，G，B 三个颜色分量，其中 R，G，B 各有 256 级亮度，通常用数字表示为 0，1，2，…，255。

故，特征图中第一行第一列的数值为 4。

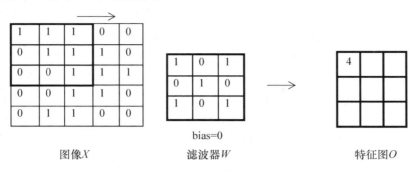

图 6 - 15 卷积计算的简单示例

上文中曾提到，输入图像一般为三个维度，且每个卷积层可以有多个滤波器，在图 6 - 16 中，原始输入为 $5 * 5 * 3$ 的图像 $X[2:6,2:6,1:3]$，通过对原始输入元素的周围补零得到图中 $7 * 7 * 3$ 的输入矩阵 X，经过两个 $3 * 3 * 3$ 的滤波器 W_0 与 W_1 的卷积（一般每个滤波器的第三个维度数值与每张图像的第三个维度数值相同，此处都为 3），向右和向下的步幅均为 2，得到两个 $3 * 3$ 的输出矩阵 $O[:,:,0]$ 与 $O[:,:,1]$，其中第一个滤波器的偏置 b_0 为 1，第二个滤波器的偏置 b_1 为 0。我们以第一个滤波器对输入进行卷积得

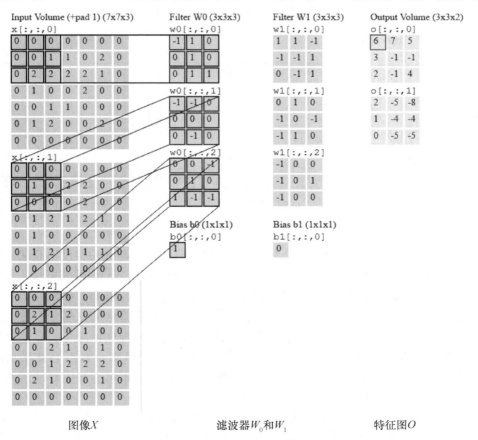

图像 X 滤波器 W_0 和 W_1 特征图 O

图 6 - 16 卷积计算的一般示例

到第一个特征图的第一步为例，其具体卷积计算公式为（滤波器 W_0 的每一层分别与补零后图像数据每一层中左上角 $3*3$ 矩阵的点乘之和，再加上偏置 b_0，本例中，偏置 b_0 为 1）：

$$O[1,1,0]=W_0 \cdot X_{[1,3,1,3,3]}+b_0$$
$$=[0\times(-1)+0\times1+0\times0+0\times0+0\times1+1\times0+0\times0+2\times1+2\times1$$
$$+0\times(-1)+0\times(-1)+0\times0+0\times0+1\times0+0\times0+0\times0$$
$$+0\times(-1)+0\times0+0\times0+0\times0+0\times(-1)+0\times0+2\times1+1\times0$$
$$+0\times1+1\times(-1)+0\times(-1)]+1$$
$$=6$$

在 6.1 节中我们介绍了阈值函数、分段线性函数及 Sigmoid 函数，它们对输出结果做非线性映射，但是由于它们具有饱和（输入达到一定值时，输出几乎不再变化）时梯度非常小的缺点，即当层数比较多的时候，在误差反向传播更新权重的过程中，传到前层的梯度就会非常小，网络权值得不到有效的更新，也就是梯度耗散。例如，Sigmoid 函数的导数只有在 0 附近的时候才有比较好的激活性，在正负饱和区的梯度都接近 0。因此在卷积神经网络中对滤波器的输出结果做非线性映射更常用的激活函数是 ReLU 函数、Parametric ReLU 函数及 ELU 函数。以下分别介绍这三个激活函数。

（1）ReLU 函数。ReLU 函数如图 6-17（a）所示，其具体表达式为：

$$f(x)=\max(0,x)$$

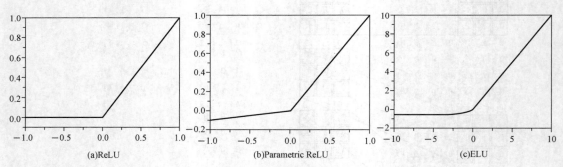

图 6-17　常用激活函数

由于 $x>0$ 时 $f(x)$ 的导数为 1，因此 ReLU 能够在 $x>0$ 时保持梯度不衰减，从而缓解梯度消失的问题，并且其计算速度与收敛速度比 Sigmoid 与 Tanh 函数要快。ReLU 会使一部分神经元的输出为 0，这样就造成了网络的稀疏性，并且减少了参数的相互依存关系，缓解了过拟合问题的发生。这与生物神经元同时只对输入信号的一部分作出选择性响应，大量信号被刻意屏蔽，以此提高学习的精度，更好更快地提取稀疏特征是吻合的。但是随着训练的推进，若输入落入 $x\leqslant0$ 的区域，某些神经元可能永远不会被激活，这个 ReLU 单元在训练中将不可逆转地死亡，导致相应的参数永远不可能被更新，这种现象称为"神经元死亡"，它导致数据多样化的丢失。

（2）Parametric ReLU 函数。为避免 ReLU 作为激活函数可能导致的"神经元死亡"的现象，可考虑 Parametric ReLU 函数（He et al.，2015a）。Parametric ReLU 函数如图

6-17（b）所示，其具体表达式为：

$$f(x) = \max(\alpha x, x)，\alpha \text{ 是一个很小的常数}$$

这样就可以保留一些负轴的值，使得负轴信息不会全部丢失。

（3）ELU 函数。ELU（exponential linear unit）函数（Clevert et al.，2015）如图 6-17（c）所示，其具体表达式为：

$$f(x) = \begin{cases} x, & x > 0 \\ \alpha(\exp(x) - 1), & x \leqslant 0 \end{cases}，\alpha \text{ 是一个很小的常数}$$

ELU 函数右侧的线性部分使其能缓解梯度消失，而左侧部分能够让 ELU 对输入变换或噪声更加鲁棒。ELU 的收敛速度优于 ReLU，但是其计算量稍大，在实际应用中没有好的证据证明 ELU 总是优于 ReLU。

3. 池化层

池化操作是指在每个深度切片的宽度和高度方向上进行下采样，忽略掉部分激活信息，此操作保持图像的深度大小不变。池化层的作用方式主要有以下两种：

- 最大池化（max pooling）。选择池化窗口中的最大值作为采样值。
- 平均池化（mean pooling）。将池化窗口中的所有值相加取平均。

以最大池化为例，如图 6-18 所示，左图中，输入为 224 * 224 * 64，池化窗口大小为 2 * 2，步幅为 2，输出 112 * 112 * 64，其中 64 表示共有 64 张二维灰度数据图像，如果是 RGB 三维数据图像，同样是对前两个维度进行池化操作。右图为池化的具体计算过程，采用 2 * 2 的池化窗口，最大池化是在每一区域中寻找最大值，最终在原特征图中提取主要特征得到右图。

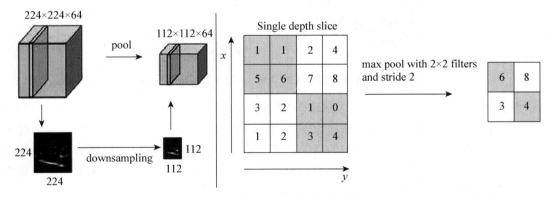

图 6-18　最大池化操作示例

在池化操作中，需设置的参数有池化窗口的大小、池化方法、是否补零及池化的步长，无须进行迭代更新。池化层可减少网络中的参数计算量，从而遏制过拟合。池化层可增强网络对输入图像中的小变形、扭曲、平移的鲁棒性。

将上述池化操作定义为对 $M * N$ 的输入矩阵 X 的下采样函数 $down(\cdot)$，进一步通过 $\beta down(\cdot) + b$ 计算神经元的输出，其中，β 为乘性偏置，b 为加性偏置，β 与 b 为待估参数。通过对乘性偏置 β 与加性偏置 b 进行训练，可以更好地得到最有用的特征。

4. 全连接层

全连接表示上一层的每个神经元与下一层的每个神经元是相互连接的。卷积层和池化层的输出代表了输入图像的高级特征，全连接层的目的就是基于训练集用这些特征对图像进行分类。除分类以外，全连接层也是学习卷积层与池化层提取出来的特征的线性组合的有效办法。

5. 输出层

输出层是对全连接层的分类结果进行输出。

以上介绍的是卷积神经网络的基本层级结构。在神经网络训练中，随着迭代次数的增多，可能出现网络对训练集拟合得很好，但是对验证集的拟合程度很差的情况，称为过拟合。所以有了这样的想法：可不可以在每次迭代中随机选择一些节点去更新网络参数，引入这样的随机性后就可以增加网络泛化的能力。通常会采用加入 Dropout 层的策略来解决这个问题。Dropout 层的工作原理是以一定的概率使某次更新中的神经传导失效，常用于全局参数设置，也可用于某一层（通常是最后一层全连接层）参数设置。如图 6 - 19 所示，左图是传统的全连接层神经网络，右图是设置了 Dropout 的神经网络结构。在训练时，以概率 p 使得神经元的传导失效，对输入数据而言也会使其 p 部分失效。在测试时，对应地，在网络前向传播到输出层之前时，隐层节点的输出值都要缩减（Srivastava et al.，2014）。

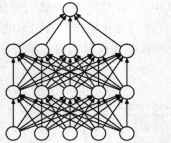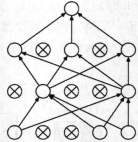

图 6 - 19　传统的全连接及 Dropout 的神经网络结构示例

我们可以这样理解：假设我们训练了几个完全不同的神经网络，用的是完全相同的训练数据。由于随机初始化参数或其他原因，训练得到的结果也许是不同的。当这种情况发生时，我们就可以平均这几种网络的结果，或者根据相应的规则决定使用哪一种神经网络输出的结果。这种平均的操作对于减少过拟合通常十分有用。出现这种结果的原因就是不同的网络过拟合的方式不同，通过平均可以排除这种过拟合。

而 Dropout 层可以看作一种模型平均，在一些文献中称为模型组合，一般包括组合估计和组合预测。这是因为 Dropout 层通过随机选择忽略了隐层节点，在每个批次的训练过程中，由于每次随机忽略的隐层节点都不同，因此每次训练的网络都是不一样的，每次训练都可以当作一个"新"的模型。此外，隐层节点都是以一定概率随机出现的，因此不能保证每两个隐层节点每次都同时出现，这样权值的更新不再依赖于有固定关系隐层节点的共同作用，阻止了某些特征仅仅在其他特定特征下才有效果的情况，顺利避免了过拟合。这与本书第 5 章介绍的随机森林算法的思想很相似。

在深度学习具体的操作中，除了需要设置上述介绍的 Dropout 失效概率之外，通常还会对数据采用批处理（batch）方式，因此我们需要根据样本量的具体情况设置批处理样本量的大小（batch size）这个参数。此外，深度学习网络是通过逐步微调逐级训练的，而不是一步到位。所有训练集句子都参与一次更新称为一个 epoch。下一个 epoch 在前一个训练结果的基础上继续进行。我们需要根据模型选择方法确定模型训练停止时刻。

6.3.2　CNN 算法的实现

CNN 算法的基本思想如下：CNN 算法由信号的正向传播与误差的反向传播两部分组成。在信号的正向传播过程中，信号由输入层经由卷积层、池化层（可能有多个卷积层、池化层）、全连接层（可能有多个全连接层）到达输出层。若实际输出的信号与期望信号不一致，则转入误差反向传播阶段。在反向传播阶段，将输出误差经由各层向输入层反传，从而获得各层各单元的误差，并通过此误差信号调整各层各单元的连接权值。反复执行信号的正向传播与误差的反向传播这两个过程，直至网络输出误差小于预先设定的阈值，或进行到预先设定的学习次数为止。在此过程中，我们需要训练的参数有卷积层中的卷积核与偏置项及池化层中的加性偏置与乘性偏置项。

假设每个卷积层后都会接一个池化层，下面我们分别对卷积神经网络中卷积层与池化层的两个过程的算法进行推导与描述（Bouvrie，2006）。

1. 卷积层中算法的实现

如图 6-20 所示，设我们所研究的是第 l 层卷积层的神经元 j，第 $l-1$ 层的神经元为 i，第 $l+1$ 层池化层的神经元用 k 表示。

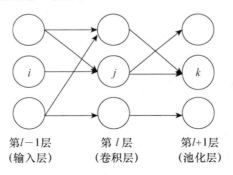

第$l-1$层　　　　第l层　　　　第$l+1$层
（输入层）　　　（卷积层）　　　（池化层）

图 6-20　卷积层的网络结构

首先考虑信号的正向传播——神经元 j 和神经元 k 的输入及输出分别用 net_j，net_k 以及 o_j 和 o_k 表示：

$$net_j = \sum_{i \in M_j} o_i * K_{ij} + b_j \tag{6.16}$$

$$o_j = f(net_j)$$

$$net_k = \sum_{j \in M_k} \beta_k * down(o_j) + b_k$$

$$o_k = f(net_k)$$

式中，$f(\cdot)$ 为激活函数；K_{ij} 为神经元 i 与 j 间所用的卷积核；o_i 为神经元 i 的取值，

作为神经元 j 的输入；b_j 为偏置；M_j 为选择的输入特征的集合（在此神经网络中指第 $l-1$ 层中的前两个神经元输出特征的集合）；M_k 为与神经元 k 相连的前一层的神经元的集合。通常，CNN 具有参数共享（parameter sharing）的特征，参数共享是指在一个模型的多个函数中使用相同的参数，即池化层的乘性偏置与加性偏置都取一个相同的值 β_k 和 b_k，且在这个参数更新过程中，β_k 与 b_k 为一个常数（不参与更新）。

之后计算误差的反向传播，确定需要更新的权值 b_j 与 K_{ij}。同式（6.6）定义 E 为期望输出与实际输出的平方误差。同式（6.7）定义 l 层和 $l+1$ 层的误差信号分别为 δ_j 和 δ_k。因为池化层的操作使其对应的神经元个数变小，为有效计算第 l 层的误差信号，我们需要上采样（upsample）池化层对应的误差信号特征，这样便使误差信号特征与卷积层特征大小一致。上采样操作可以视为下采样操作的逆操作，定义为 $up(\cdot)$。一个简单的办法是 $up(x)=x\otimes 1_{s\times s}$。其中，$s$ 表示池化窗口的大小，即使用池化后的数值补全池化前的所有数据。

因此由式（6.9）可得

$$\delta_j = -\frac{\partial E}{\partial net_j} = -\sum_{j\in M_k}\frac{\partial E}{\partial net_k}\frac{\partial net_k}{\partial o_j}\frac{\partial o_j}{\partial net_j} = \beta_k(f'(net_j)\circ up(\delta_k))$$

式中，"$\circ$"表示按每个元素相乘。

因此，误差对偏置的变化率为：

$$\frac{\partial E}{\partial b_j} = \frac{\partial E}{\partial net_j}\frac{\partial net_j}{\partial b_j} = \sum_{u,v}(\delta_j)_{u,v} \tag{6.17}$$

式中，u，v 为特征图中的 u，v 元素。

对于卷积核的梯度，可以利用 BP 算法来计算。

$$\frac{\partial E}{\partial K_{ij}} = \frac{\partial E}{\partial net_j}\frac{\partial net_j}{\partial K_{ij}} = -\sum_{u,v}(\delta_j)_{uv}(P_i)_{uv} \tag{6.18}$$

式中，$(P_i)_{uv}$ 是 o_i 中在卷积时与 K_{ij} 逐元素相乘的部分，这是因为卷积操作是局部处理输入数据的。

最后，通过下式对权值进行调整：

$$\Delta b_j = -\eta\frac{\partial E}{\partial b_j} \tag{6.19}$$

$$\Delta K_{ij} = -\eta\frac{\partial E}{\partial K_{ij}} \tag{6.20}$$

式中，$\eta>0$ 为常数，用于控制学习的速率。

综上所述，CNN 中卷积层的算法步骤如下：

步骤 1：初始化所有的网络权值 $K_{ij}(t)$ 与 $b_j(t)$，其中，t 表示学习步数并初始化为 0。

步骤 2：重复下述过程直至收敛（对各训练样本依次计算）。

①信号的正向传播。根据式（6.16）计算卷积层中神经元的输出 o_j。

②误差的反向传播。

根据式（6.17）计算误差对偏置的变化率；

根据式（6.18）计算误差对卷积核的变化率。

③根据式（6.19）与式（6.20）分别计算权值修正量。

④更新每个网络的权值：

$$b_j(t+1)=b_j(t)+\Delta b_j$$
$$K_{ij}(t+1)=K_{ij}(t)+\Delta K_{ij}$$

2. 池化层中算法的实现

如图 6 - 21 所示，设我们研究的是第 l 层池化层的神经元 j，第 $l-1$ 层的神经元为 i，图 6 - 21 （a）中第 $l+1$ 层为卷积层，图 6 - 21 （b）中第 $l+1$ 层为全连接层，第 $l+1$ 层神经元用 k 表示。

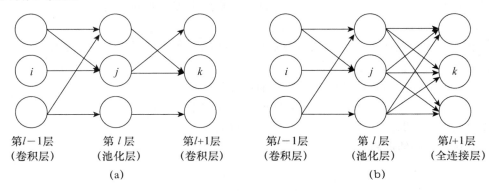

第$l-1$层 （卷积层）	第l层 （池化层）	第$l+1$层 （卷积层）
(a)		

图 6 - 21　池化层中网络结构

首先，考虑池化层中信号的正向传播——神经元 j 的输入 net_j 及输出 o_j 分别为：

$$net_j=\sum_{i\in M_j}\beta_j down(o_i)+b_j \tag{6.21}$$
$$o_j=f(net_j)$$

式中，β_j 为乘性偏置；b_j 为加性偏置；$down(\cdot)$ 表示一个下采样函数。

其次，计算误差的反向传播，确定需要更新的权值 β_j 和 b_j。若池化层后为全连接层，则可通过 BP 算法求得误差信号，进而计算池化层的权值修正量。

若池化层后为卷积层，则输入特征与输出特征之间的连接权值为卷积核的权值，因此第 l 层中神经元 j 的误差信号为：

$$\delta_j=f'(net_j)\circ(\sum_{u,v}(\delta_k)_{uv}(K_{jk})_{uv})$$

式中，K_{jk} 为神经元 j 与 k 间所用的卷积核。

故加性偏置 b_j 的梯度为：

$$\frac{\partial E}{\partial b_j}=\frac{\partial E}{\partial net_j}\frac{\partial net_j}{\partial b_j}=-\sum_{u,v}(\delta_j)_{uv} \tag{6.22}$$

乘性偏置 β_j 的梯度为：

$$\frac{\partial E}{\partial \beta_j}=\frac{\partial E}{\partial net_j}\frac{\partial net_j}{\partial \beta_j}=-\sum_{u,v}(\delta_j\circ down(o_i))_{uv} \tag{6.23}$$

最后，通过下式对权值进行调整：

$$\Delta b_j = -\eta \frac{\partial E}{\partial b_j} \qquad (6.24)$$

$$\Delta \beta_j = -\eta \frac{\partial E}{\partial \beta_j} \qquad (6.25)$$

式中，$\eta > 0$ 为常数，用于控制学习的速率。

综上所述，CNN 中池化层的算法步骤如下：

步骤 1：设池化层中的网络权值为 $\beta_j(t)$ 与 $b_j(t)$，其中，t 表示学习步数并初始化为 0。

步骤 2：重复下述过程直至收敛（对各训练样本依次计算）。

①信号的正向传播。根据式（6.21）计算卷积层中神经元的输出 o_j；

②误差的反向传播。

若节点 k 为全连接层神经元，则误差的反向传播过程可通过 BP 算法得出。

若节点 k 为卷积层神经元，则

根据式（6.22）计算误差对加性偏置的变化率；

根据式（6.23）计算误差对乘性偏置的变化率。

③根据式（6.24）与式（6.25）分别计算权值修正量。

④更新每个网络的权值：

$$b_j(t+1) = b_j(t) + \Delta b_j$$

$$\beta_j(t+1) = \beta_j(t) + \Delta \beta_j$$

6.3.3　CNN 的发展简史及其优势

第一个应用成熟的卷积神经网络结构适用于手写字符识别问题，其中一种典型的卷积网络是 1998 年由 LeCun 等提出的 LeNet-5（LeCun et al.，1998），其网络结构如图 6 - 22 所示。

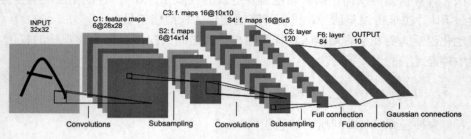

图 6 - 22　LeNet-5 结构图

LeNet-5 网络共有 7 层（不包括输入层），即 3 个卷积层（C1，C3，C5）、2 个池化层（S2，S4）、1 个全连接层（F6）和 1 个输出层（OUTPUT）。它采用基于梯度的反向传播算法，对网络进行有监督的训练。通过交替连接的卷积层和池化层将原始图像转换成一系列特征图，最后通过全连接层对提出来的特征图像进行分类。LeNet-5 在手写数字识别领域的成功引起了学术界对卷积神经网络的关注。

2012 年，Krizhevsky 等（Krizhevsky et al.，2012）在 ILSVRC 2012（ImageNet Large Scale Visual Recognition Competition 2012）中提出 AlexNet（见图 6 - 23）。Alex-Net 共有 8 层，其中前 5 层为卷积层，后 3 层为全连接层，在每个卷积层中使用 ReLU 激励函数代替传统的 Tanh 或者 Logistic，并且在第一、二、五个卷积层后利用最大池化来减少网络中参数的计算量。与 LeNet-5 相比，AlexNet 使用多 GPU 并行以提高运行效率，使用 Dropout 来防止过拟合。AlexNet 以准确度超越第二名 11% 的巨大优势获得了冠军，使得卷积神经网络成为学术界关注的焦点。

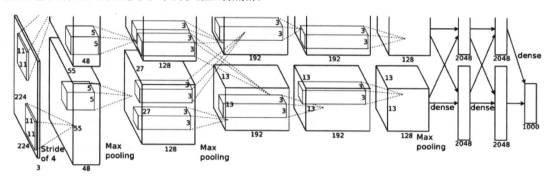

图 6 - 23　AlexNet 结构图

VGG（Visual Geometry Group）（Simonyan and Zisserman，2014）由牛津大学的视觉几何组于 2014 年提出，是 ILSVRC 2014 中定位任务的第一名和分类任务的第二名。以 VGG 16 为例，其网络结构共 16 层，包括 13 个卷积层以及 3 个全连接层，突出贡献在于证明使用很小的卷积（3 * 3），增加网络深度可以有效提升模型的效果。VGG 16 的网络结构如图 6 - 24 所示。

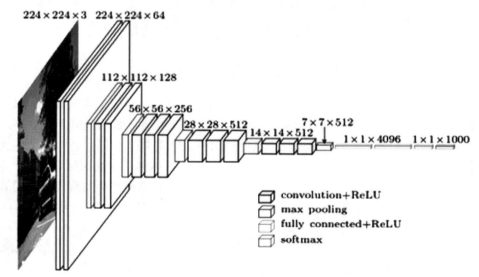

图 6 - 24　VGG 16 结构图

GoogLeNet（Szegedy et al.，2014）是谷歌团队为了参加 ILSVRC 2014 比赛而精心准备的，最终获得比赛的冠军。其主要想法是通过构建密集的块结构来近似最优的稀疏结构，从而达到提高性能又不大幅增加计算量的目的。GoogLeNet 构建了 Inception Model

这个基本单元（如图6-25所示），增加了单层卷积层的宽度，即在单层卷积层上使用不同尺度的卷积核。基本的 Inception Model 中有 $1*1$ 卷积核、$3*3$ 卷积核、$5*5$ 卷积核，还有一个 $3*3$ 下采样，旨在强化基本特征提取模块的功能。GoogLeNet 共有22层，用的参数是 ILSVRC 2012 的冠军 AlexNet 的 $1/12$，但准确率更高。GoogLeNet 的网络结构如图6-26所示。

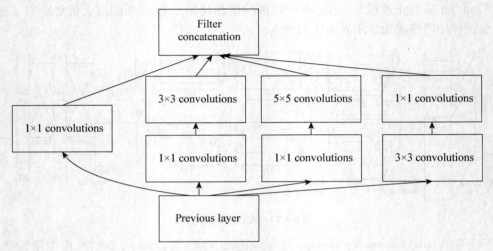

图6-25　Inception Model 基本单元

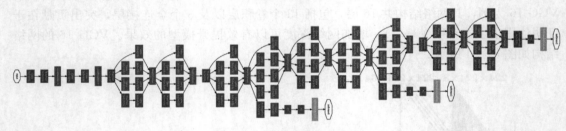

图6-26　GoogLeNet 结构图

ResNet（He et al.，2015b）是微软团队在参加 ILSVRC 2015 比赛时提出的，获得了第一名。此网络引入残差网络结构（Residual Network），即通过增加一个恒等映射（Identity Mapping），让网络随深度增加而不退化。虽然这两种表达的效果相同，且特征图的大小不变，但是优化的难度却并不相同，引入残差网络结构解决了网络层次加深所导致的严重的梯度消失问题。作者提出了34，50，101，152层的 ResNet，其错误率大幅降低，同时计算复杂度保持在很低的水平。以34层的 ResNet 为例，其网络结构如图6-27所示。

图6-27　ResNet 结构图

从这些卷积神经网络的结构图可以看出，通过增加深度，网络能够利用增加的非线性得到目标函数的近似结构，从而得到更好的特征表现，同时，通过对网络结构的改进，解决由于深度增加而使网络难以优化的问题。传统的神经元中上一层的每个神经元与下一层的每个神经元相互连接，然而卷积神经网络具有稀疏连接（sparse connectivity）的特征，即每一层的神经元与上一层的神经元通过局部连接的模式进行交互。

卷积神经网络较一般的神经网络的优点可以概括如下：（1）卷积神经网络可以把输入图像直接作为网络的输入，避免对图像进行处理，如特征提取等；（2）卷积神经网络通过稀疏连接和参数共享来减少网络自由参数的个数，从而达到降低网络参数选择的复杂度的目的，并解决人工神经网络中全连接方式导致的过拟合问题。

6.4　上机实践：R

6.4.1　建筑物热负荷数据

1．数据说明

这是 UCI 数据库中的一个能耗数据集，可以通过以下链接获得：http://archive.ics.uci.edu/ml/datasets/Energy＋efficiency♯，也可在人大出版社提供的网址下载。该项研究旨在评估建筑物的冷热负荷需求（即能耗）与建筑物参数间的函数关系。数据集共包括 768 个样本，每个样本有 8 个特征变量及 2 个响应变量。8 个特征变量被标记为 $X1$, $X2$, ⋯, $X8$，分别表示建筑物的相对密实度、表面积、墙体面积、顶部面积、总高度、朝向、窗洞口面积、窗洞口面积分布；2 个响应变量被标记为 $Y1$, $Y2$，分别表示建筑物的热负荷与冷负荷。我们以热负荷 $Y1$ 为例，对该数据集建立单隐层前向人工神经网络模型，从而利用建筑物的 8 个特征变量来预测其热负荷。

2．描述统计

我们首先通过 read.csv()函数将数据加载为一个 R 对象，然后分别使用 str()与 summary()函数来探索数据集的基本特点。

```
ENBdata <- read.csv("ENB2012_data.csv", header = T, sep = ",")
str(ENBdata)
summary(ENBdata)
```

结果如下：

X1	X2	X3	X4	X5
Min.　:0.6200	Min.　:514.5	Min.　:245.0	Min.　:110.2	Min.　:3.50
1st Qu.:0.6825	1st Qu.:606.4	1st Qu.:294.0	1st Qu.:140.9	1st Qu.:3.50
Median :0.7500	Median :673.8	Median :318.5	Median :183.8	Median :5.25
Mean　:0.7642	Mean　:671.7	Mean　:318.5	Mean　:176.6	Mean　:5.25
3rd Qu.:0.8300	3rd Qu.:741.1	3rd Qu.:343.0	3rd Qu.:220.5	3rd Qu.:7.00
Max.　:0.9800	Max.　:808.5	Max.　:416.5	Max.　:220.5	Max.　:7.00

	X6	X7	X8	Y1	Y2
Min.	:2.00	Min. :0.0000	Min. :0.000	Min. :6.01	Min. :10.90
1st Qu.	:2.75	1st Qu.:0.1000	1st Qu.:1.750	1st Qu.:12.99	1st Qu.:15.62
Median	:3.50	Median :0.2500	Median :3.000	Median :18.95	Median :22.08
Mean	:3.50	Mean :0.2344	Mean :2.812	Mean :22.31	Mean :24.59
3rd Qu.	:4.25	3rd Qu.:0.4000	3rd Qu.:4.000	3rd Qu.:31.67	3rd Qu.:33.13
Max.	:5.00	Max. :0.4000	Max. :5.000	Max. :43.10	Max. :48.03

上面我们通过 summary() 函数获得变量的极值及中位数等基本统计指标。可以看出，各变量的变化范围有很大的不同。在建立神经网络模型之前，一般需要对数据进行归一化预处理。

```
normalize <- function(x){ return ((x-min(x))/(max(x)-min(x)))}  #自定义 normalize()函数
ENBdata_norm <- as.data.frame(lapply(ENBdata,normalize))
```

3. BP 网络回归预测

我们将数据集划分为一个具有 70%样本的训练集和一个具有 30%样本的测试集。在训练集上用 nnet 包中的 nnet() 函数可实现 BP 网络的回归预测。

```
###建立训练集与测试集
n <- dim(ENBdata_norm)[1]
set.seed(13)
train_index <- sample(1:n,round(n*0.7))
train <- ENBdata_norm [train_index,]  #训练集，用来创建神经网络
test <- ENBdata_norm [-train_index,]   #测试集，用来评估模型的泛化性能，
```
防止出现过拟合

```
###建立神经网络
library (nnet)①
r <- 1/max(abs(train[,1:8]))   #确定参数 rang 的变化范围
set.seed(101)
model <- nnet(Y1~X1+X2+X3+X4+X5+X6+X7+X8,data=train,size=3,
rang=r,decay=1e-5,maxit=1000)  #建立神经网络模型，隐层神经元个数设置
为 3
summary(model)
```

结果如下：

---

① nnet()函数的网络为三层拓扑结构：输入层神经元个数等于输入变量个数；隐层只有 1 个，隐层神经元个数由用户指定；二分类和回归问题的输出层神经元个数为 1，多分类问题的输出层神经元个数等于输出变量的类别数。R 中还有一些其他的软件包可以用来训练神经网络，如 neuralnet 包和 RSNNS 包等，这些包都有其独特的优势。

```
a 8 - 3 - 1 network with 31 weights
options were - decay = 1e - 05
b - h1    i1 - h1    i2 - h1    i3 - h1    i4 - h1    i5 - h1    i6 - h1    i7 - h1    i8 - h1
4.33     3.02      - 0.69     1.71      - 1.34     - 9.02     0.01      - 0.98     - 0.12
b - h2    i1 - h2    i2 - h2    i3 - h2    i4 - h2    i5 - h2    i6 - h2    i7 - h2    i8 - h2
4.47     23.52     - 19.74    - 1.96     - 23.75    3.33      - 0.07     - 0.88     - 0.01
b - h3    i1 - h3    i2 - h3    i3 - h3    i4 - h3    i5 - h3    i6 - h3    i7 - h3    i8 - h3
- 15.32   20.25     9.15      6.31      3.86      - 3.88     - 0.06     0.91      0.18
b - o     h1 - o     h2 - o     h3 - o
7.41     - 12.26    - 8.38     3.22
```

通过 summary() 函数可以得到模型的相关信息。第一行结果展示了神经网络的结构：训练得到的是一个三层的神经网络，输入层、隐层、输出层神经元个数分别为 8，3，1，模型共有 31 个权值（包括偏置的个数）。第二行结果展示了神经网络的参数设置：权值衰减参数为 1e-05。第三行及以下行的结果展示了模型的具体权值：i1，…，i8 分别表示输入层的 8 个神经元；h1，h2，h3 表示隐层的 3 个神经元；o 表示输出层的 1 个神经元。b-h1 表示隐层第 1 个神经元的偏置，i2-h1 表示输入层第 2 个神经元与隐层第 1 个神经元之间的权值，其余类推。

建立模型之后，可以利用 R 自带的 predict() 函数对测试集进行预测：

```
pred_test <- predict(model,test[,1:8])
```

此处是数值预测问题，不能使用混淆矩阵来检查模型的预测效果。我们可以度量预测的热负荷值与真实值之间的相关系数：

```
cor(test[,9],pred_test)
```

可以看到，预测值与真实值之间的相关系数是 0.992 432 6，非常接近 1，意味着两个变量之间有很强的线性关系。这说明所建立的神经网络模型具有较好的预测效果。

6.4.2　红葡萄酒品质数据

1. 数据说明

该数据集来源于 UCI 数据库，可以通过以下链接获得：http://archive.ics.uci.edu/ml/datasets/Wine+Quality，也可以在人大出版社提供的网址下载。数据集中包含红色与白色 Vinho Verde（青酒）葡萄酒案例。这里我们只对红葡萄酒数据进行研究。

该数据集包含 1 599 个红葡萄酒样本的信息，对每个样本记录了 11 个性质属性的测量值以及该样本的综合品质评分。11 个特征变量为：非挥发性酸含量、挥发性酸含量、柠檬酸含量、残余糖分含量、氯化物含量、游离二氧化硫含量、总二氧化硫含量、密度、酸碱度、硫酸盐含量、酒精浓度；响应变量为 quality，对葡萄酒用 0～10 进行评分，此红葡萄酒数据集包含 3～8 这 6 种评分。

2. 描述统计

导入数据并对红葡萄酒质量进行频数统计。

```
red_wine <- read.csv("winequality-red.csv", sep = ";", header = T, fill = T)
table(red_wine $ quality)    #生成频数统计表
```

结果如下：

```
  3    4    5    6    7    8
 10   53  681  638  199   18
```

为了方便分析，我们将红葡萄酒品质分为两个等级，其中评分 3，4，5 的为"bad"品质，评分 6，7，8 的为"good"品质。我们的目的是建立具有 1 个隐层的 BP 网络模型，利用样本的 11 个特征变量对其品质等级进行判别。然后对数据进行归一化处理，并将数据集划分为一个包含 70% 样本的训练集和一个包含 30% 样本的测试集。

```
tmp <- 0    #用于临时存储
n <- dim(red_wine)[1]
for(i in 1:n)    #针对每个样本进行调整
+ {   if(red_wine[i,12]>5)  {tmp[i]<-"good"}
+       else   {tmp[i]<-"bad"}
+ }
red_wine[,12]<- as.factor(tmp)    #字符型变量化为含有因子的变量
normalize <- function(x){ return ((x-min(x))/(max(x)-min(x)))}
red_wine[,1:11]<- lapply(red_wine[,1:11],normalize)    #数据归一化
set.seed(13)
test_index <- sample(1:n,round(n*0.3))
train <- red_wine[-test_index,]    #训练集
test <- red_wine[test_index,]    #测试集
n_train <- dim(train)[1]
n_test <- dim(test)[1]
```

3．BP 网络分类预测

利用 nnet 包中的 nnet() 函数建立神经网络，其中，隐层神经元个数设置为 2，并利用测试集进行测试。

```
library(nnet)
r <- 1/max(abs(train[,1:11]))    #确定参数 rang 变化的范围
set.seed(101)
model <- nnet(quality~.,data = train,size = 2,rang = r, decay = 1e-5,maxit
= 400)    #建立神经网络
summary(model)
```

结果如下：

```
a 11-2-1 network with 27 weights
options were - entropy fitting   decay = 1e-05
```

b-h1	i1-h1	i2-h1	i3-h1	i4-h1	i5-h1	i6-h1	i7-h1	i8-h1	i9-h1	i10-h1	i11-h1
-0.85	2.36	-6.61	-2.76	0.25	-0.77	2.37	-5.83	0.48	0.39	6.33	5.28

b-h2	i1-h2	i2-h2	i3-h2	i4-h2	i5-h2	i6-h2	i7-h2	i8-h2	i9-h2	i10-h2	i11-h2
31.87	-53.90	65.36	-113.93	6.88	26.76	55.08	-116.79	122.97	61.94	-5.14	-100.60

b-o	h1-o	h2-o
0.65	4.33	-2.86

对测试集进行预测：

```
pred_test <- predict(model,test[,1:11],type = "class")   #根据模型 model
对 test 进行预测
table(test[,12],pred_test)   #混淆矩阵
```

结果如下：

```
        pred_test
        bad   good
bad     175   63
good    49    193
```

通过以上结果可以看出，对于 238 个"bad"样本，模型将其中的 175 个样本预测正确，但将其余 63 个"bad"样本误判为"good"样本。对于 242 个"good"样本，模型将其中的 193 个样本预测正确，但将其余 49 个"good"样本误判为"bad"样本。

实际上，对同一个数据集采用不同的参数一般会得到不同的模型。那么，如何才能确定最优参数，获得最优模型呢？针对该问题，我们可在不同参数下利用训练集建立模型，分别计算模型在测试集上的误判率，从中选择误判率最小的模型所对应的参数。下面我们以隐层神经元数目为例进行演示。

```
err_train <- 0
err_test <- 0
max_number <- 20
for(i in 1: max_number)
+ { set.seed(123)
+    model <- nnet(quality~.,data = train,size = i,rang = r, decay = 1e-5,
maxit = 400)
+    pred_train <- predict(model,train[,1:11],type = "class")
+    pred_test <- predict(model,test[,1:11],type = "class")
+    err_train[i]<- sum(pred_train! = train[,12])/n_train
+    err_test[i]<- sum(pred_test! = test[,12])/n_test
+ }
plot(1:max_number,err_train,'l',col = 1,lty = 1,ylab = "误判率",xlab = "隐层
神经元个数", ylim = c(min(min(err_train),min(err_test)),max(max(err_train),
max(err_test))))
```

```
lines(1:max_number,err_test,col = 1,lty = 2)
points(1:max_number,err_train,col = 1,pch = "o")
points(1:max_number,err_test,col = 1,pch = " * ")
legend(10,0.26,"测试集误判率",bty = "n",cex = 1.1)
legend(7,0.12,"训练集误判率",bty = "n",cex = 1.1)
```

通过上述程序，我们可以获得在不同的隐层神经元个数下，样本集所建立模型的误判率，结果如图 6 - 28 所示。可以看出，随着隐层神经元个数的增加，训练集误判率呈下降趋势，说明模型对训练数据拟合得越来越好；而测试集误判率并未下降，这是由于出现了过拟合现象。

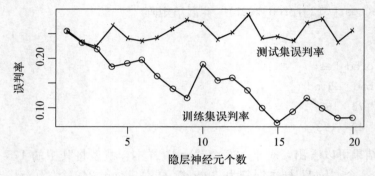

图 6 - 28　不同隐层神经元个数下模型的误判率

由图 6 - 28 可以看出，在隐层神经元个数等于 3 的时候，测试集误判率取得最小值，因此可以将隐层神经元个数设置为 3，以此建立神经网络。

```
set.seed(123)
model <- nnet(quality~.,data = train,size = 3,rang = r, decay = 1e - 5,maxit = 400)
pred_test <- predict(model,test[,1:11],type = "class")    #根据模型 model
对 test 进行预测
table(test[,12],pred_test)
      pred_test
       bad    good
bad   174    64
good   45    197
(err <- sum(pred_test! = test[,12])/n_test)    #模型在测试集上的误判率
[1] 0.2270833
```

6.4.3　手写数字识别问题

1. 数据说明

手写数字数据集可以通过以下链接获得：https://www.kaggle.com/c/digit-recognizer/data（train.csv），也可以在人大出版社提供的网址下载。该数据集包含手写数字

"0"～"9"的灰度图像,共有 42 000 张。每张图像是 28×28 像素的,因此可用一个 28×28＝784 维的向量进行表示。数据集共有 785 列,第一列为该数据的类别标签(标签为 0～9,共 10 类),其余列为该手写数字图像的 784 个像素。每个像素值是 [0,255] 中的某个整数。

2. 深度神经网络

```
Digitdata <- read.csv("train.csv", header = TRUE)
Digitdata[,-1] = Digitdata[,-1]/255    ＃归一化
```

该数据集共包含 42 000 个样本,对其建立深度神经网络需要耗费较长的时间。简便起见,我们从每类数据中随机抽取 50 个构成测试集,200 个构成训练集。这样所用的训练集共包含 2 000 个样本,测试集共包含 500 个样本。

```
＃＃＃建立训练集与测试集
labels <- Digitdata[,1]    ＃数据的类别标签
test_index <- c()
train_index <- c()
for (i in 1:10) {
+    tmp1 <- which(labels == (i-1))
+    set.seed(101)
+    tmp2 <- sample(tmp1,250,replace = F)
+    test_index <- c(test_index,tmp2[c(1:50)])
+    train_index <- c(train_index,tmp2[c(51:250)])}
train <- Digitdata[train_index,]    ＃训练数据
test <- Digitdata[test_index,-1]    ＃测试数据
test_label <- Digitdata[test_index,1]    ＃测试数据的类别标签


＃＃＃深度学习建模
library(h2o)
h2o.init
trData.hex <- as.h2o(train)
tsData.hex <- as.h2o(test)


＃＃＃建立深度神经网络
trData.hex[,1] <- as.factor(trData.hex[,1])    ＃将训练数据的类别变量转
```
化为含有因子的变量
```
model <- h2o.deeplearning(x = 2:785, y = 1, training_frame = trData.hex,
activation = "Tanh",hidden = rep(160,5),epochs = 20)    ＃将网络的隐层数设置为
```
5,每个隐层所含的神经元个数设置为 160

```
＃＃＃对测试集进行预测
pred_test_dl <- h2o.predict(object = model,newdata = tsData.hex)
```

```
pred_test <- as.data.frame(pred_test_dl)
table(test_label,pred_test $ predict)    ＃混淆矩阵
```

test_label	0	1	2	3	4	5	6	7	8	9
0	50	0	0	0	0	0	0	0	0	0
1	0	49	0	1	0	0	0	0	0	0
2	0	0	48	1	0	0	0	1	0	0
3	0	1	2	47	0	0	0	0	0	0
4	0	0	0	0	45	0	1	0	1	3
5	1	0	1	6	1	40	1	0	0	0
6	2	1	0	0	1	0	46	0	0	0
7	0	0	0	0	1	0	0	47	0	2
8	0	1	1	2	0	3	0	0	43	0
9	0	1	0	1	2	0	0	3	0	43

```
(err <- sum(pred_test $ predict! = test_label)/nrow(test))    ＃模型在测试
集上的误判率
[1] 0.084
```

6.5　上机实践：Python

6.5.1　建筑物热负荷数据

1. 数据说明

本案例给出 Python 版本下的建筑物热负荷数据分析，在此仍然以热负荷数据为例，对数据集建立单隐层前向型神经网络模型，利用 8 个特征变量预测热负荷。

2. 描述统计

首先定义 5.6 节写好的 show_table() 函数，该函数用来展示混淆矩阵。读入数据，进行描述性统计分析。

```
def show_table(y_true,y_pred):
    from sklearn.metrics import confusion_matrix
    import numpy as np
    import pandas as pd
    matrix = confusion_matrix(y_true,y_pred)
    level = np.unique(y_true).tolist()
    Index = ['True_' + str(content) for content in level]
    columns = ['pred_' + str(content) for content in level]
    return(pd.DataFrame(matrix,index = Index,columns = columns))
```

```
import numpy as np
from sklearn.cross_validation import cross_val_score
import pandas as pd
data = pd.read_csv('ENB2012_data.csv')
data.describe()
```

类函数 describe() 与 R 中的 summary() 有相同的作用, 都展示了变量的基本特征。在建立神经网络之前, 需要对数据进行预处理, 使其取值范围落在 [0, 1] 之间。

```
from sklearn.preprocessing import MinMaxScaler
Newdata = pd.DataFrame(MinMaxScaler().fit_transform(data))
Newdata.columns = data.columns
```

3.　BP 网络回归预测

首先, 将自变量和因变量分别保存, 并将数据的 70% 作为训练集, 剩余的 30% 作为测试集。

```
from sklearn.cross_validation import train_test_split
Y = Newdata['Y1']
Xnames = Newdata.columns[: -2]
X = Newdata[Xnames]
X_train,X_test,Y_train,Y_test = train_test_split(X,Y,random_state = 14,
                                                test_size = 0.3)
from sklearn.cross_validation import train_test_split
Y = Newdata['Y1']
Xnames = Newdata.columns[: -2]
X = Newdata[Xnames]
X_train,X_test,Y_train,Y_test = train_test_split(X,Y,random_state = 14,
                                                test_size = 0.3)
from sklearn.neural_network import MLPRegressor
NN = MLPRegressor(hidden_layer_sizes = (3,),max_iter = 1000,
                  epsilon = 1e - 5,random_state = 14)
NN.fit(X_train,Y_train)
pred = NN.predict(X_test)
np.corrcoef(Y_test,pred)    #0.92619192
MSE = np.mean((Y_test - pred) * *2)    #0.010246678543696023
score = NN.score(X_test,Y_test)    #0.8451091658910832
CV = np.mean(np.abs(cross_val_score(NN,X,Y,scoring = 'neg_mean_squared_error',
cv = 10)))    #0.014367408340893627
```

在此选择随机种子为 14, 结果显示预测值和真实值的相关系数达到 0.926, 得分为 0.845, 预测效果较好。

6.5.2　红葡萄酒品质数据

1.　数据说明

我们给出红葡萄酒品质数据预测的 Python 版本。

2.　描述统计

自定义函数 describe 与类函数有区别，请读者注意体会，describe()函数用来统计每个种类的样本个数，统计结果如图 6-29 所示。

```python
import pandas as pd
import numpy as np
data = pd.read_csv('winequality-red.csv',sep = ';')
data.describe()
def describe(Y):
    result = dict()
    for content in Y:
        if content in result:
            result[content] += 1
        else:
            result[content] = 1
    return(pd.DataFrame(result,index = ['Frequency']))
describe(data['quality'])
```

```
In [34]: describe(data['quality'])
Out[34]:
               3    4    5    6    7    8
Frequency     10   53   681  638  199  18
```

图 6-29　因变量频数统计

我们按照 6.4.2 中的步骤建立模型。

首先，将评分小于等于 5 的样本定义为'bad'，将评分大于 5 的定义为'good'。

```python
data['good?'] = data['quality']>5
xnames = data.columns[:-2]
X = data[xnames]
```

然后，进行归一化处理，将变量取值压缩在 [0，1] 之间。

```python
from sklearn.preprocessing import MinMaxScaler
X_norm = pd.DataFrame(MinMaxScaler().fit_transform(X))
X_norm.columns = xnames
```

最后，将自变量与因变量分别保存，并且按照 7∶3 的比例划分训练集和测试集。

```python
from sklearn.cross_validation import train_test_split
Y = data['good?']
```

```
X_train,X_test,Y_train,Y_test = train_test_split(X_norm,Y,
                             random_state = 14,test_size = 0.3)
```

3. BP 网络分类预测

隐层神经元个数设置为 2，建立分类器，分类器预测结果如图 6-30 所示。

```
from sklearn.neural_network import MLPClassifier
clf = MLPClassifier(hidden_layer_sizes = 2,max_iter = 400,
                             epsilon = 1e - 5,random_state = 14)
clf.fit(X_train,Y_train)
pred = clf.predict(X_test)
show_table(Y_test,pred)
```

```
Out[12]:
               pred_False    pred_True
True_False        153           48
True_True          93          186
```

图 6-30　BP 网络预测结果

我们对隐层神经元个数不同的分类器进行比较，神经元个数从 1 变化到 20，并且在每种模型下进行了 10 次试验，将求得的平均值作为预测误差，得到的结果如图 6-31 所示。

```
err_train = []
err_test = []
max_number = 21
for i in np.arange(1,max_number):
    temptrain = 0
    temptest = 0
    for j in np.arange(10):
        clf = MLPClassifier (hidden_layer_sizes = i,max_iter = 500,
                        epsilon = 1e - 5)
        clf.fit(X_train,Y_train)
        temptrain + = np.mean(clf.predict(X_train)! = Y_train)
        temptest + = np.mean(clf.predict(X_test)! = Y_test)
    err_train.append(temptrain/10.)
    err_test.append(temptest/10.)
import matplotlib.pyplot as plt
import seaborn as sns
plt.plot(np.arange(1,max_number),err_train,'or - ',label = 'Train error')
plt.plot(np.arange(1,max_number),err_test,' * b - ',label = 'Test error')
optimal = np.argmin(err_test)
plt.axhline(y = err_test[optimal])
plt.legend(loc = 'best')
```

```
plt. title('different size of hidden layer')
plt. xlabel('size of hidden layer')
plt. ylabel('average error rate')
plt. xticks(np. arange(1, max_number))
plt. show()
```

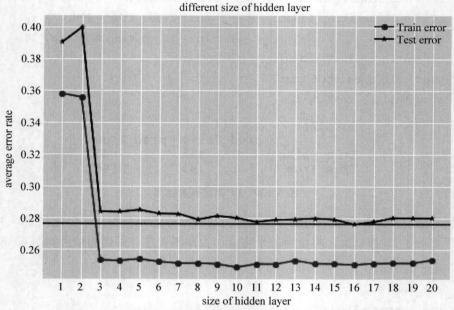

图 6 - 31   不同隐层神经元个数的神经网络的平均预测结果

图 6 - 31 展现出，当隐层神经元增加到 3 个，平均预测错误率趋于平稳，变动很小，因此我们以隐层神经元个数为 3 进行建模。

```
clf_optimal = MLPClassifier(hidden_layer_sizes = 3,
                            max_iter = 500, epsilon = 1e - 5)
clf_optimal. fit(X_train, Y_train)
optimal_pred = clf_optimal. predict(X_test)
show_table(Y_test, optimal_pred)
error = np. mean(optimal_pred! = Y_test) * 100
print("The best error rate: {0:.1f} % ". format(error))    #27.5%
```

结果显示，预测错误率为 27.5%，结果具有随机性。在此，我们进行 10 折交叉验证，查看隐层神经元个数为 3 时的平均准确率。

```
from sklearn. cross_validation import cross_val_score
clf_optimal = MLPClassifier(hidden_layer_sizes = 3,
                            max_iter = 500, epsilon = 1e - 5)
cv = np. mean(cross_val_score(clf_optimal, X, Y,
        cv = 10, scoring = 'accuracy'))    # 0.65532420700027338
```

结果显示，平均预测准确率只有 65.5％，预测效果一般。

6.5.3 手写数字识别问题

1. 数据说明

我们将手写数字数据集保存在 train.csv 文件中，该数据集可从以下链接获得：https://www.kaggle.com/c/digit-recognizer/data，也可以从人大出版社提供的网址下载，通过对其建立深度学习模型来预测图像中的数字。

2. 深度神经网络

读取数据，对数据进行归一化处理。为简便起见，我们依旧从每类样本中随机选取 50 个作为测试集，200 个作为训练集，得到训练样本 2 000 个，测试样本 500 个。

```
import pandas as pd
import numpy as np
data = pd.read_csv('train.csv')
names = data.columns
data = np.array(data)
labels = data[:,0]
X = data[:,1:]/255.
import random
train_rows = []
test_rows = []
for label in np.unique(labels):
    rows = random.sample(list(np.where(labels == label)[0]),250)
    train_rows.append(list(rows[:200]))
    test_rows.append(rows[200:])
train_rows = np.array(train_rows).reshape(2000,)
train_rows.sort()
X_train = X[train_rows,:]
Y_train = labels[train_rows]
test_rows = np.array(test_rows).reshape(500,)
test_rows.sort()
X_test = X[test_rows,:]
Y_test = labels[test_rows]
nlabels = len(np.unique(labels))
```

将得到的数据集分别保存在 X _ train，Y _ train，X _ test，Y _ test 中。

接下来利用 Keras 模块建立深度学习模型，首先需要将 labels 转换成 dummy variable 形式。

```
from keras.utils import np_utils
#需要将 labels 转换成 dummy variable——one hot encoding
```

```
dummy_y_train = np_utils.to_categorical(Y_train)
from keras.models import Sequential
from keras.layers import Dense
model = Sequential()
model.add(Dense(units = 160, input_dim = 784,activation = 'tanh'))
model.add(Dense(units = 160,activation = 'tanh'))
model.add(Dense(units = 160,activation = 'tanh'))
model.add(Dense(units = 160,activation = 'tanh'))
model.add(Dense(units = 160,activation = 'tanh'))
model.add(Dense(units = nlabels,activation = 'softmax'))

model.compile(loss = 'categorical_crossentropy',
              optimizer = 'sgd',metrics = ['accuracy'])
model.fit(X_train,dummy_y_train,epochs = 20,batch_size = 128)
pred = model.predict(X_test)
pred_labels = []
for i in range(len(pred)):
    pred_labels.append(np.argmax(pred[i]))
accuracy_nn = np.mean(pred_labels = = Y_test) * 100
print("The test accuracy is {:.1f}%".format(accuracy_nn))
show_table(Y_test,pred_labels)
```

我们建立拥有 6 个全连接层的神经网络，前 5 个隐层采用 tanh 激活函数，最后一层采用 softmax 激活函数，前五层的神经元个数为 160 个，最后一层的神经元个数为 labels 的类别数，即 10 个，输出的结果是一个十维向量，哪个分量最大我们就认为这个样本属于哪一类别。我们对神经网络训练 20 次，由于篇幅原因，这里只展示后十次训练过程，得到的训练结果如图 6-32 所示。

```
Epoch 10/20
2000/2000 [==============================] - 0s - loss: 0.8333 - acc: 0.8165
Epoch 11/20
2000/2000 [==============================] - 0s - loss: 0.7778 - acc: 0.8235
Epoch 12/20
2000/2000 [==============================] - 0s - loss: 0.7302 - acc: 0.8335
Epoch 13/20
2000/2000 [==============================] - 0s - loss: 0.6898 - acc: 0.8360
Epoch 14/20
2000/2000 [==============================] - 0s - loss: 0.6548 - acc: 0.8445
Epoch 15/20
2000/2000 [==============================] - 0s - loss: 0.6236 - acc: 0.8440
Epoch 16/20
2000/2000 [==============================] - 0s - loss: 0.5966 - acc: 0.8525
Epoch 17/20
2000/2000 [==============================] - 0s - loss: 0.5726 - acc: 0.8595
Epoch 18/20
2000/2000 [==============================] - 0s - loss: 0.5509 - acc: 0.8660
Epoch 19/20
2000/2000 [==============================] - 0s - loss: 0.5317 - acc: 0.8685
Epoch 20/20
2000/2000 [==============================] - 0s - loss: 0.5134 - acc: 0.8750
The test accuracy is 85.2%
```

图 6-32　深度神经网络训练过程图

混淆矩阵如图6-33所示。

```
Out[85]:
         pred_0  pred_1  pred_2  pred_3  pred_4  pred_5  pred_6  pred_7  \
True_0      47       0       0       1       0       2       0       0
True_1       0      46       0       1       0       0       0       0
True_2       2       1      40       1       0       0       2       2
True_3       0       0       0      44       0       2       0       1
True_4       0       0       0       0      42       0       1       0
True_5       2       1       1       7       0      32       2       1
True_6       0       1       1       0       1       1      46       0
True_7       0       0       1       0       0       0       0      48
True_8       0       2       1       1       0       2       0       1
True_9       0       0       0       1       4       0       0       3

         pred_8  pred_9
True_0       0       0
True_1       3       0
True_2       2       0
True_3       2       1
True_4       0       7
True_5       4       0
True_6       0       0
True_7       0       1
True_8      41       2
True_9       2      40
```

图6-33   深度神经网络预测结果

由图6-32可以看出,随着训练次数增加,训练集准确率一直在提高,说明训练过程还没有完全结束,可以适当增加训练次数,也许会得到更令人满意的预测效果,在此不做展示,请读者自行尝试。从结果可以看出分类效果比较令人满意,测试集分类正确率达到85.2%。

6.5.4* MNIST 数据集(一)

1. 数据说明

数据来自MNIST数据集。MNIST(Mixed National Institute of Standards and Technology)数据集是美国国家标准与技术研究所的一个手写数字图像的数据集,广泛用于数字识别的分类器训练中,可以在http://deeplearning.net/data/mnist/mnist.pkl.gz上下载,也可在人大出版社提供的网址下载。这个数据集一共分为三部分:50 000个图像的训练集,10 000个图像的验证集,10 000个图像的测试集。每张图片都是由28×28个像素组成的灰度图像。

2. 读取数据

首先加载所有需要的模块。

```
import gzip, cPickle
from PIL import Image
import numpy as np
from sklearn import svm
from sklearn import metrics
```

```
from sklearn.neural_network import BernoulliRBM
from sklearn.pipeline import Pipeline
from scipy import ndimage
```

加载数据集，将验证集加在训练集中，构成 60 000 个图像的训练集。

```
f = gzip.open('/Users/nick/Downloads/mnist.pkl.gz', 'rb')
train_set, valid_set, test_set = cPickle.load(f)
f.close()
x = np.vstack([train_set[0], valid_set[0]])
y = tuple(train_set[1]) + tuple(valid_set[1])

test_x = test_set[0]
test_y = test_set[1]
```

将图像拼接并使用 PIL 库中 Image 模块的 fromarray() 函数输出。

```
for i in range(1, 6):
    for j in range(1, 11):
        if j == 1:
            temp = ((x[(i-1) * 10 + 0]) * 255).reshape((28, 28))
        else:
            temp = np.hstack([temp, ((x[(i-1) * 10 + j-1]) * 255).reshape((28, 28))])
    if i == 1:
        outputimage = temp
    else:
        outputimage = np.vstack([outputimage, temp])


Image._show(Image.fromarray(outputimage))
```

输出结果如图 6-34 所示。

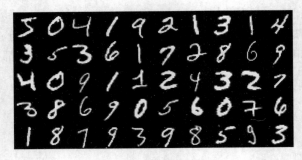

图 6-34　模型输出结果

3. 用原始变量训练多分类 SVM 分类器

将每个图像的每个像素当成一个输入变量，这样可以获得一个 784 维（28×28）的训练样本。利用 scikit-learn 库中的 svm.SVC() 函数，可以训练多分类的 SVM 模型（见第 7 章），并在测试集上展示训练结果。

```
svm1 = svm.SVC()
svm1.fit(x, y)

test_pre = svm1.predict(test_x)
print sum(test_pre = = test_y)/10000.
print("SVM without filter:\n%s\n" % (
    metrics.classification_report(
        test_y,
        test_pre)))
```

结果如下：

```
0.9443
SVM without filter:
```

	precision	recall	f1 - score	support
0	0.96	0.99	0.97	980
1	0.97	0.99	0.98	1135
2	0.94	0.93	0.93	1032
3	0.93	0.94	0.93	1010
4	0.93	0.96	0.94	982
5	0.93	0.91	0.92	892
6	0.95	0.97	0.96	958
7	0.96	0.93	0.94	1028
8	0.94	0.92	0.93	974
9	0.94	0.92	0.93	1009
avg / total	0.94	0.94	0.94	10000

可以看出，获得 94.4% 的分类准确率。

4. 利用 RBM 提取特征

RBM 是常用的提取特征的机器学习方法。可以利用 RBM 训练出隐藏节点，作为图像的特征，供进一步分类使用。

在使用 RBM 提取特征之前，常需要给图像去噪，减少噪声点的干扰。常见的滤波器有高斯滤波、均值滤波、中值滤波等。本例中使用 scipy 库中 ndimage 模块的 convolve() 函数进行线性卷积滤波。

```
def filter1(plotinput):
    k = np.ones((3, 3))/9
    return ndimage.convolve(plotinput.reshape((28, 28)), k, mode = 'constant',
```

```
cval = 0.0)
for i in range(1, 6):
    for j in range(1, 11):
        if j == 1:
            temp = (filter1(x[(i - 1) * 10 + 0]) * 255).reshape((28, 28))
        else:
            temp = np.hstack([temp, (filter1(x[(i - 1) * 10 + j - 1]) * 255).
reshape((28, 28))])
    if i == 1:
        outputimage = temp
    else:
        outputimage = np.vstack([outputimage, temp])


Image._show(Image.fromarray(outputimage))
```

使用以上 3×3 的权重矩阵进行滤波，得到的模糊图像如图 6-35 所示。

图 6-35   使用 3×3 的权重矩阵进行滤波得到的模糊图像

如果使用 5×5 的权重矩阵，可以得到更模糊的图像，如图 6-36 所示。

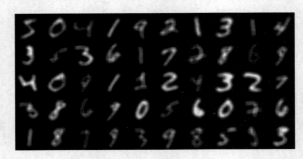

图 6-36   使用 5×5 的权重矩阵进行滤波得到的模糊图像

考虑到样本图像的结构较为简单，因此我们使用 3×3 的权重矩阵对图像进行卷积滤波。下面分别对训练集和测试集的数据进行滤波。

```
x1 = []
for i in range(0, 60000):
```

```
        for j in filter1(x[i, ]).reshape([1,784]):
            x1.append(j)
    test_x1 = []
    for i in range(0, 10000):
        for j in filter1(test_x[i]).reshape([1,784]):
            test_x1.append(j)
```

接下来，对滤波之后的图像提取特征。scikit-learn 库中提供的 Pipeline() 函数可以将 RBM 与分类器的结果连接，将 RBM 提取的特征直接用于分类器中进行训练。程序如下：

```
rbm = BernoulliRBM(random_state = 0, verbose = True)
classifier = Pipeline(steps = [('rbm', rbm), ('svm', svm1)])
```

设置 RBM 的参数。RBM 参数估计使用随机梯度下降法，设置学习速率为 0.05，最大迭代 25 次，提取 100 个特征。特征数提取得越多，得到的结果越准确，但是模型训练的时间越长。

```
rbm.learning_rate = 0.05
rbm.n_iter = 25
rbm.n_components = 100
```

5. 训练分类器

```
classifier.fit(x1, y)
test_pre1 = classifier.predict(test_x1)
print("SVM using RBM features:\n%s\n" %(
    metrics.classification_report(
        test_y,
        test_pre)))
```

结果如下：

SVM using RBM features：

	precision	recall	f1 - score	support
0	0.96	0.99	0.97	980
1	0.98	0.99	0.98	1135
2	0.96	0.95	0.96	1032
3	0.93	0.94	0.94	1010
4	0.96	0.91	0.93	982
5	0.93	0.93	0.93	892
6	0.96	0.97	0.96	958
7	0.96	0.96	0.96	1028
8	0.95	0.91	0.93	974
9	0.88	0.92	0.90	1009

```
avg / total       0.95      0.95      0.95      10000
```

在测试集上的正确率为 95%，高于没有用 RBM 的分类器 94%的正确率。

图 6－37 展示了部分错分的图像（上面为原始图像，下面为错分类的标签）。程序如下：

```
flag = tuple(test_pre1 = = test_y)
j = 1
mislabel = []
for i in range(0, 400):
    if not flag[i]:
        if j = = 1:
            temp2 = ((test_x[i]) * 255).reshape((28, 28))
        else:
            temp2 = np.hstack([temp2, ((test_x[i]) * 255).reshape((28, 28))])
        j + = 1
        mislabel.append(test_pre1[i])

print mislabel
Image._show(Image.fromarray(temp2))
```

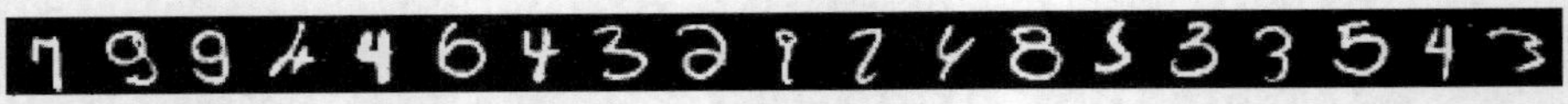

9	8	8	2	9	0	9	5	3	1	7	9	5	3	5	7	0	9	7

图 6－37　模型错分的部分图像

6.5.5　MNIST 数据集（二）

1. 数据说明

本示例数据与 6.5.4 相同，来自 MNIST 数据集。以下代码来自 tensorflow 官方文档：https://www.tensorflow.org/get_started/mnist/pros。

2. 读取数据

首先加载所有需要的模块。

```
import tensorflow as tf
from tensorflow.examples.tutorials.mnist import input_data
```

3. 权重初始化

为创建卷积神经网络模型，我们需要初始化权重与偏置项。由于我们使用的是 ReLU 神经元，因此比较好的做法是用一个较小的正数来初始化偏置项，以避免神经元节点输出恒为 0 的问题。

```
def weight_variable(shape):
    initial = tf.truncated_normal(shape, stddev = 0.1)
    return tf.Variable(initial)
def bias_variable(shape):
    initial = tf.constant(0.1, shape = shape)
    return tf.Variable(initial)
```

4. 卷积和池化

我们的卷积使用 1 步长、0 边距的模板，保证输入与输出同一大小。使用 $2*2$ 大小的模板做最大池化运算。

```
def conv2d(x, W):
    return tf.nn.conv2d(x, W, strides = [1, 1, 1, 1], padding = 'SAME')
def max_pool_2x2(x):
    return tf.nn.max_pool(x, ksize = [1, 2, 2, 1],
                        strides = [1, 2, 2, 1], padding = 'SAME')
```

获取 MNIST 数据集，建立输入、输出结构。

```
mnist = input_data.read_data_sets('MNIST_data', one_hot = True)
sess = tf.InteractiveSession()
x = tf.placeholder("float", shape = [None, 784])    #输入结构
y_ = tf.placeholder("float", shape = [None, 10])    #输出结构
```

建立第一层卷积，它包括一个卷积层接一个最大池化层，其中，所用的激活函数为 ReLU 函数。

```
W_conv1 = weight_variable([5, 5, 1, 32])
b_conv1 = bias_variable([32])
x_image = tf.reshape(x, [-1, 28, 28, 1])    #将 x 变为一个 4d 向量
h_conv1 = tf.nn.relu(conv2d(x_image, W_conv1) + b_conv1)
h_pool1 = max_pool_2x2(h_conv1)
```

建立第二层卷积，将几个类似的层堆叠起来。

```
W_conv2 = weight_variable([5, 5, 32, 64])
b_conv2 = bias_variable([64])
h_conv2 = tf.nn.relu(conv2d(h_pool1, W_conv2) + b_conv2)
h_pool2 = max_pool_2x2(h_conv2)
```

5. 全连接层

现在将图片尺寸减小到 $7*7$，加入一个有 1 024 个神经元的全连接层，将池化层输出的张量变形成一些向量，乘以权重矩阵，加上偏置，再对其使用 ReLU。

```
W_fc1 = weight_variable([7 * 7 * 64, 1024])
b_fc1 = bias_variable([1024])
```

```
h_pool2_flat = tf.reshape(h_pool2, [-1, 7 * 7 * 64])
h_fc1 = tf.nn.relu(tf.matmul(h_pool2_flat, W_fc1) + b_fc1)
```

为避免过拟合，在输出层之前加入 dropout。

```
keep_prob = tf.placeholder("float")
h_fc1_drop = tf.nn.dropout(h_fc1, keep_prob)
```

6. 输出层

```
W_fc2 = weight_variable([1024, 10])
b_fc2 = bias_variable([10])
y_conv = tf.nn.softmax(tf.matmul(h_fc1_drop, W_fc2) + b_fc2)
```

7. 训练和评估模型

```
cross_entropy = -tf.reduce_sum(y_ * tf.log(y_conv))    #交叉熵
train_step = tf.train.AdamOptimizer(1e-4).minimize(cross_entropy) #用
```
梯度下降法求解步长
```
correct_prediction = tf.equal(tf.argmax(y_conv,1), tf.argmax(y_,1))
accuracy = tf.reduce_mean(tf.cast(correct_prediction, "float"))   #准确
```
率计算
```
sess.run(tf.initialize_all_variables())
for i in range(2000):    #用批量梯度下降法求解，迭代2 000次
    batch = mnist.train.next_batch(50)
    if i % 100 == 0:
        train_accuracy = accuracy.eval(feed_dict = {
            x:batch[0], y_: batch[1], keep_prob: 1.0})
        print "step %d, training accuracy %g" % (i, train_accuracy)
    train_step.run(feed_dict = {x: batch[0], y_: batch[1], keep_prob: 0.5})
print "test accuracy %g" % accuracy.eval(feed_dict = {
    x: mnist.test.images, y_: mnist.test.labels, keep_prob: 1.0})
```

运行此程序，获得 99.11% 的正确率，高于利用 RBM 的分类器 95% 的精确度。

6.5.6 电子病历数据

1. 数据说明

本例的数据来源于 2010 年 i2b2/VA 提供的临床医学文本（Uzuner et al.，2011），详细说明可参见 http://i2b2.org/NLP/DataSets。数据可从人大出版社提供的网址下载。此数据集包含两个文件夹，第一个文件夹存储的是 146 个原始病历文档，第二个文件夹与第一个文件夹中文档名称相同，是对其中的概念及关系做过标记的 146 个文档。

我们的任务目标是从电子病历中识别 8 类关系，即

问题-疗法关系

①疗法改善医学问题（TrIP）。

②疗法恶化医学问题（TrWP）。

③疗法引发医学问题（TrCP）。

④疗法可用于医学问题（TrAP）。

⑤疗法不可用于医学问题（TrNAP）。

问题-测试关系

⑥测试说明医学问题（TeRP）。

⑦测试旨在调查医学问题（TeCP）。

问题-问题关系

⑧医学问题说明医学问题（PIP）。

以上任务目标是文本分析中的关系提取问题。在一个文本库中，已知实体为 e_1，e_2，$\cdots$，e_n，相互之间存在的关系有 r_1，r_2，$\cdots$，r_n，且这些实体和表达实体之间关系的语句出现在文本库中，那么从文本库中抽取已识别的实体（或概念）之间的关系，建立一系列的 (e_i, r_{ij}, e_j) 三元组，则称为关系提取，其中 $r_{ij} \in \{r_1, r_2, \cdots, r_k\}$。在这个任务中，我们默认含有 e_i 与 e_j 的句子表达的就是 r_{ij} 的关系。例如（比尔盖茨，创建，微软）为一组关系对，我们找到含有"比尔盖茨"与"微软"这两个词的语句作为训练集，并将其标记为"创建"关系。假设在文本库中对应有 n_1，n_2，$\cdots$，n_k 个含有关系 r_1，r_2，$\cdots$，r_k 的句子，那么现在一共有 $\sum_{i=1}^{k} n_k$ 个训练样本，共分为 k 类，从而将关系提取的问题转化为文本分类的问题。

需要注意的是，关系提取虽然可以转化为文本分类来处理，但两者还是存在一些不同。将关系提取问题转化为文本分类仅是众多解法中的一种，也算是对问题的简化。因为神经网络具有自动提取潜在特征的优势，所以直接使用对应文本进行分类，即可完成准确度较高的关系提取工作。如果采用提取特征的机器学习方法，则需要从句子结构、关系的位置等角度提取特征，这就不是简单的文本分类问题了。

2. 数据预处理

下面以文件夹一和二中原始病历与做过标记的病历中文档名称为 record-13.txt 的部分文本为例说明数据预处理的过程。

原始病历的部分文本如下：

> Patient recorded as having No Known Allergies to Drugs
>
> Cath revealed severe 3 vessel disease.
>
> Father with MI in 50's and underwent CABG.

做过标记的病历的部分文本如下：

> c = "drugs" 12:8 12:8||r = "TrCP"||c = "known allergies" 12:5 12:6
>
> c = "cath" 20:0 20:0||r = "TeRP"||c = "severe 3 vessel disease" 20:2 20:5
>
> c = "cabg" 28:8 28:8||r = "TrAP"||c = "mi" 28:2 28:2

其中，c 为概念，":"前后的数字分别表示概念在原始病历中所在的行数及单词的位置，r 为两个概念之间的关系。以第一行为例，drugs 和 known allergies 是两个概念，它们出现在原始病历的第 12 行，分别是第 8、第 5 和第 6 个单词。[①] 它们之间的关系是 TrCP。原始病历第 12 行的全文是 Patient recorded as having No Known Allergies to Drugs。

在数据预处理过程中，我们根据文件夹二每个文件中做过标记的文档，查找文件夹一中对应文档的对应句子，并用"〈tpecnoc〉"来代替该句中对应的用于做标记的概念，这样操作是为了避免在分类时使用这些已经用于确定"关系"的单词。我们使用倒写的 concept 的目的是让这个单词足够特殊，在后续的处理中不和其他单词混淆。预处理后的数据如下，第一列是存在三元组关系的句子，第二列是关系（以竖线作为两列的分割）。

- Patient recorded as having No 〈tpecnoc〉 to 〈tpecnoc〉| TrCP
- 〈tpecnoc〉 revealed 〈tpecnoc〉 | TeRP
- Father with 〈tpecnoc〉 in 50's and underwent 〈tpecnoc〉| TrAP

处理后的文本放入 DataFor2010Relation. txt 文件中，共有 3 120 条数据。代码参见附录一。

3. 描述统计

首先利用 Keras 自带的 Tokenizer 类进行分词操作，统计八类关系中各类的病例条数，以及频率最高的 20 个词的频数（没有意义的 〈tpecnoc〉 词不参与统计），并对句子所含单词数进行描述性统计。参见附录二程序。结果见表 6-1 和表 6-2。

表 6-1　　　　　　　　　　　各类样本数以及简单词频统计

	TrNAP	PIP	TeRP	TrIP	TrAP	TeCP	TrWP	TrCP
文本数量	62	755	993	51	885	166	24	184
词 1	of 49	and 463	and 628	the 44	and 697	the 135	and 26	and 166
词 2	and 44	with 453	the 512	with 40	for 532	and 116	with 22	to 128
词 3	to 42	the 437	of 462	to 39	of 468	to 112	of 19	the 126
词 4	the 35	to 420	was 362	and 37	with 447	of 108	was 12	was 103
词 5	for 31	of 387	with 358	was 36	to 435	was 103	a 12	of 93
词 6	where 30	was 306	no 297	of 30	the 386	for 103	she 10	with 91
词 7	was 27	a 225	to 291	he 23	was 366	with 60	to 9	**patient** 60
词 8	no 26	in 169	a 279	in 20	on 300	**patient** 46	the 9	a 42
词 9	a 25	for 152	showed 251	on 19	mg 292	a 43	iv 8	for 37
词 10	or 16	as 121	in 227	which 14	A 287	in 42	despite 8	is 33
词 11	non 14	**patient** 119	on 215	**patient** 14	in 204	which 34	**coronary** 8	in 32

[①]　Python 的排序是从 0 开始的。

续前表

	TrNAP	PIP	TeRP	TrIP	TrAP	TeCP	TrWP	TrCP
词 12	in 14	or 107	revealed 190	for 11	p 200	were 31	on 7	associated 30
词 13	with 13	on 101	which 177	she 10	patient 162	he 31	**angioplasty** 6	**gastrointestinal** 26
词 14	**ventricular** 13	likely 89	for 148	her 10	q 157	is 30	**percutaneous** 6	that 25
词 15	that 12	is 81	**left** 133	became 10	as 144	on 28	**transluminal** 6	on 24
词 16	which 11	that 80	at 131	then 9	po 142	this 27	out 6	he 23
词 17	may 11	right 74	**patient** 111	at 9	2 137	had 24	for 5	secondary 21
词 18	but 11	secondary 73	**right** 105	subsequently 8	he 133	an 24	he 5	has 21
词 19	is 10	which 72	had 104	**drip** 8	D 132	or 23	which 4	as 21
词 20	his 10	he 70	he 94	after 8	1 132	at 20	this 4	well 20

表 6 - 2　　　　　　　　　句子所含单词数描述性统计

变量名	最小值	25 分位点	中位数	75 分位点	平均值	最大值
句子长度	2	10	17	24	19.43	183

从以上结果可以看出，关系 TrNAP 共有 62 条文本，PIP 755 条；TeRP 993 条；TrIP 51 条；TrAP 885 条；TeCP 166 条；TrWP 24 条；TrCP 184 条。所有文本中共出现 3 806 个单词。排除没有明确含义的停用词（of，the 等词汇），TrNAP 与 ventricular（心室的），PIP 与 patient（病人），TeRP 与 left（左）、right（右）、patient，TrIP 与 patient（病人）、drip（滴注器），TeCP 与 patient（病人），TrWP 与 coronary（心脏的）、angioplasty（血管成形术）、percutaneous（经由皮肤的）、transluminal（经腔的），TrCP 与 gastrointestinal（胃肠的）、patient（病人）关系密切。

从表 6 - 2 中可以看出，最短的句子只有 2 个单词，最长的句子有 183 个单词，中位数是 17。

需要说明的是，在此我们给出的仅仅是最简单的描述统计，如果大家对这个例子感兴趣，请自己进行更多更深入的分析。

4. 程序流程简介

正如前文介绍的那样，我们将复杂的关系提取问题变成较为熟悉的分类问题，将 3 120 个样本随机切分成训练集和验证集，其中训练集占比 80%。

此处我们使用 GloVe 词向量方法将文本转化成数字矩阵，作为分类模型的输入特征。GloVe 是 "Global Vectors for Word Representation" 的缩写，是一种基于共现矩阵分解的词向量。本文所使用的 GloVe 词向量是在 2014 年的英文维基百科上训练的，有 400k 个不同的词，每个词用 100 维向量表示，存储在文件 glove. 6B. 100d. txt 中，可从人大出版社提供的网址下载。设句子 s 包含 n 个词，$s = w_1 w_2 \cdots w_n$，每个词在 GloVe 中对应的 $p = 100$ 维词向量（若该词在 GloVe 中无对应则直接赋 0，比如上文预处理中的〈tpec-noc〉）排列成 $p \times n$ 的矩阵 X（即 X 的每一列为一个词对应的 GloVe 词向量），则该矩阵成为神经网络模型的 Embedding 层的输入，这样便达到了把预训练好的 GloVe 词向量作为 Embedding 层传入神经网络的目的。

由于卷积神经网络具有局部连接、同层参数共享的特点，适当窗宽长度的 CNN 天然适合用于自然语言处理。各层设计如下：

第一层是输入层。依照前文所述，我们用已经训练好的 Word Embedding 的结果来表示每个词，从而一个训练样本就可用一个可变宽度的矩阵表示。之后，我们设置句子的最大单词数为 $N = 100$，对此矩阵左边补 0，使每个句子成为一个 $p \times N$（100×100）的输入矩阵，作为 Embedding 层传入神经网络。本例中有 14 个句子的长度大于 100，因此设置句子的最大单词数为 100，既能包含大部分句子的所有信息，又不至于矩阵太大导致运算时间太长。对于长度超过 100 的这 14 个句子，数据处理过程是去掉左边超出的单词。

之后使用训练集部分的句子训练网络参数，用验证集部分的句子检验模型的准确度，最后得出分类结果。这里需要说明的是，补 0 操作是为了让矩阵的列数相同，这是模型输入的要求。在模型卷积和池化的操作中，这些信息并不真正起作用。

第二层是卷积层。我们采用窗宽是 3、深度为 100 的单层 CNN 来提取特征，激发函数选择 ReLu（Rectified Linear Units）。选择窗宽为 3 的原因是，我们假设句子中能表示出关系的核心词组或词的长度不超过 3，那么一个逐个扫描的三维窗宽就可以获得核心词组或词的信息并体现在值中。这里我们采用一个 dropout 层以避免过拟合。

第三层是全局最大池化层（Global Max Pooling 层）。池化层往往跟在卷积层后面。通过平均池化或者最大池化的方法对之前卷积层得到的特征做一个聚合统计。这里由于输入的句子长度可变，所以适合采用全局最大池化层进行进一步的信息聚合，筛选出最能影响分类结果的特征。

第四层是一个 64 个神经元的全连接层。核心作用是进一步将前面三层提取出的 100 维特征压缩到 64 维特征中去，以这 64 维特征作为最终分类的特征。激发函数仍选择 Relu。

最后一层是输出层。我们使用 Softmax 函数，即 $\sigma(z)_j = \dfrac{e^{z_j}}{\sum\limits_{k=1}^{K} e^{z_k}}$ 作为激发函数输出该样本经过神经网络的张量流动后得到的各类概率值，从而得到分类结果。

各层的张量维数以及参数个数可以通过 Keras 包中的 summary 方法调出。本实验的维数与待训练参数个数见表 6-3。

表 6-3　　　　　　　　　深度学习模型各层张量维数以及参数个数

Layer	Output Shape	Param #
Input Layer	(None, 100)	0
Embedding	(None, 100, 100)	380 700

续前表

Layer	Output Shape	Param #
Convolution	(None，97，100)	40 100
Dropout	(None，97，100)	0
Global _ max _ pooling	(None，100)	0
Dense _ 1	(None，64)	6 464
Dense _ 2	(None，8)	520

Total params：427,584
Trainable params：47,084
Non-trainable params：380,500

5. 结果与分析

本程序运行的软件环境是 Keras 2.0.8，后端采用 Tensorflow 1.5。硬件环境是 GPU Intel HD Graphics 6000，处理器是 Intel Core i5。代码见附录二。运行结果见表 6 - 4.

表 6 - 4　　　　　　　　　　　　　深度学习模型结果

Epoch	time	loss	acc	val _ loss	val _ acc
1/10	4s	1.728 3	0.375 4	1.466 0	0.492 0
2/10	3s	1.316 4	0.536 1	1.354 9	0.554 5
3/10	3s	1.158 0	0.606 6	1.261 3	0.592 9
4/10	3s	1.048 9	0.643 4	1.177 5	0.636 2
5/10	3s	0.967 5	0.659 5	1.136 1	0.652 2
6/10	3s	0.885 1	0.689 9	1.087 3	0.642 6
7/10	3s	0.829 2	0.710 7	1.048 2	0.700 3
8/10	3s	0.773 0	0.740 0	1.011 4	0.698 7
9/10	3s	0.715 3	0.755 2	0.983 4	0.679 5
10/10	3s	0.666 9	0.776 4	0.953 3	0.700 3

Keras 一个非常大的好处是程序运行过程的可视化。所有训练集句子都参与一次更新称为一个 epoch。由于神经网络是逐步微调而不是一步到位的，在本案例中，批处理的样本数（batch size）为 64，每个 batch 会通过反向传播的方式对参数进行更新。当 39 个 batch 全部跑完，则一个 epoch 运行完毕。使用验证集中的数据检验即可得到 validation accuracy，这个值是该神经网络分类效果的评判指标。下一个 epoch 在此基础上继续更新模型参数。

通过上述运行结果可以看出，GPU 运行一个 epoch 仅需 3 秒。十个 epoch 中，loss 依次降低，训练集准确度 acc 逐步升高。但是验证集的准确率在 0.7 左右震荡，可见即使增加 epoch 的训练个数，也不一定能使得验证集分类准确率提高，而会出现过拟合的情况。因此我们可以选择 epoch＝7 时训练的模型作为最终模型。这里需要说明的是，loss 是使用交叉熵定义的，并不是错分率。

我们对上述结果运行 10 次，验证集的准确率在 65.87％～72.76％ 之间波动，平均准确度为 69.45％，表 6 - 4 为其中一次运行的结果。

值得一提的是，在 2010 挑战赛的官方文档中列出了关系提取的各队伍比赛成绩。我们这个简单的卷积神经网络模型的平均准确度排到第 17 名（见 Uzuner et al.，2011 中的 Table 6），若能精细修正模型，并提取更多的位置信息以及先验知识，准确率应该会有更大的提升。由此我们可以看到神经网络的巨大威力。

此案例的主要目的是介绍如何利用 Keras 及 Tensorflow 框架构建卷积神经网络模型，从而将关系提取问题转化为简单的文本分类问题，使读者对卷积神经网络有更清晰深刻的认识。若读者对处理关系提取问题感兴趣，可参见 2010 挑战赛中各队伍对此问题的不同解决方案。

附录一：对数据进行预处理

```python
import re
import os


rootdir1 = "/Users/clytie/Documents/研究生/CNN 例子/2"
rootdir2 = "/Users/clytie/Documents/研究生/CNN 例子/1"


parent, dirnames, filenames = os.walk(rootdir1)._next_()
parent2, dirnames2, filenames2 = os.walk(rootdir2)._next_()
with open('/Users/clytie/Documents/研究生/CNN 例子/DataFor2010Relation.
txt', 'w') as f3:
    for i in range(len(filenames)):
        print(i,filenames[i])
        if filenames[i] == ".DS_Store":
            continue
        else:
            f1 = open(os.path.join(parent,filenames[i]), 'r')
            f2 = open(os.path.join(parent2, filenames2[i]), 'r')
            lines1 = f1.readlines()
            lines2 = f2.readlines()
            for line in lines1:
                row = int(re.findall(r'\d * :', line)[0][0:-1])
                index = [int(ele[1:]) for ele in re.findall(r':\d * ', line)]
                label = re.findall(r'". * ?"', re.findall(r'r = . * ? c = ',
line)[0])[0][1:-1]
                if index[1] < index[2]:
                    small_index = index[0:2]
                    big_index = index[2:]
                else:
                    small_index = index[2:]
                    big_index = index[0:2]
```

```
                target_line = lines2[row - 1]
                target_line = target_line.strip().split(' ')[:-1]
                target_line_1 = " ".join(target_line[0:small_index[0]])
                target_line_2 = " ".join(target_line[small_index[1]+1:
big_index[0]])
                target_line_3 = " ".join(target_line[big_index[1] + 1:])
                target_line = (target_line_1 + " <tpecnoc> " + target_
line_2 + " <tpecnoc> " + target_line_3)
                result = target_line + "|" + label
                f3.write(result + "\n")
        f1.close()
        f2.close()
```

附录二：对样本进行描述性统计分析以及建立深度神经网络进行分类

```
import os
import sys
import numpy as np
import pandas as pd
from keras.preprocessing.text import Tokenizer
from keras.preprocessing.sequence import pad_sequences
from keras.utils import np_utils
from keras.layers import Dense, Input, Dropout
from keras.layers import Conv1D, MaxPooling1D, Embedding,
GlobalMaxPooling1D
from keras.models import Model


MAX_SEQUENCE_LENGTH = 100
EMBEDDING_DIM = 100
VALIDATION_SPLIT = 0.2
ROOTPATH = '/Users/clytie/Documents/研究生/CNN 例子'


#生成参数词典
print('Indexing word vectors.')
embeddings_index = {}
with open(os.path.join(ROOTPATH, 'glove.6B.100d.txt'), 'rb') as f:
    for line in f:
        values = line.split()
        word = values[0]
        coefs = np.asarray(values[1:], dtype='float32')
```

```
        embeddings_index[word] = coefs
    print('Found % s word vectors.' % len(embeddings_index))

    print('Processing text dataset')
    texts = []   # list of text samples
    labels = []   # list of label ids
    label_index = {'TrIP':1, 'TrWP':2, 'TrCP':3, 'TrAP':4, 'TrNAP':5, 'TeRP':6,
'TeCP':7,'PIP':0}
    with open(os.path.join(ROOTPATH, 'DataFor2010Relation.txt'), 'r') as f1:
        line = f1.readline()
        count = 0
        while line:
            datatemp = line[0:len(line) - 1].split('|')
            if datatemp[1] in label_index:
                texts.append(datatemp[0])
                labels.append(label_index[datatemp[1]])
            line = f1.readline()
            count + = 1
    print(count)
    print('Found % s texts.' % len(texts))

    # 按类别将文本分组
    alltexts = {}
    for label, text in zip(labels, texts):
        if label in alltexts.keys():
            alltexts[label].append(text)
        else:
            alltexts[label] = [text]

    # 按类别对分组文本进行词频统计
    word_freq = {}
    for label, text in alltexts.items():
        tokenizer = Tokenizer()
        tokenizer.fit_on_texts(text)
        word_freq[label] = tokenizer.word_counts

    # 输出每个类别下词频最高的前 21 个单词，目的是不考虑 tpecnoc
    top_freq = {}
    for label, word_counts in word_freq.items():
```

```
        words_freq = list(zip(word_counts.values(), word_counts.keys()))
        words_freq.sort(reverse = True)
        top_freq[label] = words_freq[:21]
```

```
#num_words 的作用是筛选 sequences 内每一个元素的索引都小于 num_words
tokenizer = Tokenizer()
tokenizer.fit_on_texts(texts)
```

```
#每篇文档中的单词在整个文档里的索引是个 list，每个元素是一个文档内的词
所对应的索引
sequences = tokenizer.texts_to_sequences(texts)
```

```
#统计每行文本中分词后单词的个数
len_text = []
for seq in sequences：
    len_text.append(len(seq))
len_df = pd.DataFrame(len_text)
len_df.describe()
```

```
#分词后的词典
word_index = tokenizer.word_index
print('Found %s unique tokens.' % len(word_index))
data = pad_sequences(sequences, maxlen = MAX_SEQUENCE_LENGTH)
labels = np_utils.to_categorical(np.asarray(labels))
print('Shape of data tensor：', data.shape)
print('Shape of label tensor：', labels.shape)
```

```
indices = np.arange(data.shape[0])
np.random.shuffle(indices)
data = data[indices]
labels = labels[indices]
num_validation_samples = int(VALIDATION_SPLIT * data.shape[0])
x_train = data[:-num_validation_samples]
y_train = labels[:-num_validation_samples]
x_val = data[-num_validation_samples:]
y_val = labels[-num_validation_samples:]
```

```
print('Preparing embedding matrix.')
num_words = len(word_index) + 1
```

```
embedding_matrix = np.zeros((num_words, EMBEDDING_DIM))

for word, i in word_index.items():
    embedding_vector = embeddings_index.get(word)
    if embedding_vector is not None:
        embedding_matrix[i] = embedding_vector


embedding_layer = Embedding(num_words, EMBEDDING_DIM, weights = [embedding_
matrix], input_length = MAX_SEQUENCE_LENGTH, trainable = False)
print('Training model.')
sequence_input = Input(shape = (MAX_SEQUENCE_LENGTH,), dtype = 'int32')
embedded_sequences = embedding_layer(sequence_input)
x = Conv1D(100, 4, activation = 'relu')(embedded_sequences)
x = Dropout(0.5)(x)
x = GlobalMaxPooling1D()(x)
x = Dense(64, activation = 'relu')(x)
preds = Dense(8, activation = 'softmax')(x)
model = Model(sequence_input, preds)
model.summary()
model.compile(loss = 'categorical_crossentropy', optimizer = 'adam', metrics =
['acc'])
model.fit(x_train, y_train, batch_size = 64, epochs = 10, validation_data =
(x_val, y_val))
```

第7章 支持向量机

在众多分类方法中，支持向量机（Support Vector Machine，SVM）是非常重要的一种，它于 20 世纪 90 年代由 Vapnik 等人提出，开始主要用于二分类，后来扩展到模式识别、多分类及回归等。支持向量机是一种典型的监督学习模型，从几何的角度来看，它的学习策略是间隔最大化——可化成一个凸二次规划的问题。从代数的角度来看，支持向量机是一种损失函数加罚的模型。

本章以线性可分支持向量机开始，介绍支持向量机的一般原理（7.1 节）。接下来介绍软间隔支持向量机及其求解方法（7.2 节）。7.3 节是一些拓展内容，包括非线性可分与核函数，从损失函数加罚的角度看 SVM 以及支持向量机回归。7.4 节的上机实践给出了结合 R 软件实现支持向量机的不同应用。7.5 节介绍如何使用 Python 实现 SVM，并介绍一个可以在大数据集上快速求解 SVM 模型的软件包 LIBSVM。

7.1 线性可分支持向量机

7.1.1 简介

支持向量机这个分类方法最初是由二分类问题引起的。假定训练样本为 $\{x_i, y_i\}$，$i = 1, 2, \cdots, n$，$y_i \in \{-1, 1\}$，训练集的数据点如图 7-1 所示，其中，方形的点属于一类，圆形的点属于另一类。如果两类点可以用一条直线或一个超平面分开，则称这些点是线性可分（linearly separable）模式；如果这两类点不能用一条直线或者一个超平面分开，那么这些点是线性不可分模式。我们首先讨论线性可分支持向量机。我们用肉眼可以找出多条直线将图 7-1 中的两类数据点分开。这些直线中哪一条最好呢？在现有的训练数据下，无疑同时远离两类数据点的直线是最好的。因此问题变成如何度量点到直线的距离，然后最大化这些距离的和。这就是所谓的最大间隔原则。图 7-1 显示了两种隔离区域，左边的区域比右边的窄。实际上，右边就是该问题可能得到的最宽的隔离带。这就是支持向量机方法的最终目标。

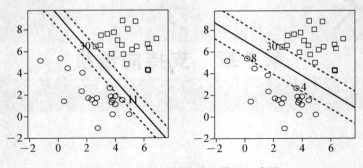

图 7-1   线性可分支持向量机示意图

在图 7-1 的右图中，我们所要求的最宽的隔离带实际上并不是由所有样本点决定的，而仅仅是由训练集中的三个点，即第 4，8，30 个观测点确定的，这三个点（当然也是向量）就称为支持向量（support vector），它们刚好在隔离带的边界（margin）上。

7.1.2   模型

对于线性可分的二分类问题，设训练集为：

$$T=\{(x_1,y_1),\cdots,(x_n,y_n)\}$$

式中，$x_i \in R^p$，$y_i \in \{+1, -1\}$，$i=1, 2, \cdots, n$。由于该问题是线性可分的，因此存在超平面 L

$$\{x:f(x)=\omega^T x+\omega_0=0\}$$

能够将数据集中的正类样本点和负类样本点完全正确地划分到超平面 L 的两侧，即对所有 $y_i=+1$ 的样本点有 $f(x_i)>0$，对所有 $y_i=-1$ 的样本点有 $f(x_i)<0$。据此可以构造决策函数：

$$G(x)=sgn(f(x))=sgn(\omega^T x+\omega_0)$$

如图 7-2 所示，对于任意一个超平面 $L=\{x:f(x)=\omega^T x+\omega_0=0\}$，设 x_1 和 x_2 是该超平面上的两个点，则 $\omega^T(x_1-x_2)=0$。因此，$\omega^*=\omega/\|\omega\|$ 是该超平面的单位法向量。设 x_0 是该超平面上的一点，则 $\omega^T x_0+\omega_0=0$。所以，任意点 x 到该超平面的距离为：

$$S(L,x)=|\omega^{*T}(x-x_0)|=\frac{1}{\|\omega\|}|\omega^T(x-x_0)|=\frac{1}{\|\omega\|}|\omega^T x+\omega_0|=\frac{|f(x)|}{\|\omega\|}$$

我们所需要的超平面必须能够完全正确地划分这两类样本点，即对所有 $y_i=+1$ 的样本点有 $f(x_i)>0$，对所有 $y_i=-1$ 的样本点有 $f(x_i)<0$。所以

$$S(L,x_i)=\frac{1}{\|\omega\|}(y_i f(x_i))=\frac{1}{\|\omega\|}y_i(\omega^T x_i+\omega_0)$$

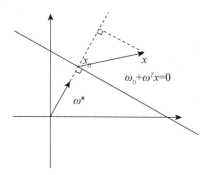

图 7 - 2　点到超平面距离的示意图

这就是所谓的几何间隔。

　　因此，线性可分支持向量机模型就是求解以下优化问题：

$$\max_{\omega,\omega_0} M$$
$$\text{s. t. } \frac{1}{\|\omega\|} y_i(\omega^T x_i + \omega_0) \geqslant M, \, i = 1, 2, \cdots, n \tag{7.1}$$

式中，约束条件表示任意一点到超平面的距离都大于等于 M，如图 7 - 3（a）所示，对于两类完全可分的样本点，平行于超平面 $\{\omega^T x_i + \omega_0 = 0\}$ 的隔离带的宽度为 $2M$。我们的目标就是最大化这个间隔 M。

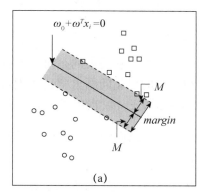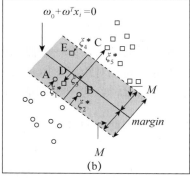

图 7 - 3　线性可分与软间隔支持向量机模型示意图

　　如果（ω，ω_0）是满足优化问题（7.1）的解，则对于任意的 $a > 0$，$a\omega$ 和 $a\omega_0$ 也是上述优化问题的解。因此问题（7.1）的解（ω，ω_0）有无穷多个，但这些解表示同一个超平面。故需要对超平面的表达式进行进一步的约束。显然只要 $\|\omega\| = 1$ 就可以使超平面的表达式变得唯一（只有符号的差异）。所以优化问题（7.1）可以写成：

$$\max_{\omega,\omega_0,\|\omega\|=1} M$$
$$\text{s. t. } y_i(\omega^T x_i + \omega_0) \geqslant M, \, i = 1, 2, \cdots, n \tag{7.2}$$

也可以采用另一种约束条件，即 $M = \dfrac{1}{\|\omega\|}$，于是优化问题（7.1）可以写成：

$$\max_{\omega,\omega_0} \frac{1}{\|\omega\|}$$

$$\text{s. t. } y_i(\omega^T x_i + \omega_0) \geqslant 1, \ i = 1, 2, \cdots, n$$

显然该问题等价于问题

$$\min_{\omega, \omega_0} \frac{1}{2} \parallel \omega \parallel^2$$
$$\text{s. t. } y_i(\omega^T x_i + \omega_0) \geqslant 1, \ i = 1, 2, \cdots, n \tag{7.3}$$

这是一个凸二次规划问题。由于训练集是线性可分的，所以可行域非空，该问题有解。

7.2　软间隔支持向量机

7.2.1　模型

近似线性可分问题也称为线性不可分（linearly non-separable）问题，它是指不存在一个可以明确分隔两类的情况。也就是说，无论用什么超平面，至少一边会同时有两种类型的点。这时还是利用超平面把两类点尽可能隔开，但允许划分错误的情况存在。为此要引入一个非负松弛变量（slack variable）ξ_i。有两种办法修改式（7.2）的约束条件，$y_i(\omega^T x_i + \omega_0) \geqslant M - \xi_i$或者$y_i(\omega^T x_i + \omega_0) \geqslant M(1 - \xi_i)$，$\forall i$，$\xi_i \geqslant 0$，$\sum_{i=1}^{n} \xi_i \leqslant constant$。这两种选择会得到不同的结果，第一种似乎更自然一些，它约束的是每个点到边界的实际距离，第二种约束的则是相对距离。但是第一种约束的优化问题求解比较困难，因此通常使用第二种约束。在这里，ξ_i表示预测值$f(x_i) = \omega^T x_i + \omega_0$在边界的相反（错误）方向的相对（比例）距离，因此，通过限定$\sum_{i=1}^{n} \xi_i$的大小，我们约束所有样本量在边界的相反（错误）方向的相对（比例）距离的总大小。需要注意的是，只有当$\xi_i > 1$时才是真正的错分。如图 7-3（b）所示，样本点 A，B，E 并未错分，但它们落在边界之间，因此它们对应的$\xi_i < 1$。样本点 C，D 落在超平面相反类的方向，它们是真正错分的点，对应的$\xi_i > 1$。其他点的$\xi_i = 0$。

与式（7.3）相同，我们采用约束$M = \dfrac{1}{\parallel \omega \parallel}$，因此，软间隔支持向量机模型可以写为：

$$\min_{\omega, \omega_0} \frac{1}{2} \parallel \omega \parallel^2$$
$$\text{s. t. } y_i(\omega^T x_i + \omega_0) \geqslant 1 - \xi_i$$
$$\xi_i \geqslant 0, \sum_{i=1}^{n} \xi_i \leqslant constant, \forall i \tag{7.4}$$

可以看出，远离边界的样本点对模型的求解并不起多大作用，因此模型较稳健，这与

Logistic 回归较相似。线性判别方法则要通过所有样本点计算协方差，因此受异常点影响较大。

7.2.2 求解软间隔支持向量机

优化问题（7.4）的等价形式可以表示如下：

$$\min_{\omega,\omega_0} \frac{1}{2} \parallel \omega \parallel^2 + C \sum_{i=1}^{n} \xi_i$$
$$\text{s. t. } y_i(\omega^T x_i + \omega_0) \geqslant 1 - \xi_i, \quad \xi_i \geqslant 0, \forall i \tag{7.5}$$

这里"代价"参数 C 代替了约束条件中的常数，$C = \infty$ 时代表线性可分情况，此时，所有 $\xi_i = 0$。

该问题的拉格朗日函数为：

$$L_p = \frac{1}{2} \parallel \omega \parallel^2 + C \sum_{i=1}^{n} \xi_i - \sum_{i=1}^{n} \alpha_i [y_i(\omega^T x_i + \omega_0) - (1 - \xi_i)] - \sum_{i=1}^{n} \mu_i \xi_i \tag{7.6}$$

这里 (α, μ) 是对偶变量，需要优化的变量是 ω, ω_0, ξ_i。令一阶导等于 0，得

$$\omega = \sum_{i=1}^{n} \alpha_i y_i x_i$$
$$0 = \sum_{i=1}^{n} \alpha_i y_i$$
$$\alpha_i = C - \mu_i, \forall i \tag{7.7}$$

同时满足限定条件 $\alpha_i, \mu_i, \xi_i \geqslant 0$。

将式（7.7）代回式（7.6），得到拉格朗日对偶函数：

$$L_D = \sum_{i=1}^{n} \alpha_i - \frac{1}{2} \sum_{i=1}^{n} \sum_{i'=1}^{n} \alpha_i \alpha_{i'} y_i y_{i'} x_i^T x_{i'} \tag{7.8}$$

我们需要在限制条件 $0 \leqslant \alpha_i \leqslant C$ 以及 $\sum_{i=1}^{n} \alpha_i y_i = 0$ 下最大化 L_D。除了式（7.7）之外，该问题的 KKT 条件还包括：

$$\alpha_i [y_i(\omega^T x_i + \omega_0) - (1 - \xi_i)] = 0$$
$$\mu_i \xi_i = 0$$
$$y_i(\omega^T x_i + \omega_0) - (1 - \xi_i) \geqslant 0 \tag{7.9}$$

上述条件给出了原问题和对偶问题的解。由式（7.7）可以看出：

$$\hat{\omega} = \sum_{i=1}^{n} \hat{\alpha}_i y_i x_i$$

由式（7.9）第一个和第三个方程可以看出，当 $\hat{\alpha}_i$ 不为零时，只能第三个方程等于零。这些样本点称为支持向量，因为超平面的系数仅通过它们的取值表示。由式（7.7）的第三个方程和式（7.9）的第二个方程可以看出，在这些支持向量点当中，有一些恰好

在边界上（$\hat{\xi}_i = 0$），这时 $0 < \hat{\alpha}_i < C$；其余的点 $\hat{\xi}_i > 0$，对应 $\hat{\alpha}_i = C$。由式（7.9）的第一个方程可以看出，这些在边界上的任一样本点可以用来求解 ω_0。（不唯一）。通常我们取所有值的平均来增强稳定性。

求解式（7.8）是一个标准的凸二次优化问题，比求解式（7.6）容易。得到解 $\hat{\omega}$，$\hat{\omega}_0$ 后，判别函数可以写为 $G(x) = sgn(f(x)) = sgn(\hat{\omega}^T x + \hat{\omega}_0)$。这个过程的调节参数为"代价"参数 C。

此外，改进的求解 SVM 的方法还有 SMO 方法（Platt，1998）以及路径解方法（Hastie et al.，2004）。接下来我们简要介绍 SMO 方法，有兴趣的读者可自行阅读路径解相关文献。

7.2.3* SMO 方法

SMO（sequential minimal optimization，序列最小最优化）算法是 Platt（1998）提出的一种快速求解 SVM 的算法，主要用来解决当训练样本量很大时，传统的 SVM 算法往往非常低效的问题。

SMO 算法主要解如下凸二次规划的对偶问题：

$$\min_{\alpha} \frac{1}{2} \sum_{i=1}^{n} \sum_{j=1}^{n} \alpha_i \alpha_j y_i y_j x_i x_j - \sum_{i=1}^{n} \alpha_i$$
$$\text{s.t.} \sum_{i=1}^{n} \alpha_i y_i = 0$$
$$0 \leqslant \alpha_i \leqslant C, i = 1, 2, \cdots, n$$

可以看出，它和式（7.8）是一致的。在这个问题中，变量是拉格朗日乘子，一个变量 α_i 对应于样本点（x_i，y_i）；变量的总数等于训练样本量 n。

SMO 算法是一种启发式算法，基本思路是：如果所有变量的解都满足此最优化问题的 KKT 条件，这个最优化问题的解就得到了，因为 KKT 条件是该最优化问题的充分必要条件。否则，选择两个变量，固定其他变量，针对这两个变量构建一个二次规划问题。这个二次规划问题关于这两个变量的解应该更接近原始二次规划问题的解，因为这会使原始二次规划问题的目标函数值变得更小。更重要的是，这时子问题可以通过解析的方法求解，这样就可以大幅提高整个算法的计算速度。子问题有两个变量，一是违反 KKT 条件最严重的那一个，另一个由约束条件自动确定。如此，SMO 算法将原问题不断分解为子问题并对子问题求解，进而达到求解原问题的目的。

注意，子问题的两个变量中只有一个是自由变量。假设 α_1，α_2 为两个变量，α_3，α_4，$\cdots$，α_n 固定，由等式约束可知，

$$\alpha_1 = -y_1 \sum_{i=2}^{n} \alpha_i y_i$$

如果 α_2 确定，那么 α_1 也随之确定。所以子问题中同时更新两个变量。

整个 SMO 算法包括两个部分：求解两个变量二次规划的解析方法和选择变量的启发式算法。

1. 两个变量二次规划的求解方法

不失一般性，假设选择的两个变量分别是 α_1，α_2，其他变量 $\alpha_i (i=3，4，\cdots，n)$ 是固定的。于是 SMO 的最优化问题的子问题可以写成：

$$\min_{\alpha_1,\alpha_2} W(\alpha_1,\alpha_2) = \frac{1}{2} K_{11}\alpha_1^2 + \frac{1}{2} K_{22}\alpha_2^2 + y_1 y_2 K_{12}\alpha_1\alpha_2 - (\alpha_1 + \alpha_2)$$

$$+ y_1\alpha_1 \sum_{i=3}^{n} y_i\alpha_i K_{i1} + y_2\alpha_2 \sum_{i=3}^{n} y_i\alpha_i K_{i2}$$

$$\text{s. t. } \alpha_1 y_1 + \alpha_2 y_2 = -\sum_{i=3}^{n} \alpha_i y_i = \zeta$$

$$0 \leqslant \alpha_i \leqslant C, \quad i=1,2$$

式中，$K_{ij} = x_i \cdot x_j$ $(i, j=1, 2, \cdots, n)$；ζ 是常数。目标函数式中省略了与 α_1，α_2 无关的常数项。

假设问题的初始可行解为 α_1^{old}，α_2^{old}，最优解为 α_1^{new}，α_2^{new}。由于 α_1，α_2 需要满足等式约束和不等式约束，因此最优值 α_2^{new} 的取值范围必须满足如下条件：

$$L \leqslant \alpha_2^{new} \leqslant H$$

式中，L 与 H 分别为：

$$\begin{cases} L = \max(0, \alpha_2^{old} - \alpha_1^{old}), H = \min(C, C + \alpha_2^{old} - \alpha_1^{old}), y_1 \neq y_2 \\ L = \max(0, \alpha_2^{old} + \alpha_1^{old} - C), H = \min(C, \alpha_2^{old} + \alpha_1^{old}), y_1 = y_2 \end{cases}$$

为了求解原始的优化问题，我们首先不考虑约束条件求解 α_2 的最优解 $\alpha_2^{new,unc}$，然后求约束后的 α_2^{new}（即满足 $L \leqslant \alpha_2^{new} \leqslant H$）。为了叙述方便，记

$$g(x) = \sum_{i=1}^{n} \alpha_i y_i x_i \cdot x + b$$

令

$$E_i = g(x_i) - y_i = \left(\sum_{i=1}^{n} \alpha_i y_i x_i \cdot x + b\right) - y_i, \quad i=1,2$$

当 $i=1$，2 时，E_i 为函数 $g(x)$ 对输入 x_i 的预测值与真实输出 y_i 之差。那么最优化问题未经约束时的解是：

$$\alpha_2^{new,unc} = \alpha_2^{old} + \frac{y_2(E_1 - E_2)}{\eta}$$

式中，

$$\eta = x_1 \cdot x_1 + x_2 \cdot x_2 - 2 \cdot x_1 \cdot x_2$$

经过约束之后的解是

$$\alpha_2^{new} = \begin{cases} H, \alpha_2^{new,unc} > H \\ \alpha_2^{new,unc}, L \leqslant \alpha_2^{new,unc} \leqslant H \\ L, \alpha_2^{new,unc} < L \end{cases}$$

由 α_2^{new} 求得 α_1^{new} 的解是

$$\alpha_1^{new} = \alpha_1^{old} + y_1 y_2 (\alpha_2^{old} - \alpha_2^{new})$$

2. 变量的选择方法

SMO 算法在每个子问题中选择两个变量优化，其中至少一个变量是违反 KKT 条件的。

（1）第一个变量的选择。SMO 选择第一个变量的过程称作外层循环。外层循环在训练样本中选取违反 KKT 条件最为严重的样本点，并将其对应的变量作为第一个变量。具体地，检验训练样本点 (x_i, y_i) 是否满足 KKT 条件，即

$$\alpha_i = 0, \; y_i g(x_i) \geqslant 1$$
$$0 < \alpha_i < C, \; y_i g(x_i) = 1$$
$$\alpha_i = C, \; y_i g(x_i) \leqslant 1$$

式中，

$$g(x_i) = \sum_{j=1}^{n} \alpha_i y_i x_i \cdot x_j + b$$

在检验的过程中，外层循环首先遍历所有满足条件 $0 < \alpha_i < C$ 的样本点，即在间隔边界上的支持样本点，检验它们是否满足 KKT 条件。如果这些样本点都满足 KKT 条件，那么遍历整个训练集，检验它们是否满足 KKT 条件。

（2）第二个变量的选择。SMO 选择第二个变量的过程称作内层循环。假设在外层循环中已经找到第一个变量 α_1，现在要在内层循环中找到第二个变量 α_2，第二个变量选择的标准是使 α_2 有足够大的变化。

由 α_2^{new} 的求解过程可知 α_2^{new} 是依赖于 $|E_1 - E_2|$ 的，简单的做法是选择 α_2，使其对应的 $|E_1 - E_2|$ 最大。若根据上述做法没有找到合适的 α_2，则使用以下启发式算法继续选择 α_2：遍历在间隔边界上的支持向量点，依次将其对应的变量作为 α_2 试用，直到目标函数有足够的下降；如果找不到合适的 α_2，则遍历训练数据集；若仍然找不到合适的 α_2，则放弃第一个 α_1，再通过外层循环寻求另外的 α_1。

7.3 一些拓展

7.3.1 非线性可分与核函数

在一些情况下，线性支持向量机不能成功地进行判别。我们先直观地看一个简单的例子。假定有一个一维的二分类问题，如图 7 - 4 左图所示，中间的三个黑点属于一类，两边的空心点属于另一类，这显然无法用一个点（在一维情况下，一个点相当于高维的超平面）来分开，而必须用复杂的曲线来分开。但如果进行一个二次变换，换到二维空间，则

可以用一条直线把不同的类分开（见图 7-4 右图）。这里的变换为 $x \rightarrow x^2$。

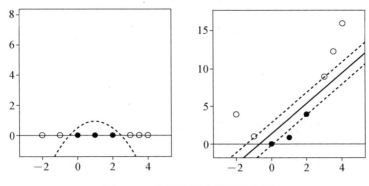

图 7-4　非线性可分问题示意图

从图 7-4 中我们看到原本无法用简单的线性超平面分隔的点经过变换之后可以用较简单的超平面分开。当然，这种变换在维数很高时对计算是个挑战。为了避免这个问题，我们引进核函数解决方案。

首先简单介绍一下核技巧。核技巧广泛应用于各种统计学习问题。对于支持向量机，其基本想法是通过一个非线性变换将输入空间 X 对应到一个特征空间 H（通常是更高维的，甚至是无穷维的），使得在输入空间中的超曲面模型对应于特征空间中的超平面模型（支持向量机）。如果存在一个从输入空间到特征空间的映射 $h(x)$，使得对于所有的 x，$z \in X$，函数 $K(x, z)$ 满足条件 $K(x, z) = h(x) \cdot h(z)$，则称 $K(x, z)$ 为核函数，$h(x)$ 为映射函数。式中，$h(x) \cdot h(z)$ 为 $h(x)$ 和 $h(z)$ 的内积。

核技巧的想法是，在学习和预测中只定义核函数 $K(x, z)$，而不显式地定义映射函数 h。通常，直接计算 $K(x, z)$ 比较容易，而通过 $h(x)$ 和 $h(z)$ 计算 $K(x, z)$ 并不容易。注意，对于给定的核函数，特征空间和映射函数的取法并不唯一，可以取不同的特征空间，即便是同一特征空间也可以取不同的映射。李航（2012）第七章给了一个例子，读者可自行参考。

在 SVM 问题中，我们将原始的输入特征通过函数 $h(x_i)$ 映射到高维空间。拉格朗日对偶函数（7.8）有如下形式：

$$L_D = \sum_{i=1}^{n} \alpha_i - \frac{1}{2} \sum_{i=1}^{n} \sum_{i'=1}^{n} \alpha_i \alpha_{i'} y_i y_{i'} \langle h(x_i^T), h(x_{i'}) \rangle \tag{7.10}$$

由式（7.7）第一个方程可以得到：

$$f(x) = \omega^T h(x) + \omega_0 = \sum_{i'=1}^{n} \alpha_i y_i \langle h(x), h(x_i) \rangle + \omega_0 \tag{7.11}$$

可以看出式（7.10）和式（7.11）都是仅包含 $h(x)$ 的内积，因此，我们不需要指定变换 $h(x)$，只需要知道核函数 $K(x, x') = \langle h(x), h(x') \rangle$。也就是说，在核函数给定的条件下，可以利用解线性分类问题的方法求解非线性分类问题的支持向量机。学习是隐式地在特征空间中进行的，不需要显式地定义特征空间和映射函数。这样的技巧称为核技巧。通常我们选用的核函数有：

线性核：$K(x, x') = \langle x, x' \rangle$

多项式核：$K(x, x') = (1 + \langle x, x' \rangle)^d$

径向基核：$K(x, x') = \exp(-\gamma \parallel x - x' \parallel^2)$

高斯核：$K(x, x') = \exp\left(\dfrac{-\parallel x - x' \parallel^2}{2\sigma^2}\right)$

神经网络核：$K(x, x') = tanh(k_1\langle x, x' \rangle + k_2)$

7.3.2 从损失函数加罚的角度再看 SVM

简单的公式推导可以证明优化问题（7.5）等价于下面的优化问题（$\lambda = 1/C$）：

$$\min_{\omega_0, \omega} \sum_{i=1}^{n} [1 - y_i f(x_i)]_+ + \frac{\lambda}{2} \parallel \omega \parallel^2$$

式中的＋号表示正部，这是我们熟悉的损失函数加罚的形式。$L(y, f) = [1 - yf]_+$ 称为合页损失（hinge loss），对于二分类问题是非常合理的损失，其图形见第 5 章图 5-2。对于边界外完全判对的点（$yf > 1$），损失为零；对于其他边界内的点以及判错的点，损失是线性的。

站在总体（population level）的角度，与第 5 章式（5.15）的证明方法类似，可以得出合页损失最优估计是 $f(x) = sgn\left[Pr(Y = +1|x) - \dfrac{1}{2}\right]$。

从损失函数加罚的角度来看，支持向量机被看作正则化的函数估计问题。它是一种后验概率形式的估计，而其他的损失函数都是该概率的线性变换。

7.3.3 支持向量机回归

在本小节，我们将支持向量机建模的想法拓展到回归问题，考虑如下优化问题：

$$\min_{\omega_0, \omega} \sum_{i=1}^{n} L_\varepsilon(y_i - f(x_i)) + \frac{\lambda}{2} \parallel \omega \parallel_2^2 \tag{7.12}$$

式中，$L_\varepsilon(r) = \begin{cases} 0, & \text{如果 } |r| < \varepsilon \\ |r| - \varepsilon, & \text{其他} \end{cases}$ 称为 ε-不敏感损失。它将误差小于 ε 的损失定为 0，大于 ε 的部分损失为线性，图形见第 2 章图 2-7。这和分类问题的 SVM 合页损失类似。

求解（7.12）的优化问题，可得

$$\hat{\omega} = \sum_{i=1}^{n} (\hat{\alpha}_i^* - \hat{\alpha}_i) x_i$$

$$\hat{f}(x) = \sum_{i=1}^{n} (\hat{\alpha}_i^* - \hat{\alpha}_i) \langle x, x_i \rangle + \omega_0$$

式中，$\hat{\alpha}_i$，$\hat{\alpha}_i^*$ 为正数，是以下优化问题的解：

$$0 \leqslant \alpha_i, \alpha_i^* \leqslant 1/\lambda$$

$$\sum_{i=1}^{n} (\alpha_i^* - \alpha_i) = 0$$

$$\alpha_i\alpha_i^* = 0$$

以上约束的性质决定只有部分样本点的 $\hat{\alpha}_i^* - \hat{\alpha}_i$ 是非零的，这些点称为支持向量。同样，可以类似分类情况，使用核函数将输入变量的特征空间映射到更高维。

7.4　上机实践：R

1. Glass 数据说明

Glass 数据来自 R 包 mlbench，目的是根据玻璃的化学成分判定玻璃所属的类别。在 5.5.3 中我们使用过这个数据。

2. 描述统计

获取数据并用 summary() 函数对数据进行描述（结果略）。将数据分成 70％训练集，30％测试集。

```
library(e1071)
library(mlbench)
data(Glass)
summary(Glass)


set.seed(1234)
index <- sample(nrow(Glass), 0.7 * nrow(Glass))
train <- Glass[index,]    ♯抽取 70％的数据作为训练数据
test <- Glass[- index,]   ♯剩余 30％的数据作为测试数据
```

3. 建立 SVM 模型

使用 svm() 函数对训练集建立支持向量机模型，并用测试集进行检验，首先选用线性核。

```
library(e1071)
set.seed(1234)
li.svm <- svm(Type~.,kernel = "linear", data = train)
li.svm
```

结果如下：

```
Parameters：
   SVM-Type： C-classification
SVM-Kernel： linear
      cost： 1
     gamma： 0.1111111
Number of Support Vectors： 110
```

可看出自动选择的模型的两个参数 cost 和 gamma 分别为 1 和 0.111，在训练数据集

中取 110 个点作为支持向量，用测试集进行测试。

```
svm.pred1 <- predict(li.svm, na.omit(test))
svm.perf1 <- table(na.omit(test)$Type,svm.pred1,dnn = c("Actual",
"Predicted"))
svm.perf1
```

结果如下：

```
       Predicted
Actual  1  2  3  5  6  7
     1 11  5  0  0  0  0
     2  8 14  0  0  2  0
     3  4  0  0  0  0  0
     5  0  3  0  4  0  0
     6  0  0  0  0  3  0
     7  1  2  0  0  0  8
```

由结果可以看出，在测试集 65 例样本中有 40 例预测正确，准确率 61.5%。

接下来用高斯核建立 SVM 模型。

```
ra.svm <- svm(Type~.,data = train,kernel = "radial")
ra.svm
svm.pred2 <- predict(ra.svm, na.omit(test))
svm.perf2 <- table(na.omit(test)$Type,svm.pred2,dnn = c("Actual",
"Predicted"))
svm.perf2
```

结果如下，准确率为 61.5%，与线性核相同。

```
       Predicted
Actual  1  2  3  5  6  7
     1 13  3  0  0  0  0
     2  6 16  0  0  2  0
     3  2  2  0  0  0  0
     5  0  4  0  3  0  0
     6  0  1  0  0  2  0
     7  1  4  0  0  0  6
```

接下来用多项式核建立 SVM 模型并测试结果。

```
po.svm <- svm(Type~.,data = train, kernel = "polynomial")
po.svm
svm.pred3 <- predict(po.svm, na.omit(test))
svm.perf3 <- table(na.omit(test)$Type,svm.pred3,dnn = c("Actual",
```

```
"Predicted"))
    svm.perf3
```

结果如下：

```
        Predicted
Actual  1   2   3   5   6   7
    1  16   0   0   0   0   0
    2  20   3   0   0   1   0
    3   4   0   0   0   0   0
    5   3   2   0   2   0   0
    6   1   0   0   0   2   0
    7   2   1   0   1   0   7
```

由结果可以看出，准确率只有 46.2％，低于线性核和高斯核。也可以使用 tune（）函数，利用交叉验证的方法选择最优的模型参数 cost 和 gamma 等。请读者自行查阅 R 语言的帮助命令。

7.5 上机实践：Python

7.5.1 Glass 数据集

1. 数据说明

Glass 数据来自 R 包 mlbench。我们首先把该数据集从 R 中导出，并保存到 Glass. csv 文件中。读者可以自行从 R 中下载文件或者从人大出版社提供的网址下载。

2. 描述统计

读取数据，并将数据分成 70％的训练集和 30％的测试集。

```python
from numpy import *
from scipy import *
from pandas import *
import matplotlib.pyplot as plt

import seaborn as sns
glass = read_csv('Glass.csv', sep = ',')
glass.head()
glass['Type'].value_counts()
#划分训练与测试集
import random
```

```
random.seed(1234)
train_index = random.sample(list(glass.index),int(0.7 * len(glass.index)))
test_index = list(set(list(glass.index)) - set(train_index))
train_data = glass.ix[train_index,:]
test_data = glass.ix[test_index,:]
♯训练集与测试集均包含所有类别
train_data['Type'].value_counts()
test_data['Type'].value_counts()
```

3. 建立 SVM 模型

使用 svm.SVC() 函数对训练集建立支持向量机模型，并用测试集进行检验，首先选用线性核进行测试。

```
♯SVM with linear kernel
from sklearn import svm
clf = svm.SVC(C = 1,tol = 1e - 6,kernel = 'linear',decision_function_shape = 'ovr')
♯clf = svm.SVC(kernel = 'linear',decision_function_shape = 'ovo')
clf.fit(train_data.ix[:,0:9],train_data['Type'])
test_data['SVM_pred'] = clf.predict(test_data.ix[:,0:9])
test_data.head()
result = test_data.ix[:,0].groupby([test_data['SVM_pred'],test_data['Type']]).
        count().unstack().fillna(0)
result
```

结果见表 7-1。

表 7-1   线性核 SVM 预测结果

SVMpred	Type					
	1	2	3	5	6	7
1	10	8	5	0	0	3
2	5	17	2	2	2	1
5	0	1	0	4	0	0
6	0	0	0	0	1	0
7	0	0	0	0	0	4

从表 7-1 中可以看出，在测试集 65 例样本中有 36 例预测正确，正确率为 55.38%，预测效果较差。

接下来利用高斯径向基核建立 SVM 模型。

```
♯SVM with rbf kernel
clf = svm.SVC(C = 1,tol = 1e - 6,kernel = 'rbf',decision_function_shape = 'ovr')
♯clf = svm.SVC(kernel = 'rbf',decision_function_shape = 'ovo')
clf.fit(train_data.ix[:,0:9],train_data['Type'])
```

```
test_data['SVM_pred'] = clf.predict(test_data.ix[:,0:9])
test_data.head()
result = test_data.ix[:,0].groupby([test_data['SVM_pred'],test_data["Type"]]).
    count().unstack().fillna(0)
result
```

结果见表7-2，在测试集65例样本中有38例预测正确，正确率为58.46%，相比于线性核支持向量机有了一定的提升。

表 7 - 2   高斯径向基核 SVM 预测结果

SVMpred	Type					
	1	2	3	5	6	7
1	13	8	6	0	1	1
2	2	18	1	3	2	2
5	0	1	0	3	0	0
6	0	0	0	0	0	1
7	0	0	0	0	0	4

接下来利用多项式核建立 SVM 模型并测试结果。

```
# SVM with polynomial kernel
clf = svm.SVC(C = 1,tol = 1e - 6,degree = 3,kernel = 'poly',decision_function_
    shape = 'ovr')
# clf = svm.SVC(kernel = 'poly',decision_function_shape = 'ovo')
clf.fit(train_data.ix[:,0:9],train_data["Type"])
test_data['SVM_pred'] = clf.predict(test_data.ix[:,0:9])
test_data.head()
result = test_data.ix[:,0].groupby([test_data['SVM_pred'],test_data["Type"]]).
    count().unstack().fillna(0)
result
```

结果见表7-3，在测试集65例样本中有41例预测正确，正确率为63.08%，优于线性核和高斯核。

表 7 - 3   三次多项式核 SVM 预测结果

SVMpred	Type					
	1	2	3	5	6	7
1	12	4	7	0	0	1
2	2	19	0	0	2	2
3	1	2	0	0	0	0
5	0	1	0	5	0	0
6	0	0	0	0	1	1
7	0	0	0	1	0	4

7.5.2　LIBSVM 简介及其 Python 实现

1. LIBSVM 安装及其功能介绍

LIBSVM 是台湾大学林智仁（Lin Chih-Jen）教授等人开发设计的一个简单、易于使用和快速有效的 SVM 模式识别与回归的软件包。该软件包不但提供编译好的可在 Windows 系统下执行的文件，而且提供源代码，方便改进、修改以及在其他操作系统上应用。它还提供了很多默认参数，利用这些默认参数可以解决很多问题。同时，该软件包还提供了交叉验证（cross validation）的功能。更详细的介绍请参见 LIBSVM 的主页：http://www.csie.ntu.edu.tw/~cjlin/libsvm/。

7.4 节使用的是 R 中的 e1071 包，实际上该包也是调用的 LIBSVM。我们说过在处理大型数据集时，R 软件效率略低。在此我们介绍通过 Python 调用 LIBSVM 包来实现支持向量机模型的方法。我们主要介绍在 Windows 系统中的应用，在 Linux 中的应用可以参考 LIBSVM 的主页。Windows 下的 LIBSVM 是在命令行运行的 Console Program，所以需要在 Windows 的命令行提示符窗口运行（输入 cmd）。因为程序运行要使用 Python 脚本来寻找参数，使用 gnuplot 来绘制图形，所以需要安装 Python（http://www.python.org）和 Gnuplot（http://www.gnuplot.info）。

从主页可以下载 LIBSVM 的最新版本，将下载的压缩包解压到一个特定的位置，笔者放到 C:盘根目录。然后在 Python 中导入 LIBSVM 包，程序如下：

```
import os
os.chdir('C:/libsvm-3.21/python')
from svmutil import *
```

如果没有提示错误，说明导入成功。

LIBSVM 包主要包含以下几种功能：数据读入、数据训练、预测。下面分别介绍相对应的函数及其使用方法。

（1）数据读入。

svm_read_problem()函数用于读取数据，数据的格式如下：

<标签><索引 1>:<特征值 1><索引 2>:<特征值 2>…

标签代表因变量的类别，索引代表自变量对应的编号，特征值为该自变量的取值。

举例说明：一个有三个自变量（V1，V2，V3）的二分类（type）数据在 R 中的格式为：

```
    V1 V2 V3 type
[1,] 1  2  1   1
[2,] 2  2  0   0
[3,] 4  5  4   1
```

在 LIBSVM 读取时应存储为 1 1:1 2:2 3:1 0 1:2 2:2 1 1:4 2:5 3:4。

可以看到 V3 的第二行取值为 0，在 LIBSVM 读取数据的输入中没有显示，这是一种稀疏存储的概念。对于稀疏比例较大的数据，这样的方式将会节省很多空间。

下面举例说明读取 LIBSVM 包中自带的 heart _ scale 数据。

```
y,x = svm_read_problem('..\heart_scale')
len(y)
  270
y[1:3]  ♯y 的第 2 行和第 3 行
  [-1.0,1.0]
x[1:3]  ♯x 的第 2 行和第 3 行
  [{1:0.583333,2:-1.0,3:0.333333,4:-0.603774,5:1.0,6:-1.0,7:1.0,
8:0.358779,9:-1.0,
    10:-0.483871,12:-1.0,13:1.0},{1:0.166667,2:1.0,3:-0.333333,4:
-0.433962,5:
    -0.383562,6:-1.0,7:-1.0,8:0.0687023,9:-1.0,10:-0.903226,11:
-1.0,12:-1.0,13:1.0}]
```

（2）数据训练。

svm_train() 函数用于数据训练，要训练一个 SVM 模型，LIBSVM 提供了三种方法：

```
model = svm_train(y,x[,'training_options'])  ♯常规格式
model = svm_train(prob [,'training_options'])  ♯x,y 同时存储
model = svm_train(prob,param)  ♯统一设置参数并调用
```

这里对以上函数中的参数进行解释：

1）y：模型因变量，要求列表或元组类型。

2）x：模型自变量，要求列表或元组类型。

3）[,'training_options']：可选参数，通过设置不同参数为数据训练增加条件，要求字符串类型，其中的主要参数有

> -s svm 类型：设置 svm 的类型，默认值为 0
>> 0—C-SVC，用于多分类
>> 1—N-SVC，用于多分类
>> 2—一类 SVM
>> 3—E-SVR，用于回归
>> 4—N-SVR，用于回归
> -t 核函数类型：设置核函数的类型，默认值为 2
>> 0—线性核函数
>> 1—多项式核
>> 2—RBF 核
>> 3—sigmoid 核
>> 4—自定义核函数
> -d degree：设置核函数中的 degree，默认值为 3

- g gamma：设置核函数中的 g，默认值为 1/k

　　- r coef0：设置核函数中的 coef0，默认值为 0

　　- c cost：设置 C-SVC,e-SVR, n-SVR 中的惩罚系数 C，默认值为 1

　　- n nu：设置 n-SVC, one-classSVM 与 n-SVR 中的参数 nu，默认值为 0.5

　　- p epsilon：设置 n-SVR 的损失函数中的 e，默认值为 0.1

　　- h shrinking：是否使用启发式，可选值为 0 或 1，默认值为 1

　　- b 概率估计：是否计算 SVC 或 SVR 的概率估计，可选值为 0 或 1，默认值为 0

　　- wi 权重：对各类样本的惩罚系数 C 加权，默认值为 1

　　- v n：n 折交叉验证模式

4）Prob：一个 svm 问题样例，通过调用 svm_problem() 可同时存储 y 和 x 的信息。

5）Param：一个 svm 参数样例，通过调用 svm_parameter() 可存储关于模型参数的信息。

举例说明：

```
prob = svm_problem(y[:200], x[:200])  ＃同时调用 x, y 的前 100 行
param = svm_parameter('- t 0 - c 4 - b 1')  ＃设置参数后可直接调用
m = svm_train(prob, param)
```

（3）预测。

LIBSVM 提供预测函数，可以将训练好的模型用到预测集上，格式如下：

```
p_labs, p_acc, p_vals = svm_predict(y, x, model [,'predicting_options'])
```

这里再次对以上函数的参数进行解读，y 和 x 是预测集数据，要求和 svm_train() 的一致。

model：一个通过 svm_train() 训练好的模型。

[,'predicting_options']：

　　- b 概率估计：是否需要进行概率估计预测，可选值为 0 或者 1，默认值为 0

p_labs：预测结果，以列表类型显示

p_acc：预测精度，均方误差，平方相关系数，以元组类型显示

p_vals：每个预测数据的决策值或者其属于每一类的概率，以列表类型显示

举例说明：

```
m = svm_train(y[:200], x[:200])  ＃用前 200 行进行训练
p_labs, p_acc, p_vals = svm_predict(y[200:], x[200:], m)  ＃用 200 行后的
数据进行测试
    Accuracy = 81. 4286% (57/70) (classification)
p_labs[0]
    1. 0
p_acc
    (81. 42857142857143，0. 7428571428571429，0. 38771712158808935)
p_vals[0]
    [0. 23215539601800034]
```

2. 数据说明

接下来进行案例分析，数据选自 UCI 的 Human Activity Recognition Using Smartphones 数据集，可在人大出版社提供的网址下载，它由 19～48 岁的 30 位受测者的测试数据组成。测试过程如下：受测者在腰上携带智能设备，以测试受测者的六种动作：走路、向上走、向下走、坐下、起身、仰卧。由设备记录受测者的三维加速度和三维角速度，进而分解成三方面信息：第一是人体加速度以及重力加速度；第二是人体生理反射信号；第三是对加速度以及生理反射信号进行傅立叶变换后的信息。最后对这三种信息分别计算不同的统计量，比如期望或方差等。最终获得特征共 561 个，具体特征信息参见数据集中的特征名称文档。

3. LIBSVM 实现

数据集随机分成两部分，70%受测者组成的训练集和 30%受测者组成的测试集。

对数据集进行简单的预处理（代码见下文），并将训练集和测试集分别命名为 train. txt 和 test. txt，最后将两个文件拷贝到 LIBSVM 包中 Python 文件夹下。

我们在建模时选用 C-SVC 方法，使用线性核函数和多项式核函数分别建模并比较结果。

```
import os
os.chdir('C:\libsvm-3.21\python')
from svmutil import *
y,x = svm_read_problem('C:/libsvm-3.21/python/train.txt')
y1,x1 = svm_read_problem('C:/libsvm-3.21/python/test.txt')
m1 = svm_train(y,x,'-t 0')
m2 = svm_train(y,x,'-t 1')
p_labs, p_acc, p_vals = svm_predict(y1, x1, m1)
    Accuracy = 96.4031 % (2841/2947) (classification)
p_labs, p_acc, p_vals = svm_predict(y1, x1, m2)
    Accuracy = 90.7703 % (2675/2947) (classification)
```

由结果可以看出，对于本数据集来说，线性核函数的效果更好。读者可以尝试不同的数据集以及参数来使得预测效果更好。

程序：数据预处理代码（以测试集为例）

首先将 X 中的空格统一。

```
import sys
#reload(sys)
# sys.setdefaultencoding('utf8')
#encoding = utf8   这三行的"#"是为了在 Windows 中顺利读取文件，并非注释
```
标志

```
f = open('E:/work/libsvm/UCI HAR Dataset/UCI HAR Dataset/test/X_test.txt')
#此处为数据存放位置，请读者根据自己的位置修改路径
```

```
g = open('E:/work/libsvm /UCI HAR Dataset/UCI HAR Dataset/test/X_test1.txt','w')
num = 0
for i in f:

    tmp = i.strip().split(' ')
    for j in range(len(tmp)):
        if tmp[j] is '':continue
        print>>g,tmp[j],
    print>>g

g.close()
```

然后给每个变量标上序号。

```
import sys
# reload(sys)
# sys.setdefaultencoding('utf8')
# encoding = utf8

f = open('E:/work/libsvm/UCI HAR Dataset/UCI HAR Dataset/test/X_test1.txt')

g = open('E:/work/libsvm/UCI HAR Dataset/UCI HAR Dataset/test/X_test2.txt','w')
num = 0
for i in f:

    tmp = i.strip().split(' ')
    for j in range(len(tmp)):
        # if tmp[j] is '':continue
        print>>g,str(j + 1) + ':' + tmp[j],
    print>>g
    num + = 1
g.close()
```

最后将 y 和 x 匹配到一个文件当中。

```
import sys
# reload(sys)
# sys.setdefaultencoding('utf8')
# encoding = utf8

f = open('E:/work/libsvm/UCI HAR Dataset/UCI HAR Dataset/test/X_test2.txt')
h = open('E:/work/libsvm/UCI HAR Dataset/UCI HAR Dataset/test/y_test.txt')
```

```
g = open('E:/work/libsvm/UCI HAR Dataset/UCI HAR Dataset/test/test.txt','w')
num = 0

for i in f:
    a = h.readline()
    a = a.strip()
    print>>g,a,
    tmp = i.strip().split(' ')
    for j in range(len(tmp)):
        print>>g,tmp[j],
    print>>g
g.close()
```

第8章 聚类分析

聚类分析属于无监督的统计学习的一种，是在没有训练目标的情况下将样本划分为若干类的方法。通过聚类分析，使得同一个类中的对象有很大的相似性，而不同类的对象有很大的相异性。聚类分析广泛应用于各个领域。聚类分析一直是统计学以及相关学科研究的热点，有非常多的聚类方法可供使用。本书介绍一些常用的方法，包括 8.1 节基于距离的层次聚类和 K 均值聚类。8.2 节介绍基于模型的 EM 聚类，基于密度的 DB-SCAN 聚类。8.3 节介绍聚类模型的变量选择方法，即稀疏聚类。8.4 节介绍双向聚类方法。8.5 节和 8.6 节是 R 和 Python 的上机实践。

8.1 基于距离的聚类

8.1.1 距离（相似度）的定义

在很多统计方法中，我们需要衡量不同对象的相似程度，如果两个对象比较相似，则倾向于把这两个对象归为一类；如果两个对象不相似，则不倾向于把这两个对象归为一类。相似度的衡量需要根据实际情况来操作，不同的情况使用不同的定义。相似度很多时候采用距离的定义方法，这里介绍一些常见的距离定义。

假设对象 x 的特征可以用 m 个维度表示出来，即 $x=(x_1, x_2, \cdots, x_m)^T$ 是 m 维空间中的一个点，其中，$x_i(i=1, 2, \cdots, m)$ 是实数，称为 x 的第 i 个坐标。对于另一个对象，我们假设 $y=(y_1, y_2, \cdots, y_m)^T$。

下面是一些常用的距离（相似度）。

1. 欧几里得距离

欧几里得距离（Euclidean distance）是通常采用的距离定义，指在 m 维空间中两个点

之间的直线距离，是距离最直观的定义。

欧几里得距离定义如下：

$$d(x,y)=\sqrt{\sum_{i=1}^{m}(x_i-y_i)^2}$$

欧几里得距离实际上是 m 维向量的 L_2 范数，即 $d(x,y)=\|x-y\|_2$，二维空间中的欧氏距离就是两点之间的实际距离，即 $d(x,y)=\sqrt{(x_1-y_1)^2+(x_2-y_2)^2}$。注：范数的概念我们在第 2 章中给出了简单的介绍。

欧氏距离可以推广到加权欧氏距离，用来处理各个维度分布不一样的情况。其定义如下：

$$d(x,y)=\sqrt{\sum_{i=1}^{m}\left(\frac{x_i-y_i}{s_i}\right)^2}$$

式中，s_i 是第 i 维分量的标准差。

2. 马氏距离

马氏距离（Mahalanobis distance）是考虑了协方差的距离，是另一种衡量相似度的方法，与欧式距离的不同之处在于考虑了不同特性之间的联系。

对于两列随机向量 x 和 y，假设其有相同的分布，并且协方差矩阵为 S。

马氏距离定义如下：

$$d(x,y)=\sqrt{(x-y)^T S^{-1}(x-y)}$$

3. 切比雪夫距离

切比雪夫距离（Chebyshev distance）是向量空间中的一种度量，得名自俄罗斯数学家切比雪夫。两点之间的距离定义为其坐标数值差的最大值。

切比雪夫距离定义如下：

$$d(x,y)=\max_{1\leqslant i\leqslant m}|x_i-y_i|$$

在二维空间中，切比雪夫距离为：

$$\max(|x_1-y_1|,|x_2-y_2|)$$

4. 曼哈顿距离

曼哈顿距离（Manhattan distance）于 19 世纪由赫尔曼·闵可夫斯基提出，是一种用于几何度量空间的几何学用语，表明两个点在标准坐标系上的绝对轴距总和。

曼哈顿距离定义如下：

$$d(x,y)=\sum_{i=1}^{m}|x_i-y_i|$$

图 8-1 中黑色实线代表曼哈顿距离，浅色实线代表欧氏距离，也就是直线距离，而长虚线和短虚线代表等价的曼哈顿距离。在二维空间中，曼哈顿距离度量的是两点在南北

方向上的距离加上在东西方向上的距离，即 $d(x,y)=|x_1-y_1|+|x_2-y_2|$。对于一个具有正南正北、正东正西方向规则布局的城镇街道，从一点到达另一点的距离正是在南北方向上旅行的距离加上在东西方向上旅行的距离。因此曼哈顿距离又称为出租车距离。曼哈顿距离不是不变的量，当坐标轴旋转时，点间的距离会不同。

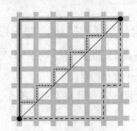

图 8-1 曼哈顿距离和欧氏距离的差别

我们很容易验证曼哈顿距离满足距离的定义：

- 非负性：$d(x,y)\geqslant 0$，而且 $d(x,y)=0$ 的充分必要条件是 $x=y$。
- 对称性：$d(x,y)=d(y,x)$。
- 三角不等式：$d(x,y)\leqslant d(x,z)d(z,y)$，即从 x 点到 y 点的直接距离不会大于途经任何其他点 z 的距离。

由于曼哈顿距离是直线距离的加减，所以运算速度很快，而且可以降低误差。例如在早期的计算机图形学中，屏幕由像素构成，取值是整数，点的坐标一般也是整数，原因是浮点运算很昂贵、很慢而且有误差。如果直接使用欧氏距离，则必须进行浮点运算，但如果利用曼哈顿距离，只要使用加减法即可，这就大大提高了运算速度，而且不管累计运算多少次，都不会有误差。

曼哈顿距离的局限性是明显的，它不能计算两个点之间的直线距离，随着计算机的处理能力不断提高，这极大限制了它的应用范围。

5. 余弦相似度

余弦距离，也称为余弦相似度（cosine similarity），是用向量空间中两个向量夹角的余弦值来衡量两个个体间的差异。向量是多维空间中有方向的线段，如果两个向量的方向一致，即夹角接近零，这两个向量就相近。要确定两个向量的方向是否一致，需要使用余弦定理计算向量的夹角。

余弦相似度定义如下：

$$d(x,y)=\frac{x^T y}{\|x\|_2\|y\|_2}$$

事实上它是向量 x 和 y 的夹角的余弦值。

相比传统的欧氏距离和其他的距离定义形式，余弦距离更加注重两个向量在方向上的差异。我们可以在图 8-2 中看出欧氏距离和余弦距离的区别。

由图 8-2 可以看出，欧氏距离衡量的是空间各点的绝对距离，与各个点所在的位置坐标直接相关；而余弦距离衡量的是空间向量的夹角，体现为方向上的差异，而不是位置。如果保持 A 点位置不变，B 点朝原方向远离坐标轴原点，那么这个时候余弦距离保持不变，而 A，B 两点的欧式距离在改变。在应用余弦距离时，需要注意这样的距离定义是

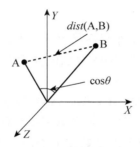

图 8 - 2　余弦距离和欧氏距离的差别

否满足数据分析的需要。

最常用的欧氏距离能够体现个体数值特征的绝对差异，所以更多地用于由维度的数值大小来体现差异的分析，例如使用用户行为指标分析用户价值的相似度或差异。余弦距离更多是从方向上区分差异，而对绝对数值不敏感，更多用于通过用户对内容的评分来区分兴趣的相似度和差异。因为余弦距离对绝对数值不敏感，所以它可以解决用户间可能存在的度量标准不统一的问题。

除了需要定义点与点之间的距离，聚类分析中，我们还需要定义类与类之间的距离。常见的有单连接（single linkage）、全连接（complete linkage）和平均连接（average linkage）。

对于两个类 C_i 和 C_j，分别有 n_i 和 n_j 个点。

单连接：两个类之间的距离是最近点对之间的距离。

$$d_{\min}(C_i, C_j) = \min_{p \in C_i, q \in C_j} |p - q|$$

全连接：两个类之间的距离是最远点对之间的距离。

$$d_{\max}(C_i, C_j) = \max_{p \in C_i, q \in C_j} |p - q|$$

平均连接：两个类之间的距离是所有点对之间距离的平均值。

$$d_{\mathrm{avg}}(C_i, C_j) = \frac{1}{n_i n_j} \sum_{p \in C_i} \sum_{q \in C_j} |p - q|$$

8.1.2　层次聚类

层次聚类主要分为自下而上的层次凝聚方法和自上而下的层次分裂方法，下面依次介绍。

层次凝聚的代表是 AGNES（Agglomerative Nesting）算法。对于样本量为 n 的数据集$\{p_1, p_2, \cdots, p_n\}$，给定距离的定义（例如：欧式距离）和连接方式（例如：平均连接），算法的具体步骤如下：

- 初始步骤：每个点为一个类，把数据集分为 n 个类。
- 第二步：计算不同类之间的距离矩阵 D。
- 第三步：找出距离最近的两个类，合并为一个新的类。
- 第四步：重复第二步和第三步，直到所有数据都属于一个类或者满足某个终止条件为止。

上述方法的优点在于简单易懂，结果容易解释。不足之处在于一旦两个类合并为一个新的类，这个新类就不能再分解。AGNES 算法的复杂度为 $O(n^2 \log n)$，不适合大规模的数据集。

层次分裂的代表是 DIANA（Divisive Analysis）算法，其步骤与 AGNES 算法大致相反，是从一个大的类逐步向下分解。对于 AGNES 算法，在第二步，我们需要考虑 $n(n-1)/2$ 种不同的组合（所有包含两个数据的类的个数）。对于 DIANA 算法，把一个样本量为 n 的数据集 $\{p_1, p_2, \cdots, p_n\}$ 分为两个类的可能性有 $2^{n-1}-1$ 种，这种算法的复杂度显然太大，因此我们采用如下方法把一个类分解为两个类。

- 初始步骤：所有数据归为一类，即 $C_1 = \{p_1, p_2, \cdots, p_n\}$。
- 第二步：计算所有点之间的距离矩阵，选取到其他点平均距离最大的点（记为 q），把该点作为新类的起始点，即 $q \in C_2$。
- 第三步：对于任意一点 $p_i \notin C_2$，定义 $D_i = d_{\text{avg}}(p_i, C_1) - d_{\text{avg}}(p_i, C_2)$。选取最大的 D_i，如果 $D_i > 0$，则 $p_i \in C_2$。
- 第四步：重复第三步，直到所有的 $D_i < 0$。这时我们成功地把一个类分为两个类 C_1 和 C_2。

基于上述步骤，DIANA 算法将一个样本量为 n 的数据集分为两个类 C_1 和 C_2，对于新生成的类 C_1 和 C_2，我们进一步把每个类分成更小的两个类，例如把 C_1 分为新类 C_{11} 和 C_{12}，把 C_2 分为新类 C_{21} 和 C_{22}，直到每个数据都为一个类或者满足某个终止条件为止。

8.1.3　K 均值聚类

K 均值聚类的基本想法在 20 世纪 50 年代由 Hugo Steinhaus 提出，第一个可行的算法在 1957 年由 Stuart Lloyd 提出。术语"K-means"在 1967 年由 James MacQueen 使用。经过 60 多年的发展，K-means 算法被认为是最经典的基于距离和基于划分的聚类方法，同时也是一个活跃的研究领域。K-means 的改进算法不断被提出来，以适应日益变化的数据分析要求，比较著名的有 Fuzzy K-means 聚类、K-medians 聚类等。在大数据日益发展的领域，基于并行算法的 K-means 聚类受到广泛的重视，在常用的并行软件 Mahout 和 Spark 中得以实现，并有着广泛的应用。

K-means 算法的基本思想简单直观，以空间中 K 个点为中心进行聚类，对最靠近它们的对象进行归类。通过迭代的方法，逐次更新各聚类中心的值，直至得到最好的聚类结果。

在算法开始前，需要输入参数 K，然后将事先输入的 n 个数据对象划分为 K 个聚类，使得最终聚类结果具有以下性质：在同一聚类中的对象相似度较大，而不同聚类中的对象相似度较小。该算法的最大优势在于简洁和快速。算法的关键在于初始中心的选择和距离公式。缺点是需要一个输入参数，不合适的 K 值可能返回较差的结果。

对于样本量为 n 的数据集 $\Omega = \{p_1, p_2, \cdots, p_n\}$，需要将 n 个点分为 $C_1, C_2, \cdots, C_K$ 共 K 类，其中，$\Omega = \bigcup_{i=1}^{K} C_i$ 并且对于 $k \neq k'$，有 $C_k \cap C_{k'} = \varnothing$。需要找到合适的 $\{C_1, C_2, \cdots, C_K\}$ 使得下面的规则最小化：

$$\min_{C_1,\cdots,C_K} \sum_{j=1}^{K} \sum_{p_i \in C_j} d(p_i, \mu_j)$$

式中，μ_j 是类 C_j 的中心；距离 $d(\cdot,\cdot)$ 可以采用上一节讲的距离。

最小化上述规则是一个 NP-hard，其计算量很大，因此建议采用近似方法，最常用的近似方法是 Lloyd 算法，具体步骤如下：

- 初始步骤：从 n 个样本点中随机抽取 K 个作为初始聚类中心。
- 第二步：计算每个样本点到 K 个聚类中心的距离，把样本点分到最近的聚类中心。
- 第三步：计算新的聚类中心（每类的算术平均数）。
- 第四步：重复第二、三步直到收敛。

Lloyd 算法的复杂度为 $O(knml)$，其中，k 是聚类个数，n 是样本量，m 是向量 p_i 的维度，l 是迭代次数。

8.2 基于模型和密度的聚类

8.2.1 EM 聚类

高斯混合模型通常被认为是思想与 K 均值近似的聚类方法，相比于 K 均值的硬聚类（每个样本点属于且仅属于一类），它是一种软聚类（对每个样本点计算属于每一类的概率）方法。每个子类可以用高斯密度描述，具有一个均值和一个协方差矩阵，每个子类对应的权重（或称先验概率）为 π_k。在最优化的过程中，需要使用 EM 算法。因此该方法通常叫做 EM 聚类。

首先我们介绍高斯混合模型。

给定数据 X 是 n 行 p 列的矩阵，每一行是一个样本点，每一列是一个变量。我们的目标是根据列变量的取值对样本点进行聚类。在 EM 聚类方法中，假定每一行观测有一个潜在的（未观测到的）指标向量 $Z_i = (Z_{i1}, Z_{i2}, \cdots, Z_{iK})$，其中，$Z_{ik} = 0$ 或 1，并且 K 个中只有 1 个等于 1。如果 $Z_{ik} = 1$，那么表明第 i 个样本点属于第 k 类。向量 Z 服从多项分布，概率分布列为 $(\pi_1, \pi_2, \cdots, \pi_K)$。此外，假定给定 $Z_{ik} = 1$ 时，第 i 行观测 x_i 服从正态分布 $N(\mu_k, \Sigma_k)$，则 $P(x_i | Z) = \prod_{k=1}^{K} N(X_i | \mu_k, \Sigma_k)^{Z_{ik}}$。数据（$X$，$Z$）的完全似然函数可以写成：

$$L(X, Z; \Sigma_k, \pi_k) = \prod_{i=1}^{n} \prod_{k=1}^{K} [\pi_k N(X_i; Z_i, \mu_k, \Sigma_k)]^{Z_{ik}}$$

完全对数似然函数为：

$$\log L_c(X, Z; \mu_k, \Sigma_k, \pi_k) = \sum_{i=1}^{n} \sum_{k=1}^{K} Z_{ik}(\log \pi_k + \log N(X_i; Z_i, \mu_k, \Sigma_k)) \tag{8.1}$$

为了应用 EM 算法，需要计算给定 X_i 时 Z_i 的期望，也就是要得到如下概率值 $P(Z_{ik}=1|X_i)$。根据贝叶斯公式，有

$$\gamma(Z_{ik})=E(Z_i|X_i)=P(Z_{ik}=1|X_i)=\frac{\pi_k N(X_i;\mu_k,\Sigma_k)}{\sum_{j=1}^{K}\pi_j N(X_i;\mu_k,\Sigma_k)} \tag{8.2}$$

EM 算法就是估计高斯混合分布的参数（μ_k，Σ_k，π_k）（$k=1$，2，…，K）。最后计算每个样本点属于第 k 类的后验概率，将其判为概率值最大的那一类。EM 算法的参数估计步骤如下：

- 初始化：初始参数为 μ_k，Σ_k，π_k（$k=1$，2，…，K）。
- E-步：计算式（8.2）。
- M-步：将式（8.2）的值代入式（8.1），最大化该公式，求得更新的参数估计：

$\hat{n}_k=\sum_{i=1}^{n}\gamma(Z_{ik})$，$\hat{\mu}_k=\frac{1}{\hat{n}_k}\sum_{i=1}^{n}\gamma(Z_{ik})X_i$，$\hat{\Sigma}_k=\frac{1}{\hat{n}_k}\gamma(Z_{ik})(X_i-\hat{\mu}_k)(X_i-\hat{\mu}_k)^T$，$\hat{\pi}_k=\hat{n}_k/n$。

8.2.2 DBSCAN 聚类

随着数据量的增加、数据类型的多样化，我们对聚类提出更多的要求。图 8-3 给出三个数据集，可以很容易地判别哪些是类，哪些是噪声，因为类内点的密度要高于类外，噪声点处的密度比任何一个类的密度都要低。

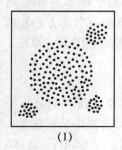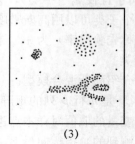

（1）　　　　　　　　　（2）　　　　　　　　　（3）

图 8-3　示例数据集

DBSCAN 聚类的想法就是基于密度来区分类和噪声，它是 Density-Based Spatial Clustering of Application with Noise 的首字母缩写，其基本思想是把点密度较高的区域划为一类，点密度较低的区域则作为不同类之间的分界区（Ester et al.，1996）。与 K-means 聚类相比，该聚类算法的优势在于可以找出任何形状的类，而且不需要提前给出类的个数 K。类中的任何一个点在给定的半径 ε 下，其邻域内至少有一定个数的点。邻域的形状取决于距离函数，例如在二维空间中用曼哈顿距离，则邻域的形状为矩形。后文中用的都是欧氏距离。

对于 DBSCAN 聚类，需要首先选择邻域半径 ε 和最小点个数 MinPts，给定上述两个参数，给出以下定义：

- ε-邻域。在数据集 D 中，点 p 的半径为 ε 的区域称为 p 的 ε-邻域，记为 $N_\varepsilon(p)$，其

数学表达式为：$N_\varepsilon(p) = \{q \in D \mid d(p, q) \leqslant \varepsilon\}$。

在DBSCAN算法中，我们把点分为三类：核心点、边界点和噪声点。

● 核心点（core points）。如果点 q 的 ε-邻域内的样本点数大于等于最小点个数 MinPts，即 $|N_\varepsilon(q)| \geqslant$ MinPts，则称点 q 为核心对象。

● 边界点（border points）。如果点 q 在某个核心点的 ε-邻域内，但是其 ε-邻域中点的个数小于给定的 MinPts，则 q 为边界点。

● 噪声点（noise points）。既非核心点也非边界点的其他点称为噪声点。

在上面的点分类的基础上，可以进一步定义密度可达和密度相连。

● 直接密度可达（directly density-reachable）。如果点 p 在点 q 的 ε-邻域内，且点 q 为核心点，那么点 p 从点 q 直接密度可达，记为 $q \rightarrow p$。

在直接密度可达的基础上，可以进一步定义密度可达。

● 密度可达（density-reachable）。对于点 p 和点 q，如果存在有限个点 p_1，p_2，…，p_m，使得 $q \rightarrow p_1$，$p_1 \rightarrow p_2$，…，$p_{m-1} \rightarrow p_m$，$p_m \rightarrow p$，则称点 p 从点 q 密度可达。

这里需要指出的是，直接密度可达和密度可达这两个概念都是不可逆的；也就是说，点 p 到点 q（直接）密度可达，并不一定能得到点 q 到点 p（直接）密度可达。为了克服上述定义的不足，我们引入密度相连的概念。

● 密度相连（density-connected）。如果存在点 o，点 p 到点 o 密度可达，点 q 到点 o 密度可达，则称点 p 和点 q 密度相连。

与密度可达不同，密度相连是可逆的，如果点 p 和点 q 密度相连，则点 q 和点 p 密度相连。

DBSCAN 的目的就是找到密度相连点的最大集合，聚类后的类（class）具有以下两个性质：

（1）极大性。点 p 在类 C 中，如果点 q 从点 p 密度可达，那么点 q 也在类 C 内。

（2）相连性。类中的任意两点都是密度相连。

DBSCAN 算法描述如下：

输入：包含 n 个对象的数据库，半径 ε，最小数目 MinPts。

输出：所有生成的类，达到密度要求。

第一步：随机抽取一个点作为一个类；

第二步：IF 抽出的点是核心点，THEN 找出所有从该点密度可达的对象，形成一个类；

第三步：ELSE 抽出的点是边界点（非核心对象），跳出本次循环，寻找下一个点；

第四步：重复第二、三步，直到所有的点都被处理；

第五步：算法结束，输出结果。

如果两个类 C_1 和 C_2 很相近，可能出现点 p 既属于 C_1 又属于 C_2，那么 p 肯定是边界点，否则 C_1 和 C_2 属于同一类。这种情况下，p 归为第一个包含 p 的那一类。

算法中需要半径 ε 和最小数目 MinPts 两个参数，我们采用探索法选择这两个全局参数。设 d 为某点到离它第 k 近的点的距离，对于大多数点，它的 d-邻域正好含有 $k+1$ 个点（除非有一些点到它的距离正好相等，这种情况很少）。任选一个点 p，令参数 $\varepsilon = k\text{-}dist(p)$，则 MinPts $= k$，那些 $k\text{-}dist \leqslant \varepsilon$ 的点都为核心点（即点 p 右侧的点）。我们要找的阈值点，其 $k\text{-}dist$ 正好是密度最低的那个类的 $k\text{-}dist$。

8.2.3 OPTICS 聚类

上文中我们介绍了 DBSCAN 聚类算法，它是一种基于密度的聚类算法，可以发现任意形状的类。但是，DBSCAN 算法也有一些缺点：第一，该算法需要输入参数，并且输入参数在很多情况下是难以获取的；第二，该算法对输入参数敏感，设置的细微不同可能导致聚类结果差别很大；第三，高维数据集常常具有非常倾斜的分布，该算法使用的全局密度参数不能刻画内置的聚类结构。例如，图 8-4 中的数据，使用全局密度参数不能同时将 {A，B，C_1，C_2，C_3} 检测出来，而只能同时检测出 {A，B，C} 或者 {C1，C_2 和 C_3}，对于后一种情况来说，A 和 B 中的对象都被视为噪声点。

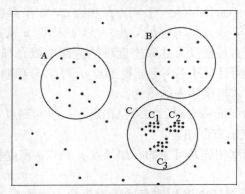

图 8-4　不同密度参数下的聚类结果

下面将要介绍的 OPTICS 聚类算法也是一种基于密度的聚类算法，全称是 Ordering Points to Identify the Clustering Structure，其思想和 DBSCAN 非常类似，但是能够弥补 DBSCAN 算法的上述缺点（Ankerst）。而且，OPTICS 算法可以获得不同密度的聚类，即经过 OPTICS 算法的处理，理论上可以获得任意密度的聚类，因为 OPTICS 算法输出的是样本的一个有序队列，从这个队列里可以获得任意密度的聚类。

OPTICS 算法也需要两个输入参数：半径 ε 和最少点数 MinPts，但这两个参数只是对算法起辅助作用，不会对结果产生太大的影响。

除了 DBSCAN 算法中提到的定义，OPTICS 算法还用到了以下定义：

● 核心距离（core-distance）。对于核心点，距离其第 MinPts 近的点与之的距离，即 MinPts-$dist(p)$ 为该核心点的核心距离，即

$$coreDist_{\in,\text{MinPts}}(p)=\begin{cases} UNDEFINED, & 若\,|N_{\in}(p)|<\text{MinPts} \\ \text{MinPts-}dist(p), & 若\,|N_{\in}(p)|\geqslant\text{MinPts} \end{cases}$$

● 可达距离（reachability-distance）。p 到核心对象 o 的可达距离为 o 的核心距离和 p 到 o 的欧式距离的较大者。p 的可达距离取决于用的是哪个核心对象，即

$$reachDist_{\in,\text{MinPts}}(p,o)=\begin{cases} UNDEFINED, & 若\,|N_{\in}(p)|<\text{MinPts} \\ \max(coreDist(o),distance(o,p)), & 若\,|N_{\in}(p)|\geqslant\text{MinPts} \end{cases}$$

OPTICS 算法的难点在于维护核心点的直接可达点的有序列表。OPTICS 算法描述如下：

输入：数据样本 D，初始化所有点的可达距离和核心距离为 Max，半径 ε，最少点数 MinPts。

输出：样本的一个有序队列。

第一步：建立两个队列——有序队列（核心点及其直接密度可达点）和结果队列（存储样本输出和处理次序）。

第二步：如果 D 中数据全部处理完，则算法结束，否则，从 D 中选择一个未处理的核心点，将该核心点放入结果队列，其直接密度可达点放入有序队列，直接密度可达点按可达距离升序排列。

第三步：如果有序队列为空，则回到第二步，否则，从有序队列中取出第一个点。

判断该点是否为核心点，不是则回到第三步，是的话则将该点存入结果队列，如果该点不在结果队列。

如果该点是核心点的话，找到其所有直接密度可达点，将这些点放入有序队列，并将有序队列中的点按照可达距离重新排序。如果该点已经在有序队列中且新的可达距离较小，则更新该点的可达距离。

重复第三步，直至有序队列为空。

第四步：算法结束，输出结果。

给定半径 ε 和最少点数 MinPts，就可以输出所有的聚类。计算过程为：给定结果队列，

第一步：从结果队列中按顺序取出点，如果该点的可达距离不大于给定半径 ε，则该点属于当前类别，否则至第二步。

第二步：如果该点的核心距离大于给定半径 ε，则该点为噪声点，可以忽略；否则该点属于新的聚类，回到第一步。

第三步：结果队列遍历结束，则算法结束。

8.3 稀疏聚类

8.3.1 基本框架

稀疏聚类将常用的变量选择方法（如 Lasso 惩罚函数）作为聚类的算法。稀疏聚类在变量个数 p 较多时，可以发现真正发挥作用的变量。通过稀疏聚类，我们可以把在聚类中发挥主要作用的因素找出来。如果聚类时利用特征全集，可能会造成结果不准确，而稀疏聚类是指选取适当的特征子集来进行聚类。这种方法在高阶矩阵且 p 远大于 n 时最有用，p 小于 n 时同样适用。由稀疏聚类的结果可以看出哪些特征真正有用，在将新的观测值分配到已有的类时，只需要调查这些特征即可。

在此我们介绍由 Witten and Tibshirani（2010）提出的稀疏聚类的框架，及其在 K 均值聚类和层次聚类中的应用。对于 EM 算法的聚类，完全可以通过对均值向量 μ_k 的惩罚来实现带变量选择功能的稀疏聚类，有兴趣的读者可参考 Pan and Shen（2007），Chang et al.（2016）。

令 X 为一个 $n \times p$ 数据矩阵，即有 n 个观测和 p 个特征。现在要对观测进行聚类，而真正潜在的类只在某些特征上表现出不同。我们定义观测数据间相异性的度量，用 $d(X_i, X_{i'})$ 表示矩阵 X 中第 i 行和第 i' 行之间的距离。假设 d 随特征项是可加的，即 $d(X_i, X_{i'}) = \sum_{j=1}^{p} d_{i, i', j}$，其中，$d_{i, i', j}$ 表示第 i 行与第 i' 行在特征 j 上的差异。在下面一些例子中，d 都是平方欧式距离，即 $d_{i, i', j} = (X_{ij} - X_{i'j})^2$。

许多聚类方法都可以表示成优化问题

$$\max_{\Theta \in D} \left\{ \sum_{j=1}^{p} f_j(X_j, \Theta) \right\} \tag{8.3}$$

的形式，式中，$f_j(X_j, \Theta)$ 是仅包含第 j 个特征数据的函数；Θ 是取值在集合 D 上的参数。

K 均值聚类和层次聚类都是它的特例。比如 K 均值聚类中 f_j 表示依据特征 j 计算的类间平方和，Θ 是对 n 个观测的 K 类划分的一种可能。

稀疏聚类对聚类特征进行选择，我们将稀疏聚类定义为解决如下问题：

$$\max_{\omega; \Theta \in D} \left\{ \sum_{j=1}^{p} \omega_j f_j(X_j, \Theta) \right\}$$
$$\text{s.t. } \|\omega\|^2 \leqslant 1, \|\omega\|_1 \leqslant s, \omega_j \geqslant 0, \forall j \tag{8.4}$$

式中，ω_j 是对应于特征 j 的权重；s 为调节参数，$1 \leqslant s \leqslant \sqrt{p}$。

观察式（8.4）可以得到以下结果：

- 若 $\omega_1 = \cdots = \omega_p$，准则（8.4）就退化为式（8.3）。
- ω_j 的值可以理解为特征 j 对稀疏聚类结果的贡献，ω_j 越大，对应特征的贡献越大。$\omega_j = 0$ 说明特征 j 不参与聚类。
- 当调整参数 s 取较小的值时，对 $\|\omega\|_1$ 加罚可以使得某些 ω_j 取零值，即得到稀疏的结果。

8.3.2 稀疏 K 均值聚类

首先来看 K 均值聚类，K 均值聚类是将 n 个观测划分为 K 个类，使得类内平方和

$$WCSS = \sum_{k=1}^{K} \frac{1}{n_k} \sum_{i, i' \in C_k} \sum_{j=1}^{p} d_{i, i', j}$$

最小。式中，n_k 是第 k 个类中观测的个数；C_k 为指标集。

如果定义类间平方和

$$BCSS = \sum_{j=1}^{p} \left(\frac{1}{n} \sum_{i=1}^{n} \sum_{i'=1}^{n} d_{i,i',j} - \sum_{k=1}^{K} \frac{1}{n_k} \sum_{i,i' \in C_k} d_{i,i',j} \right)$$

则使 $WCSS$ 最小等价于使 $BCSS$ 最大。

根据式（8.4），我们定义如下一个稀疏 K 均值聚类（通过最大化加权的 $BCSS$）：

$$\max_{C_1, \cdots, C_K; \omega} \left\{ \sum_{j=1}^{p} \omega_j \left(\frac{1}{n} \sum_{i=1}^{n} \sum_{i'=1}^{n} d_{i,i',j} - \sum_{k=1}^{K} \frac{1}{n_k} \sum_{i,i' \in C_k} d_{i,i',j} \right) \right\} \tag{8.5}$$

$$\text{s. t. } \| \omega \|^2 \leqslant 1, \| \omega \|_1 \leqslant s, \omega_j \geqslant 0, \forall j$$

我们观察到式（8.5）是式（8.4）的特例，其中：

$$\Theta = (C_1, C_2, \cdots, C_K), f_j(X_j, \Theta) = \frac{1}{n} \sum_{i=1}^{n} \sum_{i'=1}^{n} d_{i,i',j} - \sum_{k=1}^{K} \frac{1}{n_k} \sum_{i,i' \in C_k} d_{i,i',j}$$

这里，第 j 个特征群间平方和为 $f_j(X_j, \Theta) = \frac{1}{n} \sum_{i=1}^{n} \sum_{i'=1}^{n} d_{i,i',j} - \sum_{k=1}^{K} \frac{1}{n_k} \sum_{i,i' \in C_k} d_{i,i',j}$，如果 $f_j(X_j, \Theta)$ 较小，意味着该特征在不同类中没什么差别；也就是说，特征 j 在不同类中的取值差不多，不能作为聚类的特征变量。通过最大化式（8.5），我们给予特征 j 一个很小的权重或者使其权重为 0。反之，如果 $f_j(X_j, \Theta)$ 较大，则意味着第 j 个特征群间差别大，因此需要给一个较大的权重。

最优化式（8.5），采用如下的稀疏 K 均值聚类的迭代算法：

- 初始步骤：初始化向量 ω，$\omega_1 = \omega_2 = \cdots = \omega_p = \frac{1}{\sqrt{p}}$。

- 第二步：固定 ω，对加权数据应用标准的 K 均值算法，其中，$n \times n$ 的相异度矩阵的 (i, i') 元素为 $\sum_{j=1}^{p} \omega_j d_{i,i',j}$。得到给定 ω 下的聚类中心 C_1，C_2，$\cdots$，C_K。

- 第三步：固定 C_1，C_2，$\cdots$，C_K，最大化式（8.5），其解为 $\omega = \frac{S(a_+, \Delta)}{\| S(a_+, \Delta) \|_2}$，其中 a 的第 j 个分量 $a_j = \frac{1}{n} \sum_{i=1}^{n} \sum_{i'=1}^{n} d_{i,i',j} - \sum_{k=1}^{K} \frac{1}{n_k} \sum_{i,i' \in C_k} d_{i,i',j}$，$S(x, c) = sgn(x)(|x| - c)_+$，$(\cdot)_+$ 表示括号内数值的正数部分。

- 第四步：重复第二、三步直到收敛。

聚类结果由 C_1，C_2，$\cdots$，C_K 给出，每个特征的权重对应于 ω_1，ω_2，$\cdots$，ω_p。

8.3.3 稀疏层次聚类

层次聚类生成一个表示群集的树形图，根据对树形图的分割，可以得到 $1 \sim n$ 个类。类似稀疏 K 均值聚类，我们可以通过切割树形图以及最大化加权的 $BCSS$ 得到稀疏层次聚类的方法。不过，怎么分割树形图以及是否应该进行多重分割都是不清楚的。这里提出一种更简单的方式来进行稀疏层次聚类。

层次聚类需要输入一个 $n \times n$ 的距离矩阵 U，可以使用全连接、单连接、平均连接等连接方式。如果距离用到全部特征 $\sum_j d_{i,i',j}$，那么得到的是标准的层次聚类。如果对重新加权距离矩阵进行层次聚类，并且估计某些特征的权重为 0，则得到稀疏层次聚类的结果。

对于层次聚类，考虑下面的准则：

$$\sum_j \sum_{i,i'} d_{i,i',j} U_{i,i'}$$
$$\text{s.t.} \sum_{i,i'} U_{i,i'}^2 \leqslant 1$$

令 U^* 为该最优化问题的解，不难证明 $U_{i,i'}^2 \propto \sum_j d_{i,i',j}$，因此对 U^* 进行层次聚类能得到标准层次聚类的结果。

对于稀疏层次聚类，我们在以上准则的基础上增加一个对应于特征 j 的权重 ω_j：

$$\max_{\omega,U} \{ \sum_j \omega_j \sum_{i,i'} d_{i,i',j} U_{i,i'} \} \tag{8.6}$$
$$\text{s.t.} \ U_{i,i'}^2 \leqslant 1, \|\omega\|^2 \leqslant 1, \|\omega\|_1 \leqslant s, \omega_j \geqslant 0, \forall j$$

U^{**} 为该最优化问题的解。

定义 $D \in R^{n^2 \times p}$，其第 j 列元素为 $\{d_{i,i',j}\}_{i,i'}$，$u \in R^{n^2}$ 表示把 U 拉伸为向量，则式（8.6）可以改写为：

$$\max_{\omega,u} \{ u^T D \omega \}$$
$$\text{s.t.} \ \|u\|^2 \leqslant 1, \|\omega\|^2 \leqslant 1, \|\omega\|_1 \leqslant s, \omega_j \geqslant 0, \forall j$$

最优化式（8.6），我们采用如下算法：

- 初始步骤：初始化向量 ω，$\omega_1 = \omega_2 = \cdots = \omega_p = \dfrac{1}{\sqrt{p}}$。

- 第二步：迭代以下步骤直至收敛：

(1) $u = \dfrac{D_\omega}{\|D_\omega\|_2}$

(2) $\omega = \dfrac{S(a_+, \Delta)}{\|S(a_+, \Delta)\|_2}$

式中，$a = D^T u$。如果得到 $\|\omega\|_1 \leqslant s$，则令 $\Delta = 0$；否则选择 $\Delta \geqslant 0$，s.t. $\|\omega\|_1 = s$。

- 第三步：将 u 改写为 $n \times n$ 的矩阵 U。
- 第四步：将 U 作为距离矩阵进行层次聚类。

8.4 双向聚类

8.4.1 双向聚类概述

之前介绍的聚类方法是根据变量的取值对观测进行聚类。本节介绍的双向聚类同时考虑观测与变量的差异。

在过去的十余年时间里，双向聚类在双向数据分析（two-way data analysis）领域越来越受欢迎，在基因数据分析与商业活动等领域有着广泛的应用。

所谓基因表达数据，就是生物学上通过某种手段测定的表征基因表达强度的数据。这些数据一般都存放在一个基因表达矩阵中，矩阵的每一行代表一个基因，每一列代表一个条件，每个元素就代表对应行的基因在对应列的条件下所表达出来的强度。

得到一个基因表达矩阵以后，对基因（行）或者条件（列）进行聚类是我们常常要做的事情。比如，我们可以考虑诸基因在不同条件下的表达情况，使用 K 均值方法对基因进行聚类；或者反之，考虑诸条件下不同基因的表达情况，使用 K 均值方法对条件进行聚类。

遗憾的是，像 K 均值聚类这样传统的聚类方法在基因表达数据上并不总是能够工作得很好，它们往往会遗漏掉一些有意思的模式。这是因为传统的聚类方法一般是根据基因在所有条件下的表达情况对其进行聚类的，因此，这些方法只能发现某种全局模式。然而，有些基因只是在某些特定的条件下才表达，在其余的条件下是不表达的。比如，A 基因和 B 基因在 C_1 条件下是协同表达的，因而可以在 C_1 条件下归为一类，但是它们在 C_2 条件下却并没有什么协同联系；与此同时，A 基因和 D 基因在 C_2 条件下是协同表达的，因而可以视为一类，但是在 C_1 条件下却不能视为一类。这告诉我们，部分基因在部分条件下才能聚为一类，在全部条件下考察的话，很可能错失这种有意义的局部模式。

另外，传统的聚类方法中，类与类之间是相互排斥的，一般不允许类之间有重叠。可是在现实生活中，同一个基因参与不同的细胞过程是稀松平常的事情，因此该基因理所当然可以在不同的条件下被划分到不同的类别中，这在上面的例子中有所体现。所以，我们需要一种新的聚类方法来照顾到基因数据中出现的这些局部模式和可重叠性。

双向聚类就是这样一种方法，它在聚类的过程中综合考虑基因和条件，试图发现一些让人感兴趣的局部类。在更一般的框架下，给定 n 行 m 列的实值矩阵 $A=(X，Y)$，其中，X 和 Y 分别为 A 的行指标和列指标集合。我们想要找到一个子矩阵 $B_k=(I_k，J_k)$，其中，$I_k \subseteq X，J_k \subseteq Y$，使得 B_k 能够具有某种意义上的同质性，就像传统聚类中类内的元素具有某种意义上的同质性那样。这样的子矩阵称为双向类（bicluster），这种寻找双向类的聚类方法叫做双向聚类（biclustering）。

当然，同质性因方法而异，不同的双向聚类算法一般定义不同的同质性指标。比如，同质可以指一个子矩阵中包含完全相同的或者近似完全相同的元素，也可以指一个子矩阵的每一行或每一列都包含相同的元素，还可以指一个子矩阵中的元素随着行指标和列指标的增长而呈现一种递进的趋势。当我们定义了一种新的合理的同质性和双向类，并设计了一个有效的算法来找出这些双向类时，一种新的双向聚类方法也就建立起来。

表 8-1 是一个双向聚类在商业领域的例子，每一行代表一个用户，每一列代表一个产品。每个数据点代表用户购买了该产品，购买为 1，不购买为 0；也可以是用户对产品的评分（连续型数据）。我们可以根据用户在某些产品（而不是全部产品）上的喜好进行用户和产品的双向聚类。

表 8 - 1 用户和产品的数据

用户，产品	V_1	V_2	$\cdots$	V_m
U_1	1	0	$\cdots$	1
U_2	0	1	$\cdots$	1
$\vdots$	$\vdots$	$\vdots$	$\vdots$	$\vdots$
U_n	1	0	$\cdots$	0

双向聚类还可以用于文本挖掘以及其他拥有类似结构数据的领域。比如，文本挖掘中我们经常会碰到这样的矩阵，它的每一行代表一个文档，每一列代表一个单词，每个元素则表示对应列的单词在对应行的文档中出现的频率。对这样的文档-词频矩阵，也可以使用双向聚类来发现我们感兴趣的局部模式。

8.4.2 BIMAX 算法

双向聚类有很多算法，大部分采用迭代方法，即在发现 $n-1$ 个双向聚类的情况下，发现下一个双向聚类。这里介绍 BIMAX 算法。

BIMAX（Binary Inclusion-Maximal Biclustering Algorithm）方法是由 Prelic et al. (2006) 提出的。如表 8 - 1 所示，若矩阵的每个元素只有两个可能的值（0 或者 1），原始数据可以表示为 n 行 m 列的二分数据矩阵 $E^{n \times m}$。一个双向类 (G, C) 对应于列集合 $C \subseteq \{1, 2, \cdots, m\}$ 和行集合 $G \subseteq \{1, 2, \cdots, n\}$。也就是说，$(G, C)$ 定义了所有元素为 1 的一个子矩阵。

在该定义下，每个值为 1 的元素 e_{ij} 本身就代表一个双向类，但 BIMAX 寻找的是最大包含（inclusion-maximal）的类，即对任意一个类 $(G, C) = \{i \in G, j \in C: e_{ij} = 1\}$，不存在另一个类 (G', C')，使得 $(G', C') \subset (G, C)$，$(G', C') \neq (G, C)$。

我们采用如下 BIMAX 的迭代算法：

第一步：重排行和列，使得 1 集中在矩阵的右上角。

第二步：将矩阵分为两个子矩阵，若一个子矩阵中只有 1，则返回该子矩阵。

为了得到一个令人满意的结果，该方法需要从不同的起点重复几次。BIMAX 尝试识别出 E 中只包含 0 的区域，可以在进一步的分析中排除这些区域。因此当 E 为稀疏矩阵时，BIMAX 具有独特的优势。此外，BIMAX 需要的存储空间和运算时间都较少。

8.4.3 CC 算法

Cheng and Church（2000）提出一种双向聚类算法，为方便起见，我们把他们提出的算法称为 CC 算法。

对于一个矩阵 $A = (I, J) = (a_{ij})$，其中，I 和 J 分别为行指标集和列指标集，记

$$a_{iJ} = \frac{1}{|J|} \sum_{j \in J} a_{ij}.$$

$$a_{Ij} = \frac{1}{|I|} \sum_{i \in I} a_{ij}$$

$$a_{IJ} = \frac{1}{|I||J|} \sum_{i \in I, j \in J} a_{ij}$$

分别为行均值、列均值和矩阵均值。为了给矩阵 A 一个同质性的度量，CC 算法定义了得分函数：

$$H(I, J) = \frac{1}{|I||J|} \sum_{i \in I, j \in J} (a_{ij} - a_{iJ} - a_{Ij} + a_{IJ})^2$$

得分函数 $H(I, J)$ 刻画了矩阵 (I, J) 的波动程度。一个矩阵的得分越低，说明该矩阵的同质性越高。在上述同质性指标下，CC 算法进一步定义了 δ-双向类：若存在一个 $\delta > 0$，使得矩阵 (I, J) 的 $H(I, J) \leqslant \delta$，则称 (I, J) 为 δ-双向类。CC 算法的目标就是在给定初始矩阵 A 和阈值 δ 的条件下，尽可能找到尺寸比较大的 δ-双向类。

初始矩阵 $A = (I, J)$ 的得分 $H(I, J)$ 一般都要比 δ 大，因此，我们希望通过不断删除一些行或者列，使矩阵的得分持续降低，直到比 δ 小。哪些行或者列被删除后能够降低一个矩阵的得分呢？为此，我们需要对每一行和每一列的波动程度进行刻画。

$$d(i) = \frac{1}{|J|} \sum_{j \in J} (a_{ij} - a_{iJ} - a_{Ij} + a_{IJ})^2 \tag{8.7}$$

$$d(j) = \frac{1}{|I|} \sum_{i \in I} (a_{ij} - a_{iJ} - a_{Ij} + a_{IJ})^2 \tag{8.8}$$

式（8.7）刻画了第 i 行的波动程度，式（8.8）刻画了第 j 列的波动程度。Cheng 和 Church 证明了，如果删除那些 $d(i) > H(I, J)$ 的行，那么得到的新矩阵的得分一定比 $H(I, J)$ 小；如果删除了那些 $d(j) > H(I, J)$ 的列，那么得到的新矩阵的得分也一定比 $H(I, J)$ 小。这就指导我们提出如下单节点删除算法。

算法：单节点删除
输入：原始矩阵 A，行指标集 I，列指标集 J，阈值 $\delta > 0$
输出：行指标集 $I' \subseteq I$，列指标集 $J' \subseteq J$，使得 $H(I', J') \leqslant \delta$
过程：
计算诸 a_{ij}，a_{iJ}，a_{Ij} 和 $H(I, J)$
While $H(I, J) > \delta$
找到行指标 $r = \arg\max d(i)$ 和列指标 $c = \arg\max d(j)$
如果 $d(r) > d(c)$，就将第 r 行删除，否则就将第 c 列删除
更新行指标集 I 和列指标集 J，重新计算诸 a_{ij}，a_{iJ}，a_{Ij} 和 $H(I, J)$
End
输出最终的行列指标集

理论上，上述单节点删除算法最后一定会返回一个 δ-双向类，但是由于在每次循环中只能删除一行或者一列，所以该算法的速度比较慢。因此，人们提出多节点删除算法来加速这一过程。

算法：多节点删除

输入：原始矩阵 A，行指标集 I，列指标集 J，阈值 $\delta>0$，调整因子 $\alpha>1$

输出：行指标集 $I'\subseteq I$，列指标集 $J'\subseteq J$，使得 $H(I',J')\leqslant\delta$

过程：

计算诸 a_{ij}，a_{iJ}，a_{Ij} 和 $H(I,J)$

While $H(I,J)>\delta$

删除所有 $d(i)>\alpha H(I,J)$ 的行

更新行指标集 I，重新计算诸 a_{ij}，a_{iJ}，a_{Ij} 和 $H(I,J)$

删除所有 $d(j)>\alpha H(I,J)$ 的列

更新列指标集 J，重新计算诸 a_{ij}，a_{iJ}，a_{Ij} 和 $H(I,J)$

如果行列指标集都不再变化，那么退出循环

End

转到单节点删除算法

关于多节点删除算法，有几点需要注意。首先，每次循环中会有较多的行和列被删除，为了避免一次删除过多，我们在单节点删除算法的基础上加上一个调整因子 $\alpha>1$，只有波动程度比 $\alpha H(I,J)$ 还要大的那些行与列才能删除。其次，多节点删除算法一般不单独使用，而是配合单节点删除算法使用，我们先使用多节点删除算法将矩阵的尺寸降下来，然后使用单节点删除算法对其进行修剪。

通过两次删除算法得到的子矩阵一定是 δ-双向类，但未必是最大的 δ-双向类，因此 CC 算法还有一个节点添加的过程，将那些 $d(j)\leqslant H(I,J)$ 的列和 $d(i)\leqslant H(I,J)$ 的行添加进去。

算法：节点添加

输入：δ-双向类 $A=(I,J)$

输出：行指标集 $I'\subseteq I$，列指标集 $J'\subseteq J$，使得 $H(I',J')\leqslant H(I,J)$

过程：

计算诸 a_{ij}，a_{iJ}，a_{Ij} 和 $H(I,J)$

While

将 $j\notin J$ 且 $d(j)\leqslant H(I,J)$ 的那些列添加进去

更新列指标集 J，重新计算诸 a_{ij}，a_{iJ}，a_{Ij} 和 $H(I,J)$

将 $i\notin I$ 且 $d(i)\leqslant H(I,J)$ 的那些行添加进去

更新行指标集 I，重新计算诸 a_{ij}，a_{iJ}，a_{Ij} 和 $H(I,J)$

如果行列指标集都不再变化，那么退出循环

End

输出最终的行列指标集

Cheng 和 Church 已经证明了，上述节点添加的过程不会造成矩阵得分 $H(I,J)$ 的增大，因而最终可以得到尽可能大的 δ-双向类。

这样，通过多节点删除、单节点删除、节点添加这三步，就能够在原始矩阵中找到一个 δ-双向类。为了继续寻找其他可能的双向类，要用均匀分布随机数覆盖上一步找到的双

向类，然后再重复上述三步。

完整的 CC 算法如下：

算法：Cheng and Church（2000）

输入：原始矩阵 A，双向类的数目 N，阈值 $\delta>0$，调整因子 $\alpha>1$

输出：N 个双向类

过程：

For $i=1$，2，…，N

多节点删除

单节点删除

节点添加

将找到的双向类输出

将原始矩阵对应于该双向类的那部分元素用均匀分布随机数进行覆盖

End

除了本书介绍的 Bimax 算法和 CC 算法，还有一些其他的双向聚类方法，读者可以自行阅读相关文献。

8.5 上机实践：R

8.5.1 Iris 数据

1. 数据说明

Iris 数据集是常用的分类实验数据集，由 Fisher 收集整理。该数据记录了 150 个鸢尾花的花萼和花瓣特征，共包含五个变量：Sepal. Length（花萼长度），Sepal. Width（花萼宽度），Petal. Length（花瓣长度），Petal. Width（花瓣宽度），这四个变量的单位是 cm；第五个变量是种类：Iris Setosa（山鸢尾），Iris Versicolor（杂色鸢尾），以及 Iris Virginica（弗吉尼亚鸢尾）。在此，我们使用前四个变量对样本进行聚类分析，并使用第五个变量评价聚类结果。需要注意，很多聚类分析的实际数据并没有已知类别标签，此时对聚类结果的评价需要根据具体情况来实施。

2. 描述统计

获取数据，查看数据前五行。

```
library(MASS)
data(iris)
attach(iris)
iris[1:5,]
```

结果如下：

	Sepal.Length	Sepal.Width	Petal.Length	Petal.Width	Species
1	5.1	3.5	1.4	0.2	setosa
2	4.9	3.0	1.4	0.2	setosa
3	4.7	3.2	1.3	0.2	setosa
4	4.6	3.1	1.5	0.2	setosa
5	5.0	3.6	1.4	0.2	setosa

计算各种类鸢尾花数量。

```
table(Species)
```

结果如下：

```
Species
    setosa versicolor  virginica
       50         50         50
```

绘制各品种每个变量的箱线图。

```
par(mfrow = c(2,2),family = "A")
boxplot(Sepal.Length~Species,main = "Sepal.Length")
boxplot(Sepal.Width~Species,main = "Sepal.Width")
boxplot(Petal.Length~Species,main = "Petal.Length")
boxplot(Petal.Width ~Species,main = "Petal.Width ")
```

结果如图 8-5 所示。

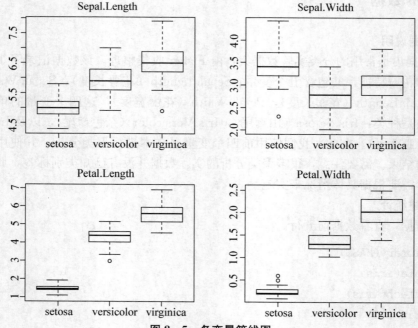

图 8-5　各变量箱线图

由以上分析可知，各种类鸢尾花数量一致。由图 8 - 5 可以看出，不同种类鸢尾花的每个解释变量的分布有明显的差异，setosa 与其他两类的区分最明显。

3. 基于距离的聚类

利用前四个变量对数据进行层次聚类，绘制树状图。

```
c.data <- iris[,1:4]
attach(c.data)
d <- dist(c.data)
hc <- hclust(d, method = "complete")
plot(hc)
```

结果如图 8 - 6 所示。

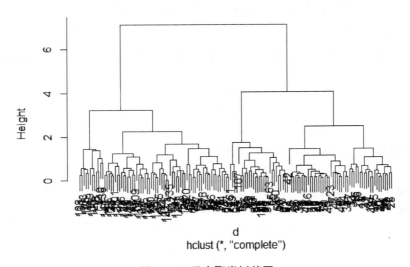

图 8 - 6　层次聚类树状图

然后选定类别数为 3，将聚类结果与真实值进行比较。

```
hccut <- cutree(hc,k = 3)　 ♯将类别数定为 3
table(iris $ Species, hccut)
```

结果如下：

	hccut		
	1	2	3
setosa	50	0	0
versicolor	0	23	27
virginica	0	49	1

　　可以看到层次聚类将所有的 setosa 聚为一类，将 49 个 virginica 和 23 个 versicolor 全部聚在第二类，将 1 个 virginica 和 27 个 versicolor 聚在第三类。从错分角度来看，有 24

个样本聚类错误。接下来使用 K-means 聚类方法将数据聚为三类。

```
kc <- kmeans(c.data,3)
table(iris $ Species, kc $ cluster)
```

结果如下：

	1	2	3
setosa	0	0	50
versicolor	2	48	0
virginica	36	14	0

可见 K-means 聚类有 16 个样本被聚错，在该案例中，K-means 聚类优于层次聚类。

4. DBSCAN 聚类

接下来使用 fpc 程序包中的 dbscan 命令对数据进行聚类。

```
library(fpc)
ds <- dbscan(c.data,eps = 1.5,MinPts = 30,scale = TRUE,showplot = TRUE,
method = "raw")
ds
```

结果如图 8 - 7 所示。

dbscan Pts = 150 MinPts = 30 eps = 1.5

	0	1	2
border	3	6	12
seed	0	43	86
total	3	49	98

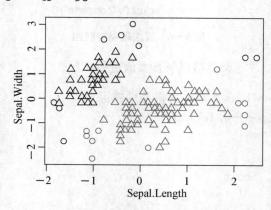

图 8 - 7　DBSCAN 聚类效果图

DBSCAN 聚类基于密度将样本分为两类。深浅两种颜色的三角形代表两个类别，第一类有 49 个样本点，第二类有 98 个，圆形代表类边缘的数据。当然，可以调整参数 eps 和 MinPts 的设置，得到不同的聚类结果。

5．OPTICS 聚类

最后我们对鸢尾花数据进行 OPTICS 聚类，首先导入 dbscan 包，利用 Optics() 函数进行 OPTICS 聚类，函数参数 eps 选取 1，minPts 选取 4，得到 OPTICS 聚类，结果展示在图 8 - 8 中。

```
library('MASS')
data(iris)
library('dbscan')
opt <- optics(iris[,1:4], eps = 1, minPts = 4)
opt
```

```
OPTICS clustering for 150 objects.
Parameters: minPts = 4, eps = 1, eps_cl = NA, xi = NA
Available fields: order, reachdist, coredist, predecessor, minPts, eps, eps_cl, xi
```

图 8 - 8　OPTICS 聚类结果

可以通过 opt $ order，opt $ reachdist，opt $ coredist 等查看聚类后样本的排序、可达距离、核心距离等。

8.5.2　Musk 数据

1．数据说明

麝香数据（Musk）由 kernlab 包提供，目的是判断分子是否为麝香，共有 476 个观测，167 个变量，前 166 个变量是分子的各种测量指标，第 167 个变量（Class）表示分子的类别（0 for non-musk, and 1 for musk）。这里使用前 166 个变量对数据进行稀疏聚类。

2．描述统计

载入数据并查看分类情况。

```
library(kernlab)
data(musk)
names(musk)
table(musk $ Class)
```

结果如下，可以看到在 476 个观测中有 207 个分子是麝香。

```
   0      1
 269    207
```

3．稀疏聚类

我们使用前 166 个变量对数据进行稀疏聚类分析。首先用 KMeansSparseCluster. permute() 选择最优权重，然后使用最优权重建模，并输出各变量权重图。

```
library(sparcl)
data <- musk[-167]
km. perm <- KMeansSparseCluster. permute(data, K = 2, wbounds = seq(2.5, 7.5,
len = 15), nperms = 3)
```

```
print(km.perm)
km.out <- KMeansSparseCluster(data, K = 2, wbounds = km.perm $ bestw)
print(km.out)
plot(km.out)
km.out
```

部分结果如下：

```
Wbound is  7.5：
Number of non-zero weights： 108
Sum of weights： 7.500156
Clustering： 1 1 1 1 1 1 1 1 1 1 1 1 1 1 1 1 1 1 1 1 1 1 1 1 1 1 1 2 1 2 2 2 1 1 1
......
```

可以看到最优权重为 7.5，共保留了 108 个变量进行聚类，各变量权重图见图 8 - 9。调整参数的设置会得到不同的聚类结果，读者可以自行尝试。

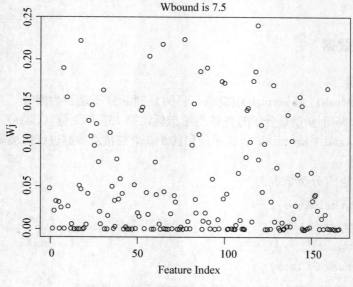

图 8 - 9　变量权重图

8.5.3　基因数据

1. 数据说明

R 语言中的 biclust 包展示了部分双向聚类算法的实现。包中自带的 BicatYeast 数据是一组以基因表达为背景的双向聚类数据。数据共包含 419 行和 70 列，即 419 种基因在 70 种实验条件下的基因表达数值。在该数据中，双向聚类被定义为在某个条件的集合下具有类似表达的基因集合。

2. 描述统计

加载数据并绘制热力图（见图 8 - 10）。

```
llibrary(biclust)
data(BicatYeast)
dim(BicatYeast)
heatmap(BicatYeast)
```

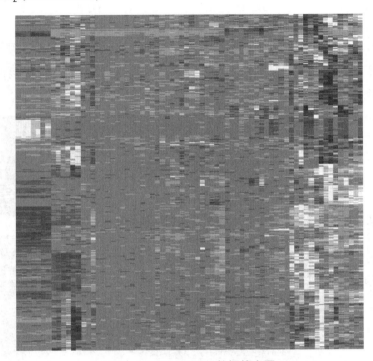

图 8 - 10　BicatYeast 数据热力图

由图 8 - 10 可以看出，很多样本点颜色相同，但分布比较分散。双向聚类便是同时对矩阵的行和列进行聚类，将行和列恰当重排后，使得具有相似特征的行列聚集在一起形成子矩阵，这个子矩阵就是双向聚类要找的子类。

3. 双向聚类

biclust 包提供了两个数据预处理函数：discretize( ) 函数将数据离散化，binarize( ) 函数将原始数据转化为二分数据。我们以 BIMAX 方法为例进行双向聚类，该方法需要先将数据二分化，聚类之后用 heatmapBC( ) 函数绘制热力图以展示结果。

```
bidata <- binarize(BicatYeast)    #处理成二分类数据
bic <- biclust(bidata,method = BCBimax(),minr = 15, minc = 8,number = 20)
bic    #以 BIMAX 方法为例进行聚类
heatmapBC(x = bidata, bicResult = bic)    #绘制热力图
```

结果如下：

```
call:
```

```
biclust(x = bidata, method = BCBimax(), minr = 15, minc = 8,
    number = 20)
```

Number of Clusters found： 20

First 5 Cluster sizes：

	BC 1	BC 2	BC 3	BC 4	BC 5
Number of Rows：	15	16	17	39	17
Number of Columns：	8	8	8	8	8

如图 8-11 所示，BIMAX 方法找出的 20 个类别聚集在左上角（矩形所示），类与类之间有部分重叠。

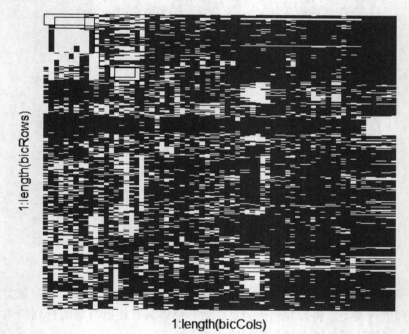

图 8-11　双向聚类热力图

8.6　上机实践：Python

8.6.1　Iris 数据集

1. 数据说明

Iris 数据集来自 R 语言的 MASS 包，我们首先将其导出到本地，并保存到 iris.csv 文件中。读者可以自行从 R 中下载文件或者从人大出版社提供的网址下载。

2. 描述统计

获取数据，并绘制各品种每个变量的箱线图，代码如下。箱线图见图 8 - 12。

```
import os
from numpy import *
from scipy import *
from pandas import *
import matplotlib.pyplot as plt
import seaborn as sns

iris = read_csv('iris.csv')
iris.head()
iris['Species'].value_counts()
temp = iris.ix[:,0:4]
temp.head()
#描述统计
%pylab
#绘制四个变量关于品种的分组箱线图并保存图像
fig,axes = plt.subplots(2,2,sharex = False,sharey = False)
for i in range(2):
    for j in range(2):
        iris.ix[:,[2*i+j,4]].boxplot(by = 'Species',ax = axes[i,j])
        axes[i,j].set_xlabel(xlabel = '')
```

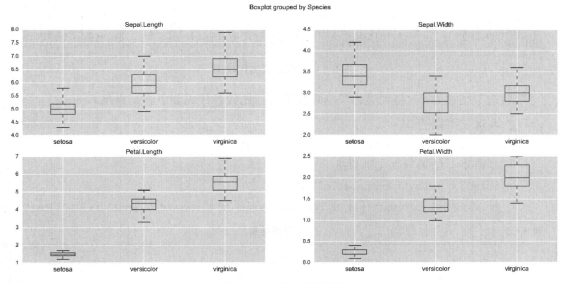

图 8 - 12　各变量箱线图

3. 基于距离的聚类
（1）层次聚类。

首先进行层次聚类，绘制的树状图见图 8 - 13。

```
#层次聚类
import scipy.cluster.hierarchy as sch


#距离矩阵
distMat = sch.distance.pdist(temp,metric = 'euclidean')
#进行层次聚类，类间距离采用全连接
hc = sch.linkage(distMat,method = 'complete')
#绘制树状图
fig = plt.figure(2)
hc_plot = sch.dendrogram(hc)
```

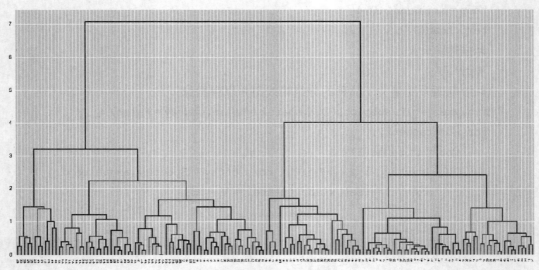

图 8 - 13　层次聚类树状图

然后选定类别为 3，将聚类结果与真实值进行比较，代码如下。结果见表 8 - 2。

```
#选定类别为 3
hc_cut = sch.cut_tree(hc,n_clusters = 3)
#将聚类结果与真实结果进行比较
iris.ix[:,'hc'] = reshape(hc_cut,150)
iris.ix[:,1].groupby([iris['Species'],iris['hc']]).count().unstack().fillna(0)
```

表 8 - 2　　　　　　　　　　　分层聚类结果

	0	1	2
setosa	50	0	0
versicolor	0	23	27
virginica	0	49	1

接下来进行 K-means 聚类，代码如下。结果见表 8-3。可以看到，在此案例中，K-means 聚类优于层次聚类。

（2）K-means 聚类。

```
#kmeans 聚类
from sklearn.cluster import KMeans
kmeans = KMeans(3)
clusters_kmeans = kmeans.fit_predict(temp)
#将聚类结果与真实结果进行比较
iris.ix[:,'kmeans'] = clusters_kmeans
iris.ix[:,1].groupby([iris['Species'],iris['kmeans']]).count().unstack().fillna(0)
```

表 8-3　　　　　　　　　　　　　　K-means 聚类结果

	0	1	2
setosa	50	0	0
versicolor	0	48	2
virginica	0	14	36

4. DBSCAN 聚类

然后进行 DBSCAN 聚类，代码如下。图形见图 8-14。从图 8-14 中可以看出，DBSCAN 聚类将样本聚为 3 类，其中一类是噪声点。

```
#DBSCAN 聚类
from sklearn.cluster import DBSCAN
from sklearn.preprocessing import StandardScaler
#对各变量进行标准化
temp = StandardScaler().fit_transform(temp)
#进行 DBSCAN 聚类
db = DBSCAN(eps = 1.5,min_samples = 30).fit(temp)
#提取类标签
db_labels = db.labels_
#提取核心点的指标
db.core_sample_indices_
#绘制图像并保存
fig = plt.figure(3)
ax = fig.add_subplot(1,1,1)
ind0 = (db_labels = = 0)
ind1 = (db_labels = = 1)
ind2 = (db_labels = = -1)
plt.scatter(temp[ind0,0],temp[ind0,1],marker = '~',s = 50,label = 'Class 0')
```

```
plt.scatter(temp[ind1,0],temp[ind1,1],marker = '*',s = 50,label = 'Class 1')
plt.scatter(temp[ind2,0],temp[ind2,1],marker = 'o',s = 50,label = 'Noise')
ax.set_title('DBSCAN Clustering for Dataset Iris')
ax.set_xlabel('Sepal.Length')
ax.set_ylabel('Sepal.Width')
ax.legend(loc = 'best')
```

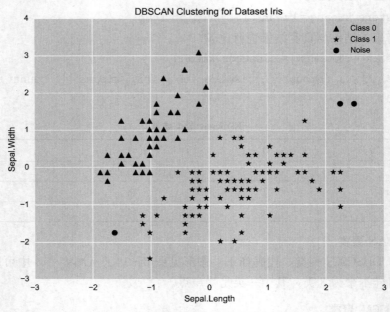

图 8 - 14 DBSCAN 聚类

5. OPTICS 聚类

最后进行 OPTICS 聚类，首先需要先安装模块 pyclustering，可以通过 pip install py-clustering 进行安装。需要注意的是，输入数据需要转换成列表的形式，并且列表中的每个元素代表一个样本点，这个样本点需要用列表或者元组来表示，代码如下。结果展示在图 8 - 15 中。

```
from pyclustering.cluster.optics import optics

# sample 需要输入列表
# sample：Input data that is presented as a list of points (objects),
# where each point is represented by list or tuple.
sample = [list(index) for index in np.array(temp)[:,:-1]]
optics_instance = optics(sample, 0.5, 6);
# Run cluster analysis
optics_instance.process()
# Obtain results of clustering
clusters = optics_instance.get_clusters();
```

```
noise = optics_instance.get_noise();
#Obtain rechability-distances
ordering = optics_instance.get_cluster_ordering();
#Visualization of cluster ordering in line with reachability distance.
indexes = [i for i in range(0, len(ordering))];
fig = plt.figure(4)
plt.bar(indexes, ordering);
plt.show()
```

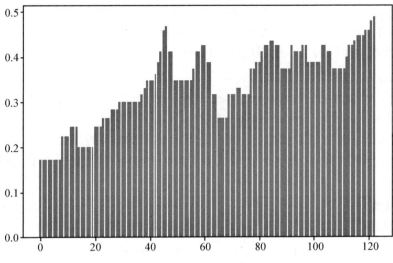

图 8-15 OPTICS 聚类

8.6.2 文本数据

1. 数据说明

双向聚类的数据来自 Project Gutenberg 的网站上的 20 本书籍, 其中 10 本来自天文学, 10 本来自进化论。

```
from sklearn.feature_extraction.text import TfidfVectorizer
from sklearn.cluster.bicluster import SpectralCoclustering
from sklearn.cluster.bicluster import SpectralBiclustering
import requests
import time

url_base = "http://www.gutenberg.org/cache/epub/{0}/pg{0}.txt"
ids = [1228, 22728, 5273, 19192, 2926, 2929, 6475, 20818, 24648,
        22428, 35937, 27477, 6630, 15636, 35744, 26556, 6574, 28247,
        25992, 28613]
```

```
docs = []
```

♯从 Project Gutenberg 的网站上下载 20 本书籍，10 本来自天文学，10 本来自进化论

♯下载数据的过程可能比较缓慢

```
for i in ids：
    docs.append(requests.get(url_base.format(i)).text)
time.sleep(30)
```

2. 数据处理

对于下载的文档，我们使用 tf-idf 方法计算每个单词对于每本书的重要性，得到一个矩阵 data。矩阵 data 的每一行代表一个单词（共 37 810 行），每一列代表一本书（共 20 列），每个元素表示相应的行（单词）对于相应的列（书籍）的重要性。

```
♯建立 tf-idf 方法
vec = TfidfVectorizer(stop_words = 'english')
data = vec.fit_transform(docs).T
♯用 tf－idf 方法来评估一个单词对于一本书的重要性
♯data 矩阵的行代表 word，列代表 book，每个元素代表一个单词对于该书的重要性
```

3. 建立模型

然后，我们使用双向聚类的谱算法，对 data 矩阵进行聚类，代码如下。

```
♯建立 CC 算法双向聚类（model1）和谱双向聚类（model2）模型
model1 = SpectralCoclustering(n_clusters = 2, svd_method = 'arpack')
model2 = SpectralBiclustering(n_clusters = (2,2),random_state = 0,method = 'scale')
♯在 data 矩阵上实施谱双向聚类
model1.fit(data)
model2.fit(data)
♯模型输出的结果
model1.rows_
model1.columns_
model2.rows_
model2.columns_
```

第9章　推荐系统

推荐系统是在信息过载时信息拥有者向它的受众进行有选择的推送的系统。比如，当你打开平时上网看电影的界面时，服务器会从数据库中调取你的观看记录和喜好，给你推荐电影。有时候网站给你推荐与以往看过的题材类似的电影、相同演员或导演的电影、不常见的小众电影等，这个过程往往发生在刚刚看完一部电影之后。有时候你在网络购物平台下了订单之后，浏览器的侧边会出现类似物品的广告，这些内容随着购物的不同而变化，这就是推荐系统的算法在起作用。现在很多通过手机发送的广告会随着位置不同而呈现不同的内容，并且与用户的购物行为、喜好等高度相关，具有个性化的特点。随着"精准营销"的兴起，推荐系统在越来越多的电商平台、移动互联网、基于位置的服务中扮演越来越重要的角色，将其形容为核心算法一点也不为过。将正确的商品（或服务）在正确的时间、正确的地点推荐给正确的人，这在商业上是有巨大价值的。准确的推荐能够给用户的生活带来很大的便利。

前面提到的几个场景下的推荐基本上对应着传统推荐系统的几个设计的出发点：基于物品或用户的相似度的推荐、基于潜在因子（或称为隐因子）的推荐等。简单地说，基于用户的推荐就是针对每个用户，寻找与他的喜好相似的其他用户，并将相似用户的物品推荐给该用户；基于物品的推荐则是寻找相似的物品，向每位用户推荐与他喜欢的物品相似的物品。这里的"喜欢"在影评的场景下可以是用户是否浏览、是否关注的行为，在网购的场景下可以是用户点击具体商品的行为，在两个场景下也可以推广成对电影或商品的打分或评价行为（Goldberg et al.，2001；Ricci et al.，2011）。9.1节介绍这部分内容。基于潜在因子的算法则认为在物品与用户之间存在一些潜在因子。举例而言，这些因子可以是电影的类型，如恐怖、爱情、搞笑，也可以是食品的口味，如酸、甜、辣、咸。在每个潜在因子上，物品和用户都有其数值的倾向性，因此人们对物品的喜好程度需要同时考虑在潜在因子上物品之间的相似度和用户之间的相似度。9.2节介绍与此相关的方法。9.3节和9.4节给出上述方法的 R 与 Python 的上机实践。

9.1 基于邻居的推荐

9.1.1 基于邻居的预测算法

总体来看，基于用户或者物品的推荐属于基于邻居的推荐方法。所谓邻居，是指与一个对象比较近的其他对象。所谓物以类聚、人以群分，距离比较近的对象往往具有相近的特征。比如，在 K 近邻（KNN）算法当中，我们认为与一个点欧氏距离（或者以其他方式定义的距离）最近的 K 个点是这个点的邻居（注意在计算距离时只利用协变量），并认为这个点的目标变量的类别（分类问题）或数值（回归问题）可以通过所有邻居的类别的众数（或数值的平均）来预测。基于用户或物品相似性的推荐利用的是类似的思想。

1. 连续型评分

以对电影进行评分为例，设共有 N 个用户，M 个电影，评分矩阵记为 $R_{N \times M}$，r_{ui} 表示第 u 个用户对第 i 部电影的评分。注意在评分矩阵当中存在很多缺失值，表示用户并未观看某些电影或者未对某些电影进行评分。先从基于用户的角度来看，如果用户 u 对电影 i 尚未评分，记 $N(u)$ 为用户 u 的邻居，$N_i(u)$ 为所有评价过电影 i 的用户中 u 的邻居，假定这里定义的"邻居"可以反映出喜好或者评分上的相似性，那么可以利用评价过电影 i 的 u 的邻居的评分平均值来预测用户 u 对电影 i 的评分：

$$\hat{r}_{ui} = \frac{1}{N_i(u)} \sum_{v \in N_i(u)} r_{vi}$$

如果对于不同的邻居，用户 u 与他们之间有不同的相似度，用 ω_{uv} 表示用户 u，v 之间相似度的大小，则可以利用加权平均来进行预测：

$$\hat{r}_{ui} = \frac{\sum\limits_{v \in N_i(u)} \omega_{uv} r_{vi}}{\sum\limits_{v \in N_i(u)} |\omega_{uv}|}$$

式中的相似度 ω_{uv} 可以大于 0，表示用户 u 与用户 v 的喜好正向相似；也可以小于 0，表示用户 u 与用户 v 之间的喜好相反。这些邻居都能对预测用户 u 的评分起到显著的作用，所以上式分子中的 ω_{uv} 不需要取绝对值，分母则需要进行取绝对值的运算。

有时候不同的人对相同程度的"认可"打分差异很大，如在以 100 分为基准的评价下，有些人习惯在 60～80 之间打分，有些人习惯在 40～70 之间打分，所以需要对不同的人的分数进行标准化处理。设 h 是一个标准化函数，可将不同用户对不同物品的打分 r_{ui} 映射到某一指定的区间 $[a, b]$ 上。在此基础上计算 r_{ui} 的预测值，再通过 h 的反函数将其映射回原始的取值范围（Ricci et al.，2011）。具体公式如下：

$$\hat{r}_{ui} = h^{-1} \left[\frac{\displaystyle\sum_{v \in N_i(u)} \omega_{uv} h(r_{vi})}{\displaystyle\sum_{v \in N_i(u)} |\omega_{uv}|} \right]$$

从基于物品的角度来看，与基于用户相似度的评分预测类似，记 $N(i)$ 为物品 i 的"邻居"，即最像物品 i 的物品集合，$N_u(i)$ 表示用户 u 评分过的物品中最像物品 i 的物品集合，则用户 u 对物品 i 的评分预测为：

$$\hat{r}_{ui} = \frac{\displaystyle\sum_{j \in N_u(i)} \omega_{ij} h(r_{uj})}{\displaystyle\sum_{j \in N_u(i)} |\omega_{ij}|}$$

式中，ω_{ij} 表示物品 i，j 之间相似度的权重。

当需要调整评分尺度时，可以引入标准化函数 h 进行预测：

$$\hat{r}_{ui} = h^{-1} \left[\frac{\displaystyle\sum_{j \in N_u(i)} \omega_{ij} h(r_{uj})}{\displaystyle\sum_{j \in N_u(i)} |\omega_{ij}|} \right]$$

2. 离散类别评分

除了上述连续型评分，往往还有离散类别的评分，比如"好""中""差"用数字 1，2，3 表示。以基于用户相似度的分类为例，假设一部电影的评分可以从 $S = \{1, 2, \cdots, K\}$ 共 K 个分数选项中进行选择，尝试利用邻居的打分来确定用户 u 最可能的打分。我们利用邻居在第 r 级分数上的打分情况来预测用户 u 打这个 r 分的可能性（$r = 1, 2, \cdots, K$）。

$$\hat{u}_{ir} = \sum_{v \in N_i(u)} \delta(r_{vi} = r) \omega_{uv}$$

式中，$\delta(\cdot)$ 为示性函数，取值为 1 或 0；ω_{uv} 为用户 u 与 v 的相似度。

对所有的 K 个分数分别计算评分 $\hat{u}_{ir}$ 后，用最大的 $\hat{u}_{ir}$ 对应的 r 作为预测的评分：

$$\hat{r}_{ir} = \arg \max_r \hat{u}_{ir}$$

这种方法同样会受到人群和物品的打分区域的差异的影响，引入标准化函数 h 的版本为：

$$\hat{r}_{ui} = h^{-1} \left(\arg \max_{r \in S'} \sum_{v \in N_i(u)} \delta(h(r_{vi}) = r) \omega_{uv} \right)$$

式中，S' 是前面的评分值集合 S 对应的标准化后的评分值集合。

同理，对于基于物品相似度的分类问题，利用以下模型进行预测：

$$\hat{r}_{ui} = h^{-1} \left(\arg \max_{r \in S'} \sum_{j \in N_u(i)} \delta(h(r_{uj}) = r) \omega_{ij} \right)$$

9.1.2　基于邻居的预测的三要素

上文介绍了基于邻居的预测模型的原理，实际使用这一模型的过程中，有三个基本要素需要进行考察，这三个基本要素为：邻居选择、相似度计算和评分标准化。下面我们一一介绍（Ricci et al.，2011）。

1. 邻居选择

邻居是基于邻居的评分预测模型中至关重要的因素，如何定义邻居，如何选取邻居，将极大地影响推荐系统的最终效果。一般而言，利用相似度的大小来定义邻居，认为两个用户（或物品）相似度越大，他们越相邻。关于邻居具体的选择标准，有以下三个基本原则：

- Top-M filtering：保留最像（即相似度最大）的前 M 个；
- Threshold filtering：保留相似度（绝对值）大于一个给定阈值 w_{min} 的用户（或物品）；
- Negative filtering：去掉不像的用户（或物品）。

2. 相似度计算

相似度在基于邻居的评分预测模型中既作为寻找邻居的依据发挥作用，又包含在计算公式当中，起着非常大的作用。

相似度计算的方式多种多样，对于可以处理为连续型的评分数据，可以采用 Cosine 相似度和 Pearson 相关系数来度量相似度。

（1）Cosine 相似度（Cosine Vector，CV）。在第 8 章我们已经定义过，对于两个维度相同的列向量 x_a 和 x_b，Cosine 相似度为：

$$仅\ \cos(x_a,x_b)=\frac{x_a x_b}{\|x_a\|\ \|x_b\|}$$

则对于两个用户 u 和 v，基于评分矩阵 R 定义的 Cosine 相似度为：

$$CV(u,v)=\cos(x_u,x_v)=\frac{\sum_{i\in I_{uv}} r_{ui}r_{vi}}{\sqrt{\sum_{i\in I_u} r_{ui}^2 \sum_{j\in I_v} r_{vj}^2}}$$

式中，分子中的 I_{uv} 表示用户 u 和用户 v 共同打分的物品的集合，分母中的 I_u 和 I_v 分别表示用户 u 和用户 v 各自打分的物品的集合。注意该公式中分母并不采用 I_{uv} 而是采用 I_u 和 I_v，这是对原有 Cosine 相似度计算的一种推广。

（2）Pearson 相关系数（Pearson Correlation，PC）。对于用户，Pearson 相关系数可以定义为：

$$PC(u,v)=\frac{\sum_{i\in I_{uv}} (r_{ui}-\bar{r}_u)(r_{vi}-\bar{r}_v)}{\sqrt{\sum_{i\in I_{uv}} (r_{ui}-\bar{r}_u)^2 \sum_{i\in I_{uv}} (r_{vi}-\bar{r}_v)^2}}$$

这里，分子与分母都采用 I_{uv}。

类似地，对于物品，可以同样定义 Cosine 相似度和 Pearson 相关系数。

对于 0—1 型数据，如超市购买物品的例子，1 表示客户购买了某种商品，说明客户对该商品有兴趣。0 虽然表示没购买，却分不清楚是不感兴趣，还是感兴趣只是这次没购买（如果是这种情形，恰恰需要推荐）。所以需要定义一种新的相似性，这里介绍 Jaccard 指数（Jaccard index）（Hahsler，2009）：

$$sim_{Jaccard}(X,Y) = \frac{|X \cap Y|}{|X \cup Y|}$$

式中，X 表示用户 u 取值为 1 的商品的集合（即购买的商品的集合）；Y 表示用户 v 取值为 1 的物品的集合；$|X \cap Y|$ 表示用户 u 和 v 同时取 1 的物品的个数；$|X \cup Y|$ 表示用户 u 或者 v 取 1 的物品的个数。

除前面的方法以外，针对不同的问题，还可以使用其他相似度的测量方法。比如，平均平方差异倒数定义为：

$$MSD(u,v) = \frac{|I_{uv}|}{\sum\limits_{i \in I_{uv}} (r_{ui} - r_{vi})^2}$$

Spearman 秩相关系数（Spearman Rank Correlation，SRC）定义如下：令 $\bar{k}_{ui}$，$\bar{k}_{vi}$ 表示物品 i 在用户 u，v 评价过的物品列表中按得分大小排序后的秩。

$$SRC(u,v) = \frac{\sum\limits_{i \in I_{uv}} (k_{ui} - \bar{k}_u)(k_{vi} - \bar{k}_v)}{\sum\limits_{i \in I_{uv}} (k_{ui} - \bar{k}_u)^2 \sum\limits_{i \in I_{uv}} (k_{vi} - \bar{k}_v)^2}$$

式中，$\bar{k}_u$，$\bar{k}_v$ 表示用户 u，v 的评分的平均秩（排序）。

上面的相似度度量方法在实际使用过程中有一个普遍的缺陷，就是计算数值的大小不会反映两个人共同打分的物品个数（或同时为两个物品打分的人的数目）的影响，从而在比较过程中缺乏统一的衡量标准。例如，用户 a 和用户 b 之间的相似度为 1，用户 a 和用户 c 之间的相似度为 0.9，看起来用户 b 比用户 c 更像用户 a 的邻居，但是实际上，用户 a 与用户 b 之间只共同打分过 2 个物品，而且恰巧打分一致，而用户 a 与用户 c 共同打分过 200 个物品，显然用户 c 比用户 b 更可能成为用户 a 的邻居。

因此，应对相似性权重增加一个基于共同评分物品（或同时评分的人）的数目的惩罚：

$$\omega'_{uv} = \frac{\min\{|I_{uv}|, \gamma\}}{\gamma} \times \omega_{uv}$$

$$\omega'_{ij} = \frac{\min\{|U_{ij}|, \gamma\}}{\gamma} \times \omega_{ij}$$

式中，$|I_{uv}|$ 表示用户 u 与用户 v 共同评价过的物品数目；$|U_{ij}|$ 表示同时评价过物品 i 与物品 j 的人的数目；γ 是一个事先制定的阈值，如果 $|I_{uv}|$（或 $|U_{ij}|$）小于此值，则表示相应的权重 ω_{uv}（或 ω_{ij}）需要调整。

另一种压缩的方法如下：

$$\omega'_{uv} = \frac{|I_{uv}|}{|I_{uv}|+\beta} \times \omega_{uv}$$

$$\omega'_{ij} = \frac{|U_{ij}|}{|U_{ij}|+\beta} \times \omega_{ij}$$

式中，β 是一个给定的压缩参数，取值大于或等于 0。若 $\beta=0$，则权重完全没有变化。对 $\beta>0$，如果 $|U_{ij}| \gg \beta$，则表示权重 $\omega'_{uv} \approx \omega_{uv}$，无须太大调整；反之，则权重调整较大。

方差很小的评分实际上信息量不大，用来调整它的方法叫 Inverse User Frequency，与 Inverse Document Frequency（IDF）很像。对于物品 i：

$$\lambda_i = \log \frac{|U|}{|U_i|}$$

式中，$|U|$ 表示用户总数，即 N；$|U_i|$ 表示评价过物品 i 的用户的数目，用它对相关系数进行加权，得到加权相关系数（Frequency-Weighted Pearson Correlation，FWPC）：

$$FWPC(u,v) = \frac{\sum_{i \in I_{uv}} \lambda_i (r_{ui} - \bar{r}_u)(r_{vi} - \bar{r}_v)}{\sqrt{\sum_{i \in I_{uv}} \lambda_i (r_{ui} - \bar{r}_u)^2 \sum_{i \in I_{uv}} \lambda_i (r_{vi} - \bar{r}_v)^2}}$$

用这种方式对物品之间的相似性进行重新定义，方法完全类似。

3. 评分标准化

如同前面的介绍，不同用户的评分范围往往不同，不同物品的评分范围也往往不同。因此，为了更好地预测出每个用户对每个物品的评分，需要引入标准化函数 h，下面提供几种标准化函数 h 的选取方法。

（1）用户均值中心化（user-mean centered）。

$$h(r_{ui}) = r_{ui} - \bar{r}_u$$

$$\hat{r}_{ui} = \bar{r}_u + \frac{\sum_{v \in N_i(u)} \omega_{uv}(r_{vi} - \bar{r}_v)}{\sum_{v \in N_i(u)} |\omega_{uv}|}$$

（2）物品均值中心化（item-mean centered）。

$$h(r_{ui}) = r_{ui} - \bar{r}_i$$

$$\hat{r}_{ui} = \bar{r}_i + \frac{\sum_{j \in N_u(i)} \omega_{ij}(r_{uj} - \bar{r}_j)}{\sum_{j \in N_u(i)} |\omega_{ij}|}$$

式中，r_u 表示用户 u 所有评分的平均值；r_i 表示物品 i 获得的所有评分的平均值。

（3）Z-评分归一化。

1）user-mean centered 评分：

$$h(r_{ui}) = r_{ui} - \bar{r}_u$$

$$\hat{r}_{ui} = \bar{r}_u + s_u \frac{\displaystyle\sum_{v \in N_i(u)} \omega_{uv}(r_{vi} - \bar{r}_v)/s_v}{\displaystyle\sum_{v \in N_i(u)} |\omega_{uv}|}$$

2）item-mean centered 评分：

$$h(r_{ui}) = \frac{r_{ui} - \bar{r}_i}{s_i}$$

$$\hat{r}_{ui} = \bar{r}_i + s_i \frac{\displaystyle\sum_{j \in N_u(i)} \omega_{ij}(r_{uj} - \bar{r}_j)/s_j}{\displaystyle\sum_{j \in N_u(i)} |\omega_{ij}|}$$

以上公式中，s_u 和 s_v 表示用户 u 和 v 所有评分的标准差；s_i 和 s_j 表示物品 i 和 j 获得的所有评分的标准差，它们可以用数据进行估计。

9.2 潜在因子与矩阵分解算法

潜在因子方法是一种矩阵分解算法，又叫隐因子模型（Koren et al.，2009），本质上是一种降维方法。

假设用户、物品之间存在数量不多的潜在因子，尝试将用户、物品都变换到这个维度较低的潜在因子空间，从而反映用户和物品之间的相似性。最常用的寻找潜在因子的方法就是通过对观测到的评分进行矩阵分解，来还原用户与物品到隐因子空间的映射，具体的方法如 SVD 分解（Ricci et al.，2011）。

之前介绍的方法只用到评分矩阵 R（推荐系统的文献学通常称其为高质量的反馈（explicit feedback）），在通常的应用场景下，还可以获得一些非直接的反馈（implicit feedback），如是否放入购物车、是否浏览页面等。记 $S(u)$ 为对用户 u 存在这些反馈的物品的集合。本节将讲解如何在矩阵分解模型中同时考虑这两种反馈，以达到更好的推荐效果（Ricci et al.，2011）。

9.2.1 基于矩阵分解的推荐算法

已有的很多协同过滤方法或者不能处理非常大的数据集，或者处理不好用户评价非常少的情况。矩阵分解方法可以方便地随着观测数线性扩展。概率矩阵分解方法还可以加上限制，比如可以假定那些对相似物品进行评分的用户具有相似的品位。

1. 基于 SVD 的模型

假设有 N 个用户，M 个物品，评分矩阵 $R_{(NM)}$ 不存在缺失，对评分矩阵 R 进行 SVD

分解，得到

$$R_{(NM)} = U^T_{(Nr)} D_{(rr)} V_{(rM)} = \sum_{k=1}^{r} d_k u_k^T v_k$$

式中，r 为评分矩阵 R 的秩；D 的对角线表示评分矩阵 R 的所有非 0 奇异值，这些奇异值有大有小，可以看出越小的奇异值对评分矩阵 R 形成的贡献越小。如果只取前 K 个最大的奇异值，将其余部分去除，对评分矩阵 R 进行估计，则有

$$\hat{R}_{(NM)} = U^T_{(NK)} D_{(KK)} V_{(KM)} = Q^T P$$

式中，Q 与 P 矩阵是将 D 矩阵归到 U 与 V 当中得到的结果。这里的 K 相当于认为的潜在因子的个数。尝试对 Q 和 P 矩阵进行估计，并用下面的公式对用户 u 对物品 i 的评分进行估计：

$$\hat{r}_{ui} = q_i^T p_u$$

为实现对 Q 与 P 的估计，仅需要对 q_i 和 p_u 进行估计，可以通过优化以下目标函数完成：

$$\min_{q_*, p_*} \sum_{(u,i) \in K} (\hat{r}_{ui} - q_i^T p_u)^2$$

式中，K 为训练集当中所有已知的用户、物品评分（即观测到的评分部分）。

通常对以上目标函数采用随机梯度下降方法（SGD）求解，通过不断迭代更新参数和预测值的方法进行参数估计。对于给定的评分 r_{ui}，若预测值为 $\hat{r}_{ui}$，则定义 $e_{ui} = r_{ui} - \hat{r}_{ui}$。对于一个给定的训练数据 r_{ui}，先根据目前参数结果计算 $\hat{r}_{ui}$，e_{ui} 的结果，然后进行参数的更新，参数更新方向朝梯度相反方向前进一小步：

- $q_i \leftarrow q_i + \gamma e_{ui} p_u$
- $p_u \leftarrow p_u + \gamma e_{ui} q_i$

学习速率 γ 的选取会影响算法的速度和准确度。

以上基于 SVD 的模型是最简化的模型，根据实际数据的表现形式有以下几个改进措施。

首先，与基于邻居的推荐方法一样，矩阵分解方法中同样存在不同人、不同物品的评分尺度的问题，因此在分解的矩阵基础上加入基准部分（即 Base 部分）。

$$\hat{R} = Base + Q^T P$$

基准部分可简化为三种成分的加和：其一为总体评分的水平 μ；其二为每个用户与总水平的特异部分 b_u；其三为每个物品与总水平的特异部分 b_i，即

$$\hat{r}_{ui} = \mu + b_i + b_u + q_i^T p_u$$

其次，现有模型中自由参数过多，为了避免发生过拟合，要在原有损失函数的基础上加上对过拟合的惩罚项，于是目标函数变为：

$$\min_{b_*, q_*, p_*} \sum_{(u,i) \in K} (r_{ui} - \mu - b_i - b_u - q_i^T p_u)^2 + \lambda (b_i^2 + b_u^2 + \| q_i \|^2 + \| p_u \|^2)$$

通常，随机梯度下降方法同样可以对改进后的模型进行参数估计，其具体迭代更新公式为：

- $b_u \leftarrow b_u + \gamma(e_{ui} - \lambda b_u)$
- $b_i \leftarrow b_i + \gamma(e_{ui} - \lambda b_i)$

算法的效果同时依赖于学习速率 γ 和惩罚参数 λ 的选取。此外，b_u，b_i，p_u，q_i 的学习速率可以不一样。

除了随机梯度下降方法，还可以利用 Alternating Least Squares（ALS）方法对参数进行估计。注意这个目标函数有项 $q_i p_u$，所以不是一个整体凸函数。但如果固定 q_i，则对于 p_u 是一个二次函数（凸函数）的优化问题，再固定 p_u，则对于 q_i 又是一个二次函数的优化问题。因此，通过不断交错固定 p_u 与 q_i 进行计算，直至收敛可以得到 ALS 方法的解。

2. SVD++

前面的模型均仅考虑高质量的反馈（评分矩阵）给评分预测带来的影响，但是除了高质量的反馈，评分矩阵当中往往还存在一些非直接的反馈。这种反馈虽然没有办法直接从评分中辨析出来，但是却隐含在评分矩阵的内部。例如，用户浏览过一些物品，但是没有对这些物品进行评分，在前面的分析中没有考虑浏览这一行为给评分预测带来的潜在影响（Ricci et al.，2011）。

因此考虑非显性评分可以提高推荐的精度，显示用户的倾向。用户对哪些物品评了分，这些物品反过来能够潜在反映用户的某些倾向，而我们不必知道这种倾向具体的原因是什么，这就产生了 SVD++ 算法。对每个物品 i 设一个因子向量 $y_i \in R^K$，用来表示物品 j 反映的给它评过分的用户的潜在喜好信息：

$$\hat{r}_{ui} = \mu + b_i + b_u + q_i^T \left(p_u + |S(u)|^{-\frac{1}{2}} \sum_{j \in S(u)} y_j \right)$$

式中，$S(u)$ 表示前面定义过的对用户 u 存在非直接反馈的物品的集合。

在所有的评分集上循环，依旧使用随机梯度下降法进行参数估计，下面是 SVD++ 具体的求解算法：

- $b_u \leftarrow b_u + \gamma(e_{ui} - \lambda b_u)$
- $b_i \leftarrow b_i + \gamma(e_{ui} - \lambda b_i)$
- $q_i \leftarrow q_i + \gamma \left(e_{ui} \left(p_u + |S(u)|^{-\frac{1}{2}} \sum_{j \in S(u)} y_j \right) - \lambda q_i \right)$
- $p_u \leftarrow p_u + \gamma(e_{ui} q_i - \lambda p_u)$
- $\forall j \in S(u), y_i \leftarrow y_i + \gamma(e_{ui} |S(u)|^{-\frac{1}{2}} q_i - \lambda y_i)$

此外，对于不同的参数，可以使用不同的惩罚参数 λ，比如，对 b_u 与 b_i 使用 λ_1 惩罚参数，对 p_u，q_i 和 y_j 使用 λ_2 惩罚参数。

9.2.2 基于隐因子的概率矩阵分解推荐算法

前面介绍的矩阵分解算法从评分矩阵出发，分解得到隐因子空间的坐标。下面介绍一种算法，它假定隐因子是一个随机变量，通常假定服从一个已知分布，比如正态分布。最后从似然函数的角度来重新研究这个矩阵分解的结果。这就是基于隐因子的概率矩阵分解推荐算法（Salakhutdinov and Mnih，2008）。

假设共 N 个用户，M 个物品。令 $R_{N \times M}$ 为用户的评分矩阵，元素 r_{ui} 表示用户 u 对物品 i 的评分，假定该评分服从方差为 σ^2 正态分布。$U \in R^{K \times M}$，$V \in R^{K \times M}$，U_u 表示矩阵 U 的第 u 列，V_i 表示矩阵 V 的第 i 列。

$$p(R \mid U, V, \sigma^2) = \prod_{u=1}^{N} \prod_{i=1}^{M} \left[N(r_{ui} \mid U_u^T V_i, \sigma^2) \right]^{I_{ui}}$$

式中，示性函数 I_{ui} 表示用户 u 对电影 i 的评分是否观测到。

进一步假定 U 和 V 的先验分布是均值为 0、方差为 σ_U^2，σ_V^2 的多元正态分布，则对数后验概率为：

$$\begin{aligned}
\ln p(U, V \mid R, \sigma^2, \sigma_V^2, \sigma_U^2) = & -\frac{1}{2\sigma^2} \sum_{u=1}^{N} \sum_{i=1}^{M} I_{ui} (r_{ui} - U_i^T V_i)^2 \\
& -\frac{1}{2\sigma_U^2} \sum_{u=1}^{N} U_u^T U_u - \frac{1}{2\sigma_V^2} \sum_{i=1}^{M} V_i^T V_i \\
& -\frac{1}{2} \left(\left(\sum_{u=1}^{N} \sum_{i=1}^{M} I_{ui} \right) \ln \sigma^2 + ND \ln \sigma_U^2 + MD \ln \sigma_V^2 \right) + C
\end{aligned}$$

最大化对数后验概率等价于最小化

$$E = \frac{1}{2} \sum_{u=1}^{N} \sum_{i=1}^{M} I_{ui} (r_{ui} - U_u^T V_i)^2 + \frac{\lambda_U}{2} \sum_{u=1}^{N} \|U_u\|_{Fro}^2 + \frac{\lambda_V}{2} \sum_{i=1}^{M} \|V_i\|_{Fro}^2$$

式中，$\lambda_U = \dfrac{\sigma^2}{\sigma_U^2}$；$\lambda_V = \dfrac{\sigma^2}{\sigma_V^2}$；$\|\cdot\|_{Fro}$ 为矩阵的 F 范数。

图 9-1（左）展现了上述模型的框架。

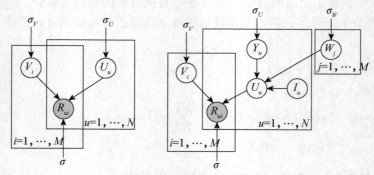

图 9-1　模型的框架图

针对上面的模型，可以进一步刻画矩阵用户特征 U_u 的结构，这叫做受限的概率矩阵分解（PMF）。令 $W \in R^{D \times M}$ 表示相似性约束矩阵，定义用户 u 的特征向量为：

$$U_u = Y_u + \frac{\sum\limits_{j=1}^{M} I_{uj} W_j}{\sum\limits_{j=1}^{M} I_{uj}}$$

式中，$I_{uj}=1$ 表示用户 u 评论过项目 j；W 矩阵的列 W_j 用来表示用户评论过的每个项目对用户特征向量的影响。观测的评分的条件分布为：

$$p(R\,|\,Y,V,W,\sigma^2)=\prod_{u=1}^{N}\prod_{i=1}^{M}\left[N\left[r_{ui}\left|\left[Y_u+\frac{\sum\limits_{j=1}^{M}I_{uj}W_j}{\sum\limits_{j=1}^{M}I_{uj}}\right]^T V_i,\sigma^2\right.\right]\right]^{I_{ui}}$$

假设相似矩阵服从零均值的球高斯分布：

$$p(W\,|\,\sigma_W)=\prod_{j=1}^{M}N(W_j\,|\,0,\sigma_W^2 I)$$

同样为了防止过拟合，需要给参数加入罚函数进行规范，目标函数是最小化误差平方和加规范项：

$$E=\frac{1}{2}\sum_{u=1}^{N}\sum_{i=1}^{M}I_{ui}\left[r_{ui}-\left[Y_u+\frac{\sum\limits_{j=1}^{M}I_{uj}W_j}{\sum\limits_{j=1}^{M}I_{uj}}\right]^T V_i\right]^2$$

$$+\frac{\lambda_Y}{2}\sum_{u=1}^{N}\|Y_u\|_{Fro}^2+\frac{\lambda_V}{2}\sum_{i=1}^{M}\|V_j\|_{Fro}^2+\frac{\lambda_W}{2}\sum_{j=1}^{M}\|W_j\|_{Fro}^2$$

式中，$\lambda_Y=\sigma^2/\sigma_Y^2$；$\lambda_V=\sigma^2/\sigma_V^2$；$\lambda_W=\sigma^2/\sigma_W^2$。

这相当于在贝叶斯的框架下加了一些先验的限制，图 9-1（右）展现了结构扩展后的模型的框架。如果评分的取值在 0~1 之间，也可以对上述均值向量进行 Logit 变换。

9.3　上机实践：R

9.3.1　Jester 数据集

1. 数据集介绍

Jester 数据集是一个使用协同过滤算法的推荐系统数据集，里面含有 73 421 个用户的 410 万个对 100 个笑话的连续型评分（−10 ~ +10）。数据收集的时间是 1999 年 4 月到 2003 年 5 月，该数据集可以在 Berkeley 的网站上免费下载（网址为 http://www.ieor.berkeley.edu/goldberg/jester-data/）。

在 R 语言的 recommenderlab 包中有许多关于推荐系统建立、处理及可视化的函数，是 R 语言中解决推荐系统问题常用的包。该包内置了 Jester 数据集的一部分数据，包含 5 000 个用户对 100 个笑话的评分数据，总共有 362 106 个评分，评分率为 72.42%，是一个比较密集的评分矩阵，该数据集在 recommenderlab 中名为 "Jester5k"。

2. 描述统计

获取数据并利用评分绘制直方图。

```
library(recommenderlab)
data(Jester5k)  ♯数据集的类型为realRatingMatrix①
hist(getRatings(Jester5k), main = "Distribution of ratings")
```

结果如图9-2所示。

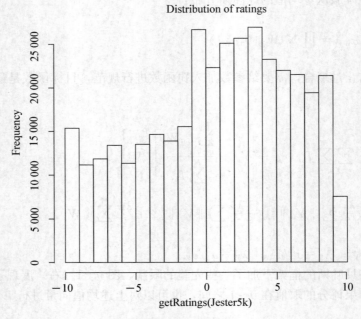

图 9-2　评分直方图

该直方图反映用户评分数据具有以下几个明显的特点：

- 相比于负分，人们更加倾向于评价正分；
- 在负分区域和正分区域内部，人们在不同分数上的分布比较均匀；
- 正分区域中人们很少愿意做出超过9分的评价，但是在负分区域中评价小于-9分的数量与其余负分的数量没有太大区别，甚至稍高。

使用 image() 函数看一下评分矩阵的形态，结果如图9-3所示。

```
image(Jester5k[1:10,1:10],main = "RawRating")
```

3. 推荐系统实践

首先从 Jester5k 数据集当中抽取 70% 的用户数据作为训练样本，将剩余 30% 的用户

---

① 　realRatingMatrix 是 recommenderlab 中专门定义的一种数据类型，是 ratingMatrix 数据类型中的一种，具有很多矩阵对象的常用函数，如 dim()，dimnames()，rowCounts()，rowMeans()和 rowSums()等。这种数据类型是 recommenderlab 中建立推荐系统过程中唯一的评分矩阵的输入类型，所以评分矩阵在建立推荐系统之前必须转化为 ratingMatrix 数据类型中的一种。ratingMatrix 数据类型中的另一个常用类型为 binaryRatingMatrix，用于存放只有 0—1 评分的评分矩阵数据。

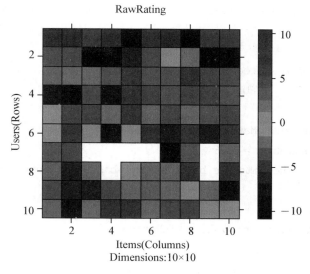

图 9 - 3　评分图像

数据作为测试样本，对于剩余 30% 的用户，将每个人所评分的物品分为已知（known）和未知（unknown）部分，代码如下：

```
set.seed(12345)
rdata <- evaluationScheme(Jester5k, method ="split",train = 0.7,given = 10)
data <- getData(rdata,"train")
```

用 recommenderlab 包中的 Recommender() 函数对训练集分步实现基于用户相似度的评分推荐、基于物品相似度的评分推荐以及 SVD 分解方法的推荐。

```
re.UBCF <- Recommender(getData(rdata,"train"),method = "UBCF",
        parameter = list(method = "pearson",nn = 30))    #基于用户相似度的
评分推荐

re.IBCF <-Recommender(getData(rdata,"train"),method = "IBCF",
        parameter = list(method = "pearson",k = 30))    #基于物品相似度的
评分推荐

re.SVD <-Recommender(getData(rdata,"train"),method = "SVD",
        parameter = list(method = "pearson"))    #SVD 分解方法
recommenderRegistry $ get_entries()    #查询所有推荐系统方法以及相应参数
```

部分输出结果如下：

```
……
$ UBCF_binaryRatingMatrix
Recommender method：UBCF
```

Description：Recommender based on user-based collaborative filtering (binary data).

Parameters：

method nn weighted sample

1 jaccard 25   TRUE FALSE

$ UBCF_realRatingMatrix

Recommender method：UBCF

Description：Recommender based on user-based collaborative filtering（real data）.

Parameters：

method nn sample normalize minRating

1 cosine 25 FALSE   center   NA

……

对于上面建立的模型，给定一个用户的现有评分状态，可以用 predict() 函数对其未评分的物品进行预测。例如用 re. UBCF 模型去预测 Jester5k 数据集当中第 1 个用户未评分的笑话的所有得分，代码如下：

```
predict1 <- predict(re.UBCF, Jester5k[1], type = "ratings")
getRatings(predict1)
```

结果如下：

```
[1] 3. 091299 3. 853497 3. 696249 2. 868864 3. 539263 3. 911317 4. 157905
3.980615 3.785517 4.040022 3.609047 3.716093
[13] 3.808450 3.227002 3.604455 2.976354 3.618514 3.480651 3.609522
```

生成前五个最高预测得分的推荐代码和结果如下：

```
predict1 <- predict(re.UBCF, Jester5k[1],n = 5,type = "topNList")   #生成
Top N 推荐
as( predict1, "list")
[1] "j78" "j81" "j79" "j76" "j72"
```

接下来利用第一步由 evaluationScheme() 函数创造的测试集，对三种模型在该数据上的效果进行评价，先对预测集中的所有用户除抽取出来的 given＝10 个已知评分外的所有物品进行分数预测：

```
predict1 <- predict(re.UBCF, getData(rdata,"known"),type = "ratings")

predict2 <- predict(re.IBCF, getData(rdata,"known"),type = "ratings")

predict3 <- predict(re.SVD, getData(rdata,"known"),type = "ratings")
```

最后，可以利用 calcPredictionAccuracy() 函数来进行预测结果与实际数据之间的比较并输出结果：

```
calcPredictionAccuracy(predict1, getData(rdata, "unknown"))
calcPredictionAccuracy(predict2, getData(rdata, "unknown"))
calcPredictionAccuracy(predict3, getData(rdata, "unknown"))
```

结果如下：

方法	RMSE	MSE	MAE
UBCF	4.68	21.92	3.68
IBCF	4.96	24.60	3.76
SVD	5.31	28.19	4.49

由计算结果可见，本例数据集采用 UBCF 的方法即基于用户相似度的评分推荐方法的效果最好。

9.3.2　更多推荐算法数据源

1. Netflix 竞赛数据集

Netflix 竞赛从 2006 年开始举行，学术界首次接触到大规模的工业界的实际数据——超过 1 亿的电影评分，学者、学生、工程师和领域爱好者对这些数据产生了兴趣。竞赛的目标是提高预测精度。数据集包含 Netflix 用户 1999 年 11 月到 2005 年 12 月的电影评分数据，评分从 1 到 5 表示喜欢程度。该数据集包含 17 770 部电影以及 480 000 名用户。平均来看，一部电影受到 5 600 个评价，平均每人评价 208 部电影，人与人之间变异很大。这个比赛的考察指标为 RMSE，其目的是将用户推荐的预测精度提高至少 10 个百分点。最终 2009 年 100 万美元奖金被授予 Belcore Pragmatic Chaos Team。具体的信息可登录网站 http://www.netflix.com 查看。

2. Movielens 数据集

它是 Grouplens 网站的一个子数据集，有很多电影评分数据，以及大量历史、当期的电影信息。数据网址：http://grouplens.org/datasets/movielens/。

3. HetRec2011 数据集

第二届推荐系统中的信息异质性和聚合国际研讨会（The 2nd International Workshop on Information Heterogeneity and Fusion in Recommender Systems）（HetRec 2011，http://ir.ii.uam.es/hetrec2011）上公开的从 Delicious，Last.fm Web 2.0，MovieLens，IMDb 和 Rotten Tomatoes 等网站上收集的数据，包括用户的社交关系网络、标签、网络资源消费的情况（网页收藏行为及收听音乐人列表等），样本量大约有 2 000 人。该数据集是由 Universidad Autnoma de Madrid（http://ir.ii.uam.es）大学的信息检索研究组整理的。使用前需要阅读 README 中的版权信息和其他使用细节。数据的下载网址是：http://grouplens.org/datasets/hetrec-2011/。

9.4　上机实践：Python

这里我们使用的是 Python 模块 surprise 中的 Movielens 数据集和 Jester 数据集。这两个数据集在使用 R 语言建立推荐系统时已经做过介绍，我们在这里稍微介绍一下 surprise 模块。surprise 模块是用来在 Python 中建立和分析推荐系统的模块，关于它的源码和使用手册，参见网页 https://github.com/NicolasHug/Surprise。需要注意的是，安装这个模块前需要先安装 Cpython 和 numpy。

9.4.1　Jester 数据集

我们使用 3 折交叉验证，在自带数据集 jester 上训练基于 SVD 分解方法的推荐系统。由于数据集较大，如果在单机上运行，则需要用户耐心等待一会，代码如下。结果见表 9-1。

```
from surprise import SVD
from surprise import Dataset
from surprise import evaluate, print_perf
from surprise import KNNBasic


# SVD algorithm on dataset jester
data = Dataset.load_builtin('jester')
data.split(n_folds = 3)


algo = SVD()
perf = evaluate(algo, data, measures = ['RMSE', 'MAE'])
print_perf(perf)
```

表 9-1　　　　　　　　　　　将 SVD 分解方法应用在 Jester 数据集上

	Fold1	Fold2	Fold3	Mean
MAE	3.358 2	3.370 3	3.376 5	3.368 3
RMSE	4.570 7	4.574 6	4.583 7	4.576 4

9.4.2　Movielens 数据集

我们在 surprise 自带的数据集 ml-1m（初次使用时函数会自动下载数据）上使用 3 折交叉验证（交叉验证的折数可以由用户自定义），分别训练和测试基于 SVD 分解方法的推荐、基于用户相似度的评分推荐和基于物品相似度的评分推荐，相似度函数采用 Pearson

相关系数（可由用户自定义），代码如下。

```
#Load and split the data
data = Dataset.load_builtin('ml-1m')
#data = Dataset.load_builtin('ml-100k')
data.split(n_folds=3)


#SVD algorithm on dataset ml-1m
algo = SVD()
perf = evaluate(algo, data,measures=['RMSE', 'MAE'])
print_perf(perf)


#KNN_based_on_users algorithm on dataset ml-1m
sim_options_user = {'name':'pearson','user_based':True}
algo_user = KNNBasic(k=30,min_k=1,sim_options=sim_options_user)
perf_user = evaluate(algo_user,data,measures=['RMSE','MAE'])
print_perf(perf_user)


#KNN_based_on_items algorithm on dataset ml-1m
sim_options_item = {'name':'pearson','user_based':False}
algo_item = KNNBasic(k=30,min_k=1,sim_options=sim_options_item)
perf_item = evaluate(algo_item,data,measures=['RMSE','MAE'])
print_perf(perf_item)
```

三种方法在测试集上预测的 RMSE 和 MAE 如表 9-2、表 9-3、表 9-4 所示。

表 9-2   基于 SVD 分解方法的推荐的预测精度

	Fold1	Fold2	Fold3	Mean
MAE	0.709 3	0.708 7	0.708 0	0.708 7
RMSE	0.897 3	0.898 0	0.896 9	0.897 4

表 9-3   基于用户相似度的推荐的预测精度

	Fold1	Fold2	Fold3	Mean
MAE	0.773 4	0.772 5	0.772 7	0.772 9
RMSE	0.971 3	0.970 9	0.971 2	0.971 1

表 9-4   基于物品相似度的推荐的预测精度

	Fold1	Fold2	Fold3	Mean
MAE	0.813 0	0.815 6	0.812 5	0.818 7
RMSE	1.013 8	1.016 4	1.013 5	1.014 6

从上面的结果中可以看出，在这个数据集上，SVD 分解方法的效果最好。

第 10 章 大数据案例分析

本章应用前面所学内容对两个实际大数据进行案例分析：智能手机用户监测数据以及美国航空数据，数据量均为 10G 左右。我们给出案例分析的两个版本：一是单机操作，读者可以在自己的个人机或者单台服务器上完成数据分析任务。我们给出计算机实现的代码，主要数据处理和编程语言为 Python，Mysql 和 R。对于 10G 左右的数据量，目前主流的台式机、笔记本或者服务器还是可以接受的，只是时间较慢，效率较低（建议读者在数据分析初期，对数据进行抽样处理，使用少量数据调试程序）。如果数据量继续增大，这就不是好的解决方案了。因此，我们提供的第二个数据分析的版本是在分布式集群 Hadoop 和 Spark 上实现的，使用的计算机语言以及软件包和工具包括 HDFS 文件存储系统、Map-Reduce 技术、Python、Hive、Spark 的 MLlib 等。同样，我们给出了程序和代码。这是当前业界主流的处理大数据的方式，数据量可以高达 TB 级别甚至更大，对于处理 10G 的数据，显得有点牛刀小试。但作为教材中的案例，让初学者进行入门级别的学习，笔者认为是非常合适的。有条件的读者可以运行这些代码并进行改善，尝试做更多的分析。

10.1 智能手机用户监测数据案例分析

10.1.1 数据简介

该数据来自 QuestMobile 公司（www. questmobile. cn）某年连续 30 天的 4 万多智能手机用户的监测数据，已经做了脱敏和数据变换的处理。每天的数据为 1 个 txt 文件，共 10 列，记录了每个用户（以 uid 为唯一标识）每天使用各款 APP（以 appid 为唯一标识）的起始时间、使用时长、上下行流量等。具体说明见表 10-1。此外，有一个辅助表格，app_class. csv，共两列。第一列是 appid，给出 4 000 多个常用 APP 所属类别（app_class），比如视频类、游戏类、社交类等，用英文字母 a～t 表示。其余 APP 不常用，所属类别未知。该数据可以在人大出版社提供的网址下载。本案例的所有程序也可以在人大出版社提供的网址下载。

表 10 - 1　　　　　　　　　　　　智能手机用户的监测数据说明

变量编号	变量名	释义
1	uid	用户的 id
2	appid	APP 的 id（与 app＿class 文件中的第一列对应）
3	app＿type	APP 类型：系统自带、用户安装
4	start＿day	使用起始天，取值 1～30（注：第 1 天数据的头两行的使用起始天取值为 0，说明是在这一天的前一天开始使用的）
5	start＿time	使用起始时间
6	end＿day	使用结束天
7	end＿time	使用结束时间
8	duration	使用时长（秒）
9	up＿flow	上行流量
10	down＿flow	下行流量

10.1.2　单机实现

1. 描述统计分析

（1）用户记录的有效情况。互联网数据的记录过程比较复杂，总是会由于各种各样的原因使得用户的记录存在缺失的情况，读者在进行实际项目分析时，一定要具体情况具体分析。对于本案例，如果一个用户在一整天中没有任何一条 APP 使用记录，则该用户在该天记录缺失。依据这个原则可以统计每位用户在 30 天中的有效记录天数，图 10 - 1 展示了用户缺失天数（即 30－有效天数）的频数分布直方图。

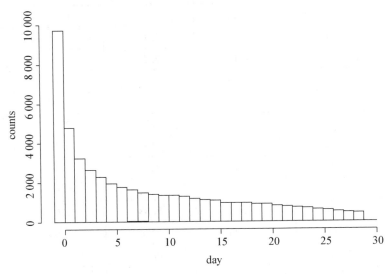

图 10 - 1　用户缺失天数频数分布直方图

可以看到在全部 48 179 名用户当中，9 700 名用户不存在缺失，5 天之后缺失的人数开始接近线性递减，缺失天数小于 5 的用户为 22 614 人，接近用户总体的一半。缺失天数小于 10 的用户为 30 767 人。可以看出不同用户缺失天数存在较大差异，在后面的分析中会考虑这个因素。

（2）各类 APP 的使用强度和相关性。接下来统计一下各类 APP 的用户有效使用强度和相关性。通过编写 Python 程序实现这一目的，程序中需要实现的内容包括：

1）对每天的每条数据记录，通过 appid 与 app_class.csv 文件中的 app_class 对应。

2）对每一天的数据，根据 uid 及 app_class 两个字段进行分类汇总，得到每人每天使用每种类别 APP 的总时长。

3）汇总 30 天的数据，得到每人使用每种类别 APP 的总时长（有效观测天数内的总时长）。

由于每类 APP 的内容不同、涵盖范围不同、面向的人群不同，导致不同种类的 APP 的使用情况不同。表 10-2 展示了各类 APP 的使用强度（有效观测天数的日均使用时长，因为数据取值有 0 且高度右偏，所以数据加 1 之后取对数）。

表 10-2　　　　　　　各类 APP 使用强度（对数变换）　　　　　　单位：秒

编号	APP 类型	均值	标准差	最小值	最大值
1	a	2.51	2.63	0.00	16.62
2	b	1.47	2.06	0.00	17.90
3	c	4.40	2.87	0.00	17.06
4	d	4.32	2.24	0.00	17.83
5	e	2.82	3.04	0.00	17.74
6	f	6.96	1.97	0.00	18.64
7	g	5.16	2.17	0.00	19.07
8	h	0.90	2.15	0.00	19.47
9	i	2.14	2.29	0.00	18.78
10	j	0.99	2.23	0.00	16.43
11	k	2.34	2.33	0.00	19.88
12	l	0.17	0.78	0.00	15.04
13	m	0.20	0.93	0.00	8.86
14	n	1.49	1.77	0.00	16.62
15	o	0.90	1.87	0.00	11.93
16	p	2.02	2.53	0.00	17.68
17	q	1.96	2.20	0.00	18.37
18	r	0.08	0.53	0.00	7.40
19	s	0.60	1.39	0.00	9.42
20	t	3.56	3.24	0.00	18.40

由表 10 - 2 可知，f，g，c，d，t 的日有效使用时长按先后顺序在所有 APP 类型中排名前五，相比其他 APP 使用强度较大。

利用 48 179 位用户对 20 类 APP 的有效日均使用时长可以计算出任意两类 APP 应用之间的相关系数。以相关系数大小为面积，可通过图 10 - 2 反映各类 APP 之间的线性相关程度。

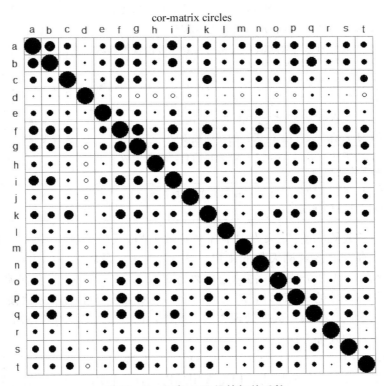

图 10 - 2   各类 APP 间的相关系数

在图 10 - 2 中，黑点的面积大小表示两类 APP 相关性的强弱。由图可知，总体上，各类 APP 之间的线性关系不是很显著，部分 APP 之间存在一定的相关性，如 a 类 APP 与 b，c，f，g，i，k，o，p，q 类 APP 的相关性较强，f 类 APP 与 a，b，c，g，i，k，o，p，q 类 APP 存在较强的相关性。因此，用户可能会同时使用不同种类的 APP，而且不同的 APP 间可能存在一定的关联，成为较为固定的"搭配"。

在此，我们只给出最基础的描述分析。请读者自行尝试其他更多情况下的描述统计分析，以对数据有进一步的了解。

2．APP 使用情况预测分析

本节对用户使用 APP 的情况进行预测。我们要研究的问题是通过用户的 APP 使用记录预测用户未来是否使用 APP（分类问题）及使用时长（回归问题）。

（1）分类。我们根据用户第 1～23 天的某类 APP 的使用情况，来预测用户在第 24～30 天是否会使用该类 APP。这里以 i 类为例。因变量 y 为二分类变量，$y=1$ 表示用户在第 24～30 天使用了该类 APP，$y=0$ 表示没有使用该类 APP。用于预测的变量说明如表 10 - 3 所示。

表 10 - 3   因变量和自变量说明

变量符号	变量名称的含义	类型	单位/说明
y	第 24～30 天是否使用该类 APP	分类变量	$y=1$ 使用；$y=0$ 未使用
$x1$	第 24 天前最后一次使用该类 APP 的日期距离第 24 天的天数（市场营销领域中的"近度"（Recency）变量）	连续变量	天
$x2$	第 24 天前最后一次使用那天的使用强度	连续变量	秒
$x3$	前 23 天使用总天数除以有效观测天数（市场营销领域中的"频度"（Frequency）变量）	连续变量	无
$x4$	前 23 天使用天数当中的平均使用强度（市场营销领域中的"强度"（Monetary）变量）	连续变量	秒
$x5$	前 23 天有效观测天数当中的平均使用强度	连续变量	秒
$x6$	第 24 天前一天（第 23 天）的使用强度	连续变量	秒
$x7$	第 24 天前一周内（第 17～23 天）的有效观测天数当中的平均使用强度	连续变量	秒
$x8$	第 24 天前一周外（第 1～16 天）的有效观测天数当中的平均使用强度	连续变量	秒

在预测前，首先删除前 23 天当中不存在有效观测天数的用户，共 571 名。之后，删除后 7 天当中不存在有效观测天数的用户，共 3 223 名。最后保留的用户个数为 44 385。$x1～x2$ 分别存在 27 442 个缺失，占总用户数的 50.56%。$x6～x8$ 也存在缺失的情形，缺失数据分别占总用户数的 19.78%，3.7%，1.6%。对自变量中的缺失值使用中位数插补法，读者也可以尝试其他缺失数据处理方法。此外，读者也可以考虑针对后 7 天数据中存在缺失数据的更好的处理方法。

统计可知，$y=0$ 为 23 241 个（52.36%），$y=1$ 为 21 144 个（47.64%）。随机选取 80% 作为训练集，20% 作为测试集，模型选用随机森林。利用 $x1～x8$ 指标对 y 指标建立分类模型。对 i 类 APP 的预测结果如表 10 - 4 所示，整体准确率为 81.77 %，变量重要性见图 10 - 3。

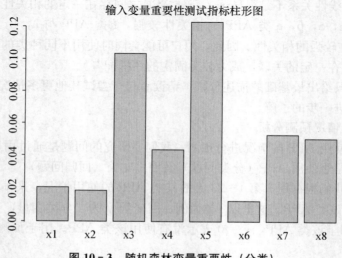

图 10 - 3   随机森林变量重要性（分类）

表 10 - 4　　　　　　　　　　　　　随机森林测试集混淆矩阵

Predict	True	
	0	1
0	3 904	882
1	715	3 259

读者可以尝试更多的方法，构建更多有意义的自变量并进行分析；也可以对某个 APP 而不是此处的 APP 类别进行分析。

（2）回归。与上一部分分类不同的是，这里要预测的是第 24～30 天用户使用某类 APP 的有效日均使用时长，因而因变量是连续变量，自变量的选取不变，我们要预测的 APP 是 i 类。

这里预测模型选取的是随机森林。与分类预测不同的是，比较各个模型的标准是 NMSE：

$$NMSE = \sqrt{\dfrac{\sum (y_i - \hat{y}_i)^2}{\sum (y_i - \overline{y})^2}}$$

式中，y_i 表示使用时长实际值；$\hat{y}_i$ 表示使用时长预测值；$\overline{y}$ 表示所有用户的实际使用时长的平均值。不使用任何模型时，我们可以用数据的平均值作为预测值，此时的预测误差可表示为 $\sum (y_i - \overline{y})^2$；当使用模型预测时，模型的预测误差可表示为 $\sum (y_i - \hat{y}_i)^2$。若 $\sum (y_i - \hat{y}_i)^2$ 比 $\sum (y_i - \overline{y})^2$ 小，表示用模型做预测是有意义的，否则表示用 $\overline{y}$ 做预测效果反而更好。$NMSE$ 的取值越小表示模型的预测效果越好。

运行随机森林模型（因变量加 1 之后取对数）得到的结果是，测试集的 $NMSE$ 为 0.621。变量重要性见图 10 - 4。

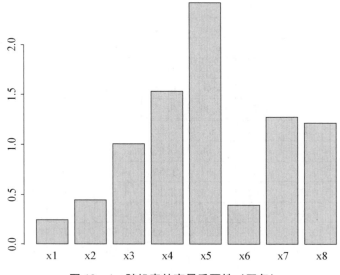

输入变量重要性测试指标柱形图

图 10 - 4　随机森林变量重要性（回归）

3. 用户行为聚类分析

（1）用户 APP 使用差异情况聚类。对于在描述统计分析中得到的用户对 20 类 APP 有效使用天数的日均使用强度数据（对数变换之后），我们选用 K 均值聚类。由于聚类结果和初始赋值有关，因此在 R 程序中，我们随机重复 20 次初始赋值。评价聚类效果的常用标准是组间方差占总方差的比重。若该比重较大，说明各类别组内方差较小，类内同质化程度高，因而聚类效果较好。若该比重较小，则表明聚类效果较差。

在 K 均值聚类方法中，需要事先设定待分类的个数 K。这里我们将 K 的取值从 2 到 15 依次运行，根据分类结果选择合理的 K 值。根据 K 均值聚类方法，聚类结果如表 10-5 所示。

表 10-5　　　　　　　　不同 K 值下组间方差与总方差的占比

K 值	2	3	4	5	6	7	8
组间方差/总方差	0.13	0.19	0.23	0.26	0.28	0.30	0.32
K 值	9	10	11	12	13	14	15
组间方差/总方差	0.33	0.35	0.36	0.37	0.38	0.39	0.39

由表 10-5 可知，当 K 值从 2 增加到 5 时，组间方差的占比上升较快，每增加一个类，组间方差/总方差上升 4% 左右；K 值在 5 之后上升的幅度趋于稳定，在大于等于 8 之后保持在 2% 及以下的水平。因此，我们认为 K 取 8，即将用户分为 8 个类较为合适。当 K=8 时，组间方差/总方差为 0.32，相应的各类中心点的值如表 10-6 所示。

表 10-6　　　　　　　　　　　　各类的中心值

类别/APP	a	b	c	d	e	f	g	h	i	j
1	0.71	0.39	1.50	4.39	0.90	4.71	3.04	0.40	0.78	0.48
2	3.69	2.13	5.50	3.83	2.85	7.77	6.07	7.16	2.75	1.23
3	5.37	3.59	6.03	4.32	4.15	8.15	6.32	0.57	3.98	0.80
4	1.88	1.11	4.85	4.46	6.12	7.23	5.25	0.39	1.82	0.35
5	1.89	0.96	5.08	4.39	0.26	7.09	5.38	0.35	1.53	0.23
6	3.12	1.85	4.84	4.08	2.68	7.31	5.79	0.74	2.53	7.01
7	2.24	1.35	4.04	4.46	6.25	7.23	5.18	0.37	2.40	0.53
8	2.78	1.40	4.78	4.36	0.33	7.42	5.63	0.36	2.41	0.37

类别/APP	k	l	m	n	o	p	q	r	s	t
1	0.64	0.05	0.08	0.66	0.24	0.62	0.57	0.03	0.16	1.10
2	3.62	0.27	0.35	1.97	1.89	3.19	2.16	0.16	0.79	4.79
3	4.02	0.35	0.42	2.14	2.17	4.54	3.67	0.18	1.25	5.40
4	2.11	0.14	0.16	1.66	0.60	1.48	1.90	0.08	0.50	6.47
5	2.43	0.11	0.19	1.28	0.82	1.62	1.53	0.04	0.41	6.40
6	2.88	0.21	0.23	1.65	1.08	2.29	2.35	0.10	0.80	5.30
7	1.84	0.18	0.16	1.77	0.48	1.69	2.24	0.10	0.66	0.32
8	2.58	0.16	0.17	1.40	0.77	2.03	2.05	0.06	0.60	0.44

由表 10 - 6 可知，这 8 类用户都特别喜欢 f 类 APP，除此之外的突出特点是：第 1 类（7 818 人，约占 16.2%）用户对各类 APP 整体使用较少，其中对 d 类 APP 使用相对频繁；第 2 类用户（3 332 人，约占 6.9%）非常喜欢使用 h 类 APP；第 3 类用户（6 001 人，约占 12.5%）非常喜欢 g 类 APP；第 4 类用户（6 083 人，约占 12.6%）非常喜欢使用 t 类 APP；第 5 类用户（8 009 人，约占 16.6%）非常喜欢使用 t 类 APP；第 6 类用户（3 600 人，约占 7.5%）喜欢 j 类 APP；第 7 类用户（6 924 人，约占 14.4%）非常喜欢使用 e 类 APP；第 8 类用户（6 412 人，约占 13.3%）非常喜欢使用 g 类 APP。

（2）双向聚类。在上文所用的 K 均值聚类中，每个类别中心（即均值）的计算使用了所有类别 APP（即所有列）的信息，最终将所有用户（即所有行）划分到 K 个类别中。这种聚类的特点是使用了所有行列的信息，但有时候这种聚类方式的效果不一定理想。在本案例中，绝大部分用户仅使用 20 类 APP 中的部分 APP，因此用户在部分属性而非全部属性上表现出相似性。此外，在传统聚类方法中，用户会被划分到某一类中，但实际上用户可能具备多个类别的特征。在一些实际问题中，如果仅用部分行列的信息进行聚类，可能会得到更灵活的聚类结果，并且可以克服上述缺点，这就是第 8 章介绍的双向聚类。本节使用双向聚类对用户特征进行分析。

在本案例中，我们使用这种算法来分析用户对 APP 的使用情况。我们将用户对某类 APP 的使用情况分为经常使用和不经常使用两种情况。如果用户对该类 APP 的使用时长大于全部用户对该类 APP 有效日均使用时长的中位数，则认为此用户经常使用该 APP，取值为 1，否则取值为 0，认为此用户不经常使用该 APP。将用户 APP 使用时长矩阵转换为二值矩阵，在该矩阵的基础上，在 R 中用 biclust 包中的 BCBimax() 函数实现双向聚类。为了使聚类结果更有代表性，在聚类时规定每类结果的用户人数不少于 7 500，且每类用户所用的 APP 不少于 4 类，双向聚类结果如表 10 - 7 所示。

表 10 - 7　　　　　　　　　　　第一次双向聚类结果

类别	相关 APP class				人数
1	f	g	i	q	7 200
2	a	b	i	q	7 560
3	a	f	i	q	7 489

由表 10 - 7 可以看出，每类结果都包含 4 个 APP 类型，聚类结果共涉及 6 类 APP。鉴于双向聚类的行列非排他性，各大类别的用户会出现重叠现象，说明进入第一次双向聚类结果的用户总体不是表 10 - 7 人数列的简单加和，进一步计算表明进入第一次聚类的用户共有 11 293 人，其中 4 065 人同时使用 6 类 APP。

在 biclust 包中，可以使用 heatmapBC() 函数画出热力图，对原矩阵的行列做出适当调整后观察聚类效果，如图 10 - 5 所示。

在图 10 - 5 中，我们可以看到左上角的三个长方形就是对应的双向聚类结果，用户使用 APP 的共同特征集中在变换后的矩阵的左上角。

为了发现更多用户的特征，可以对双向聚类后余下的用户进行第二次双向聚类。在第二次双向聚类中，我们规定每类结果的用户人数不少于 5 600，且每类用户所用的 APP 不少于 3 类。第二次双向聚类结果如表 10 - 8 所示。

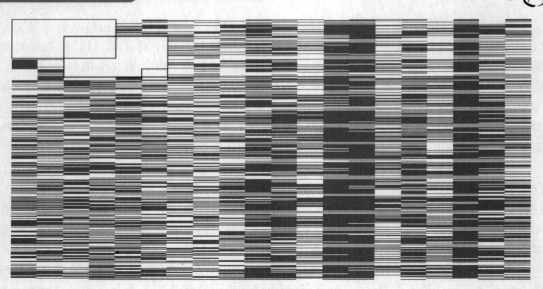

图 10 - 5　第一次双向聚类热力图

表 10 - 8　　　　　　　　　　　第二次双向聚类结果

类别	相关 APP class			人数
1	c	k	t	5 846
2	c	k	p	5 322

　　由上表可以看出，每类结果都与 3 个类型相关，聚类结果共涉及 4 类 APP，同理还是考虑双向聚类的行列非排他性，进一步从 APP 类型出发对双向聚类结果进行探讨（见表 10-9）。

表 10 - 9　　　　　　　　　　第二次双向聚类结果交叉分析

类别	相关 APP class				人数
同时使用 4 个 APP	c	k	p	t	3 641
只使用第 1 类	c	k	p	—	2 030
只使用第 2 类	c	k	—	t	2 587

　　在第二次双向聚类中，经统计共有 8 258 名用户进入聚类结果，进入聚类结果的共有 c，k，p，t 四类 APP；其中 3 641 名用户经常使用 c，k，p，t 这四类 APP，2 030 名用户经常使用 c，k，p 这三类 APP（对应聚类结果第 1 类），2 587 名用户经常使用 c，k，t 这三类 APP（对应聚类结果第 2 类）。相应的热力图如图 10-6 所示。

　　（3）RFM 聚类。在现实的业务分析过程中，相对于比较用户对不同类别 APP 的总的使用强度而言，人们更加关注用户对某一种特定 APP 的使用行为。用户对特定 APP 的使用行为包含开始使用、保持使用以及流失的行为和过程等。针对这种需求，可以利用每个人对某一种特定 APP 在连续 30 天中的使用情况作为原始数据对人进行聚类，从而区分出对一款 APP 具有不同使用行为特征的人群。我们以编号为 17442 的 APP 为例，考察在观测的 30 天内使用过该 APP 且有效观测天数大于等于 26 天的 8 718 位用户的行为特征。基

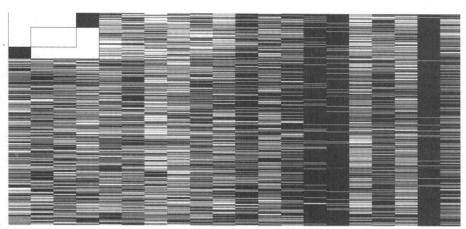

图 10-6　第二次双向聚类热力图

于原始数据，借鉴度量消费者行为的三个重要指标 RFM——最近一次消费（Recency）、消费频率（Frequency）和消费金额（Monetary），针对 APP 数据构造最近一次使用（最近一次使用距离最后一天的天数）、使用频率（使用天数除以有效观测天数）和有效使用时长（使用总时长除以使用天数）三个指标，以标准化后的这三个变量作为特征对人群进行聚类分析。

在计算 Recency 指标时，会遇到缺失数据的情况，经统计在 8 718 个样本中有 520 个观测出现该现象，占总样本的 5.9%，我们将这部分数据删除，保留 8 198 个样本进行下一步分析。

根据组间方差的占比随类别的变化情况将人群分为 4 类，组间方差占总方差的76.1%，聚类效果较好，各类别的类中心见表 10-10 和图 10-7。

表 10-10　　　　　　　　　　　　RFM 聚类各类中心

	第 1 类	第 2 类	第 3 类	第 4 类
R	−0.537 08	−0.506 82	−0.129 83	2.367 031
F	1.301 098	0.874 899	−0.657 94	−1.189 91
M	2.206 248	0.122 648	−0.489 31	−0.573 05
各类人数	905	2 703	3 608	982

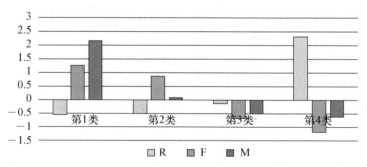

图 10-7　RFM 聚类各类中心

由各类中心可以看出，第1~4类用户的使用频率（F）越来越低，使用时长（M）越来越短，最后一次使用时间距离最后一次观测（R）越来越远。由此可以看出第1类用户为该APP的忠诚使用者，第2类用户为频繁使用者，第3类为轻度使用者，第4类为流失使用者。从公司运营层面考虑，对于不同的用户可以采取不同的策略，以获取更多利润。

最后给出各类用户使用强度的热力图（见图10-8）。这是在Excel中完成的，具体做法如下：首先在每类用户中随机选取200名用户，每一类用户共30列，代表1~30天，表格中的数字代表该用户在这一天的使用时长，空白为0，表示没有使用，用白色填充。大于0的部分，分段处理，颜色依次加深。需要说明的是，对于缺失数据，我们用浅绿色进行处理，在黑白印刷的书上很难呈现。可以看到四类人群在使用行为上有差距。第一类用户经常使用该APP，且每次使用强度非常大；第二类用户同样经常使用，但是强度不如第一类用户；第三类用户不经常使用该APP或者刚刚开始使用该APP；第四类用户偶尔使用该APP但是现在已经超过10天没有使用过该APP。

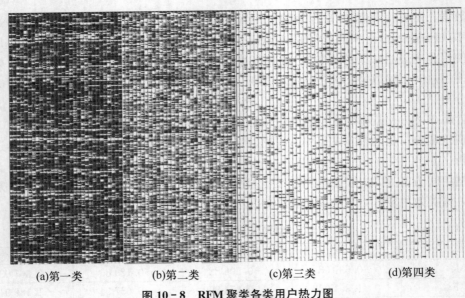

(a)第一类　　　　　(b)第二类　　　　　(c)第三类　　　　　(d)第四类

图10-8　RFM聚类各类用户热力图

4. 推荐系统

最后，本例将利用R建立推荐系统，对每个人进行APP的推荐。推荐系统的基础是人们对APP的评分矩阵，矩阵每一行代表一个人，每一列代表一个APP，该评分矩阵第i行第j列的元素表示这30天内第i个人对第j个APP的有效日均使用时长，本例中将其视为用户对APP的"评分"。如果这个人在有效观测天数内没用过该APP，则矩阵该位置的数据为缺失。由于APP数量众多，总量多达几万，绝大多数市场占有率极低，因此我们仅使用app_class.csv文件中给出的4 000多个常用的并且用户数超过10个的APP进行推荐。最终保留的用户总数为48 139人，APP数量为2 542个。一个人使用的APP数量最多只有几十种，因此评分矩阵必然是一个稀疏的矩阵。如果不采用稀疏存储方法，那么需要存储的数字将达到上亿级别，而实际不为0的数字只占总元素个数约2%，因此在R当中必须使用稀疏矩阵的方法进行存储。

R中的sparseMatrix()函数可以实现稀疏矩阵的存储，同时使用recommenderlab包建立推荐系统，recommenderlab 包支持将稀疏矩阵转化为评分矩阵的过程。在建立稀疏矩阵的时候，需要三列数据，即行数、列数、该位置的内容，这些内容可以通过编程从原始数据当中提取出来，获取这个数据集后，通过将用户编号与 APP 编号转化为对应的行名和列名，可以建立稀疏矩阵。

建立了稀疏矩阵后，需先将该矩阵转化为 recommenderlab 包适用的评分矩阵才可以使用。同时，注意到对于不同的 APP，用户总体的使用强度是不同的，而在推荐系统中要求评分矩阵的评分是可以比较的，因此需要将评分按列进行标准化处理，这一步在有些情况下可以省略，因为后面基于物品的协同过滤方法会默认进行这一步处理。

最后使用 recommenderlab 包中的 Recommender() 函数建立推荐系统。本例中先使用基于用户的协同过滤方法建立推荐系统，程序为：

```
rec <- Recommender(rm,method = "UBCF", parameter = list(method = "pearson",
nn = 30))
```

其中，method="UBCF" 表示使用基于用户的协同过滤方法，参数列表当中的"pearson"表示使用皮尔森相关系数作为相似性度量的依据，nn＝30 表示选取前 30 个相似的用户进行评分的预测。

利用 predict() 函数来获取预测结果，该函数默认使用 TopN 的方式给出结果，用 n 表示想要选取的推荐个数，利用参数 type＝"ratings" 可以获得估计评分，输出用户前 20 个评分最高的 APP 编号。除基于用户的协同过滤方法外，还可以使用基于物品的协同过滤方法（method＝"IBCF"），同样获取对第一个用户的前 20 个推荐。

利用两种方法得到的推荐结果见表 10－11（推荐结果已经按 APP 类别排序），可以看到两种方法的推荐结果完全不同，说明虽然都是基于协同过滤的推荐系统方法，但是基于用户还是物品依旧能够造成推荐结果的差异。

表 10－11　　　　　　　　　　　　第一名用户推荐结果

UBCF 方法						IBCF 方法					
No.	APP 编号	类别	No.	APP 编号	类别	No.	APP 编号	类别	No.	APP 编号	类别
1	10432	c	11	22208	h	1	1851	b	11	7332	j
2	9098	c	12	4010	i	2	3950	b	12	1881	o
3	2627	c	13	18928	j	3	5450	d	13	1414	p
4	22643	c	14	7373	j	4	22325	d	14	465	q
5	17445	c	15	1229	j	5	7405	f	15	2670	q
6	22616	f	16	23547	k	6	3842	f	16	2203	s
7	13613	g	17	7796	k	7	776	g	17	9781	t
8	776	g	18	18000	p	8	8395	g	18	23304	t
9	3962	g	19	3090	t	9	18535	h	19	3594	t
10	18504	h	20	7167	t	10	4143	j	20	3155	t

IBCF 方法推荐最多的为 t 类别，这一点符合第一位用户对各类 APP 的实际使用情况，他唯独在 t 类别上共花费 334 728 秒的时间，在第二个用时最高的 f 类别上只花费了 56 766 秒的时间。UBCF 方法推荐最多的为 c 类别，但是实际上该用户不曾在 c 类别上花

很多时间，这反映了 UBCF 方法可以根据其他用户的使用习惯发掘出该用户未使用过但是却可能感兴趣的 APP。

在认可推荐系统的强大之前需要对推荐系统的预测效果进行评价，recommenderlab 包中自带了将训练集、测试集分开并进行评估的方法。具体过程如下：evaluationScheme() 函数将数据集分为 90% 的训练集和 10% 的测试集，并给每个观测至少 10 个评分数值，然后利用训练集建立推荐系统，最后对测试集进行预测并比较预测结果和真实结果的差距。由分析结果可以看出，本例数据使用 UBCF 比使用 IBCF 效果略好（见表 10-12）。注意，由于数据分割的随机性，每次运行结果不完全相同，具有一定的波动性。

表 10-12　　　　　　　　　　　推荐系统评价指标

方法	RMSE	MSE	MAE
UBCF	3.45	11.89	2.77
IBCF	3.62	13.12	3.34

需要说明的是，R 软件的 recommenderlab 包在人数、物品数较多的情况下建立推荐系统比较慢（如在本例样本规模下基于物品的协同过滤方法在服务器上运算用时 1 个小时左右），在业界实际部署的时候一般不会利用该包直接建立推荐系统，而是在协同过滤和矩阵分解等经典的推荐系统算法的基础上，根据实际数据的特性和需求自行编程。目前无论是学术界还是业界都存在很多对基础的推荐系统（在面对大数据的情况下）的效率、精确度进行改进的方法，如算法组合、运算并行化处理等，其中最著名的活动当数 2009 年举行的 Netflix 百万美元推荐竞赛。

10.1.3* 分布式实现

这一部分介绍该案例的分布式实现，包括数据预处理与模型分析两部分。

1. 数据预处理与描述分析

由于原始数据是结构化的记录数据，因此可以利用 Hive 进行数据预处理。在此我们仅以实现图 10-1 和图 10-2 的数据准备为例，给出利用 Hive 对数据进行预处理的步骤以及具体语句，读者可在人大出版社提供的网址下载。

2. 基于 Spark 的模型分析

数据准备完毕之后，可以利用 Spark 中的 MLlib 对数据进行模型分析。在此我们进行 10.1.2 中单机版的 i 类 APP 的用户行为预测（分类和回归）。预测方法为随机森林。

算法使用的数据是之前利用 Python 处理所得的数据（读者也可自行编写分布式程序对数据进行预处理），运行程序成功后，由结果可知，Spark 分类模型的整体准确率为 82.16%，相比较单机版随机森林的分类准确率稍高一些；Spark 回归模型的 NMSE 为 0.602，比单机版随机森林回归的 NMSE（0.621）小一些，表示预测效果较好。

接下来，我们使用 Spark 中的 MLlib 进行 K-means 聚类分析，以单机版第一个聚类分析为例。在此不把 K 中心点的选择纳入分布式计算之中，主要还是参考前文，将中心数选为 8，接着基于前面单机版中加 1 后取对数处理的时长数据，利用 Spark 建立 K-means 模型，可以得到算法将观测分为 8 类的结果，每一类的类中心如表 10-13 所示。

表 10 - 13　　　　　　　　　　　　分布式聚类各类中心值

类别/APP	a	b	c	d	e	f	g	h	i	j
1	3.47	2.03	5.34	3.81	2.78	7.68	6.03	7.19	2.68	1.63
2	0.84	0.44	1.41	4.39	0.63	4.81	3.18	0.40	0.93	0.54
3	2.42	1.40	5.28	4.47	6.26	7.39	5.54	0.38	2.17	1.05
4	1.86	1.10	3.65	4.42	6.18	6.99	4.89	0.37	2.09	0.66
5	2.73	1.38	5.25	4.39	0.46	7.42	5.64	0.31	2.31	0.77
6	5.24	3.68	5.69	4.31	5.69	8.18	6.27	0.75	4.04	1.72
7	4.64	2.35	5.63	4.35	0.42	7.73	6.10	0.40	3.10	1.49
8	0.74	0.59	4.42	4.27	0.61	6.70	4.91	0.34	0.99	0.76

类别/APP	k	l	m	n	o	p	q	r	s	t
1	3.46	0.25	0.34	1.90	1.72	3.02	2.07	0.14	0.77	4.82
2	0.67	0.06	0.08	0.66	0.25	0.63	0.65	0.02	0.18	0.78
3	2.45	0.16	0.19	1.81	0.71	1.56	2.24	0.09	0.58	6.62
4	1.56	0.16	0.14	1.66	0.40	1.40	1.94	0.08	0.55	0.52
5	2.78	0.17	0.16	1.46	0.80	2.14	2.05	0.06	0.62	0.43
6	3.91	0.42	0.42	2.24	2.19	4.93	3.81	0.20	1.45	3.96
7	3.40	0.18	0.31	1.64	1.49	2.81	2.69	0.09	0.77	6.59
8	1.93	0.08	0.15	1.11	0.62	1.32	1.09	0.04	0.32	6.19

对比可以发现单机版的聚类结果与 Spark 聚类结果在各类中心的取值上比较相似, 比如, 这里的第 2 类对应表 10 - 6 中的第 1 类等。这里不再具体解释聚类结果。建议读者编写程序输出两种方法的用户聚类的类别标签, 然后绘制 8×8 的交叉表, 进一步检查两种聚类方法的差异。

最后, 使用 Spark 中 MLlib 的 ALS() 函数建立推荐系统。ALS 指交替最小二乘法的协同过滤算法, 其优点是, 相较于 UBCF 与 IBCF, 它便于利用分布式架构来实现。使用该算法时, 利用前面处理过的推荐系统数据作为输入, 运行成功后, 对第一位用户推荐前 20 个 APP 的结果如表 10 - 14 所示。

表 10 - 14　　　　　　　　　分布式方法第一位用户推荐结果

No.	APP 编号	类别	No.	APP 编号	类别
1	22684	e	11	4324	t
2	3309	f	12	6780	t
3	6472	h	13	7817	t
4	8782	i	14	9685	t
5	130	j	15	11112	t
6	7373	j	16	11540	t
7	21501	j	17	12822	t
8	23608	o	18	14198	t
9	2053	t	19	16470	t
10	2280	t	20	23168	t

表头: Spark. ALS

由结果可知，对 t 类 APP 的推荐力度最大，为 12 次，这与该用户钟爱 t 类 APP 有很大关系；接着是 j 类，为 3 次。最后利用单机版建立模型时生成的 90％的训练集与 10％的测试集样本来计算模型的误差，对 RMSE 进行对比可以发现，2.49 比前面 UBCF 与 IBCF 方法的推荐系统都要小，但总体是相近的。

10.2　美国航空数据案例分析

10.2.1　数据简介

该数据包括美国境内 1988—2008 年各机场国内航班起降记录，每年一个文件。变量说明见表 10 - 15。

关于数据变量说明，最权威的信息来自如下几个网址：

http://www.transtats.bts.gov/printProfile.asp?DB_ID=120&Link=0

http://www.transtats.bts.gov/Fields.asp?Table_ID=236

表 10 - 15　　　　　　　　　　　　　1988—2008. csv 字段说明

变量编号	变量名	释义
1	Year	对应年份（1988—2008）
2	Month	对应月份（1—12）
3	DayOfMonth	航班在一个月中的哪一天起飞（1—31）
4	DayOfWeek	航班在一星期中的哪一天起飞（1—7）
5	DepTime	实际起飞时间（当地时间）
6	CRSDepTime	计划起飞时间（当地时间）
7	ArrTime	实际到达时间（当地时间）
8	CRSArrTime	计划到达时间（当地时间）
9	UniqueCarrier	航班所属的航空公司（国际航空运输协会（简称 iata）航空公司代码），对应 carriers. csv
10	FlightNum	航班号
11	TailNum	航班尾号（飞机 id）
12	ActualElapsedTime	实际到达时间与实际起飞时间之差（注：因为 v7 和 v5 都是机场所在地时间，所以这里不是 v7－v5。v12＝v14＋v20＋v21）
13	CRSElapsedTime	预计到达时间与预计起飞时间之差（注：因为 v8 和 v6 都是机场所在地时间，所以这里不是 v8－v6）
14	AirTime	空中飞行时间
15	ArrDelay	实际到达时间与预计到达时间之差
16	DepDelay	实际起飞时间与预计起飞时间之差

续前表

变量编号	变量名	释义
17	Origin	出发机场（国际航空运输协会（简称 iata）机场代码），对应 airports. csv
18	Dest	到达机场（国际航空运输协会（简称 iata）机场代码），对应 airports. csv
19	Distance	出发机场与到达机场间距离（单位：英里）
20	TaxiIn	飞机起飞时滑行时间
21	TaxiOut	飞机降落时滑行时间
22	Cancelled	航班是否被取消
23	CancellationCode	飞机被取消的原因（A 为航空公司的原因，B 为天气原因，C 为国家航空系统的原因，D 为安全原因）
24	Diverted	飞机是否有改道，1 为有改道
25	CarrierDelay	因航空公司原因导致的延误时长
26	WeatherDelay	因天气原因导致的延误时长
27	NASDelay	因国家航空系统原因导致的延误时长
28	SecurityDelay	因安全原因导致的延误时长
29	LateAircraftDelay	因晚飞导致的延误时长

需要说明的是，原始数据是从 1987 年 10 月 14 日开始的，并不包含 1987 年的数据。有兴趣的读者可以自行下载。

此外，有两个辅助文件：airports. csv 包含了所有的机场信息，字段说明见表 10-16。carriers. csv 给出了航空公司信息，字段说明见表 10-17。因为天气对航班延误有重大的影响，因此笔者编写爬虫程序从 http://www. wunderground. com/history 下载了相应时间、相应机场的天气信息，存储在文件 rawweatherdata. csv 中，字段说明见表 10-18。读者可以在相应网站下载这些数据，也可在人大出版社提供的网址下载。本案例的所有程序均可在人大出版社提供的网址下载。

表 10-16　　　　　　　　　　　　　　**airports. csv 字段说明**

变量编号	变量名	释义
1	iata	国际机场缩写
2	airport	机场名称
3	city	机场所在城市
4	state	机场所在的州
5	country	机场所在国家（少数几个不在美国境内）
6	lat	机场的纬度
7	long	机场的经度

表 10 - 17   carriers. csv 字段说明

变量编号	变量名	释义
1	Code	航空公司的代码
2	Description	航空公司的名称

表 10 - 18   天气数据字段说明

变量编号	变量名称	变量类型	含义	单位
1	Yeartmp	离散变量	年份	—
2	Monthtmp	离散变量	月份	—
3	Daytmp	离散变量	日期	—
4	Maxtemp	连续变量	最高气温（max temperature）	摄氏度
5	Meantemp	连续变量	平均气温（mean temperature）	摄氏度
6	Mintemp	连续变量	最低气温（min temperature）	摄氏度
7	Maxdewpoint	连续变量	最高露点（max dew point）	摄氏度
8	Meandewpoint	连续变量	平均露点（mean dew point）	摄氏度
9	Mindewpoint	连续变量	最低露点（min dew point）	摄氏度
10	Maxhumidity	连续变量	最大湿度（max humidity）	%
11	Meanhumidity	连续变量	平均湿度（mean humidity）	%
12	Minhumidity	连续变量	最小湿度（min humidity）	%
13	Maxsealevelpre	连续变量	最高海平面气压（max sea level pressure）	百帕
14	Meansealevelpre	连续变量	平均海平面气压（mean sea level pressure）	百帕
15	Minsealevelpre	连续变量	最低海平面气压（min sea level pressure）	百帕
16	Maxvisibility	连续变量	最高能见度（max visibility）	km
17	Meanvisibility	连续变量	平均能见度（mean visibility）	km
18	Minvisibility	连续变量	最低能见度（min visibility）	km
19	Maxwindspeed	连续变量	最大风速（max wind speed）	km/h
20	Meanwindspeed	连续变量	平均风速（mean wind speed）	km/h
21	Instantwindspeed	连续变量	瞬时风速（instantaneous wind speed）	km/h
22	Rainfall	连续变量	降水量	mm
23	Cloudcover	连续变量	云量（cloud cover）	—
24	Events	分类变量	活动	—
25	Winddirdegrees	连续变量	风向	度
26	Airporttmp	分类变量	机场	—
27	Cityabbr	分类变量	机场所在城市	—

注：（1）露点：又称露点温度，在气象学中是指在固定气压下，空气中所含的气态水达到饱和而凝结成液态水所需降至的温度。

（2）在原始网站上，降水量中 T 表示微量降雨，我们将其处理为 0。

（3）云量：空中在视力范围内看到的云层的遮盖程度，用 0~10 来表示。

（4）活动：取值为"中雨""大雨""大雾"等。

（5）风向：取值为 0~360 度的连续变量。

10.2.2 单机实现

1. 基于 Mysql 的数据预处理

在上一个智能手机的案例中，我们使用 Python 编写程序进行单机版的数据预处理。本案例使用的是数据库技术。为此，我们想说明一下，数据处理和分析的软件、语言、工具非常多，各有优势和特点，可以混合使用。当然如果能够全部掌握，则是非常理想的。很多时候，可以根据自己的情况，熟练掌握其中一部分。本书只是介绍了一小部分目前主流的工具和方法。随着时代的发展和技术的进步，我们需要保持不断学习的能力。

Mysql 作为开源免费的数据库在处理结构化数据时具有很大的优势，因此本部分的数据预处理采用 Mysql 来进行。其他数据库技术与此非常类似。

步骤一：利用 Shell 命令将 1988—2008 年的 21 张表格合并为一张表格（记为 airdata. csv），代码如下。此处我们将数据保存在 airdata 目录下。读者可以根据自己的实际情况修改输入、输出文件的目录。需要说明的是，全部数据量较大，运行速度较慢，读者可以使用少数几个年份的数据进行调试。

```
#!/bin/bash
for((i=1988;i<=2008;i++))
do
sed-i '1d' /airdata/$i.csr   #删除首行
cat/airdata/$i.csv/airdata/airdata.csv>>/airdata/airdata.csv
done
```

步骤二：在 Mysql 中建立数据库和表格，并将 21 年的航班数据（即 airdata. csv）导入 Mysql 中。

接下来利用 Mysql 和 R 编写程序对数据进行描述统计分析。首先我们关心的是各年份的总航班数以及到达延迟航班数（结果见图 10-9）。接下来计算各年份航班的平均出发延误时间和平均到达延误时间（结果见图 10-10）。

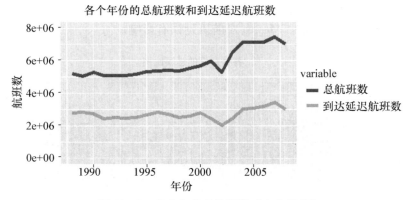

图 10-9 各个年份总航班数（上方折线）
和到达延迟航班数（下方折线）

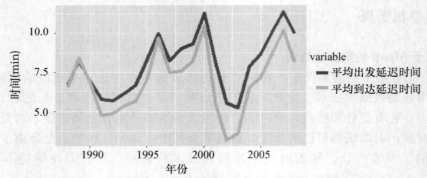

图 10 - 10　各个年份航班平均出发延迟时间（上方折线）
和平均到达延迟时间（下方折线）

　　从图中可以看出，航班总数从 1988 年的 5 202 096 上升到 2008 年的 7 009 728，其中 2002 年有所减少，航班延误率略小于 50％。平均来讲，航班出发延误在 5～11 分钟之间，到达延误在 3～10 分钟之间，略低于出发延误，但低的非常有限，只差 1～2 分钟。

　　由于篇幅限制，我们不给出更多的描述统计分析结果，建议读者自行探索。实际上，对于任何数据分析，尤其是大数据分析，描述统计都是非常重要的，它可以增进对数据的了解，为准确的模型分析奠定基础。

　　2. 洛杉矶（LAX）到波士顿（BOS）航线的延误分析

　　（1）数据预处理与描述统计。接下来以洛杉矶（LAX）到波士顿（BOS）的航线为例，分析航班到达延误的原因。

　　首先从 airdata 表格中选取 1988—2008 年 LAX 到 BOS 所有未取消的航班数据，并将其命名为 laxtobos。此外，我们根据 ArrDelay 是否大于 0，将 ArrDelay 转化为延迟和不延迟的二分类变量（ArrDelay＞0 表示延迟，ArrDelay≤0 表示不延迟）。

　　汇总后，可以看到 1988—2008 年间从 LAX 到 BOS 共有 54 346 个航班，取消航班 32 个。其中，延误航班（ArrDelay＞0）数目是 24 143，占所有未取消航班数的 45.2％。

　　为了对数据有一个直观的认识，同时也为了探索对航班延误有影响的因素，我们先对 Year，Month，DayOfMonth，DayOfWeek，CRSDepTime，CRSArrTime，UniqueCarrier 几个变量进行描述统计分析。部分结果展示如下：

　　1）各个月份的航班延误比例。从图 10 - 11 中可以看出夏季（6，7，8 月）的航班延误率偏高，因此可以初步认定，Month 对航班延误有影响。

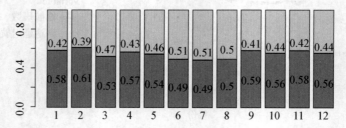

图 10 - 11　各个月份航班延误比例（下方深色表示不延误，
上方浅色表示延误）

2）每周各天的航班延误比率。从图 10-12 中可以看出，各个工作日的航班延误差别不大，但周四、周五的航班延误率偏高，周六偏低，因此，可以认为 DayOfWeek 对航班延误有影响。

每周各个工作日的延误比例

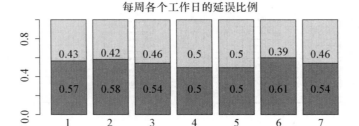

图 10-12　每周各天航班延误比例（下方深色表示不延误，上方浅色表示延误）

此外，我们对天气变量对航班延误的影响做了一些描述统计分析，在此不给出具体程序和结果。

（2）建立分类模型预测航班延误。在以上 LAX 至 BOS 未取消航班数据的基础上，选取天气变量中对应时间的出发机场和到达机场的 Meantemp，Meandewpoint，Meanhumidity，Meansealevelpre，Meanvisibility，Meanwindspeed，Rainfall，Cloudcover 几个变量作为自变量。出发机场的相应变量名加前缀 dep，到达机场加 arr。此外，选取 Month，DayOfWeek，CRSDepTime，CRSArrTime 和 UniqueCarrier 作为自变量，将数据表命名为 laxtobos2，对变量取值类别情况进行适当的汇总，具体转换规则如表 10-19 所示。

表 10-19　　　　　　　　　　　　分类变量转换规则汇总

新变量名称	原变量名称	转换规则
MonthFactor	Month	若 Month=12，1，2，则 MonthFactor=winter 若 Month=3，4，5，则 MonthFactor=spring 若 Month=6，7，8，则 MonthFactor=summer 若 Month=9，10，11，则 MonthFactor=autumn
DayOfWeekFactor	DayOfWeek	若 DayOfWeek=1，2，则 DayOfWeekFactor= headweek 若 DayOfWeek=3，4，5，则 DayOfWeekFactor= mediumweek 若 DayOfWeek=6，则 DayOfWeekFactor= saturday 若 DayOfWeek=7，则 DayOfWeekFactor= sunday
CRSDepTimeFactor	CRSDepTime	night（0：00—5：00），early morning（5：00—8：00），morning（8：00—11：00），noon（11：00—13：00），afternoon（13：00—17：00），evening（17：00—21：00），late evening（21：00—24：00）
CRSArrTimeFactor	CRSArrTime	同上
UniqueCarrierFactor	UniqueCarrier	仍然使用 UniqueCarrier 的分类

在剔除了 laxtobos2 数据的非完全样本后，数据集样本数由 53 414 个降至 50 472 个。我们选取 60% 的样本作为训练集，其余作为测试集。接下来，用随机森林对上述数据进行分类。在随机森林中，构建每一棵决策树时，随机选取 5 个变量，一共构造 500 棵决策树。用训练集构建随机森林，各个变量的相对重要性见图 10-13。

rf.air

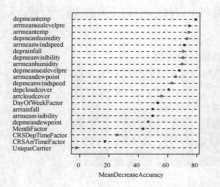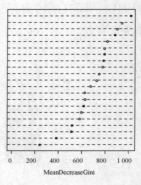

图 10-13　随机森林模型变量重要性输入结果

从上图中可以看出，天气因素和时间因素（月份、星期）对航班延误都有较大影响。利用训练后的模型对测试集进行预测，得到混淆矩阵和各种评价指标（见表 10-20 和表 10-21）。

表 10-20　　　　　　　　　随机森林模型测试集结果（1）

Real \ Pred	0	1
0	9 916（49.12%）	1 230（6.09%）
1	1 544（7.66%）	7 500（37.14%）

表 10-21　　　　　　　　　随机森林模型测试集结果（2）

	Accuracy	Recall	Precision	F_measure
RF	0.862 6	0.829 1	0.859 2	0.843 8

由上表可知，从预测的整体准确率来看，随机森林可以达到 86.26%，效果还是很好的。

接下来，使用支持向量机对上述问题进行分类，选取 radial 核函数，并且取 cost 为 100，结果见表 10-22 和表 10-23。

表 10-22　　　　　　　　　支持向量机模型测试集结果（1）

Real \ Pred	0	1
0	8 996（44.56%）	2 150（10.65%）
1	3 370（16.69%）	5 674（28.10%）

表 10-23　　　　　　　　　支持向量机模型测试集结果（2）

	Accuracy	Recall	Precision	F_measure
SVM	0.726 6	0.627 4	0.725 2	0.672 8

我们还使用 Logistic 模型以及支持向量机（线性核）分析此数据，测试集的预测准确性较低，说明该问题中自变量对航班延误的影响是非线性的。

3. 机场聚类分析

（1）数据处理与描述分析。下面利用 1988—2008 年所有的数据对机场进行聚类分析。首先统计每个机场的起飞和到达航班总数（N）、到达延迟超过 15 分钟的比例（PDepDelay，到达延迟超过 15 分钟的航班数除以该机场到达延迟非空值的航班数）、出发延迟超过 15 分钟的比例（PArrDelay，出发延迟超过 15 分钟的航班数除以该机场出发延迟非空值的航班数）、取消航班的比例（PCancelled，取消航班的数量除以该机场所有的航班数）以及该机场所有航线平均距离（AveDistance，起飞机场或到达机场为该机场的 Distance 变量平均值）。变量含义如表 10 - 24 所示，共有 338 个机场。这部分数据预处理的计算量较大，使用单机版数据库技术比较耗时。建议读者进行抽样处理，这里不给出程序。在 10.2.3 中我们使用分布式处理方式给出这部分数据的预处理程序。在 Hive 下进行大数据处理比单机快得多。

表 10 - 24　　　　　　　　　　　　　　　聚类所用变量含义

变量名	变量含义	Min	Mean	Max
N	每个机场的起飞和到达航班总数	14	723 214	13 100 431
PDepDelay	到达延迟超过 15 分钟的比例	1.50%	13.43%	55.56%
PArrDelay	出发延迟超过 15 分钟的比例	1.50%	19.13%	44.36%
PCancelled	取消航班的比例	0.00%	2.57%	20.06%
AveDistance	该机场所有航线平均距离	28	410.20	1 707

对所有机场的各个变量进行描述统计，通过频数直方图发现，除出发延迟超过 15 分钟的比例（PArrDelay）这个变量，其他各个变量均呈严重的右偏分布，因此对其他变量分别取对数。对于取消航班的比例（PCancelled）这个变量，有三个机场取值为 0，重新给这个变量赋值——该变量除 0 以外的最小值，然后再取对数。为了消除聚类时量纲的影响，对取完对数后的变量进行标准化处理。取消航班的比例（PCancelled）的频数直方图如图 10 - 14 所示，其他变量的图不再列出。

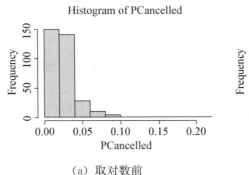

（a）取对数前　　　　　　　　　　　　（b）取对数后

图 10 - 14　取消航班的比例的频数直方图

（2）K 均值聚类。接下来使用 K 均值聚类算法对数据进行进一步的分析，在程序中设定随机重复 10 次初始赋值。此外，在 K 均值方法中，需要事先设定待分类的个数 K。我们将 K 的取值依次设为 2，3，4，5，6，分别根据组间方差占总方差的比重和轮廓系数来选择合理的 K 值。轮廓系数（silhouette coefficient）可以用来判断聚类的优良性，在 −1～+1 之间取值，值越大表示聚类效果越好。具体方法如下：

1）对于第 i 个元素 x_i，计算 x_i 与同一个类内所有其他元素距离的平均值，记作 a_i，用于量化类内的凝聚度；

2）选取 x_i 外的一个类 b，计算 x_i 与 b 中所有点的平均距离，遍历所有其他类，找到最近的这个平均距离，记作 b_i，用于量化类之间的分离度；

3）对于元素 x_i，轮廓系数 $s_i = (b_i - a_i)/\max(a_i, b_i)$；

4）计算所有 x 的轮廓系数，求出的平均值即当前聚类的整体轮廓系数。

从上面的公式可以看出，若 s_i 小于 0，说明 x_i 与类内元素的平均距离小于最近的其他类，表示聚类效果不好；如果 a_i 趋于 0，或者 b_i 足够大，那么 s_i 趋于 1，说明聚类效果比较好。

在 R 语言中 fpc 包可以用于计算聚类后的一些评价指标，其中包括轮廓系数。采用 K 均值方法，聚类结果如表 10-25 所示。

表 10-25 聚类分析结果

K 值	2	3	4	5	6
组间方差/总方差	0.244	0.439	0.506	0.562	0.601
轮廓系数	0.252	0.311	0.228	0.246	0.231

由上表可知，当 K 值从 2 增加到 3 时，组间方差的占比上升较快，增加一个类，组间方差/总方差可上升 19.5% 左右；当 K 值大于 3 时，组间方差/总方差的上升幅度较小，约 5%。当 K=3 时，轮廓系数最大。因此，综合考虑，我们认为当 K 值取 3 时，即将机场分为 3 类较为合适。

当 K=3 时，组间方差/总方差为 0.439，各个类中机场数分别为 79，91，168 个。相应的各类中心的柱状图如图 10-15 所示（由 Excel 完成）。

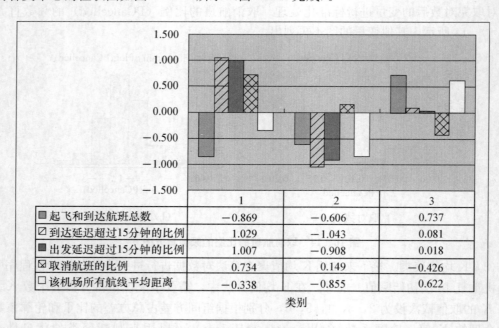

图 10-15 机场聚类类中心柱状图

类别 1 的机场，其特点为航班总数最少，所有航线平均距离较短，而到达延迟比例、出发延迟比例、取消航班比例最多；类别 2 的机场，其特点为航班总数较少，所有航线平均距离最短，到达延迟比例、出发延迟比例最少，取消航班比例较少；类别 3 的机场，其特点为航班总数最多，所有航线平均距离最长，到达延迟比例、出发延迟比例较少，取消航班比例最少。

根据 2012 年美国机场统计报告，2012 年美国大型枢纽机场旅客吞吐量排在前 29 名的机场中有 26 个机场在我们所分析的 338 个机场中，并且这 26 个机场均被聚到第三类（可参考 http://www.krc.com.cn/ch/hygc/33/cid/82/id/258.html）。

表 10 - 26 列出各类机场中离类中心最近的前五个机场。

表 10 - 26　　　　　　　　各类机场中离类中心最近的前五个机场

class	iata	airport	city	state
1	CWA	Central Wisconsin	Mosinee	WI
	PIA	Greater Peoria Regional	Peoria	IL
	VLD	Valdosta Regional	Valdosta	GA
	SPI	Capital	Springfield	IL
	CEC	Jack McNamara	Crescent City	CA
2	ELM	Elmira/Corning Regional	Elmira	NY
	TWF	Joslin Field-Magic Valley	Twin Falls	ID
	UCA	Oneida County	Utica	NY
	CPR	Natrona County Intl	Casper	WY
	DLH	Duluth International	Duluth	MN
3	ABE	Lehigh Valley International	Allentown	PA
	MSN	Dane County Regional	Madison	WI
	HSV	Huntsville International	Huntsville	AL
	RIC	Richmond International	Richmond	VA
	LRD	Laredo International	Laredo	TX

在美国地图上用不同的符号标注出各类机场所在位置，如图 10 - 16 所示。

4. 最短路径

当两个城市之间没有直飞航班或可选的直飞航班很少时，通常的解决办法是选择转机。这一部分通过图的算法，为没有直达航班的两个机场找到一条最短路径。

（1）算法介绍。我们通常用 $G = (V, E)$ 来表示一个图，其中，V 为顶点，E 为连接任意两个顶点的边。图分为有向和无向两种，即如果每一条边连接的两个顶点有顺序之分，则称为有向图，如铁路交通图；反之为无向图，如世界地图。图中的每条边可能是有权重的，此时将图表示为 $G = (V, E, W)$，其中，W 为每条边对应的权重；也可能是没有权重的，即连接任意两个点 a，b 的边的权重都相等。

Dijkstra 算法解决的是有向有权图中从某一个指定顶点到其余各顶点的最短路径问题，前提是图中的权重不允许出现负值。每一条路径 p 的权重 $\omega(p)$ 就是这条路径上所有边的权重之和，当从顶点 s 出发，到达顶点 t 的最短路径存在时，可以表示为 $\delta(s, t) =$

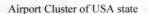

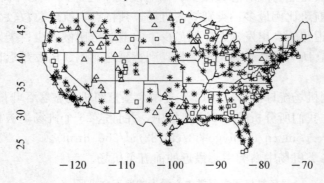

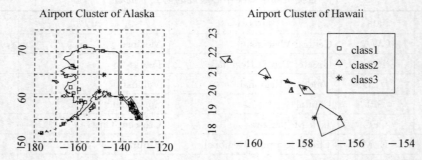

图 10 - 16　美国机场聚类结果：USA 大陆（上）；Alaska（左下）；Hawaii（右下）

$\min\{\omega(p): s \to t\}$。令集合 S 中包含所有已经到达的点，$Q = V - S$ 中包含所有尚未到达的点，则 Dijkstra 算法从顶点 s 开始，设顶点 s 对应的距离为 0，集合中其他所有点对应的距离均为 ∞，在每一步中更新所到达的点对应的距离。具体来说，首先更新顶点 s 的邻近点集合中所有点对应的距离，找到其中离 s 最近的一点 u_1；更新 S 和 Q；以 u_1 为起点，更新 u_1 的邻近点集合中的距离，并在其中找到离 u_1 最近的一点 v_1；比较 $s \to u_1 \to v_1$ 的距离与其他已知的从 s 到 v_1 的距离，更新 s 到 v_1 的距离为其中最短的一段距离；多次迭代直到所有的点被遍历为止。Dijkstra 算法是目前已知的最快的单源最短路径算法。

这样就可以从图模型的角度来理解美国的航空规划问题。将美国所有的机场看做图上的顶点，将每段航线看做连接两个顶点的边，权重则可以根据要研究的具体问题定义为飞行时间、延误时间、距离等。

（2）描述统计。以 2008 年数据为例，看一下美国全年的航班情况。共 303 个机场有航班起飞记录，304 个机场有航班降落记录。其中，科罗拉多州的 PUB 机场仅有两趟航班起飞记录，怀俄明州的 CYS 机场和犹他州的 OGD 机场各有两趟航班降落记录。在超过 90 000 个可能的航段里，仅有 5 633 个航段有飞行记录。其中，旧金山 SFO 机场飞往洛杉矶 LAX 机场的航班数最多，全年共有 13 788 个；另有 285 个航段全年仅有一次飞行记录，如虽然纽约 JFK 机场 2008 年有逾 20 万架飞机起飞或降落，南卡罗来纳州 CHS 机场全年有近 3 万条飞机起飞或降落记录，但 2008 年从 JFK 机场飞往 CHS 机场的航班只有一个。

图 10 - 17 是 2008 年美国本土航线图。从图上来看，东部地区以及西部沿海地区明显机场更多，航线相对更密集；北部的航空明显没那么繁忙。注意指向本土外东南、西南和西北方向的箭头，这三个地方分别对应美属维尔京群岛、夏威夷和阿拉斯加。

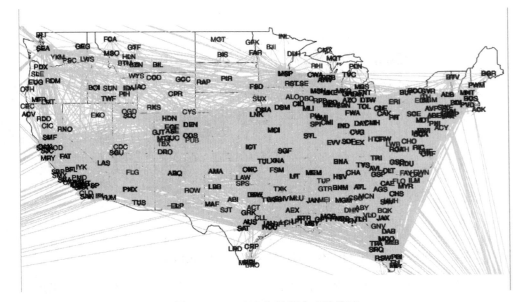

图 10 - 17　2008 年美国本土航线图

由图 10 - 18 可以看出，美国其他州飞往阿拉斯加的航线并不多。事实上，2008 年全美本土仅有 14 个州（包括夏威夷）开通了 17 条直飞阿拉斯加的航线，这 17 条航线全年共有 15 064 条飞行记录，目的地主要是阿拉斯加的 ANC 机场。

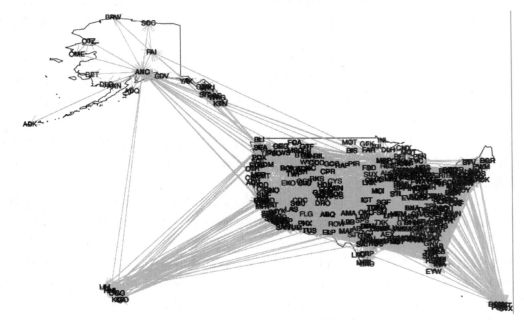

图 10 - 18　2008 年美国境内航线图

图 10 - 19 给出了 2008 年美国其他州飞往阿拉斯加的全部航线，共 17 条。灰色区域为没有直飞阿拉斯加航班的州。从图上来看，东部沿海地区、中部地区以及北部地区几乎没有航班直飞阿拉斯加。

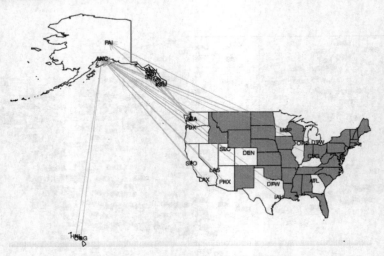

图 10 - 19　2008 年飞往阿拉斯加的航线

（3）最短路径选择。现假定某旅客计划在当地时间 7 月 4 日从纽约 JFK 机场出发，希望最晚在当地时间 7 月 5 日到达阿拉斯加 ANC 机场，飞行途中最多允许转机一次。他希望选择一条花费总时间（飞行时间和在机场等候的时间）最短的路径。

我们首先在全部航班数据中找到每年 7 月 4 日或 5 日从纽约 JFK 机场出发的航班，以及到达 ANC 机场的航班的记录。

在建立模型之前首先要保证样本中的飞行计划是可行的。具体来说，需要确保转机后所乘坐的航班的预计起飞时间在前一趟航班的预计到达时间之后。我们根据这一原则选取符合要求的样本单元。

取得样本后，给每一条航线设定权重。由于旅客希望花费的总时间最短，因此我们将第一段航线（从纽约 JFK 机场到第一个转机点）的权重定为这一航线上飞机的平均飞行时间，其他两段航线的权重定为这一航线上飞机的飞行时间和转机等候时间之和的平均。

将全部机场看做顶点，机场间的航线为连接两个顶点的边，可以构造一个图，权重是两个机场之间各个航线的权重的平均。通过 Dijkstra 算法求得纽约 JFK 机场到阿拉斯加 ANC 机场所花时间最短的路径。

在本例中，共有 16 个机场可供转机，而在辛辛那提 CVG 机场转机的路径为总花费时间最短的路径。结果如图 10 - 20 所示，其中，虚线代表的是最短路径（JFK→CVG→ANC）。

回到数据来看，从纽约 JFK 机场至辛辛那提 CVG 机场这一航线从 1988 年开始每天有至少 1 个航班，随着时间的推移航班数增加，至 2008 年每天有 5 个航班，一般为早晚各一班、下午三班，下午的航班一般在 4 点左右到达 CVG 机场。从辛辛那提 CVG 机场至阿拉斯加 ANC 机场的航线则是一条相对"年轻"的航线，从 2006 年开始才有运营记录，一般为每天一班，起飞时间为下午 5 点左右。选择这一联程航线，旅客在辛辛那提 CVG 机场转机等候的时间较短，让这个联程航线成为所有联程航线中总耗时最短的一个。

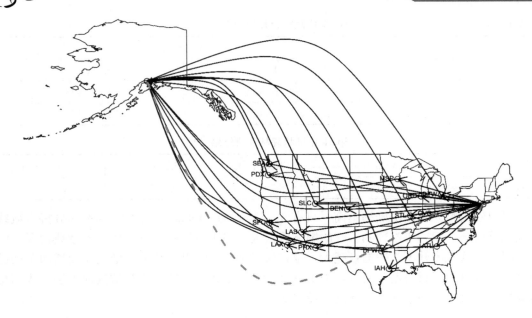

图 10-20　纽约 JFK 机场至阿拉斯加 ANC 机场全部路径图
(JFK→CVG→ANC)

这里展示的只是应用图的方法寻找最短路径的一个简单的例子。个人可以根据自己的喜好、价格等因素作出选择，而不需要这么精准的数据分析。但是，身处大数据时代，我们有全部航班的历史记录，从航班管理者的角度完全可以应用这个算法评估各种转机方案的优劣，设计更好的航线。

10.2.3* 分布式实现

1. 基于 Hive 的数据预处理

（1）基于 2000—2008 年数据的起飞延误的分类模型数据预处理。在此我们想基于 2000—2008 年数据对航班的起飞延误进行预测。因为数据量很大，我们用 Hive 来替代之前的 Mysql，虽然两者的语法十分相近，但是 Hive 的效率显著高于 Mysql。所选用的变量有 month、dayofweek、crsdeptime、crsarrtime、distance、depmeantemp、depmeandewpoint、depmeanhumidity、depmeansealevelpre、depmeanvisibility、depmeanwindspeed、deprainfall、depcloudcover。筛选出 2000—2008 年的样本量约 5.93 千万条，其中完整数据约有 4.85 千万条。接下来利用完整数据进行模型分析。

（2）机场聚类数据预处理。对机场聚类部分的数据使用 Hive 进行预处理。因为数据处理后只有 338 行 13 列，所以在接下来的分布式分析中不再给出程序。下面仅给出分布式实现分类模型的示例。

2. 用 Spark 建立分类模型

上述处理好的 2000—2008 年起飞延误的数据中共有 48 485 553 个观测，其中起飞延误比率为 43.6%。我们依然随机选取 60% 作为训练集，40% 作为测试集，调用 Spark 中的 MLlib 的随机森林程序分析数据，测试集结果见表 10-27 和表 10-28。

表 10 - 27　　　　　　　　　　　　Spark 中随机森林预测结果（1）

真实标签	预测标签	
	0	1
0	9 231 780	1 703 696
1	5 955 064	2 505 770

表 10 - 28　　　　　　　　　　　　Spark 中随机森林预测结果（2）

	Accuracy	Recall	Precision	F _ measure
RF（tree＝100）	0. 605 1	0. 296 7	0. 595 3	0. 395 5

可以看出整体预测准确率不高，只有 60.51%。究其原因，我们觉得不区分特定航线的起飞延误这个问题较难预测。它的影响因素远远多于单机版中只选择一条航线情况下的影响因素。这说明并不是数据量越大，越容易得到好的结果，数据量增大反而增加了问题的难度。这里我们只是抛砖引玉，给出一个示例。希望读者进一步尝试其他方法。我们相信数据分析永远是一个开放的问题，没有最好，只有更好。

10.3　美国纽约公共自行车数据案例分析

10.3.1　数据简介

本案例的数据有两部分：第一部分是纽约市公共自行车的交易流水表。公共自行车与共享单车不同，不能使用手机扫码在任意地点借还车，而需要使用固定的自行车车桩借还车。第二部分是纽约市天气数据。

1. 交易流水表

交易流水表指的是用户借还车的记录，数据集可以从 citibike 官方网址 https://www. citibikenyc. com/system-data 下载，也可以从人大出版社提供的网址下载。本案例的数据集包含 2013 年 7 月 1 日至 2016 年 8 月 31 日共 38 个月（1 158 天）的数据，每个月一个文件，数据大小约为 6G，其中，2013 年 7 月到 2014 年 8 月的数据格式与之后各月的数据格式有所差别，具体体现在变量 starttime 和 stoptime 的存储格式不同，前一时间段以 YYYY-m-d HH：MM：SS 形式存储，后一时间段以表 10 - 29 中所示方式存储，变量说明如表 10 - 29 所示。

表 10 - 29　　　　　　　　　　　　公共自行车数据字段简介表

变量编号	变量名	变量含义	变量取值及说明
1	trip duration	旅行时长	骑行时间，数值型，秒
2	start time	出发时间	借车时间，字符串，m/d/YYYY HH：MM：SS

续前表

变量编号	变量名	变量含义	变量取值及说明
3	stop time	结束时间	还车时间，字符串，m/d/YYYY HH:MM:SS
4	start station id	借车站点编号	定性变量，站点唯一编号
5	start station name	借车站点名称	字符串
6	start station latitude	借车站点纬度	数值型
7	start station longitude	借车站点经度	数值型
8	end station id	还车站点编号	定性变量，站点唯一编号
9	end station name	还车站点名称	字符串
10	end station latitude	还车站点纬度	数值型
11	end station longitude	还车站点经度	数值型
12	bike id	自行车编号	定性变量，自行车唯一编号
13	user type	用户类型	Subscriber：年度用户； Customer：24 小时或 7 天的临时用户
14	birth year	出生年份	仅此列存在缺失值
15	gender	性别	0：未知；1：男性；2：女性

2. 纽约市天气数据

因为天气对自行车的使用情况会产生较大的影响，因此笔者编写爬虫程序从 https://www.wunderground.com/history/airport/KNYC 下载了相应日期的数据，并存储在 weather_data_NYC.csv 文件中。该文件包含 2010 年 1 月 1 日至 2016 年 11 月 30 日的小时级别的天气数据，读者可以自行选出需要使用的时间段的天气数据，天气数据的字段含义如表 10-30 所示。读者可以编写程序自行下载，也可以从人大出版社提供的网址下载，本案例的所有数据和程序均可从人大出版社提供的网址下载。

表 10-30　　　　　　　　　　　天气数据字段简介表

变量编号	变量名	变量含义	变量取值及说明
1	date	日期	字符串，YYYY-m-d
2	time	时间	EDT（Eastern Daylight Timing）指美国东部夏令时间
3	temperature	气温	单位：℃
4	dew _ point	露点	单位：℃
5	humidity	湿度	百分数
6	pressure	海平面气压	单位：百帕
7	visibility	能见度	单位：千米
8	wind _ direction	风向	离散型，类别包括 west，calm 等
9	wind _ speed	风速	单位：千米每小时
10	moment _ wind _ speed	瞬间风速	单位：千米每小时
11	precipitation	降水量	单位：毫米，存在缺失值

续前表

变量编号	变量名	变量含义	变量取值及说明
12	activity	活动	离散型，类别包括 snow 等
13	conditions	状态	离散型，类别包括 overcast，light snow 等
14	WindDirDegrees	风向角	连续型，取值为 0～359
15	DateUTC	格林尼治时间	YYYY/m/d HH:MM

注：露点，又称露点温度，气象学中指在固定气压下，空气中所含的气态水达到饱和而凝结成液态水所需降至的温度。

活动（activity）指一天的天气，状态（conditions）指一个小时内具体的天气情况，比如说，纽约一天是中雨，但某个时间段是小雨，则这个时间段的记录为：活动：中雨，状态：小雨。

10.3.2 单机实现

1. 描述统计分析与可视化展现

（1）自行车使用总量与站点数量的时间序列分析。我们可以绘制出月级别的借车总量随着时间变化的时序图，如图 10-21 所示，图中虚线代表有借车交易的站点数量（右坐标轴），实线代表每个月份的自行车使用量（左坐标轴）。

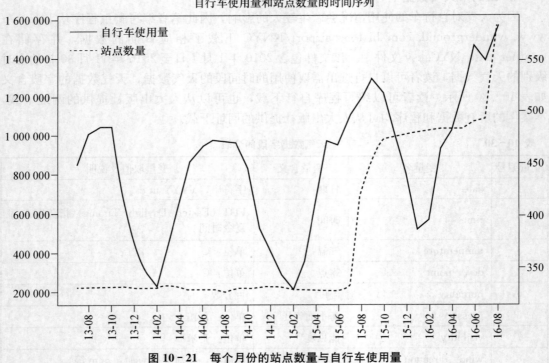

图 10-21　每个月份的站点数量与自行车使用量

从图 10-21 中可以看到在 2013 年 7 月至 2016 年 8 月这三年多时间里，自行车使用量有明显的季节性，夏季借车总量明显大于冬季借车总量。同时，前两年的借车总量不包含趋势，自行车站点的数量基本保持不变。然而从 2015 年 8 月开始，借车总量有了明显提升，显著大于以前同期的借车总量，这是因为纽约市的站点数有了明显的上升，具体数据是从 330 个站点上涨到 419 个站点，这一波站点的扩充持续到 2015 年 12 月，最终维持在 472 个站点一直到 2016 年 7 月。站点数从 2016 年 7 月开始又有一波扩充，7 月和 8 月的站点数量分别为 483 和 574。

（2）按节假日、周末和工作日划分。我们仅以 402 号站点（Broadway & E 22 St）为例展示节假日、周末和工作日的各个时间段内的平均借车次数，感兴趣的读者可以尝试对不同站点进行分析。此处，我们以美国法定节假日中的 New Years Day（1 月 1 日）、Memorial Day（5 月 27 日）、July 4th（7 月 4 日）、Labor Day（9 月 2 日）、Thanksgiving Day（11 月 28 日）、Christmas（12 月 25 日）作为美国节假日，周六日作为周末，其余时间作为工作日进行划分，得到一天中各个时间段 402 号站点的平均借车次数，如图 10 - 22 所示。

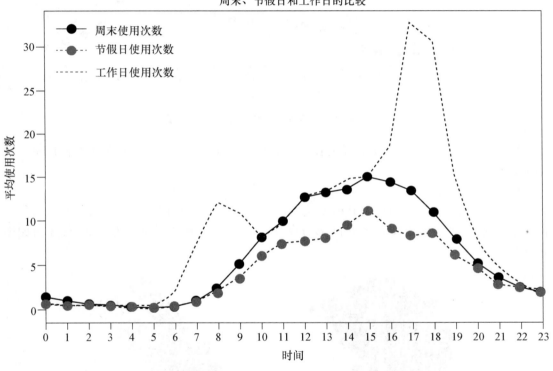

图 10 - 22　节假日、周末、工作日平均借车次数比较图

由图 10 - 22 可以清楚地看出，节假日（圆虚线）各个时间段的平均借车次数几乎一致小于等于工作日（点虚线）的平均借车次数，周末（圆实线）平均借车次数则介于二者之间，并且周末平均借车次数呈单峰，与其他时间段有明显不同。

（3）按天气划分。我们仍以 402 号站点为例分析雨天、雪天对自行车平均借出量的影响。天气类型有多种分类，如"Clear""Heavy Rain""Light Rain"等，部分天气类型记录（字段名：conditions）存在缺失。缺失比例大约为 0.43%，这个比例很小，为简单起见，我们选取天气类型的众数"Clear"进行填补。之后我们将类别中含有"Rain"或"Snow"字符串的时间段归为一类，以此表示雨天、雪天，其余天气作为另一类。结果如图 10 - 23 所示。

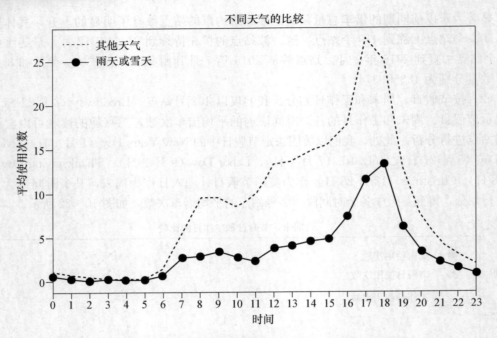

图 10 - 23　雨雪天与其他天气自行车平均使用量比较图

　　两条曲线有着相似的走势，差别在于雨天或雪天（圆实线）的自行车平均使用量一致小于其他天气（点虚线）。

　　（4）网络可视化。

　　1）动态气泡图。我们利用 Python 绘制了本数据研究时期内每个月份的各站点自行车使用量气泡动画，在此仅展示动画部分截图，具体过程请参看源代码。动态截图如图 10 - 24 所示。

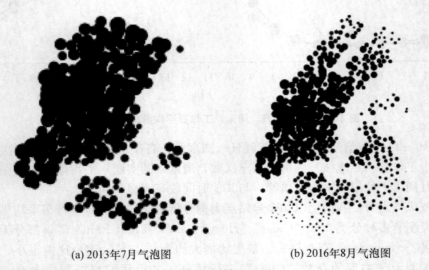

(a) 2013 年 7 月气泡图　　　　　　　(b) 2016 年 8 月气泡图

图 10 - 24　动态气泡图截图

　　图 10 - 24 分别展示了 2013 年 7 月和 2016 年 8 月各个站点借车总量的气泡图，图中气

泡越大，表示该站点自行车借出量越大。从动态图中可以明显地看出不同时间站点借车量的变化以及站点数量的变化。

2）网络图分析。预备知识：

● 点（node）。每个网络中的一员称为节点，可以是个人、组织、网络 ID 等，用 i 表示。在此案例中，用自行车站点来表示节点，共 N 个，$i \in \{1, 2, \cdots, N\}$。

● 边（edge）。图中的一条线就是一条边，表示个体间的相互关系。分为有向边和无向边两种。用 $a_{ij} = 1$ 表示存在一条从节点 i 到 j 的边，在无向的情况下，$a_{ij} = a_{ji}$。

● 图（graph）。由节点和边组成。根据边的定义，分为有向图和无向图。

● 邻接矩阵（adjacency matrix）。用矩阵 $A_{N \times N}$ 来表示，矩阵中的元素 a_{ij}（$i = 1, 2, \cdots, N$；$j = 1, 2, \cdots, N$）表示从点 i 到点 j 是否有边，$a_{ij} = 0$ 表示没有边，$a_{ij} \neq 0$ 表示有边。元素可以表示有无边，也可以表示边的权重。无向图的邻接矩阵是对称阵，有向图一般为非对称阵。

● 密度（density）。网络中实际存在的边的数目与可能存在的边的数目的比值，刻画了网络的紧密程度。

● 节点的度（degree）。节点的度是指和该节点相关联的边的条数，又称关联度，反映网络中点的活跃程度。对于有向图，节点的入度是指进入该节点的边的条数；节点的出度是指从该节点出发的边的条数。

● 路径（path）。从节点 i 出发，经过一条或更多条边，到达节点 j，称这些边按顺序相连形成了一条 i 与 j 之间的路径。包含边数最少或权值加和最小的路径称为最短路径（shortest path）。

● 平均最短路径长度（average shortest path length）。对于一个网络而言，将所有点两两之间的最短路径长度进行算术平均，得到的就是所谓平均最短路径，它可以用来衡量网络中点之间的平均距离。

● 网络直径（diameter of a network）。网络图的另一个度量标准，被定义为网络中最短路径的最大值。换句话说，首先计算每个节点到其他节点的最短路径，网络直径就是最短路径的最大值。

有了上述预备知识，下面正式进入网络分析。

我们以 2016 年 8 月 3 日为例进行网络图分析，如图 10 - 25（a）所示，感兴趣的读者可以对其他时间的网络进行分析。我们绘制了各个站点在这一天的自行车借还情况，该网络图是有向图，箭头从借车站点指向还车站点（很多站点之间同时有借还记录，所以大部分站点两两之间是双向连接），图中点越大，颜色越亮，表明该站点的借还车总量越大。可以看出，在一天的时间内发生了多次借车交易，庞大的点数和边数使我们无法看清细节，因此我们选取图中黑色方框圈住的部分进行描述性分析（黑色方框圈住的部分表示经度位于 40.695～40.72，纬度位于 -74.023～-73.973 之间的区域），如图 10 - 25（b）所示。

对图 10 - 25（b）进行网络基本特征分析，结果展示在表 10 - 31 中。

表 10 - 31 描述了选定区域的网络的基本特征，该网络共有 80 个节点，2 066 条边，网络密度 0.327 表示边的个数占所有可能的连接数的比例，如果比例较低，则说明点之间的连接并不完全，即大部分的点没有直接相连。在此分析的网络图是连通图，即网络内的

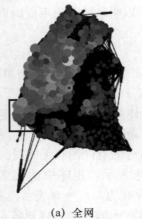

<table>
<tr><td>(a) 全网</td><td>(b) 局部网</td></tr>
</table>

图 10 - 25　站点网络图

表 10 - 31　　　　　　　　　　　局部网描述统计分析

节点数	边数	网络密度	平均最短路径长度	网络直径
80	2 066	0.327	1.738	4

节点都是可达的。平均最短路径长度表示两点之间平均最少需要经过接近两条边才能相连，网络直径是 4 表示顶点之间最多需要经过 4 个顶点就可以相互连接。由上述统计量可以看出，这幅图中顶点之间的联系是比较密切的。

　　3）选取特定两个站点进行分析。下图是从 2006 号站点（Central Park S & 6 Ave）到 3143 号站点（5 Ave & E 78 St）的自行车线路。这是一条热门线路，A，B，C（左中右）代表的是谷歌地图返回的三条可选骑行路线，图像及数据的获取由 R 语言包 ggplot2 中的相关函数完成，如图 10 - 26 所示。感兴趣的读者可以参看源代码进行练习。

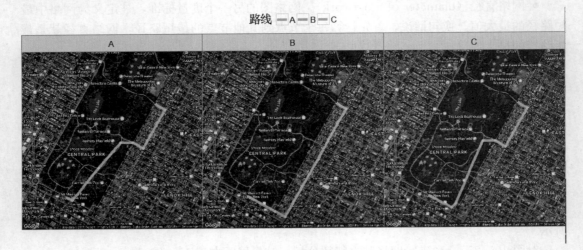

图 10 - 26　三条可选骑行路线图

2. 自行车角度的分析

（1）自行车使用情况描述统计分析。经过统计分析，在本研究时间段共 1 158 天内共

11 487 辆自行车有使用记录，3 878 辆自行车在数据收集第一天（2013 年 7 月 1 日）开始使用，7 295 辆自行车在数据收集结束时（2016 年 8 月 31 日）仍在使用。自行车使用情况的描述性统计量如表 10 - 32 所示。其中，总天数表示每辆自行车在研究期间使用的天数，从表中可以看出，有些自行车在研究期间只在某一天使用过，而有的自行车的使用天数为 1 154 天，接近研究长度 1 158 天；总次数表示在研究期间每辆自行车使用的次数；总时长表示在研究期间每辆自行车使用的总时间，单位为小时；平均每天骑行时长用骑行总时长除以实际使用天数得到；平均每天骑行次数用骑行总次数除以实际使用天数得到。从表中的平均每天骑行时长的分布情况可以看出，有很少一部分自行车的平均每天骑行时长十分异常，回归到原始数据，我们发现这些异常车辆的骑行次数非常少，有的仅 1 次，但是骑行时间却非常长，有一辆自行车的骑行时间甚至超过了纽约规定的最长自行车使用时间（24 小时）。在后续分析中，我们将删除这一部分自行车。

表 10 - 32　　　　　　　　　　　　自行车使用情况的描述性分析

名称	统计量	最小值	25 分位点	中位数	平均数	75 分位点	最大值
Day	总天数（天）	1	252	883	685.45	1 153	1 154
Count	总次数（次）	1	1 290.5	3 070	2 757.04	4 209	5 450
Time	总时长（小时）	0.028	318.51	769.84	714.57	1 083.04	3 574.37
Average time	平均每天骑行时长（小时）	0.006 3	0.925 3	1.044 3	1.391	1.684	106.345
Average count	平均每天骑行次数（次）	0.023 4	3.644	4.034	5.364	6.935	26

注：总天数用自行车末次使用日期减去初次使用日期＋1 来表示。

　　图 10 - 27（a）展示了每辆自行车起始终止日期轮廓图，每个横坐标对应一辆自行车，纵坐标表示时间，0 代表 2013 年 7 月 1 日，1 157 代表 2016 年 8 月 31 日。对于每辆自行车，画出其对应的纵坐标的两个点，分别是起始日期点和终止日期点，首先按照起始日期升序排序，然后对同样起始日期自行车的终止日期进行升序排序，最后将自行车的起始日期和终止日期分别连线，就得到了自行车起始终止日期轮廓图。为了更清晰地看出自行车使用情况，我们将最早使用的 5 000 辆自行车取出进行展示，如图 10 - 27（b）所示。

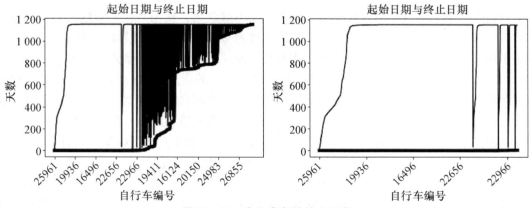

图 10 - 27　自行车起始终止日期

大数据挖掘与统计机器学习（第 2 版）

（2）K-means 聚类。在此我们对自行车进行 K-means 聚类分析，选用表 10 - 32 中列出的平均每天骑行时长和平均每天骑行次数作为变量进行聚类分析。通过对变量的分析发现，数据中存在一些异常值，这些异常值对于 K-means 聚类造成不良影响，因此我们决定去除这些异常点，以后再进行聚类分析。我们把平均每天骑行时长超过 8 小时（占比少于 0.1%）的样本点作为异常点，共去掉 12 辆异常自行车，利用标准化以后的变量对剩余样本进行聚类。我们将自行车聚为 3 类，聚类结果如图 10 - 28 所示，三类自行车的聚类中心和数量如表 10 - 33 所示。

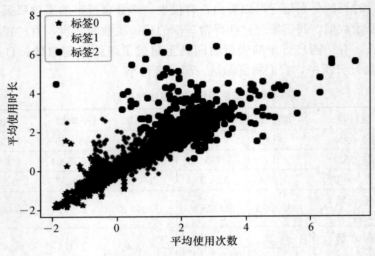

图 10 - 28　K-means 聚类结果

表 10 - 33　　　　　　　　　　　　　　K-means 聚类中心

	第一类（星）	第二类（小圆点）	第三类（大圆点）
平均使用次数	−0.578	0.728	2.035
平均使用时长	−0.556	0.624	2.062
类内样本数	7 910	2 047	1 518

从表 10 - 33 中可以看出，第三类自行车属于使用频繁、使用时长较长的自行车；第一类自行车与第三类自行车正好相反，属于使用不够频繁、使用时长较短的自行车；这两类自行车可以通过适当调度、合理使用，减少维修成本，延长使用寿命。有 2 047 辆自行车属于第二类自行车，这些自行车的使用时长以及使用次数都接近整体平均水平。

（3）站点交叉（双向聚类）。我们将自行车在站点的出现次数分为经常出现和不经常出现两种情况。如果自行车在该站点的出现次数大于全部自行车在该站点出现次数的中位数，则认为此自行车经常出现在该站点，取值为 1，否则取值为 0。在此我们选取首次使用日期距离数据收集起始日期 700～800 天、末次使用日期距离数据收集起始日期 1 000 天以上的 1 797 辆自行车，去除这些自行车从未使用过的部分站点，用 1 797 辆自行车对剩余的 616 个站点进行双向聚类。图 10 - 29（a）展示了原始数据情况，图中颜色深的小方格（数字是 1）表示该辆自行车在该站点经常出现。从图中可以看出，图中不同颜色的小方块分布比较散乱，我们尝试使用双向聚类，将取值为 1 的小方块放在一起。在此我们展示 CC 算法聚类的结果（见图 10 - 29（b））。对于 CC 算法聚类，根据分类效果展示图，我们将数据聚成 16 类，使得每一行或者每一列只属于其中一类。

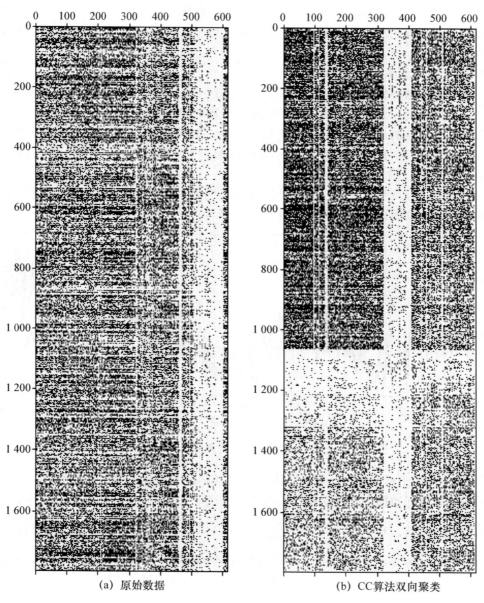

(a) 原始数据　　　　　　　　　(b) CC算法双向聚类

图 10 - 29　自行车与站点的双向聚类

图 10 - 29（b）展示了 CC 算法双向聚类的结果，我们展示的是将自行车和站点分类结果进行适当顺序调整后的结果。可以看出，颜色相近的小方块相比原始数据来说更多聚集在一起，大体将自行车和站点进行了分类。CC 算法将自行车和站点分成 16 类，但在图中较为明显的是左上角和右下角两类，其余类的样本量都比较小。在这两类样本块中，左上角的样本块中包含 1 068 辆自行车以及 320 个站点；右下角的样本块中包含 468 辆自行车以及 201 个站点，这些自行车编号和站点编号不再给出，可以在 Python 中查看。图中

其余的样本块由于自行车和站点数量较少而不太明显。

读者也可以对该双向聚类进行扩展分析，可以结合前一部分的 K-means 聚类来分析站点与自行车之间的联系，比如，考察高频使用站点是否与高频使用自行车有更密切的关系，也可以利用双向聚类的结果再对自行车进行 K-means 聚类分析，更深层次的探索请读者自行尝试。

3. 单个站点借车量预测分析

下面对单个站点公共自行车的借车量进行预测。我们要研究的问题是，通过站点过去一段时间的借车量和天气数据来预测未来的单日借车量。

我们以 402 号站点为例，统计得到 402 号站点每天的自行车借用量时间序列数据，我们将 2016 年 8 月 18 日（不包括 18 日）前的数据作为训练集，8 月 18—31 日的数据作为测试集。

（1）时间序列预测。首先，我们尝试对日级别的自行车借用量进行时间序列预测分析，画出时间序列数据的时序图，如图 10 - 30 所示。

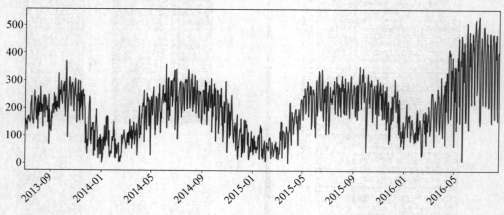

图 10 - 30　时序图

从图 10 - 30 中可以看出，自行车借用量数据存在明显的周期性和趋势性，由于三阶指数平滑可以较好地拟合具有周期性和趋势性的时间序列，因此我们选择三阶指数平滑模型对数据进行建模。利用 $MAPE = \dfrac{1}{n} \sum_{i=1}^{n} \dfrac{|y_i - \hat{y}_i|}{y_i} \times 100\%$ 评价指标来选取最优参数 alpha，beta 和 gamma，利用 8 月 18 日前的数据建立模型，采取网格搜寻策略寻找预测效果最优的模型，以预测该站点 8 月 18 日以后的自行车借用量，将预测值和真实值展示在图 10 - 31 中。

从图 10 - 31 中可以看出，三阶指数平滑模型的预测效果一般，计算得到 $MAPE$ 为 12.89%，因此，我们将增加额外信息（自变量）建立随机森林模型来对借车量进行更准确的预测。

（2）随机森林。时间序列预测中整理好的 402 号站点的日级别的自行车借用量，加上天气数据就构成了我们的原始数据集，数据集中共包含 11 个变量，其中变量 number 是因变量，自变量包括 year，month，day，week，temperature，dew _ point，humidity，pressure，visibility，wind _ speed 共 10 个。我们将 2016 年 8 月 18 日（不包括 18 日）前

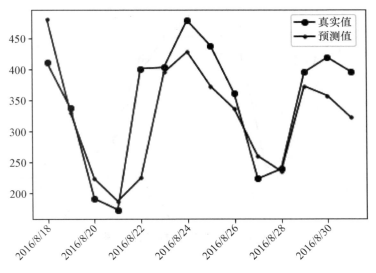

图 10 - 31 时间序列预测结果

的数据作为训练集，8 月 18—31 日的数据作为测试集。

现在，我们尝试建立随机森林模型来预测公共自行车的借用量。利用 Python 构建拥有 2～50 棵树的随机森林模型，利用训练集（2016 年 8 月 4 日前的数据）训练模型，利用选择集（2016 年 8 月 4—17 日的数据）选择模型，选出最优模型以后，利用训练集和选择集中全部样本训练模型，最后利用测试集（2016 年 8 月 18—31 日的数据）评价模型效果，利用 MAPE 作为评价指标。其中，每个随机森林模型重复进行 5 次试验，最后将 5 次试验结果的平均值作为这个随机森林模型最终的 MAPE。平均 MAPE 结果如图 10 - 32 所示。

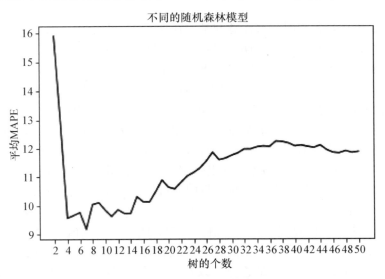

图 10 - 32 随机森林的平均 MAPE

由图 10 - 32 可以看出，随着回归树数量的增加，MAPE 呈现下降趋势，当树的个数达到 7 时，MAPE 开始出现反弹。因此建立 7 棵树的随机森林模型对借车量进行预测，画出预测值和真实值的折线图，如图 10 - 33 所示，预测的 MAPE 为 8.22%。

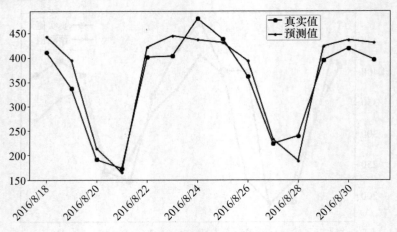

图 10 - 33　随机森林的预测结果

10.3.3　分布式实现

1. 数据预处理与描述统计

我们利用 Hive 进行数据预处理。我们仅以实现图 10 - 21 的数据预处理为例，给出利用 Hive 对数据进行预处理的步骤以及具体语句，读者可在人大出版社提供的网址下载。

2. 分布式预测模型

我们利用 Spark 对所有有效站点的借车总量进行预测，仍然以 2016 年 8 月 18 日（不包含 18 日）前的数据作为训练集训练模型，2016 年 8 月 18 日以后的数据作为测试集进行测试。

在进行站点借车量预测时需要注意的是，在这 613 个站点中，有些站点是数据收集期间增加的，有些站点则在数据收集期间关闭。由于随机森林模型需要一定数量的数据对模型进行训练才能获得较好的结果，因此要求训练集的样本量尽量大。训练集的有效天数小于 7 天的站点共有 64 个，将这些站点视为无效站点，不对其进行预测。有 40 个站点在 8 月 4—17 日内的借车量为 0，因此认为该部分站点被关闭，且关闭状态一直延续到未来。

我们对剩余的 509 个站点的借车量进行预测，在此采用与单机随机森林相似的策略选择最优模型，选取决策树数量为 1，2，…，10，15，20，…，45 的随机森林模型，并且对每个随机森林模型进行 10 次训练，这里采用均方误差 MSE 作为评价指标，选出平均均方误差最小的模型在测试集上进行预测。我们随机选取了 2 个站点以及 402 号站点的预测结果进行展示，如图 10 - 34 所示。

在图 10 - 34 中，小圆点线表示真实值，大圆点线表示预测值。从图中可以看出，483 号站点的预测效果较差，预测曲线偏离真实曲线较远，可能是因为测试集中存在异常点，从 483 号站点在测试集中的借车量趋势可以看出，该站点第 11 天（计数从 0 开始）的自行车借车量突然变得很少，实际数字为 5，很可能是某些异常情况所致，随机森林模型并不能从数据中捕获到这种异常情况，因此，导致均方误差和 MAPE 较大。其他两个站点的随机森林预测效果比较令人满意，三个站点的均方误差分别是 61.02，1 235.39 和 2 742.88，MAPE 分别是 35.94%，35.65%，252.06%。感兴趣的读者可以参看源代码对所有站点的借车量进行预测。

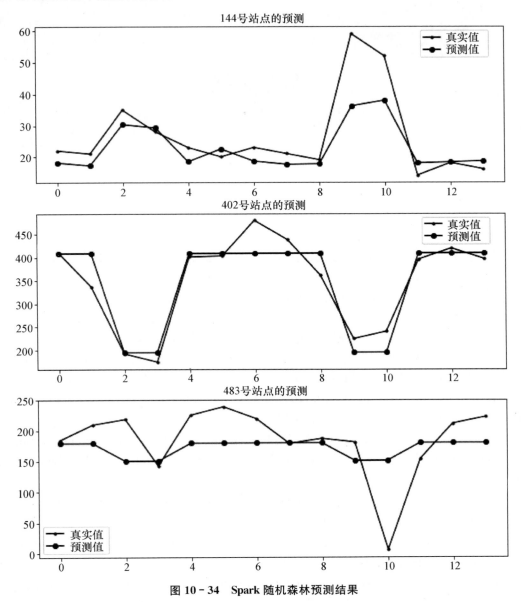

图 10 - 34　Spark 随机森林预测结果

参考文献

［1］边肇祺，张学工等．模式识别（第二版）．北京：清华大学出版社，2000．

［2］李航．统计学习方法．北京：清华大学出版社，2012．

［3］史忠植．神经网络．北京：高等教育出版社，2009．

［4］王士同．人工智能教程（第2版）．北京：电子工业出版社，2006．

［5］吴喜之．应用回归及分类．北京：中国人民大学出版社，2016．

［6］张春霞，姬楠楠，王冠伟．受限玻尔兹曼机简介．中国科技论文在线，2013．

［7］Ankerst，Mihael，Markus M. Breunig，Hans-Peter Kriegel，and Jorg Sander（1999）．OPTICS：Ordering Points to Identify the Clustering Structure. Proc. ACM SIGMOD'99 Int. conf. on Management of Data. PA.

［8］Arel，I.，D. C. Rose and T. P. Karnowski（2010）．Deep machine learning—a new frontier in artificial intelligence research. Computational Intelligence Magazine. IEEE，vol. 5，pp. 13–18.

［9］Bengio，Y.（2009）．Learning deep architecture for AI. Foundations and Trends in Machine Learning，vol. 2，pp. 1–127.

［10］Bengio，Y.，P. Lamblin，D. Popovici，H. Larochelle（2006）．Greedy layer-wise training of deep networks. NIPS.

［11］Bouvrie，J.（2006）．Notes on Convolutional Neural Networks. working paper.

［12］Breiman，Leo（1996a）．Heuristics of Instability and Stabilization in Model Selection. The Annals of Statistics，24（6），pp. 2350–2383.

［13］Breiman，Leo（2001a）．Using Iterated Bagging to Debias Regressions. Machine Learning，45（3），pp. 261–277.

［14］Breiman，Leo（1996b）．Bagging Predictors. Machine Learning，24，pp. 123–140.

［15］Breiman，Leo（1996）．Bias，Variance，and Arcing Classifiers. Technical Report 460. Statistics Department，University of California，available at www. stat. berkeley. edu.

［16］Breiman，Leo（1996c）．Out-of-Bag Estimation，ftp. stat. berkeley. edu/pub/users/breiman/OOBestimation. ps.

[17] Breiman, Leo (1998). Prediction Games and Arcing Algorithms. Neural Computation, 11, pp. 1493-1517.

[18] Breiman, Leo (2001). Random Forests Machine Learning, 45 (1), pp. 5-32.

[19] Breiman, L., Friedman, J., Olshen, R., and Stone, C. (1984). Classification and Regression Trees. Wadsworth, New York.

[20] Buhlmann, Peter and Bin Yu (2002). Analyzing Bagging. Annals of Statistics, 30, pp. 927-961.

[21] Buhlmann, Peter and Torsten Hothorn (2007). Boosting Algorithm: Regularization, Prediction and Model Fitting (with discussion). Statistical Science, 22 (4), pp. 477-505.

[22] Chang, X., D. Liang, X. Cao and X. Lu (2016). Model-based clustering with nonconvex penalty, submitted to Mathematical Problems in Engineering.

[23] Cheng Yizong and George M. Church (2000). Biclustering of Expression Data. American Association for Artificial Intelligence.

[24] Chen, Tianqi and Carlos Guestrin (2016). XGBoost: A Scalable Tree Boosting System. KDD'16, August 13-17. Sanfracisco, CA, USA.

[25] Clevert, D. A., T. Unterthiner and S. Hochreiter (2015). Fast and Accurate Deep Network Learning by Exponential Linear Units (ELUs). The International Conference on Learning Representations. arXiv: 1511. 07289v5.

[26] Efron, B., T. Hastie, I. Johnstone and R. Tibshirani (2004). Least angle regression (with discussion). Annals of Statistics, 32 (2), pp. 407-499.

[27] Ester, Martin, Hans-Peter Kriegel, Jorg Sander, and Xiaowei Xu (1996). A Density-Based Algorithm for Discovering Clusters in Large Spatial Databases with Noise. Proceedings of 2nd International Conference on Knowledge Discovery and Data Mining (KDD-96).

[28] Fan, J. and R. Li (2001). Variable selection via nonconcave penalized likelihood and its oracle properties. Journal of the American Statistical Association, 96, pp. 1348-1360.

[29] Freund, Y. and Schapire, R. (1997). A Decision-Theoretic Generalization of Online Learning and an Application to Boosting. Journal of Computer and System Sciences, 55, pp. 119-139.

[30] Freund, Y. and Schapire, R. (1996). Experiments with a New Boosting Algorithm. Machine Learning: Proceedings of the Thirteenth International Conference. Morgan Kauffman, San Francisco, pp. 148-156.

[31] Friedman, Jerome (2001). Greedy Function Approximation: A Gradient Boosting Machine. The Annals of Statistics, 29, pp. 1189-1232.

[32] Friedman, Jerome, Trevor Hastie and Robert Tibshirani (2000). Additive Logistic Regression: A Statistical View of Boosting (with discussion). The Annals of Statistics, 28 (2), pp. 337-407.

［33］Friedman，J. (1989). Regularized discriminant analysis. Journal of the American Statistical Association，84，pp. 165－175.

［34］Goldberg，K.，T. Roeder，D. Gupta，and C. Perkins（2001）. Eigentaste：A Constant Time Collaborative Filtering Algorithm. Information Retrieval，4（2），pp. 133－151.

［35］Hahsler，M. (2009). Recommenderlab：A Framework for Developing and Testing Recommendation Algorithms. R-Package.

［36］Hastie，Trevor，Robert Tibshirani and Jerome Friedman（2008）. The Elements of Statistical Learning：Data Mining，Inference and Prediction，second edition. Springer.

［37］Hastie，T.，S. Rosset，R. Tibshirani and J. Zhu（2004）. The entire regularization path for the support vector machine. Journal of Machine Learning Research，5，pp. 1391－1415.

［38］Haykin，Simon. 神经网络与机器学习（第3版）. 北京：机械工业出版社，2011.

［39］He，K.，X. Zhang，S. Ren and J. Sun（2015）（a）. Delving Deep into Rectifiers：Surpassing Human-Level Performance on ImageNet Classification. The IEEE International Conference on Computer Vision，pp. 1026－1034.

［40］He，K.，X. Zhang，S. Ren and J. Sun（2015）（b）. Deep Residual Learning for Image Recognition. arXiv：1512. 03385v1.

［41］Hinton，G. E. and Salakhutdinov，R. R.（2006）. Reducing the dimensionality of data with neural networks. Science，vol. 313，no. 5786，pp. 504－507.

［42］Hinton，G. E.（2007）. Learning multiple layers of representation. Trends in Cognitive Sciences，vol. 11，pp. 428－434.

［43］Hinton，G.，S. Osindero and Y. Teh（2006）. A fast learning algorithm for deep belief nets. Neural Computation，18，pp. 1527－1554.

［44］Hopfield，J. J.（1982）. Neural networks and physical systems with emergent collective computational abilities. USA：Proceedings of the National Academy of Sciences，79，pp. 2554－2558.

［45］Hopfield，J. J.（1984）. Neurons with graded response have collective computational properties like those of two-state neurons. USA：Proceedings of the National Academy of Sciences，81，pp. 3088－3092.

［46］James，G.，Witten，D.，and Tibshirani，R.（2013）. An Introduction to Statistical Learning with Applications in R. Springer.

［47］Kantardzic，Mehmed. 数据挖掘：概念、模型、方法和算法（第2版）. 北京：清华大学出版社，2013.

［48］Koren，Y.，R. Bell，and C. Volinsky（2009）. Matrix Factorization Techniques for Recommender Systems. IEEE Computer.

［49］Krizhevsky，A.，I. Sutskever and G. E. Hinton（2012）. ImageNet Classification with Deep Convolutional Neural Network. International Conference on Neural Information Processing Systems，25，pp. 1097－1105.

［50］Lecun, Y., L. Bottou, Y. Bengio and P. Haffner (1998). Gradient-based Learning Applied to Document Recognition. Proceedings of The IEEE, 86 (11), pp. 2278−2324.

［51］McCulloch, W. S. and W. Pitts (1943). A logical calculus of the ideas immanent in nervous activity. Bulletin of Mathematical Biophysics, 5, pp. 115−133.

［52］Minsky, M. L. and S. A. Papert (1969). Perceptrons. Cambridge, MA: MIT Press.

［53］Pan, W. and X. Shen (2007). Penalized model-based clustering with application to variable selection. Journal of Machine Learning Research, 8, pp. 1145−1164.

［54］Platt, J. C. (1998). Sequential Minimal Optimization: A fast algorithm for training support vector machines. Tech. Rep., Microsoft Research.

［55］Preli ċ, Amela, Stefan Bleuler, Philip Zimmermann, Anja Wilie, Peter Bühlmann, Wihelm Gruissem, Lars Hennig, Lothar Thiele and Eckart Zitzler (2006). A systematic comparison and evaluation of biclustering methods for gene expression data. Bioinformatics, vol. 22, no. 9, pp. 1122−1129.

［56］Reyzin, Lev and Robert E. Schapire (2006). How boosting the margin can also boost classifier complexity. Proceedings of the 23rd International Conference on Machine Learning. Pittsburgh, PA.

［57］Ricci, F., L. Rakach, B. Shapira and P. B. Kantor (2011). Recommender Systems Handbook. Springer.

［58］Ridgeway, Greg (1999). The State of Boosting. Computing Science and Statistics, 31, pp. 172−181.

［59］Rosenblatt, F. (1958). The perceptron: a probabilistic model for information storage and organization in the brain. Psychological Review, 65, pp. 386−408.

［60］Rumelhart, D. E. and J. L. McClelland (1986). Parallel Distributed Processing: Explorations in the Microstructure of Cognition. Cambridge, MA: MIT Press.

［61］Salakhutdinov, R. and A. Mnih (2008). Probabilistic Matrix Factorization. NIPS proceedings.

［62］Schapire, Robert E., Yoav Freund, Peter Bartlett and Wee Sun Lee (1998). Boosting the Margin: A New Explanation for the Effectiveness of Voting Methods. The Annals of Statistics, 26 (5), pp. 1651−1686.

［63］Simonyan K. and A. Zisserman (2014). Very Deep Convolutional Networks for Large-scale Image Recognition. arXiv: 1409. 1556v6.

［64］Smolensky, P. (1986). Information processing in dynamical systems: Foundations of harmony theory. In: Rumelhart D. E., McClelland J. L. (eds.) Parallel distributed processing: Explorations in the microstructure of cognition, vol. 1: Foundations. Cambridge, MA: MIT Press.

［65］Srivastava, N., G. Hinton, A. Krizhevsky, I. Sutskever and R. Salakhutdinov (2014). Dropout: a simple way to prevent neural networks from overfitting. Journal of Machine Learning Research, 15 (1), pp. 1929−1958.

[66] Szegedy C. , W. Liu, Y. Jia, et al. (2014). Going deeper with convolutions. arXiv: 1409. 4842v1.

[67] Tibshirani, R. (1996). Regression shrinkage and selection via the lasso. Journal of the Royal Statistical Society, Series B, 58, pp. 267−288.

[68] Uzuner, Ö. , B. R. South, S. Shen and S. L. Duvall (2011). 2010 i2b2/VA challenge on concepts, assertions, and relations in clinical text. Journal of the American Medical Informatics Association Jamia, 18 (5), p. 552.

[69] Witten, D. and Tibshirani, R. (2010). A framework for feature selection in clustering. Journal of the American Statistical Association, 105, pp. 713−726.

[70] Yuan, M. and Y. Lin (2006). Model selection and estimation in regression with grouped variables. Journal of the Royal Statistical Society, Series B, 61 (1), pp. 49−67.

[71] Zou, H. (2006). The adaptive lasso and its oracle properties. Journal of the American Statistical Association, 101, pp. 1418−1429.

[72] Zou, H. (2006) and T. Hastie (2005). Regularization and variable selection via the elastic net. Journal of the Royal Statistical Society, Series B, 67 (2), pp. 301−320. http://ufldl. stanford. edu/wiki/index. php/UFLDL_Tutorial.

图书在版编目（CIP）数据

大数据挖掘与统计机器学习/吕晓玲，宋捷主编. —2版. —北京：中国人民大学出版社，2019.1
（大数据分析统计应用丛书）
ISBN 978-7-300-26406-6

Ⅰ.①大… Ⅱ.①吕… ②宋… Ⅲ.①数据处理 ②机器学习 Ⅳ.①TP274 ②TP181

中国版本图书馆 CIP 数据核字（2018）第 258286 号

大数据分析统计应用丛书
大数据挖掘与统计机器学习（第 2 版）
主编 吕晓玲 宋 捷
Dashuju Wajue yu Tongjijiqixuexi

出版发行	中国人民大学出版社				
社　　址	北京中关村大街 31 号		邮政编码	100080	
电　　话	010 - 62511242（总编室）		010 - 62511770（质管部）		
	010 - 82501766（邮购部）		010 - 62514148（门市部）		
	010 - 62515195（发行公司）		010 - 62515275（盗版举报）		
网　　址	http://www.crup.com.cn				
经　　销	新华书店				
印　　刷	北京七色印务有限公司		版　　次	2016 年 7 月第 1 版	
规　　格	185 mm×260 mm　16 开本			2019 年 1 月第 2 版	
印　　张	21.5 插页 1		印　　次	2023 年 3 月第 4 次印刷	
字　　数	508 000		定　　价	42.00 元	

教师教学服务说明

中国人民大学出版社工商管理分社以出版经典、高品质的工商管理、财务会计、统计、市场营销、人力资源管理、运营管理、物流管理、旅游管理等领域的各层次教材为宗旨。

为了更好地为一线教师服务，近年来工商管理分社着力建设了一批数字化、立体化的网络教学资源。教师可以通过以下方式获得免费下载教学资源的权限：

在中国人民大学出版社网站 www.crup.com.cn 进行注册，注册后进入"会员中心"，在左侧点击"我的教师认证"，填写相关信息，提交后等待审核。我们将在一个工作日内为您开通相关资源的下载权限。

如您急需教学资源或需要其他帮助，请在工作时间与我们联络：

中国人民大学出版社　工商管理分社

联系电话：010-62515735，82501048，62515782，62515987

电子邮箱：rdcbsjg@crup.com.cn

通讯地址：北京市海淀区中关村大街甲 59 号文化大厦 1501 室（100872）